高等职业教育计算机类课程
新形态一体化教材

U1058937

信息技术基础与人工智能应用

主　审　崔德明　邓子云
主　编　胡伏湘　肖玉朝
副主编　周　璨　张　为　周浩慧　周　倩
参　编　彭　玲　刘　娟　曾茂林　李高峰　李东叶
熊　旺　田　美　丁晓磊　何　鑫

中国教育出版传媒集团
高等教育出版社·北京

内容简介

本书是依照教育部颁布的《高等职业教育专科信息技术课程标准（2021年版）》编写的新形态一体化教材。

本书编写团队基于长期的教学实践，结合高职院校对信息技术基础与人工智能素养的基本要求，组织设计内容体系。依托人工智能头部企业提供的资源，以项目为知识单元，按照任务描述、知识准备、任务实施、拓展训练的逻辑顺序，由浅入深，系统介绍了信息技术基础知识与人工智能技术应用方法。全书分为12个项目，包括Windows操作系统使用、信息资源检索、WPS Office文字编辑排版、WPS Office文字数据处理、WPS Office表格处理、WPS Office演示文稿处理、AI开发语言Python编程、AI大模型技术应用、AI机器学习、计算机视觉、自然语言处理和AI文档智能处理。

本书配有微课、PPT课件、电子教案、案例素材等教学资源，授课教师请登录“高等教育出版社产品信息检索系统”（xuanshu.hep.com.cn）搜索下载。

本书可作为高等职业院校信息技术、人工智能通识课程的教学用书，也可作为相关专业入门级人工智能类课程教材，还可作为信息技术爱好者的自学用书。

图书在版编目（CIP）数据

信息技术基础与人工智能应用 / 胡伏湘，肖玉朝主编. -- 北京：高等教育出版社，2024. 10. -- ISBN 978-7-04-063169-2

Ⅰ. TP3；TP18

中国国家版本馆CIP数据核字第2024A1S762号

Xinxi Jishu Jichu yu Rengong Zhineng Yingyong

策划编辑 傅 波　责任编辑 傅 波 柴佳昭　封面设计 张 志　版式设计 杨 树
责任绘图 李沛蓉　责任校对 马鑫蕊　责任印制 刘弘远

出版发行 高等教育出版社
社　　址 北京市西城区德外大街4号
邮政编码 100120
印　　刷 北京七色印务有限公司
开　　本 850mm × 1168mm 1/16
印　　张 19.5
字　　数 560千字
购书热线 010-58581118
咨询电话 400-810-0598

网　　址 http://www.hep.edu.cn
　　　　 http://www.hep.com.cn
网上订购 http://www.hepmall.com.cn
　　　　 http://www.hepmall.com
　　　　 http://www.hepmall.cn
版　　次 2024年10月第1版
印　　次 2024年10月第1次印刷
定　　价 55.00元

本书如有缺页、倒页、脱页等质量问题，请到所购图书销售部门联系调换
版权所有 侵权必究

物 料 号 63169-00

前言

在数字化蓬勃发展的今天，信息技术不仅深刻改变了人们的工作、生活方式，更成为推动社会进步与产业升级的关键力量，人工智能（AI）技术已深入各行各业，对职业教育创新发展提出了新的要求。本书立足于职业教育数字化和智能化转型的迫切需要，紧密结合高等职业院校教育教学的实际情况，以办公室文员为基本岗位，以项目为知识单元，按照任务描述、知识准备、任务实施、拓展训练的逻辑顺序，通过系统化的知识结构和贴近岗位实际的项目化教学内容，帮助学生构建从信息技术基础到人工智能应用的全链条知识体系，形成从办公软件到大模型AI技术应用的全方面技能体系。

本书编写团队汇聚了信息技术及人工智能领域有着丰富教学和实践经验的专家与教师。在内容设计上，依托AI产业链头部企业科大讯飞的资源支持，确保教材内容的前瞻性、实用性和权威性。按照办公软件应用和人工智能技术应用的逻辑顺序，精心设计了12个教学项目，从基础的Windows操作系统使用、信息资源检索，到WPS Office办公软件的应用，再到AI开发语言Python编程、AI大模型技术、机器学习、计算机视觉、自然语言处理及AI文档智能处理等前沿技术，力求做到深入浅出，循序渐进，让学生在完成每一个项目的过程中，不仅掌握技术技能，更能理解其背后的原理与逻辑。

本书在贯彻落实党的二十大精神的基础上，将职业道德、工匠精神、团队意识等内容作为德育元素，将百度文心一言、讯飞星火、通义千问等国产AI通用大模型作为项目实践主线，从而激发学生的爱国热情与民族自豪感。

本书的主要特点如下。

1. 面向办公室文员职业岗位，涵盖文件管理、文档编辑排版、表格处理、文档制作、课件制作、大模型技术应用、简单编程、视觉与图形图像处理、自然语言处理等技能，好教、好学、好用。

2. 共12个教学项目，33个任务，24课时理论教学，24课时操作实践，理论与实践的课时比例为1∶1，从理论到实践，学以致用，融会贯通。

3. 知识讲解、技术应用、技能训练、项目实战一体化集成。实践任务是企事业单位文员工作任务的缩影，采用国产软件WPS Office及典型AI大模型作为实训平台，信息技术应用简单快捷。

4. 语言通俗易懂，讲解深入浅出，让读者迅速上手，符合职业教育人才培养特点，理论介绍生动形象，富有成效，实践环节有趣、有用，富于挑战。

本书由长沙商贸旅游职业技术学院的胡伏湘和肖玉朝任主编，负责全书的结构设计及统稿；周璨、张为、周浩慧、周倩任副主编；彭玲、刘娟、曾茂林、李高峰、李东叶、熊旺、田美、丁晓磊、何鑫参编；崔德明和邓子云审核。项目1由李高峰编写，项目2由刘娟编写，项目3和项目4由周浩慧编写，项目5由张为编写，项目6由田美编写，项目7由彭玲和肖玉朝编写，项目8由胡伏湘编写，项目9由曾茂林编写，项目10由熊旺和肖玉朝编写，项目11由李东叶和周璨编写，项目12由周倩和周璨编写。实践教学体系和项目设计由科大讯飞（苏州）有限公司丁晓磊和何鑫指导编写。此外，在本书编写过程中，得到了深圳职业技术大学聂哲、武汉职业技术大学邓小飞等专家的大力支持，并参考了大量的文献资料，书中未能详尽罗列，在此表示真心感谢！

本书配有微课、PPT 课件、电子教案、案例素材等教学资源，授课教师请登录“高等教育出版社产品信息检索系统”（xuanshu.hep.com.cn）搜索下载。

由于信息技术及人工智能技术发展迅速，本书受限于当时技术条件，加之编者水平有限，不足之处在所难免，欢迎读者批评指正，不胜感激。

编　者

2024 年 9 月于长沙

目录

项目 1　Windows 操作系统使用

项 目 描 述

本项目旨在深入探索计算机基础知识和 Windows 文件、文件夹等知识，使读者能够充分利用本项目为学习计算机相关知识打下坚实的基础。本项目主要包括微型计算机系统组成、计算机的发展趋势、文件和文件夹的操作、操作系统的系统设置，以及常用软件的安装和使用等内容。通过实践案例的操作与练习，读者将掌握 Windows 操作的关键技能，能够独立完成 Windows 文件、文件夹、系统设置等操作，提升工作效率，满足日常办公和学习中的多样化需求。

学 习 目 标

- **知识目标**

◎ 掌握计算机的基本知识
◎ 了解 Windows 操作系统的基本操作
◎ 掌握 Windows 操作系统中文件和文件夹的相关操作

- **技能目标**

◎ 熟悉计算机的基本操作
◎ 熟练运用 Windows 操作系统的设置技巧
◎ 掌握 Windows 操作系统中文件、文件夹的相关操作

- **素养目标**

◎ 培养良好的职业素养，注重团队合作与沟通
◎ 提升团队合作精神与集体荣誉感
◎ 树立正确的价值观与职业观，将其内化于心、外化于行

任务 1.1　计算机基础知识及应用

任务描述

本任务要求学生充分了解计算机的分类、系统组成、发展趋势等基础知识，为后续专业学习和实践打下坚实的基础，在学习过程中强调团队合作、信息收集和处理等职业素养的重要性。

知识准备

1. 计算机的基本概念

1946 年 2 月，世界上第一台电子计算机“电子数字积分计算机”ENIAC（Electronic Numerical Integrator And Computer）在美国宾夕法尼亚大学诞生。

（1）计算机的定义

计算机，全称电子计算机，俗称电脑，是一种能够按照预先编制的程序自动进行数据处理、存储和控制的电子设备。它具有高速运算、精确计算和存储能力强大的特点，能够处理海量的数据和信息，是现代信息技术的核心工具。计算机通过执行程序代码，实现各种复杂的计算和数据处理任务，广泛应用于科学计算、数据处理、自动控制、人工智能和网络通信等领域。

（2）计算机的分类

计算机可以根据其规模、性能、用途等多种标准进行分类，常见的分类方式如下。

- 按规模划分：可分为巨型机、大型机、中型机、小型机和微型机等。微型机即个人计算机（PC），是目前应用最广泛的计算机类型。
- 按性能划分：可分为高性能计算机、工作站、服务器和个人计算机等。高性能计算机通常用于需要大规模并行计算的科学研究和工程应用。
- 按用途划分：可分为专用计算机和通用计算机。专用计算机是为特定应用而设计的，如工业控制计算机；通用计算机则适用于多种应用场合，如个人计算机和服务器。

2. 微型计算机的系统组成

（1）计算机硬件系统

微型计算机的硬件系统主要由以下几部分组成。

① 中央处理器（CPU）：计算机的核心部件，负责执行程序指令和处理数据。CPU 包括运算器和控制器两部分，运算器负责算术和逻辑运算，控制器负责指令的读取、解码和执行。

② 存储器：用于存储数据和程序。存储器分为内存和外存，内存包括随机存取存储器（RAM）和只读存储器（ROM）；外存则包括硬盘、光盘、U 盘等。内存是计算机直接访问的存储空间，用于存放当前正在执行的程序和数据；外存则用于长期保存数据和程序。

③ 输入设备：向计算机输入数据和指令的设备，如键盘、鼠标、扫描仪等。这些设备将外部世界的信息转换为计算机能识别的形式。

④ 输出设备：将计算机处理的结果展示给用户的设备，如显示器、打印机等。这些设备将计算机内部的信息以人类可理解的形式展示出来。

⑤ 其他部件：如主板、电源、机箱等，这些部件为计算机的各个部件提供连接、供电和物理支撑。

（2）计算机软件系统

微型计算机的软件系统分为系统软件和应用软件两大类。

- 系统软件：用于管理、监控和维护计算机资源（包括硬件和软件）的软件。主要包括操作系统（如 Windows、Linux、macOS 等）、语言处理系统（如编译器、解释器等）、数据库管理系统（如 Access、Oracle、SQL Server 等）以及各种工具软件（如杀毒软件、压缩软件等）。操作系统是计算机系统的核心软件，它负责管理和控制计算机的硬件和软件资源，为用户提供友好的操作界面。
- 应用软件：为某种应用目的而编制的计算机程序，如文字处理软件（WPS、Word）、图形图像处理软件（Photoshop）、网络通信软件（微信、QQ 等）、财务管理软件（金蝶、用友等）以及 CAD 软件（AutoCAD）等。应用软件是用户直接使用的程序，用于完成特定的任务或实现特定的功能。

3. 计算机的发展趋势

计算机的发展经历了从最初的电子管时代到晶体管时代，再到集成电路时代，最终进入互联网时代。未来，计算机将继续朝着更加智能化、更加高效化的方向发展，涵盖硬件、软件、体系结构以及计算范式等多个层面，为人类社会带来更多的便利。

（1）微型化与智能化

- 微型化：随着集成电路技术的不断发展，计算机的体积越来越小，性能越来越强。微型计算机已经广泛应用于各个领域，成为人们日常生活和工作中不可或缺的工具。
- 智能化：计算机智能化是指计算机具有类似于人类的感知、学习、推理、决策等能力。随着人工智能技术的不断发展，计算机在语音识别、图像识别、自然语言处理等方面取得了显著进展，智能化水平不断提高。

（2）云计算与物联网

- 云计算：云计算是一种将计算资源和服务通过互联网提供给用户的模式。用户可以根据需求获取和使用这些资源，无须在本地拥有强大的计算基础设施。云计算提供了高度可扩展性和灵活性的服务，降低了企业的 IT 成本。
- 物联网：物联网是指通过网络连接物理设备、物品和环境，实现设备之间的信息交换和智能化协作。物联网的应用范围广泛，涵盖了智能家居、智能城市、工业自动化等领域。

（3）人工智能与量子计算

- 人工智能：人工智能是一门研究如何让机器具有智能行为的学科。它涉及机器学习、深度学习、自然语言处理等多个领域。随着数据量的增加、计算能力的提升以及算法的创新，人工智能技术的应用范围不断扩大。
- 量子计算：量子计算是一种利用量子力学原理进行计算的模型。它具有强大的计算能力，可以解决一些传统计算机无法解决或解决非常困难的问题。然而，量子计算的实际应用仍然面临许多挑战和困难。
- 随着科技的不断进步，计算机将继续在人类社会的发展中发挥越来越重要的作用，未来计算机的性能将更强，应用领域将会更加广泛。

任务实施

1. 准备阶段

（1）调整坐姿

坐姿端正，腰背挺直，两脚平放在地上。

肩部放松，大臂自然下垂，前臂与基本键成水平线。

身体与键盘的距离保持约 20 厘米，肘部与腰部距离为 10 厘米左右。

上衣中线（纽扣或拉链）对准键盘正中，视线集中于打字底稿或屏幕。

（2）手指摆放

将左手食指、中指、无名指、小指分别置于 F、D、S、A 键上，左手拇指轻置于空格键上。

将右手食指、中指、无名指、小指分别置于 J、K、L、; 键上，右手拇指轻置于空格键上。

手腕放平，从手腕到指尖的手指形态成弧形，指端第一关节与键盘成垂直角度。键盘指法如图 1–1 所示。

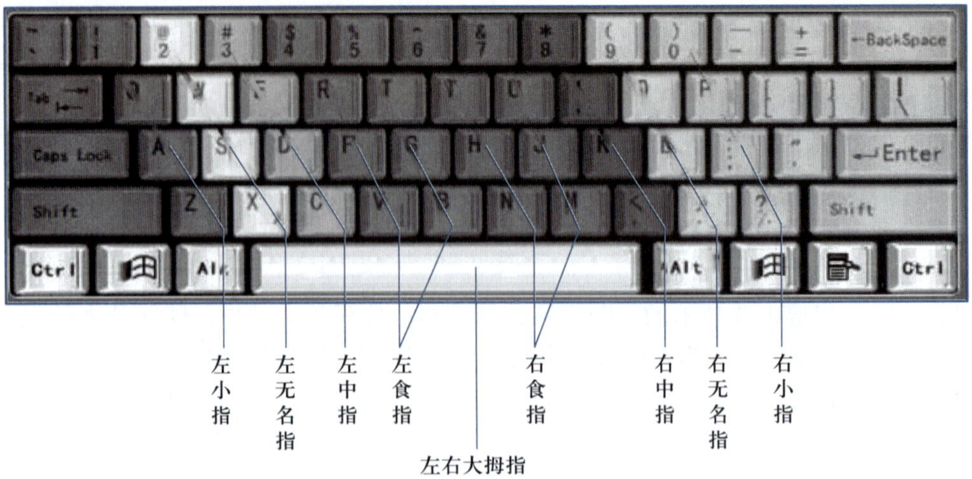

图 1–1　键盘指法

（3）击键方法

提起手指离键盘约 2 厘米，然后迅速击键，确保击键后能听见响声。击键时，击键的手指向下弹击，其他手指同时稍向上弹起，保持手指的独立性和灵活性。例如，打 D 键时，左手中指向下弹击 D 键，其他手指同时稍向上弹起。

熟悉 8 个基本键的位置：A、S、D、F、J、K、L、；，这 8 个键是基本键，也是导位键，用于帮助定位其他键位。在输入过程中，手指应始终回到这些基本键上，形成正确的指法习惯。

2. 基本打字操作

“金山打字通”是一款广受欢迎的打字练习软件，它提供了多种练习模式和功能，帮助用户提高打字速度和准确性。

（1）选择练习模式

新手入门：对于初学者，建议选择“新手入门”模式。该模式会引导用户了解键盘布局、指法规则等基础知识。

其他模式：金山打字通还提供了“英文打字”“拼音打字”“五笔打字”等多种练习模式。用户可以根据自己的需求选择合适的模式进行练习，如图 1–2 所示。

图 1–2　金山打字通

（2）开始练习

选择练习内容：在所选模式下，用户可以根据需要选择具体的练习内容，如“英文打字”模式下包含了“单词练习”“语句练习”“文章练习”等，如图 1–3 所示。

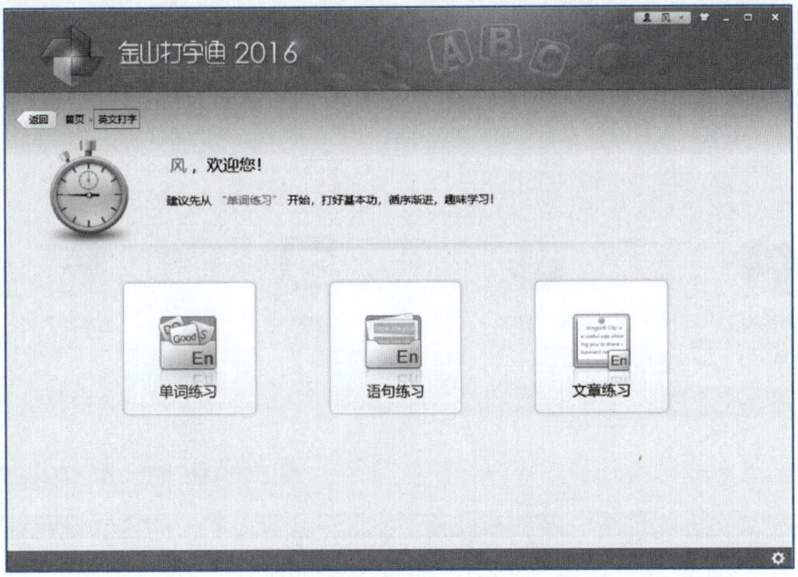

图 1–3 英文打字界面

单击“单词练习”按钮，进入练习界面；选择“课程选择”下拉列表中不同练习内容即可开始练习，如图 1–4 所示。

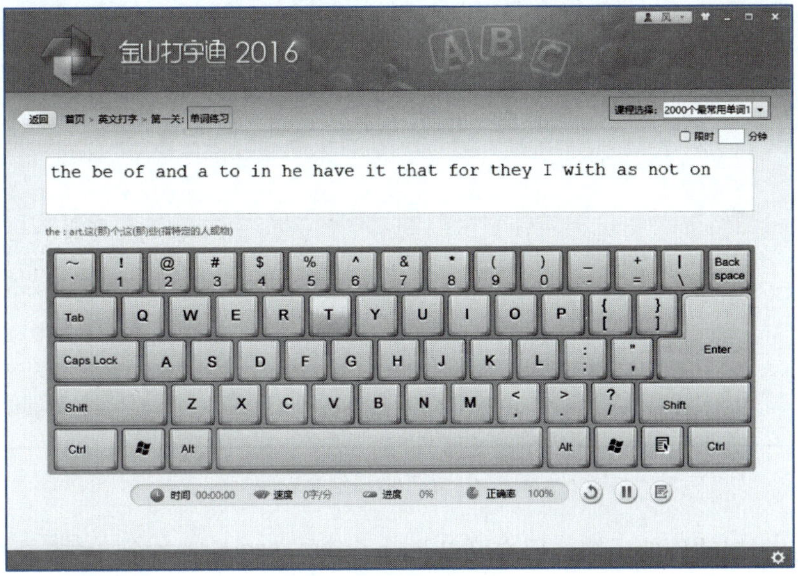

图 1–4 单词练习

根据屏幕上的提示进行打字练习。在练习过程中，软件会实时显示打字速度、准确率等信息。

（3）进度跟踪与反馈

进度跟踪：金山打字通会通过“进步曲线”跟踪用户的练习进度，并提供各种数据和图表来帮助用户了解自己的打字速度和准确率等，如图 1–5、图 1–6 所示。

图 1–5　“进步曲线”按钮

图 1–6　进步曲线结果界面

反馈与调整：根据软件的反馈，用户可以及时了解自己的不足之处，并有针对性地进行调整和改进。

（4）定期练习与提升

要提高打字速度和准确率，需要定期进行练习。用户可以使用金山打字通提供的定时器和提醒功能来规划自己的练习时间。

随着打字技能的提升，用户可以逐渐尝试更高难度的练习内容，挑战自己的极限，如“打字测试”等，如图 1–7 所示。

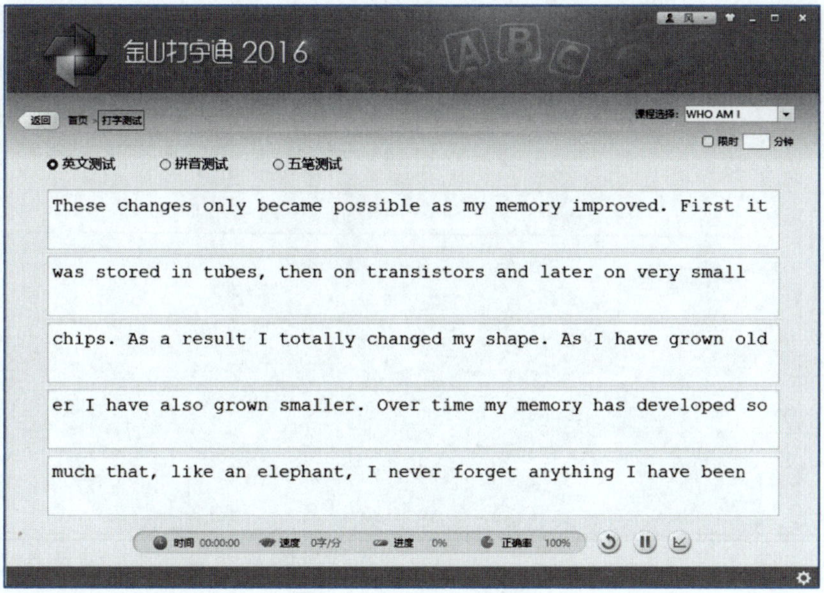

图 1-7　打字测试界面

任务 1.2　Windows 操作系统

任务描述

本任务旨在通过 Windows 操作系统新建文件或文件夹、系统设置等实践操作，帮助学生掌握 Windows 操作系统的基本使用技巧。

知识准备

1. Windows 操作系统基础知识

（1）Windows 简介

Windows 是微软公司开发的一系列广泛使用的操作系统，以其图形用户界面（Graphical User Interface，GUI）和丰富的系统功能而闻名。Windows 系统提供了直观的操作界面，支持多任务处理、网络连接、安全性保障以及广泛的应用程序支持。Windows 11 是微软公司推出的新一代操作系统，旨在为用户提供更加现代化、高效、安全的操作体验。相比前代系统，Windows 11 在界面设计、性能优化、安全性及兼容性等方面有了显著提升。它引入了全新的用户界面，包括居中式开始菜单、圆角窗口、动态壁纸等，同时增强了多任务处理能力，提高了系统响应速度，并加强了安全功能，以更好地保护用户数据和隐私。

（2）Windows 桌面的基本元素与操作

1）Windows 11 桌面的基本元素

启动登录 Windows 11 后，出现在整个屏幕的区域称为“桌面”。“桌面”是 Windows 11 的基本操作平台，所有的工作均在此平台上展开。就像普通办公桌上摆放着一些常用工具一样，Windows 11 的“桌面”上也摆放着一些“工具”，即“图标”，在“桌面”的底部还有“开始”按钮和任务栏，方便用户通过桌面打开图标对应的程序和窗口，以及对打开的窗口、对话框和运行的程序进行操作和管理，如图 1-8 所示。

图 1-8 Windows 桌面

- 桌面背景：用户可以根据个人喜好设置桌面背景图片或颜色。
- 图标：桌面上的图标代表不同的程序、文件或文件夹，用户可以通过双击图标来启动程序、打开文件或文件夹。
- 任务栏：通常位于屏幕底部，集成了开始菜单、搜索、任务视图、小部件等功能。用户可以通过任务栏快速访问常用应用、文件夹和设置，还可以查看系统通知和时间。
- 开始菜单：提供快速访问常用应用程序、设置和文件的入口。Windows 11 的开始菜单采用了居中式设计，并支持固定和推荐的应用程序列表，如图 1-9 所示。

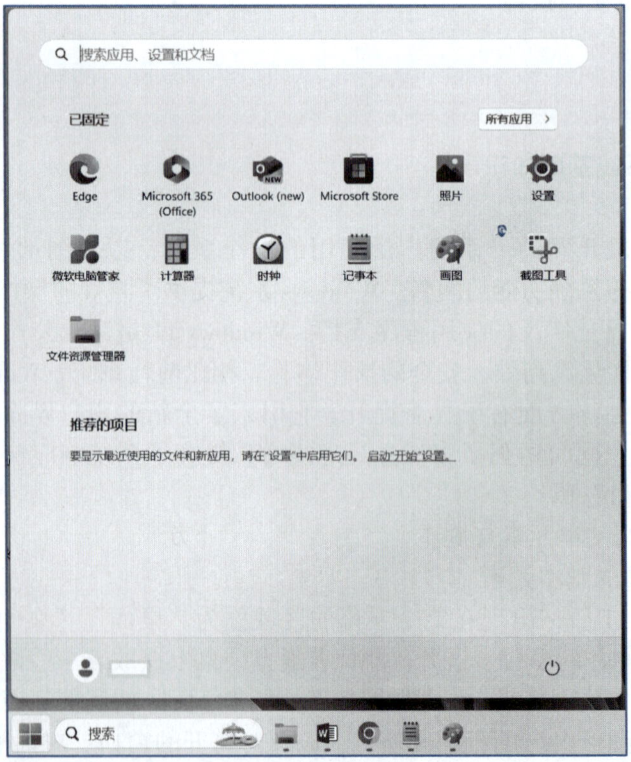

图 1-9 开始菜单

2）桌面的操作与管理

● 图标操作：用户可以通过拖动、右击等方式对桌面上的图标进行排列、重命名、删除等操作。

● 任务栏操作：用户可以通过任务栏上的图标快速启动应用程序，或通过搜索框查找文件和进行设置。同时，任务栏还支持虚拟桌面的管理，允许用户创建多个桌面来组织不同的工作或任务。

● 窗口操作：在 Windows 11 中，窗口支持多种操作，如最大化、最小化、关闭、调整大小、移动位置等。用户可以通过拖动窗口边缘或角落来调整窗口大小，或通过任务栏上的按钮来控制窗口的显示状态。

2. Windows 11 操作系统的文件管理

文件和文件夹是 Windows 11 操作系统中的基本概念，掌握它们将能更系统地对各种数据信息进行管理操作。

微课 1：Windows 文件管理

（1）文件和文件夹的概念

1）文件

文件是计算机中存储信息的基本单位，具有特定的名称、类型、大小、创建时间和修改时间等属性。文件可以包含文本、图像、音频、视频等多种类型的数据。文件名由主文件名和扩展名组成，表示为“主文件名 . 扩展名”，如图 1–10 所示。

文件有很多种，运行的方式也各有不同。主文件名可自由命名，一般应做到“见名知义”，文件名中不能使用“<”“>”“/”“\”“|”“：”“"”“*”“?”等字符，且文件名最长不能超过 255 个英文字符。扩展名通常用于表示文件的类型，常用的有 txt（文本文件）、jpg（压缩图像文件）、doc（Word 文档文件）、mov（视频文件）、exe（可执行文件）等。

2）文件夹

文件夹是计算机中用来组织和管理文件的一种数据结构，是为了分门别类地有序存放文件而建立的拥有独立路径的目录。文件夹一般只拥有文件夹名，但也可以有扩展名，只不过它不具有文件扩展名的作用，不像文件那样用扩展名来标识格式。文件夹内可以存放文件夹，也可以存放任意文件，一般采用树形结构存储文件。文件夹有助于用户更好地分类和查找文件，其存储结构如图 1–11 所示。

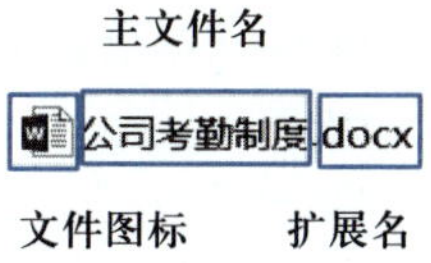

图 1–10　文件名组成

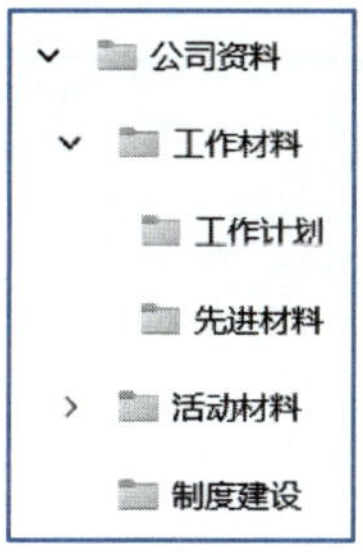

图 1–11　文件夹存储结构

（2）资源管理器的使用

资源管理器是 Windows 11 中用于浏览和管理文件和文件夹的重要工具。资源管理器还提供了多标签页功能，方便用户同时浏览多个位置的文件。用户可以通过以下方式打开资源管理器。

方法一：使用快捷键 Win+E。

方法二：在任务栏上找到并单击“文件资源管理器”图标。

方法三：在开始菜单中找到并单击“文件资源管理器”选项。

在资源管理器中，用户可以查看文件和文件夹的详细信息，如名称、大小、类型、修改日期等。同时，资源管理器还支持搜索、排序、分组和筛选等高级功能，帮助用户更快地查找和管理文件，如图 1–12 所示。

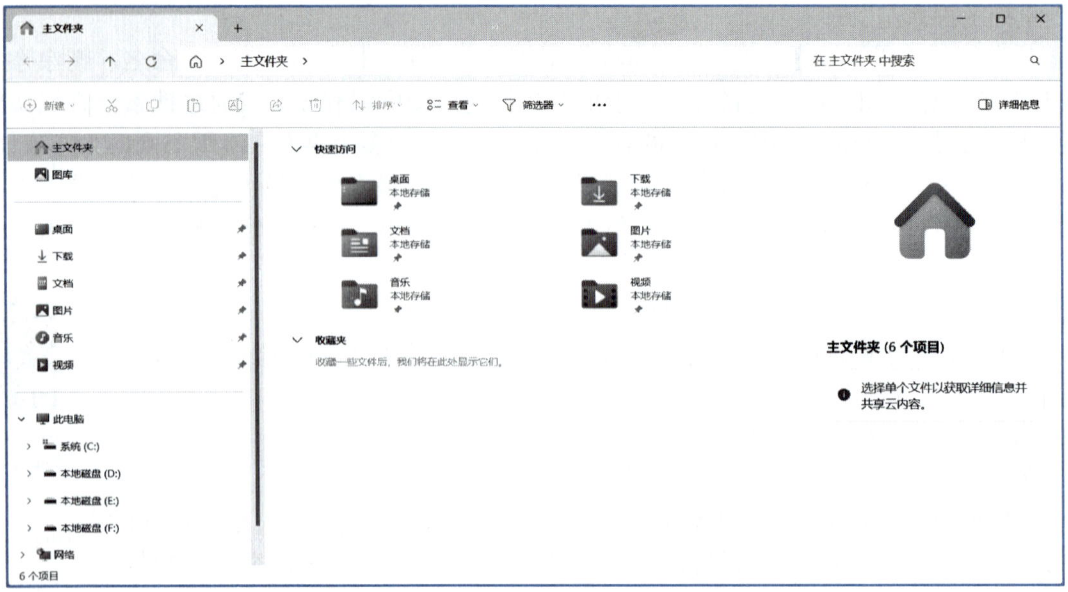

图 1–12　文件资源管理器显示结果

（3）文件和文件夹的基本操作

在 Windows 11 中，用户可以对文件和文件夹进行多种基本操作，包括：

① 创建文件或文件夹。用户可以创建新的文件夹，在文件夹中还可以创建子文件夹，可以把不同类型或用途的文件分别放在不同的文件夹中，以使自己的文件系统更有条理。用户确定位置创建新的文件夹或文件，并为其命名的方法如下。

方法一：在资源管理器中，选择“新建”下拉按钮→“文件夹”或“文件”（根据所需类型选择），然后输入名称即可创建新的文件夹或文件。

方法二：在资源管理器中右击空白处，在弹出的快捷菜单中选择“新建”→“文件夹”或“文件”（根据所需类型选择），然后输入名称即可创建新的文件夹或文件。如图 1–13 所示。

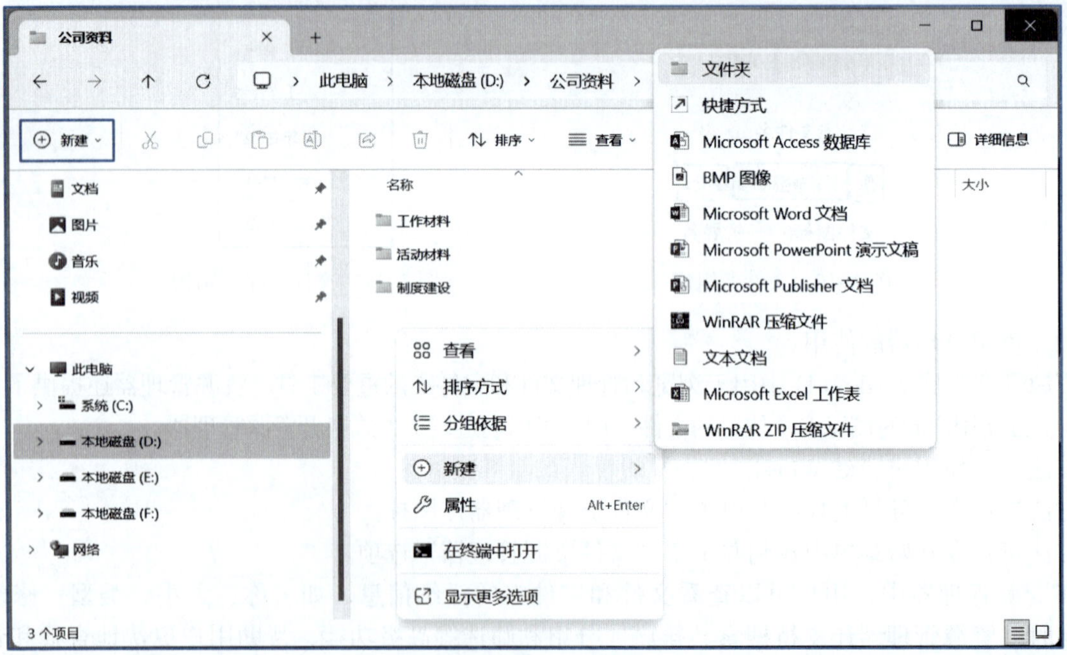

图 1–13　新建文件夹

② 重命名文件或文件夹。用户在创建好文件或文件夹后，能再次修改其名称，Windows 11 中重命名文件夹是一个直接且用户友好的过程，可以通过以下几种方法之一进入重命名模式。

方法一：右击需修改文件名的文件或文件夹，在弹出的快捷菜单中选择“重命名”命令，然后输入新名称并按 Enter 键即可。

方法二：选中需修改文件名的文件或文件夹，按 F2 键来快速进入重命名模式，然后输入新名称并按 Enter 键即可。

方法三：选中需修改文件名的文件或文件夹，再次单击文件或文件夹进入重命名模式，然后输入新名称并按 Enter 键即可。

③ 移动文件或文件夹。用户可以将文件或文件夹从一个位置移动到另一个位置，可以通过拖动或使用“剪切”和“粘贴”命令来实现。选中需移动位置的文件或文件夹，然后按住鼠标左键，将文件或文件夹通过拖动操作移动到目标位置；或右击文件夹，在弹出的快捷菜单中选择“剪切”命令后，在目标位置右击，在弹出的快捷菜单中选择“粘贴”命令。

④ 复制文件或文件夹。用户可以将文件或文件夹的副本创建到指定位置，通过拖动（同时按住 Ctrl 键）或使用“复制”和“粘贴”命令来实现。选中需复制的文件或文件夹，然后按下 Ctrl 键的同时按住鼠标左键，使用拖动操作将其复制到目标位置；或右键单击文件或文件夹，在弹出的快捷菜单中选择“复制”命令后，在目标位置右击，在弹出的快捷菜单中选择“粘贴”命令。

⑤ 删除文件或文件夹。用户可将无用的文件或文件夹删除，选中需删除的文件或文件夹，然后按下 Delete 键或右击后在弹出的快捷菜单中选择“删除”命令即可将其从当前位置移除。

（4）Windows 11 操作系统的系统设置

Windows 控制面板是一个集中管理系统设置的工具，如图 1-14 所示。在 Windows 10 及更高版本的操作系统中，部分设置功能被整合到“设置”应用中，但控制面板仍然提供了一些高级设置选项。用户可以通过控制面板访问和调整系统配置，以确保系统的正常运行，满足个人需求。例如，用户可以在控制面板中更改网络设置、显示设置、声音设置、用户账户等。

图 1-14 控制面板

用户可以通过以下方式打开“控制面板”。

• 使用搜索功能：在任务栏上的搜索框中输入“控制面板”，然后从搜索结果中选择“控制面板”应用，单击“打开”选项，如图 1-15 所示。

图 1–15　使用搜索功能打开“控制面板”

● 通过“设置”应用：在“设置”应用中，用户需要先搜索“控制面板”或找到相关的设置项（如“关于”→“相关设置”→“控制面板项”），以打开“控制面板”，如图 1–16 所示。

图 1–16　通过“设置”应用打开“控制面板”

● 使用“运行”对话框：按快捷键 Windows+R 打开“运行”对话框，输入 control 命令后按 Enter 键，即可打开“控制面板”，如图 1–17 所示。

图 1–17　使用“运行”对话框打开“控制面板”

用户还可以将控制面板的快捷方式固定到任务栏或开始菜单上，以便快速访问。

任务实施

1. 定位位置

打开文件资源管理器（或“此电脑”），然后双击某个盘符（如 C 盘、D 盘）或者是其他任何已存在的文件夹，定位想要创建新文件夹的位置，如图 1–18 所示。

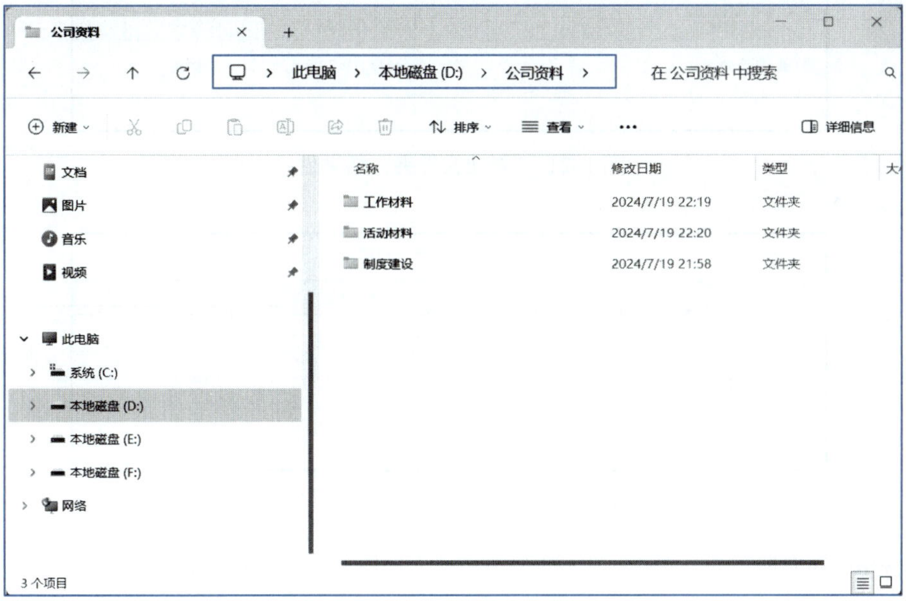

图 1–18　定位目标文件夹

2. 右击后打开快捷菜单

在目标位置（如 D:\公司资料）右击空白区域，弹出一个快捷菜单，如图 1–19 所示。

3. 选择“新建”→“文件夹”命令

在快捷菜单中，找到并单击“新建”选项，然后在子菜单中选择“文件夹”命令，如图 1–20 所示。

4. 命名文件夹

一个新的文件夹将被创建出来，并默认命名为“新建文件夹”，如图 1–21 所示。可以直接在这个名称上输入新名称，然后按下 Enter 键或鼠标单击空白处确认命名，如图 1–22 所示。

图 1-19　快捷菜单

图 1-20　“新建”→“文件夹”命令

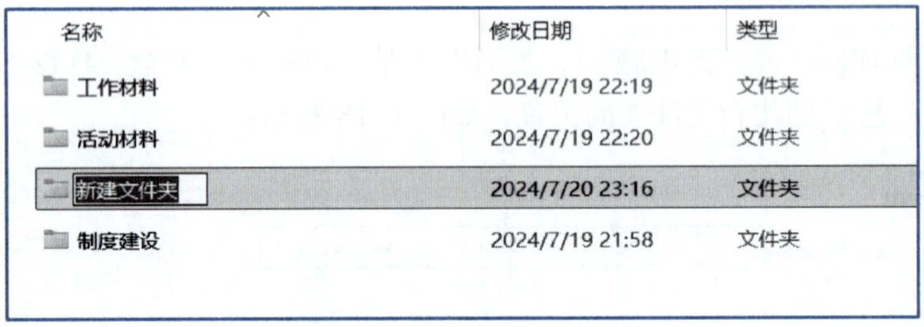

图 1-21　“新建文件夹”结果显示

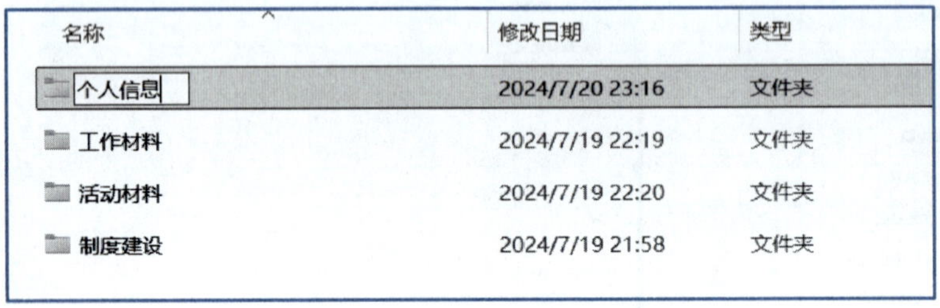

图 1-22　“新建文件夹”重命名后结果

5. 案例效果

案例效果如图 1-23 所示。

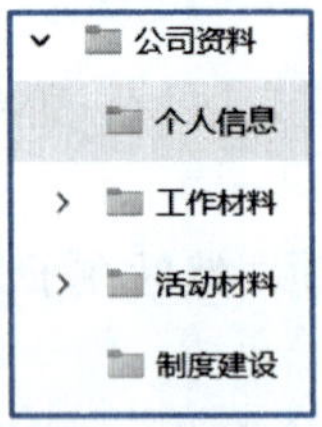

图 1-23　案例效果

任务 1.3 Windows 11 操作系统的个性化设置

任务描述

微课 2：Windows 个性化设置

本任务旨在探索 Windows 操作系统的背景、颜色、主题等多个方面的设置，让读者根据自己的需求和喜好进行灵活调整，以实现 Windows 外观和行为的个性化，从而提升读者的审美水平和工作效率。

任务实施

Windows 11 操作系统的个性化设置为用户提供了丰富的选项，允许用户根据自己的喜好和需求调整系统的外观和行为。

1. 改变桌面背景

在 Windows 11 中，改变桌面背景是一个简单直观的过程。用户可以通过以下步骤实现。

① 打开“设置”菜单，单击“个性化”选项。

② 在个性化菜单中，选择“背景”选项。

③ 在背景选项中，可以选择“图片”“纯色”或“幻灯片”作为桌面背景。

- 如果选择“图片”，可以单击“浏览照片”按钮选择本地图片，或者从微软提供的壁纸库中选择喜欢的图片；
- 如果选择“纯色”，可以从预设的颜色中选择，或者单击“自定义颜色”进行个性化设置；
- 如果选择“幻灯片”，可以选择多张图片作为桌面背景，并设置切换时间间隔。

④ 完成选择后，桌面背景将会立即更改，如图 1–24 所示。

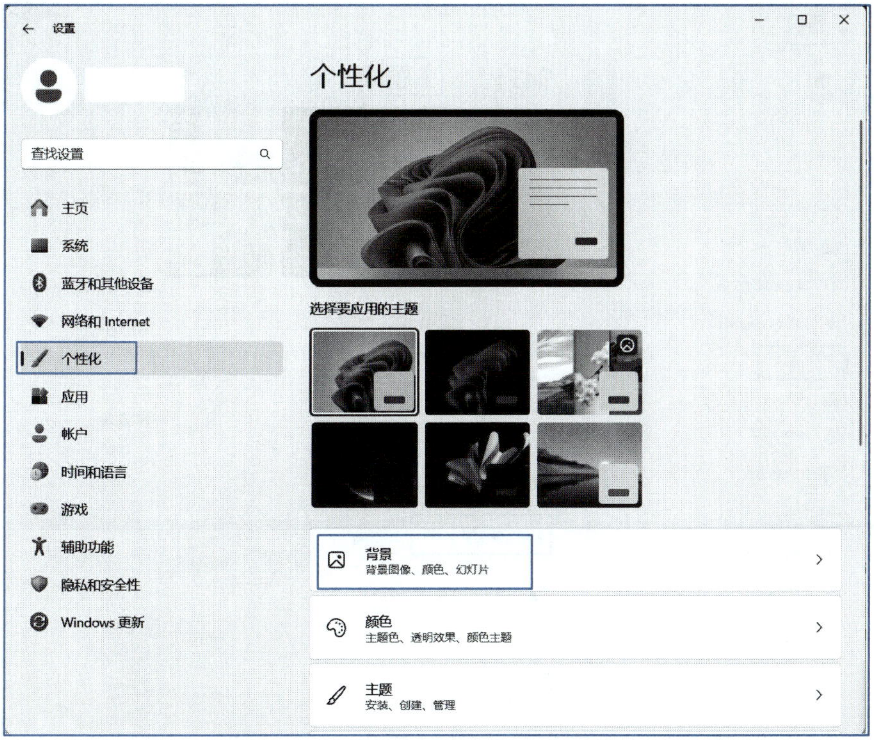

图 1–24 个性化设置面板

2. 自定义桌面图标

Windows 11 允许用户自定义桌面上的图标，用户可以通过以下方式实现图标的更改。

对于桌面上的快捷方式，用户可以通过右击，在弹出的快捷菜单中选择“属性”命令，然后在“属性”对话框的“快捷方式”选项卡中单击“更改图标”按钮，从系统提供的图标库中选择新的图标，或者使用本地存储中的 . ico 格式图标文件，如图 1–25 所示。

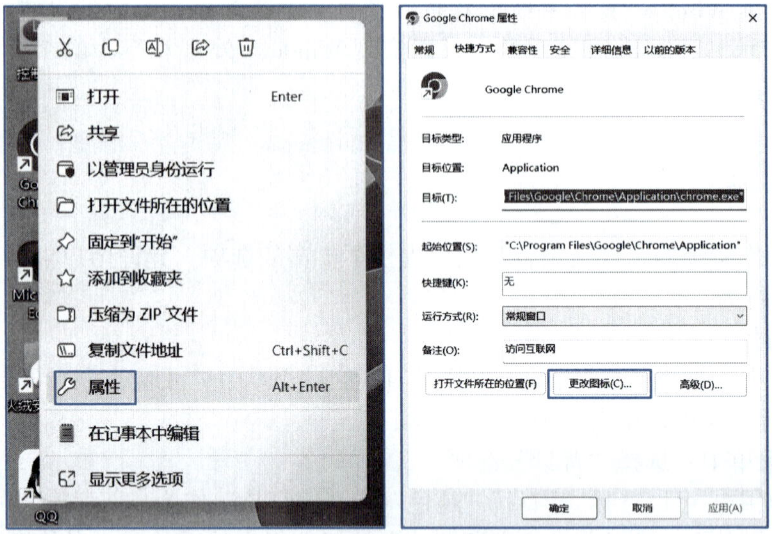

图 1–25　快捷方式图标的更改

对于系统图标（如“此电脑”“回收站”等），用户可以通过选择“设置”→“个性化”→“主题”→“桌面图标设置”来更改它们的显示或隐藏状态，但直接更改这些图标的样式可能需要使用第三方工具，如图 1–26 所示。

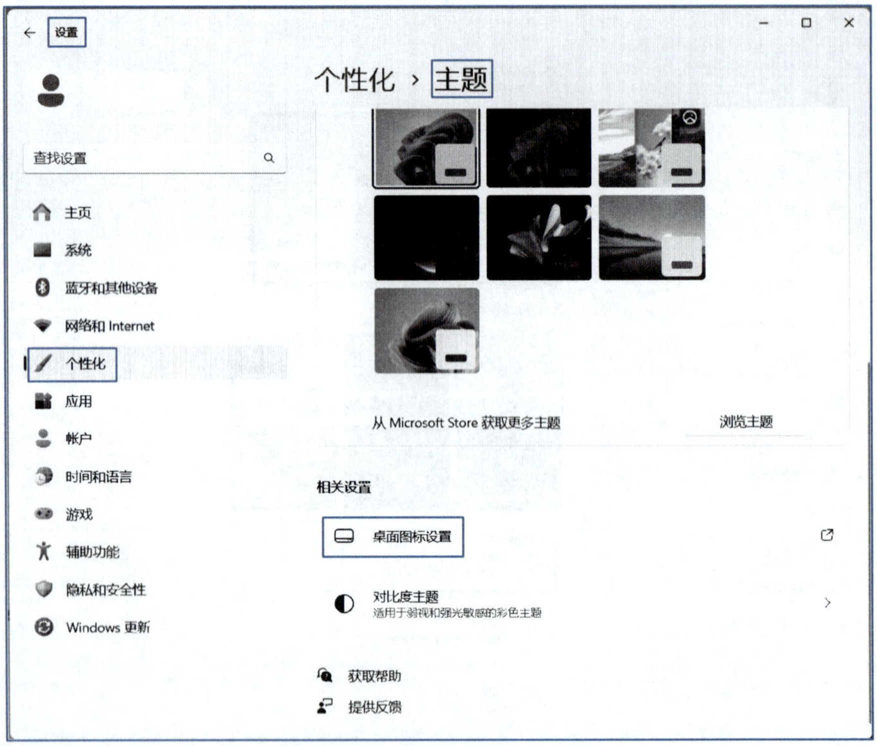

图 1–26　系统图标的更改

3. 运用外观主题

Windows 11 提供了多种外观主题供用户选择，同时也允许用户自定义主题。用户可以通过以下方式运用外观主题。

① 打开“设置”菜单，单击“个性化”选项。

② 在个性化菜单中，选择“主题”选项，如图 1–27 所示。

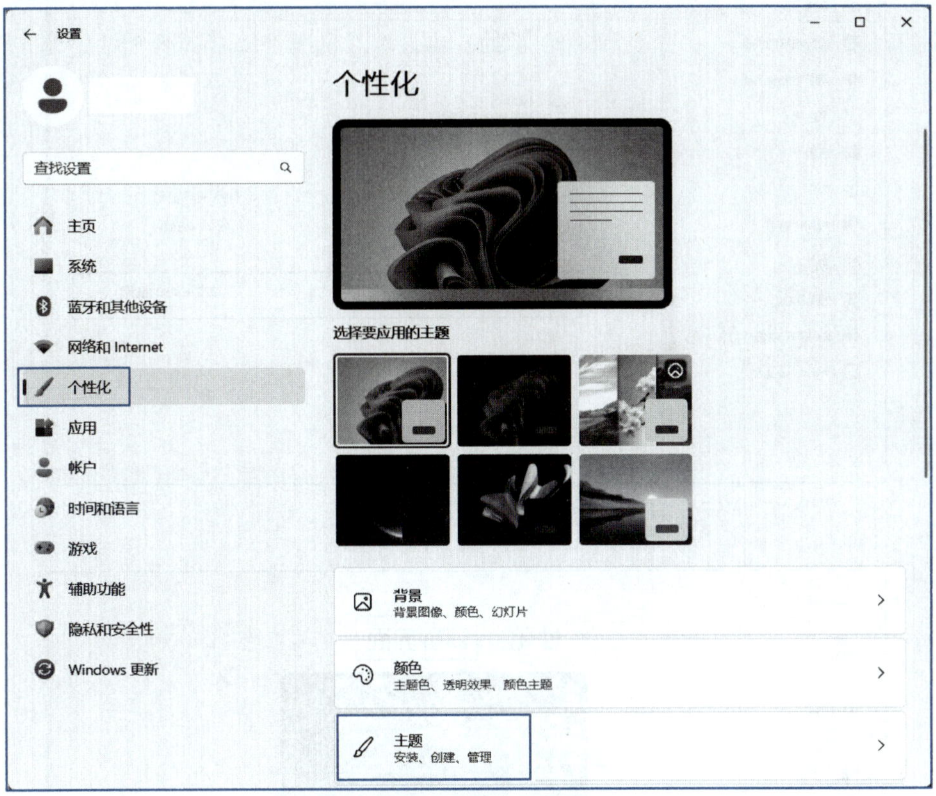

图 1–27 运用外观主题

③ 在主题选项中，用户可以从微软提供的主题库中选择喜欢的主题，或者单击“保存主题”来保存当前的主题设置，以便之后使用。

用户还可以通过第三方软件下载和安装更多的主题包，以实现更个性化的外观设置。

4. 设置屏幕分辨率

调整屏幕分辨率是优化显示效果的常用方法。在 Windows 11 中，用户可以通过以下步骤设置屏幕分辨率。

① 打开“设置”菜单，单击“系统”→“屏幕”选项。

② 在“缩放和布局”中，找到“显示器分辨率”选项。单击下拉框，选择合适的显示器分辨率。系统通常会推荐一个最佳分辨率，但也可以根据需要选择其他分辨率，如图 1–28 所示。

③ 选择完毕后，单击“保留更改”按钮以应用新的分辨率设置。

5. 设置屏幕保护程序

屏幕保护程序不仅可以保护用户的显示器免受长时间显示静态图像导致的损坏，还可以作为个性化设置的一部分。在 Windows 11 中，设置屏幕保护程序的步骤如下。

① 打开“设置”菜单或右键单击桌面空白处，在弹出的快捷菜单中选择“个性化”选项。

② 在个性化设置界面中，选择“锁屏界面”。

③ 在“相关设置”中，单击“屏幕保护程序”选项，如图 1–29 所示。

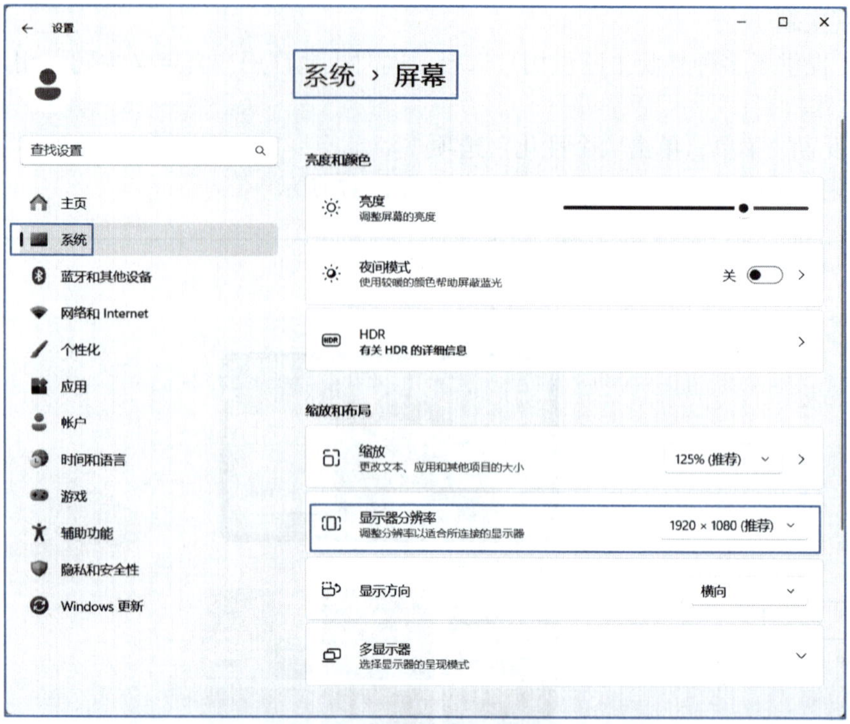

图 1-28　设置屏幕分辨率

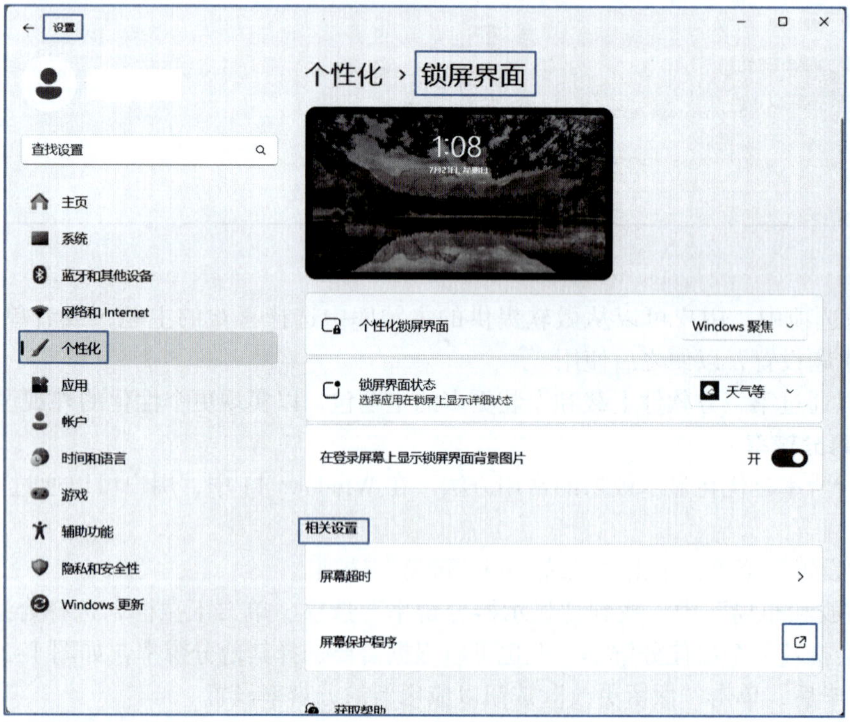

图 1-29　设置屏幕保护程序

④ 在弹出的窗口中，选择用户喜欢的屏幕保护程序样式。

⑤ 单击“设置”按钮（如果可用），对选定的屏幕保护程序进行自定义设置。

⑥ 在“等待”选项中设置屏幕保护程序启动前的等待时间。

⑦ 单击“确定”按钮以应用设置。

拓展训练：常用软件的安装与使用

训练描述

在本训练中，将学习如何安装 WinRAR 软件，并利用 WinRAR 软件进行文件或文件夹的压缩和解压缩操作，此实践过程将培养学生的专业素养。

训练目标

掌握 WinRAR 软件的安装和基本操作，熟练运用其进行压缩和解压缩。

训练实施

1. WinRAR 安装步骤

① 在互联网上下载最新版本的 WinRAR 软件安装包，双击运行，打开安装向导界面，设置安装目录，默认安装目录为 C：\Program Files\WinRAR，如图 1–30 所示。

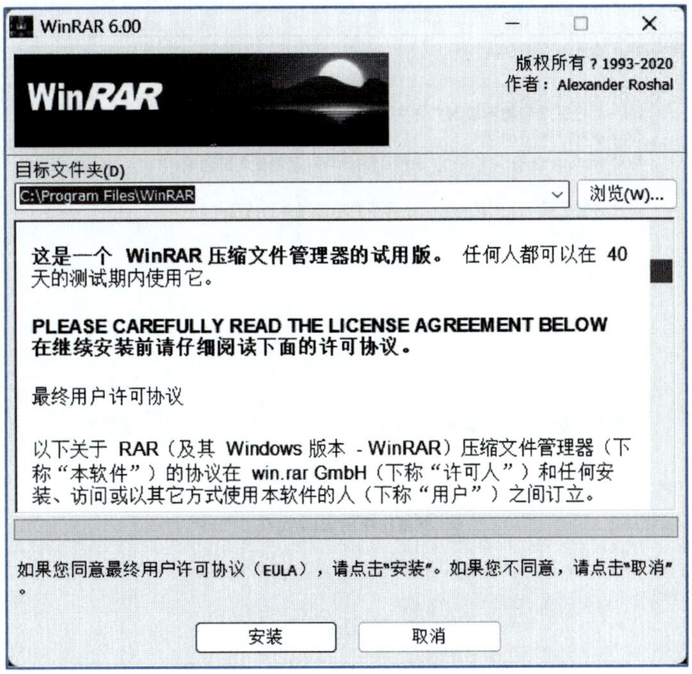

图 1–30　安装目录选择

② 确认好安装路径后单击“安装”按钮即可开始 WinRAR 软件的安装，在安装过程中对软件的使用进行相关的设置，包括 WinRAR 关联文件、界面、外壳整合设置等内容。详情如图 1–31 所示，设置好后单击“确定”按钮。

③ 安装完成后，单击“完成”按钮退出安装向导，完成 WinRAR 软件的安装，如图 1–32 所示。

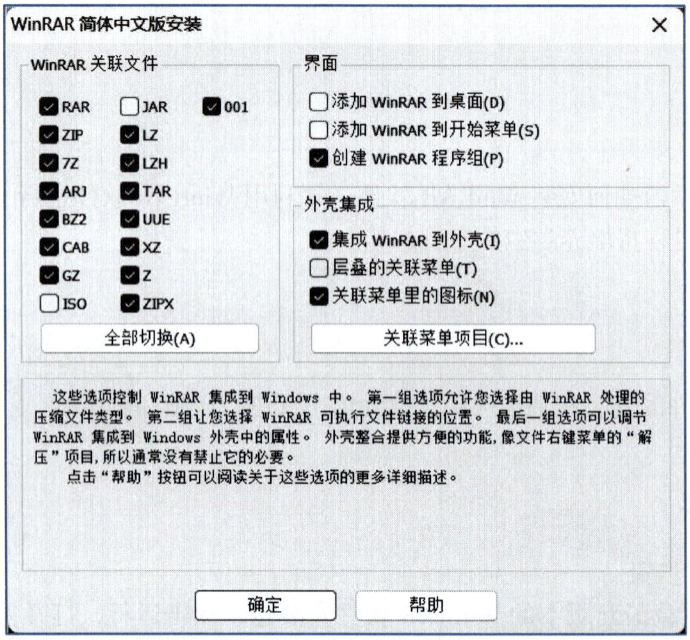

图 1–31　安装设置

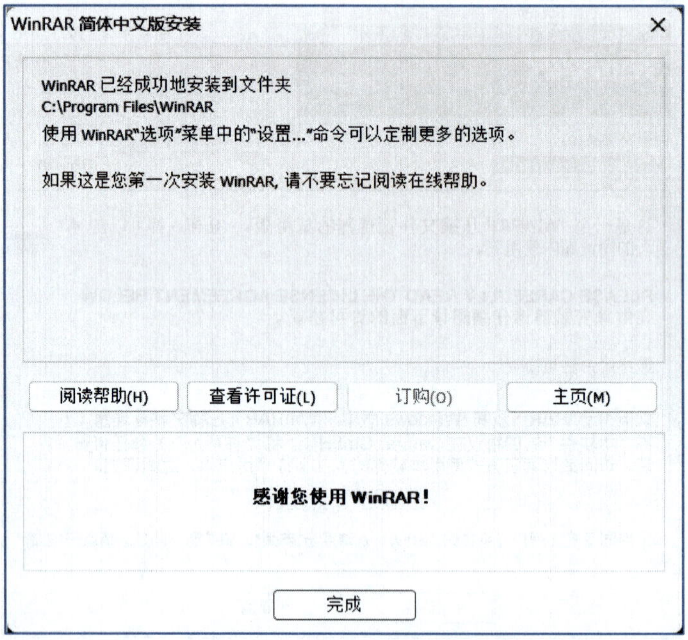

图 1–32　安装成功

2. WinRAR 压缩文件夹

① 打开“资源管理器”中“D:\公司资料”文件夹，找到“制度建设”文件夹，如图 1–33 所示。

② 选中“制度建设”文件夹，右击，在弹出的快捷菜单中选择“添加到压缩文件”命令，如图 1–34 所示。

③ 单击“添加到压缩文件”命令后，弹出“压缩文件名和参数”对话框，如图 1–35 所示。

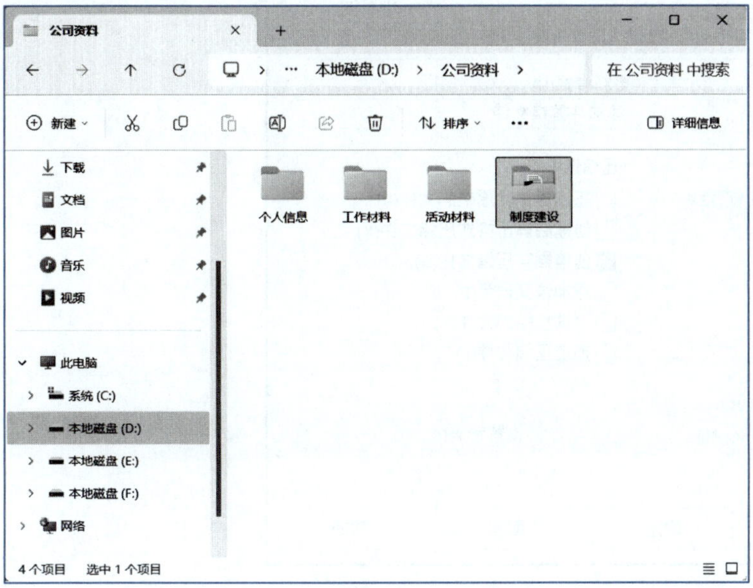

图 1-33 “制度建设”文件夹

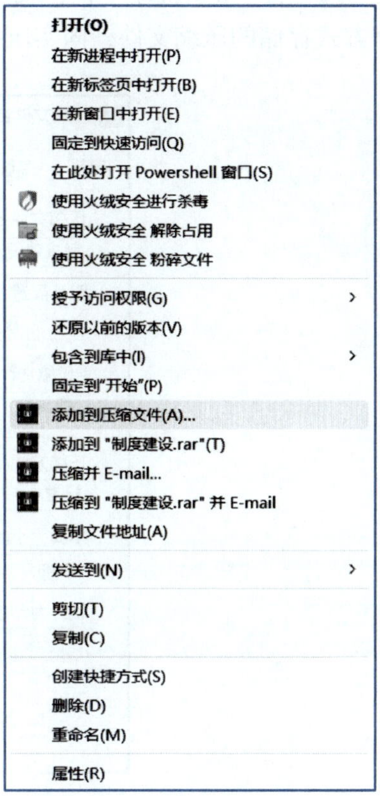

图 1-34 选择“添加到压缩文件”命令

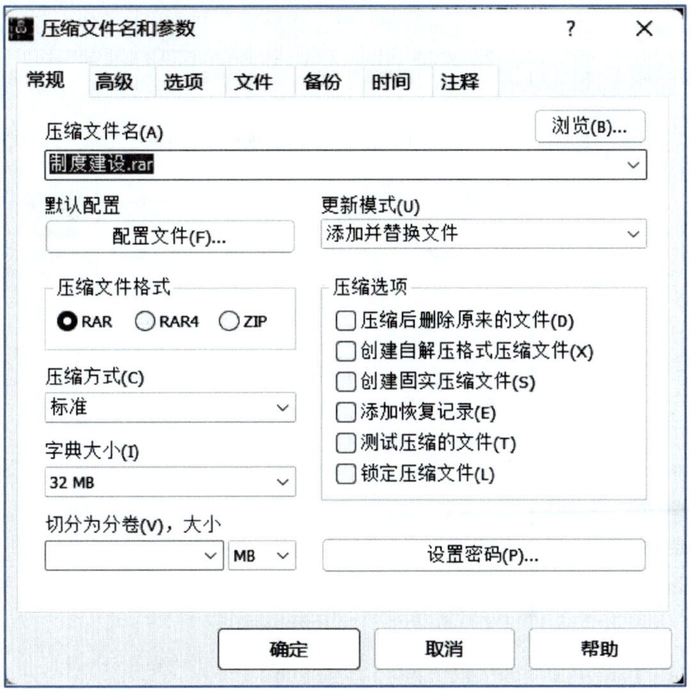

图 1-35 压缩文件名和参数窗口

④ 在“压缩选项”栏，选中“创建固实压缩文件”复选框。固实压缩文件是一种通过特殊压缩方式存储的压缩文件，固实压缩文件中的全部文件是一个连续数据流。设置如图 1–36 所示。

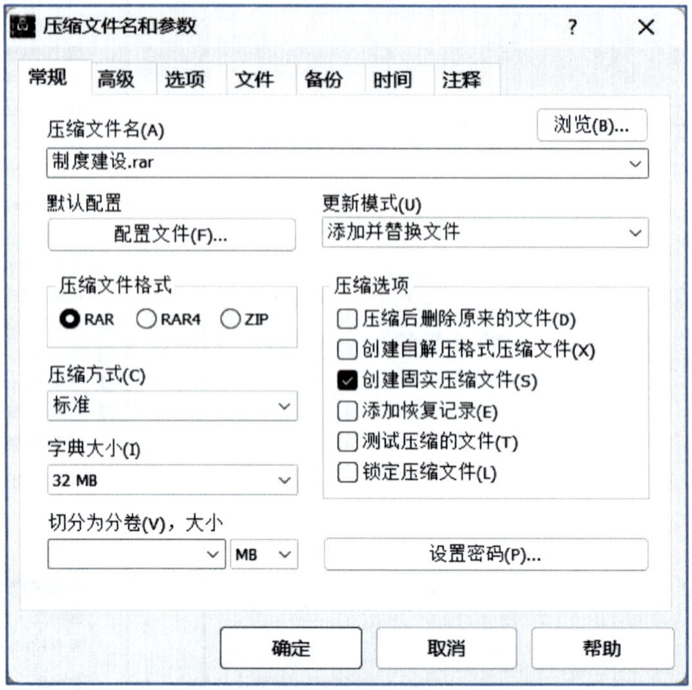

图 1–36　压缩选项设置

⑤ 最后单击“确定”按钮进行压缩即可，压缩后文件保存在同一目录（D：\公司资料）下，如图 1–37 所示。

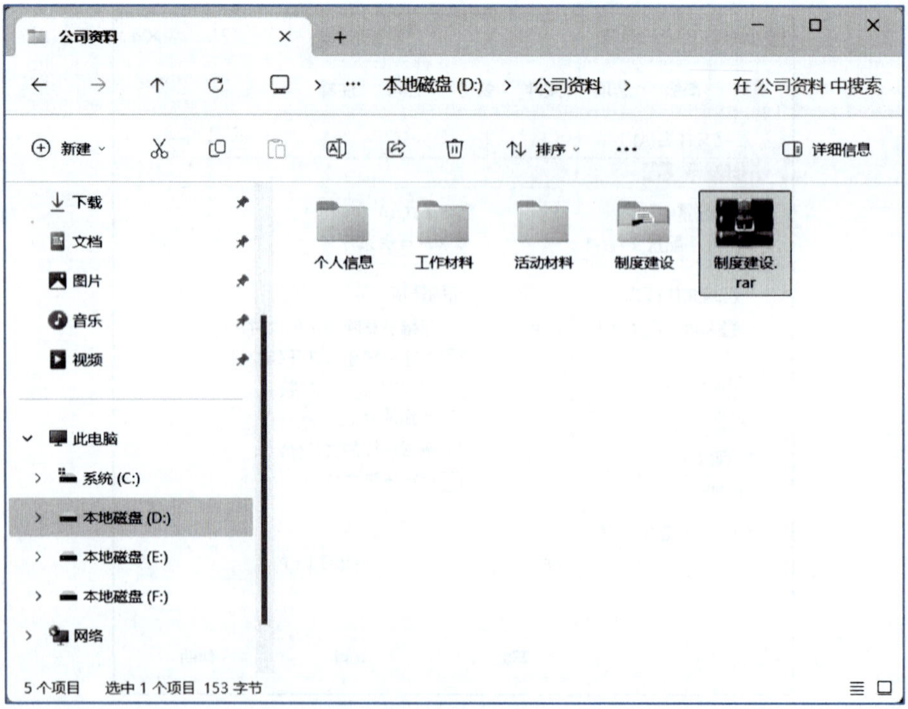

图 1–37　压缩后的结果

3. WinRAR 解压缩“制度建设 .rar”文件

① 打开“资源管理器”中“D:\公司资料”文件夹，找到“制度建设 .rar”文件。

② 选中“制度建设 . rar”文件，右击，在弹出的快捷菜单中选择“解压文件”命令，如图 1-38 所示。

③ 单击“解压文件”命令，然后为解压缩的文件选择一个合适的存储位置即可。这里选择解压后的存储位置为“D:\公司资料\个人信息”，设置如图 1-39 所示。

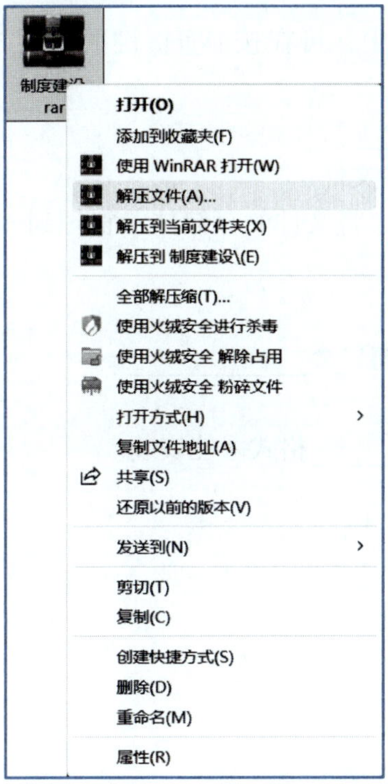

图 1-38　解压文件

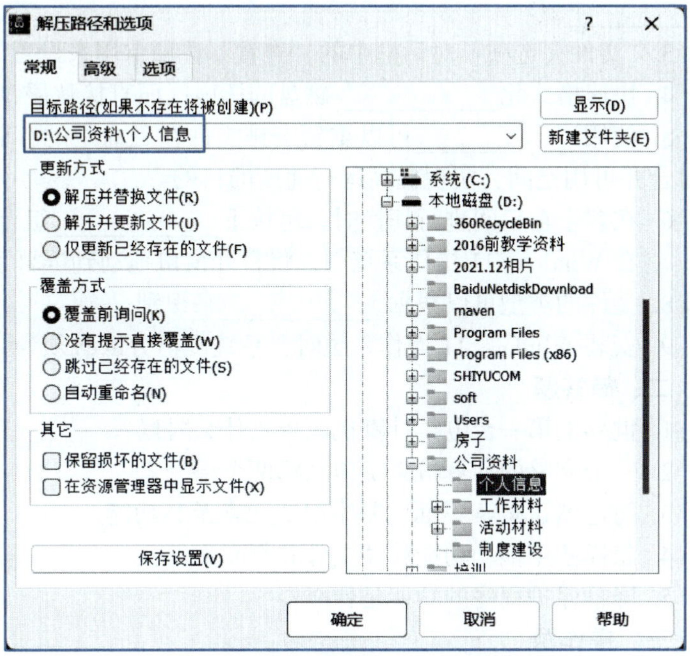

图 1-39　解压路径和选项设置

④ 单击“确定”按钮，即可完成文件的解压缩，解压缩后文件将保存到“D:\公司资料\个人信息”文件夹下。

项 目 小 结

通过本项目的学习与实践，学生不仅深入掌握了计算机基础和 Windows 操作系统的核心知识与技能，包括计算机的分类、计算机系统组成、Windows 操作系统中文件和文件夹的操作、Windows 操作系统的设置、WinRAR 软件的操作等，还学会了如何灵活运用这些技能进行计算机资料的创建与整理。

同时，本项目在实施过程中成功融入了德育元素。学生在学习专业技能的同时，也能够培养职业素养和团队合作精神。他们通过小组合作，共同完成了 Windows 操作系统和 WinRAR 软件的各种操作任务，展现了良好的团队协作精神和职业素养。这种将知识学习与价值引领有机结合的方式，不仅提升了学生的专业技能水平，也促进了他们的全面发展。

项目练习

一、填空题

1. 关闭计算机时，选择__________命令可以在不关闭程序的情况下迅速地使用另一个账户登录到系统，选择__________命令保存设置，关闭当前登录用户。

2. 若想直接删除文件或文件夹，而不将其放入“回收站”中，可在按 Delete 键的同时按住__________键。

3. “文件夹选项”对话框中的“查看”选项卡用来设置__________。

4. 快速格式化__________磁盘的坏扇区而直接从磁盘上删除文件。

5. 使用__________可以重新安排文件在磁盘中的存储位置，将文件的存储位置整理到一起，同时合并可用空间，实现提高运行速度的目的。

6. 在多个窗口间进行切换时，可按下__________组合键。

7. 在 Windows 11 操作系统中，将打开窗口拖动到屏幕顶端，窗口会__________。

8. 文件的类型可以根据__________来识别。

9. 安装 Windows 11 操作系统时，系统磁盘分区必须为__________格式才能安装。

二、简答题

1. 世界上第一台电子计算机诞生于什么时候？

2. 一个完整的计算机系统包括哪两个部分？

3. 简述 Windows 桌面的基本组成元素及其功能。

4. 怎样使用拖动功能移动文件和复制文件？

5. 屏幕保护程序的功能是什么？

三、操作题

1. 在公司文件夹“DE”下的“LIN”文件夹中分别建立名为“AB”的文件夹和名为“CUP. dbf”的文件。

2. 将公司文件夹“DE”下的“SAY”文件夹移动到“DE”下“LIN”文件夹中，重命名为“RSAY”。

项目 2　信息资源检索

项 目 描 述

本项目旨在探索信息资源检索功能，使读者能够充分利用网络平台进行专业的信息检索。本项目主要包括信息检索概述、信息检索策略、常用数据库检索、信息素养内涵、信息社会责任、新一代信息技术的概述及典型应用等内容。通过实践案例的操作与练习，读者将掌握信息检索的关键技能，能够精准、快速地从互联网中获取所需的信息。

学 习 目 标

- **知识目标**

◎ 了解信息检索的概念及流程
◎ 掌握使用搜索引擎进行信息检索的操作
◎ 了解信息素养的概念和要素
◎ 了解新一代信息技术及其主要技术的概念、特点及应用
◎ 了解新一代信息技术与其他产业的融合发展方式

- **技能目标**

◎ 具备信息获取和处理的能力
◎ 具备信息评价和传播的能力
◎ 具备使用简单的新一代信息技术解决生活、学习中的问题的能力

- **素养目标**

◎ 培养学生信息检索过程中的钻研精神、严谨态度和实事求是的工作作风
◎ 规范学生的信息社会行为，提升学生的信息素养
◎ 探索新一代信息技术的应用，培养学生的创新精神

任务 2.1　信息检索技术

任务描述

微课 3：
信息检索技术

信息检索是进行信息查询和获取的主要方式，是查找信息的方法和手段，也是信息化时代应当具备的基本信息素养之一。掌握网络信息的高效检索方法，是现代

信息社会对高素质技术技能人才的基本要求。本任务旨在介绍信息检索的基本概念和原理，提升个人在信息时代的适应能力和工作效率，培养批判性思维。

知识准备

1. 信息检索概述

（1）信息检索的定义

信息检索（Information Retrieval）是用户进行信息查询和获取的主要方式，是查找信息的方法和手段。信息检索有广义和狭义之分。

广义的信息检索是信息按一定的方式进行加工、整理、组织并存储起来，再根据用户特定的需要将相关信息准确地查找出来的过程。因此，也称为信息存储与检索。

狭义的信息检索仅指信息查询，即用户根据需要，采用某种方法或借助检索工具，从信息集合中找出所需要的信息。

（2）信息检索的分类

根据检索手段的不同，信息检索可分为手工检索和机械检索。手工检索即以手工翻检的方式，利用图书、期刊、目录卡片等工具来检索信息的一种手段，其优点是回溯性好，没有时间限制；缺点是费时，效率低。机械检索是利用计算机检索数据库的过程，其优点是速度快；缺点是回溯性不好，且有时间限制。在机械检索中，网络文献检索最为迅速，目前已成为信息检索的主流。

按检索对象的不同，信息检索又可分为文献检索、数据检索和事实检索。这 3 种检索的主要区别在于数据检索和事实检索需要检索出包含在文献中的信息本身，而文献检索则需要检索出包含所需要信息的文献。

（3）信息检索流程

信息检索流程是指从确定检索需求到检索出结果的全过程。一般来说，信息检索流程包括分析检索课题、选择检索工具、确定检索策略、评估检索结果、获取所需信息等五个步骤，信息检索流程如图 2–1 所示。

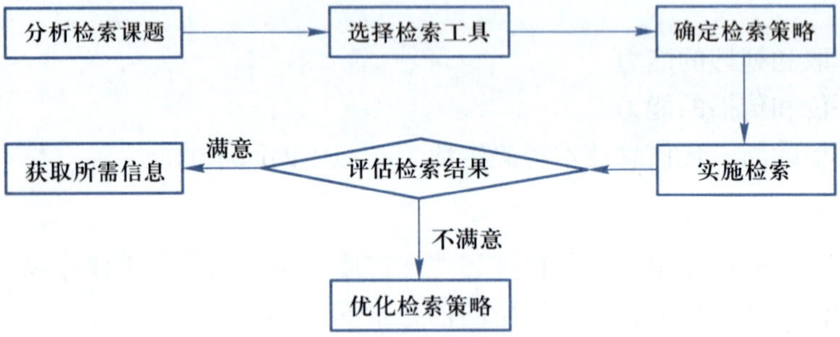

图 2–1　信息检索流程

① 分析检索课题，明确信息需求。在分析课题时，首先要明确课题的主题概念，其次要了解课题涉及的学科范围，还要了解所需信息的文献类型、语种、年代范围等。

② 选择检索工具，了解检索平台。根据课题信息需求选择适合的检索工具，一般根据检索课题所属学科、检索工具的权威性、收录范围和特色，欲使用的检索方法和检索平台功能来确定检索工具。

③ 确定检索策略，实施初步检索。确定检索策略包括提取检索词、利用检索运算符组配检索词、构造检索表达式等过程。检索表达式是检索策略的具体表达，由基于检索概念产生的检索词和各种检索算符构成。检索表达式的好坏决定检索质量。确定检索表达式后，可以运用检索表达式在

检索平台中进行初步检索。

④ 评估检索结果，优化检索策略。从检索文献命中数量、与课题内容相关度等方面来评估检索结果。当大多数检索结果与研究课题不相关时或检索结果数量太少时，需要通过缩检、扩检等手段来对检索策略进行优化。

⑤ 获取所需信息。可以通过各种方式获取所需信息，如在 CNKI 中，可利用全文数据库直接获取、利用文摘数据库的原文服务、利用馆际互借和文献传递等方式来获取原文。

（4）搜索引擎

搜索引擎是根据一定的策略、运用特定的计算机程序从互联网上采集信息，并对信息进行组织和处理后，为用户提供检索服务的系统。搜索引擎是目前进行信息检索的常用工具。

1）搜索引擎分类

随着搜索引擎技术的不断发展，搜索引擎的种类也越来越多，主要包括全文搜索引擎、目录索引、元搜索引擎等。

① 全文搜索引擎。全文搜索引擎（Full Text Search Engine）是目前广泛应用的搜索引擎，国内比较有代表性的全文搜索引擎是百度和 360 搜索。全文搜索引擎从互联网中提取各个网站的信息，并建立数据库，用户在使用全文搜索引擎进行检索时，其会在数据库中检索出与用户查询条件相匹配的记录，按一定的排列顺序将结果返回给用户。根据搜索结果来源的不同，全文搜索引擎又可以分为两类：一类是拥有自己的搜索程序的搜索引擎，它能够建立自己的网页、数据库，也能够直接从其数据库中调用搜索结果，如百度和 360 搜索；另一类则是租用其他搜索引擎的数据库，然后按照自己的规则和格式来排列和显示搜索结果的搜索引擎，如 Lycos。

② 目录索引。目录索引（Search Index/Directory）也称为分类检索，是互联网上最早提供的网站资源查询服务。目录索引主要通过搜集和整理互联网中的资源，根据搜索到的网页内容，将其网址分配到相关分类主题目录不同层次的类目之下，形成像图书馆目录一样的分类树形结构。用户在目录索引中查找网站时，可以使用关键词进行查询，也可以按照相关目录逐级查询。但需要注意的是，使用目录索引进行检索时，只能够按照网站的名称、网址、简介等内容进行查询，因此目录索引的查询结果只是网站的统一资源定位符（Uniform Resource Locator，URL），而不是具体的网站页面。搜狐目录、hao123 等都是目录索引。

③ 元搜索引擎。元搜索引擎（Meta Search Engine）在接收用户查询请求后会同时在多个搜索引擎上进行搜索，并将结果返回给用户。著名的元搜索引擎有 InfoSpace、Dogpile、Vivisimo 等。在搜索结果排列方面，有的元搜索引擎直接按来源排列搜索结果，如 Dogpile；有的元搜索引擎则按自定义的规则将结果重新排列组合，如 Vivisimo。

2）常见搜索引擎介绍

目前，常见的搜索引擎主要有百度、360 搜索、搜狗搜索等。

① 百度。百度搜索是全球最大的中文搜索引擎，2001 年 1 月成立于北京中关村，致力于向用户提供“简单，可依赖”的信息获取方式，搜索界面如图 2–2 所示。“百度”二字源于中国宋朝词人辛弃疾《青玉案》诗句“众里寻他千百度”，象征着百度公司对中文信息检索技术的执着追求。

② 360 搜索。360 搜索属于全文搜索引擎，如图 2–3 所示。它是 360 公司开发的基于机器学习技术的第三代搜索引擎，具备“自学习、自进化”的能力，以发现用户最需要的搜索结果。

③ 搜狗搜索。搜狗搜索是搜狗公司于 2004 年 8 月 3 日推出的互动式中文搜索引擎，如图 2–4 所示。它致力于中文互联网信息的深度挖掘，帮助中国网民加快信息获取速度，为用户创造价值。搜狗

图 2–2 百度搜索界面

的其他搜索产品各有特色。例如，音乐搜索死链率低，图片搜索拥有独特的组图浏览功能，新闻搜索能及时反映互联网热点事件，地图搜索拥有全国无缝漫游功能，这些特性使得搜狗的搜索产品线极大地满足了用户的日常需求。

图 2–3　360 搜索引擎界面

图 2–4　搜狗搜索界面

2. 信息检索技术

计算机信息检索的基本检索技术主要有如下几种。

（1）布尔逻辑检索

布尔逻辑检索是一种比较成熟、较为流行的检索技术，其基础是逻辑运算。常用的逻辑运算有逻辑与（AND）、逻辑或（OR）和逻辑非（NOT）3 种。下面以“图书馆”和“文献检索”两个检索词来解释 3 种逻辑运算符的具体含义。

- “图书馆”AND“文献检索”：表示同时含有这两个检索词的文献都将被命中。
- “图书馆”OR“文献检索”：表示含有其中一个检索词或同时含有这两个检索词的文献都将被命中。
- “图书馆”NOT“文献检索”：表示只含有“图书馆”而不含有“文献检索”的文献才被命中。

（2）位置检索

文献记录中词语的相对次序或位置不同，所表达的意思可能不同。同样，一个检索表达式中词语的相对次序不同，其表达的检索意图也不一样。

位置检索有时也称为临近检索，是指用一些特定的位置算符来表达检索词与检索词之间的顺序和词间距的检索。位置算符主要有（W）算符、（nW）算符、（N）算符、（nN）算符、（F）算符以及（L）算符。

- （W）算符：此算符表示其两侧的检索词必须紧密相连，除空格和标点符号外，不得插入其他词或字母，算符两侧检索词的词序不可以颠倒。
- （nW）算符：此算符表示其两侧的检索词必须按前后邻接的顺序排列，顺序不可颠倒，而且检索词之间最多可以有 n 个其他词。
- （N）算符：此算符表示其两侧的检索词必须紧密相连，除空格和标点符号外，不得插入其他词或字母，算符两侧检索词的词序可以颠倒。
- （nN）算符：此算符表示允许两词间插入最多 n 个其他词，包括实词和系统禁用词。
- （F）算符：此算符表示其两侧的检索词必须出现在同一字段中，如篇名字段、文摘字段等，词序不限，并且夹在其中间的词量不限。
- （L）算符：此算符表示其两侧的检索词之间有主从关系，可用来连接主、副标题词。

（3）截词检索

截词检索是预防漏检、提高查全率的一种常用检索技术，其含义是指在检索词的合适位置进行截断，然后使用截词符（如“*”“？”等）进行处理，以检索出包含该词或其变体的所有相关文献。使用这种方法可以节省输入的字符数目，同时达到较高的查全率。

截词检索可以按照截断的位置和截断的字符数量进行分类。

① 按截断的位置可分为后截断、前截断和中截断。

● 后截断：在检索词后截去几个字符，主要用于名词的单复数形式、动词的词尾变化等。例如，“comput*”可以检索出 computer、computers、computing 等。

● 前截断：在检索词前截去几个字符，主要用于检索词缀变化的词。但需要注意的是，前截断在实际应用中较少见，因为大多数检索系统不支持或很少使用这种截断方式。

● 中截断：在检索词中间截去几个字符，主要用于解决拼写不同或单复数形式不同的词的输入问题。例如，“organi?ation”可以检索出 organisation 和 organization。

② 按截断的字符数量可分为有限截断和无限截断。

● 有限截断：明确截去字符的数量。例如，“clou?r”表示被截断的字符只有 1 个，可以检索出 clouDr、clouer 等。

● 无限截断：不限制被截断的字符数量。例如，“educat*”可以检索出 educator、educators、educated、educating、education 等。

（4）字段限制检索

字段限制检索，就是将检索词限定在数据库记录的特定字段中进行检索。这些字段可能包括篇名、文摘、作者、关键词、出版日期等，具体取决于所使用的检索系统和数据库的结构。通过字段限制，用户可以更加精确地控制检索范围，从而快速定位到所需信息。

在信息检索中，字段通常分为基本索引字段和辅助索引字段两大类。基本索引字段主要用来表达文献内容特征，如篇名（Title）、文摘（Abstract）、叙词（Descriptors）、关键词（Keywords）等。这些字段是文献内容的核心部分，因此在进行内容检索时尤为重要。辅助索引字段表达文献外部特征，如著者（Author）、机构名称（Institution）、语种（Language）、刊名（Journal）、来源（Source）、出版年（Publication Year）等。这些字段虽然不直接反映文献内容，但对于文献的筛选和分类具有重要意义。

3. 常用数据库检索

（1）中国知网

中国知网（简称“知网”）是指中国国家知识基础设施资源系统，其英文名为 China National Knowledge Infrastructure（CNKI）。它是《中国学术期刊（光盘版）》电子杂志社和清华同方知网技术有限公司共同创办的网络知识平台，内容包括学术期刊、学位论文、工具书、会议论文、报纸、标准和专利等。

1）进入知网

在浏览器地址栏中输入知网地址，打开中国知网首页，如图 2–5 所示。

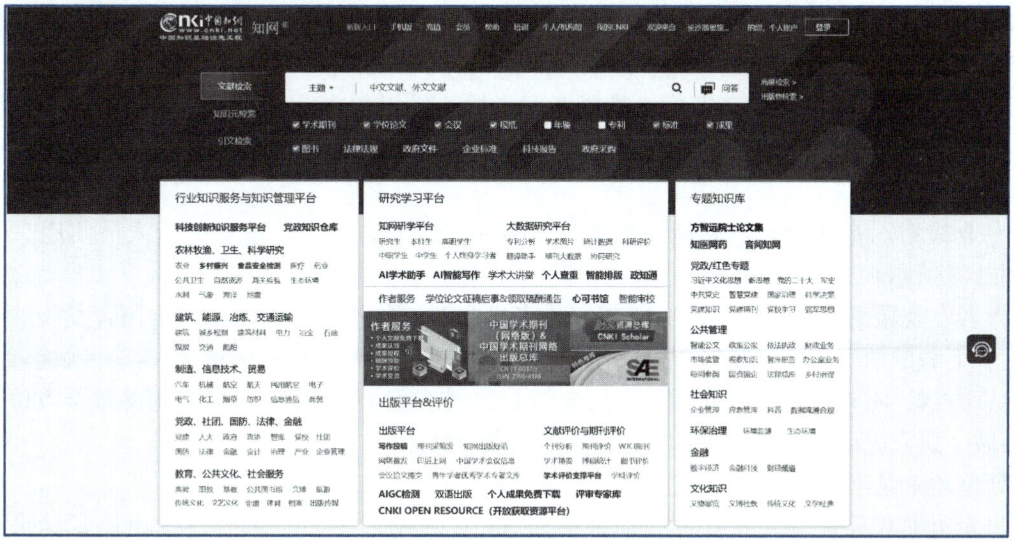

图 2–5 中国知网首页

首页下半部分主要是行业知识服务与知识管理平台、研究学习平台和专题知识库，用户可以根据需要单击相关栏目进行浏览。

2）检索

分别单击首页上部的“文献检索”“知识元检索”和“引文检索”选项卡，便可进行相关类别的检索。

① 快速检索。单击搜索框左侧下拉按钮，在下拉列表中选取“主题”“关键词”“篇名”“篇关摘”等检索字段，并在输入框内输入对应的内容，便可开始进行快速检索。另外，在搜索框下可根据需要选择单个数据库进行搜索，也可选择多个数据库进行快速检索，如图 2–6 所示。

图 2–6　快速检索

② 高级检索。在快速检索页面搜索框的右侧，单击“高级检索”按钮，即进入高级检索界面，如图 2–7 所示。

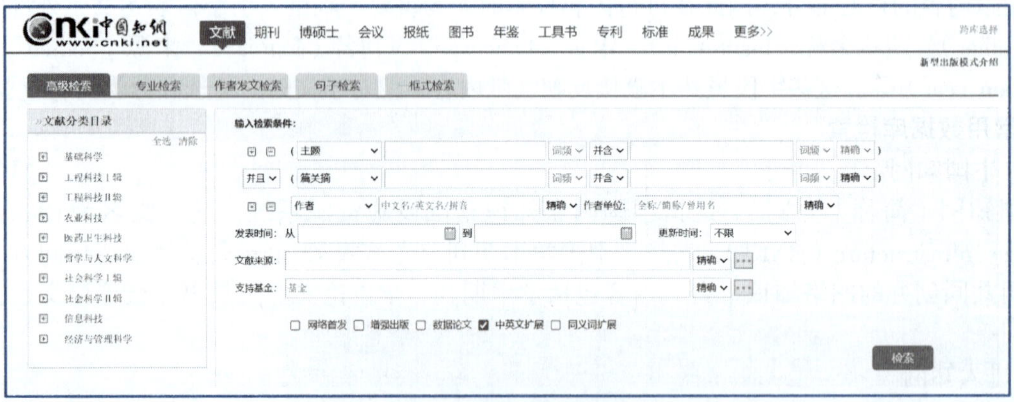

图 2–7　高级检索界面

其检索条件包括内容检索和检索控制条件，其中检索控制条件主要包括发表时间、文献来源和支持基金。另外，还可通过匹配方式、检索词的中英文扩展限定检索范围。

匹配方式有模糊匹配和精确匹配。模糊匹配指检索结果包含检索词，精确匹配指检索结果完全等同或包含检索词。中英文扩展是指由所输入的中文检索词，自动扩展检索相应检索项内英文词语的一项检索控制功能。

③ 专业检索。专业检索需要使用检索算符编制检索式，适合于信息分析人员使用。专业检索页面如图 2–8 所示。

④ 作者发文检索。作者发文检索是指以作者姓名、单位作为检索词，检索作者发表的全部文献及被引用、下载的情况，特别是对于同一作者发表文献属于不同单位的情况，可以一次检索完成。通过这种检索方式，不仅能找到某作者发表的全部文献，还可以通过对结果的分组筛选全方位了解作者的研究领域、研究成果等情况。作者发文检索如图 2–9 所示。

3）处理检索结果

① 显示处理结果。无论采用的是何种检索方式，实施检索后，系统将给出检索结果列表，如图 2–10 所示。

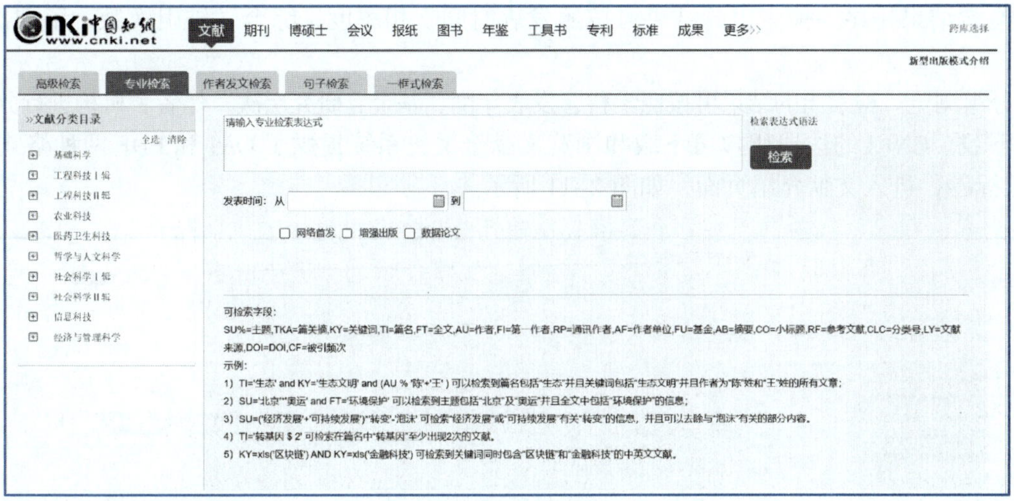

图 2-8　专业检索界面

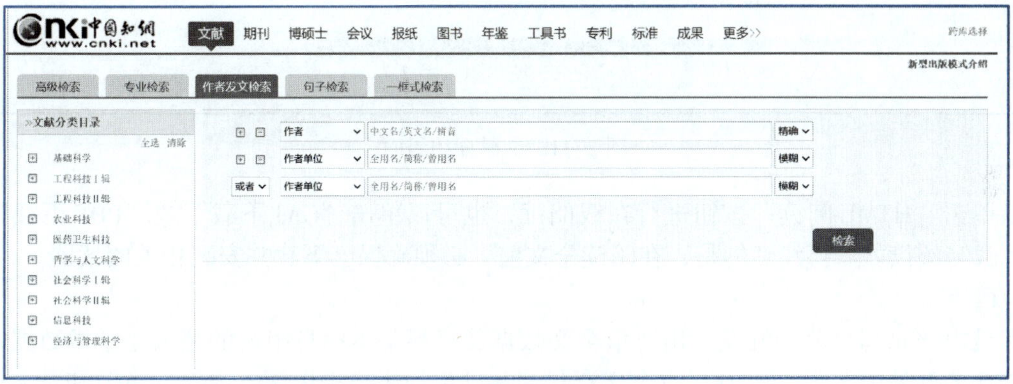

图 2-9　作者发文检索界面

图 2-10　检索结果列表

② 检索结果排序。检索出的结果可按照发表时间、相关度、综合、被引次数、下载次数进行排序。

③ 分组浏览。检索出的结果可按照学科、发表年度、基金、研究层次、作者、机构进行分组浏览。

④ 下载。CNKI 的注册用户可下载和浏览文献全文，系统提供了 CAJ 和 PDF 两种格式。例如，单击文献标题，进入文献介绍页面，如图 2–11 所示。

图 2–11 文献介绍界面

可以单击“HTML 阅读”按钮进行在线阅读，也可以单击“CAJ 下载”或“PDF 下载”按钮进行文献下载与阅读。需要注意的是，在阅读全文前，必须确保已下载并安装相关阅读器。

（2）读秀

读秀是由北京超星公司开发，由海量全文数据及资料基本信息组成的超大型学术数据库。该数据库以 430 多万种中文图书、10 亿页全文资料为基础，为用户提供深入内容的章节和全文检索，部分文献的原文试读，高效查找、获取各种类型学术文献资料的一步式检索，以及周到的参考咨询等服务，是一个较好的学术搜索引擎及文献资料服务平台。利用读秀的搜索引擎可以搜索图书、期刊、报纸、学位论文、会议论文、专利、标准等多种类型文献，其主要优点在于搜索电子图书资料便捷。

需要注意的是读秀属于收费型学术数据库，国内高校图书馆一般都购买了读秀资源使用权限，在学校 IP 段范围内（校内）的用户都可以直接访问读秀资源，无须登录和付费。而其他用户则需要注册账号并支付相应的费用才能访问和使用其资源。

访问读秀网站，选择“图书”类型检索栏，在“搜索”字段选中“书名”单选按钮，在搜索框内输入“人工智能技术”关键词，单击“中文搜索”按钮。因人工智能在很多学科都有应用，检索结果会有很多与人工智能技术无关的信息，可以单击左侧“学科”下拉按钮，选择“工业技术”，以排除其他不相关信息，缩小检索范围，提高检索准确度。检索结果如图 2–12 所示。

检索出的电子图书有 3 种情况，分别是汇雅电子书（PDF）、汇雅电子书（图像）和试读。如果图书信息显示“汇雅电子书（PDF）”或“汇雅电子书（图像）”，则此电子图书可在线全文阅读，还可以利用超星公司提供的专用阅读软件（超星阅读器）将整本书下载保存到本地计算机以便随时阅读。

如果图书信息显示“试读”，则此图书只能在线浏览包括书名页、版权页、目录页在内的前几十页内容，不能用超星阅读器进行全文下载。如果需要获取图书剩余内容，需要通过文献传递功能请求原文。如图 2–13 显示《人工智能技术基础及应用》一书只能进行部分试读。

如想获取此书全文，可以单击“图书馆文献传递”超链接，打开参考咨询界面，输入要接收文献的电子邮箱地址和验证码，单击“提交咨询”按钮，就完成了文献传递请求，如图 2–14 所示。

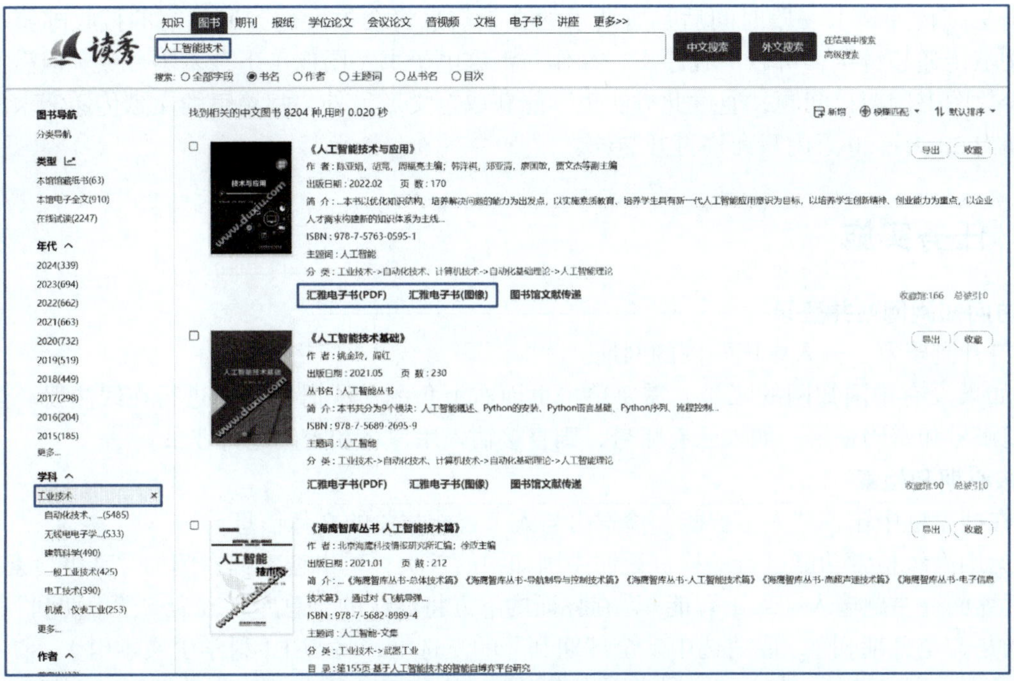

图 2-12　人工智能相关图书检索结果

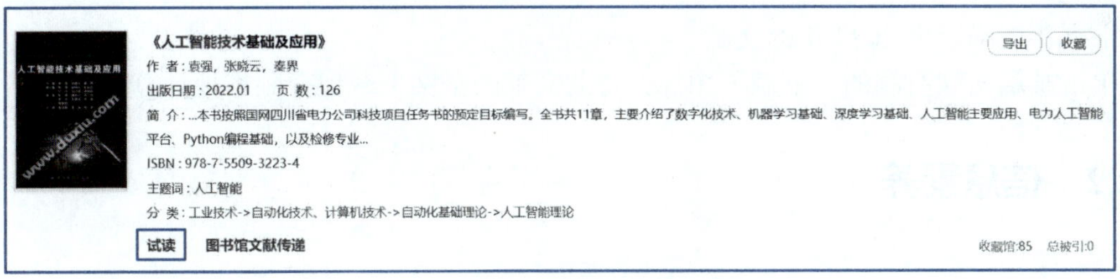

图 2-13　部分试读图书详细信息

图 2-14　提交文献传递请求

发出文献传递请求一段时间后，所请求的文献信息将会被发送到所填写的接收邮箱。登录邮箱打开文献传递超链接，可以下载原文，操作与汇雅电子书（图像）下载基本一致。但需要注意的是，极少数图书因版权问题，通过此方法也不能获取全文。另外，邮箱里的文献传递请求的下载链接有效期为 20 天，20 天内只允许打开 20 次。

任务实施

1. 访问知网网站并登录

① 打开浏览器，输入中国知网的网址。

② 如果没有中国知网的账号，需要单击页面右上角的“注册”按钮进行在线注册。注册成功后，使用账号和密码登录。如果已有账号，则直接输入用户名和密码进行登录。

2. 核心期刊检索

① 在搜索框中输入“人工智能”检索出与人工智能相关的文献信息。

② 运用高级检索功能进行缩检。返回中国知网的首页，单击搜索框右侧的“高级检索”，打开高级检索界面。主题输入“人工智能”，在界面的下方将默认的“总库”改为“学术期刊”；来源类别默认的是“全部期刊”，取消选中“全部期刊”的复选框，将 SCI（科学引文索引）、EI（工程索引）、北大核心、CSSCI（中文社会科学引文索引）、CSCD（中国科学引文数据库）全部选中，单击下方的“检索”按钮。

③ 根据年度筛选出 2024 年的文献。

④ 单击某篇文献右侧的“下载”图标，将此文献的全文下载保存到本地计算机。

任务 2.2　信息素养

任务描述

具备良好的信息素养，不仅能够帮助个人更好地适应信息社会的发展，提高学习效率和工作能力，还能够促进个人全面发展和社会和谐进步。在信息化时代，信息素养已经成为每个人必备的基本素养之一。因此，我们应该重视信息素养的培养和提升，不断学习和实践，以适应信息化社会的挑战。本任务旨在了解信息素养的概念、内涵及特点，提升信息社会责任意识。

知识准备

1. 信息素养概述

（1）信息素养的基本概念

信息素养是一个发展的概念，有专家于 1974 年首次提出信息素养这一概念，认为信息素养是人们利用大量的信息工具及主要信息资源使问题得到解决的技术和技能。还有学者提出信息素养包括信息理念和智慧理念等。1998 年，国外研究机构共同制定了信息素养的九大标准。

① 能够有效地和高效地获取信息。要求学生能够迅速定位并获取所需的信息资源，无论是通过传统的图书馆资源还是现代的信息技术工具。

② 能够熟练地、批判性地评价信息。学生需要掌握评价信息质量、可靠性和相关性的技能，能够区分有效信息和无效信息，避免被误导或欺骗。

③ 能够精确地、创造性地使用信息。学生应能准确理解信息内容，并能够在解决实际问题或进行知识创新时创造性地运用这些信息。

④ 能探求与个人兴趣有关的信息。鼓励学生根据自己的兴趣和需求主动寻求信息，培养自主学习的能力和习惯。

⑤ 能欣赏作品和其他对信息进行创造性表达的内容。要求学生具备理解和欣赏信息，并能以不同形式（如艺术作品、文学作品等）进行创造性表达。

⑥ 能力争在信息查询和知识创新中做得最好。激励学生追求卓越，在信息检索和知识创新方面不断努力，力求达到最佳效果。

⑦ 能认识信息对社会公平的重要性。使学生认识到信息在社会公平中的关键作用，包括促进公民参与、保障信息自由交流等。

⑧ 能履行与信息和信息技术相关的符合伦理道德的行为规范。强调在信息活动中遵守道德规范和法律法规的重要性，如尊重知识产权、保护个人隐私等。

⑨ 能积极参与活动来探求和创建信息。鼓励学生通过参与各种活动（如小组讨论、项目合作等）来共同探求和创建新的信息内容。

这九大标准从信息素养的不同方面进行了全面而深入的阐述，为信息素养教育和评估提供了重要的参考依据。它们不仅适用于学生群体，也对广大社会成员在信息社会中提升自身的信息素养能力具有重要的指导意义。

（2）信息素养的内涵

信息素养的内涵丰富而深远，它不仅仅是一种技能或知识的集合，还是一种综合性的能力体现，涵盖了信息意识、信息知识、信息能力和信息道德等多个方面。

① 信息意识。信息意识是指个体对信息的敏感度和重视程度。它包括对信息需求的敏锐感知，即能够认识到何时何地需要信息；对信息价值的准确判断，即能够评估信息对个体或组织的重要性和有用性；以及对信息利用的主动意愿，即能够积极寻求并有效利用信息来解决问题或推动创新。

② 信息知识。信息知识是指个体在信息技术和信息科学领域所具备的基础知识和技能。它包括但不限于信息技术的基本原理和操作方法、信息系统的构建与管理、信息资源的组织与开发等方面的知识。信息知识是信息素养的基石，为个体在信息社会中有效获取、处理和应用信息提供了必要的理论支持和技术保障。

③ 信息能力。信息能力是指个体运用信息技术工具和方法来获取、处理、分析和利用信息的能力。它涵盖了信息检索、信息筛选、信息整合、信息分析、信息创新等多个方面。信息能力是信息素养的核心，它使个体能够在信息海洋中迅速定位并获取所需信息，同时能够对这些信息进行深入分析和有效利用，从而解决实际问题或推动知识创新。

④ 信息道德。信息道德是指个体在信息活动中应遵循的道德规范和法律法规。它要求个体在获取、处理、传播和利用信息的过程中，尊重他人的知识产权和个人隐私，遵守信息社会的道德准则和法律法规，不制作、不传播不良信息，积极维护信息社会的健康发展和秩序稳定。信息道德是信息素养的重要组成部分，它体现了个体在信息社会中的责任感和公民意识。

（3）信息素养的特点

① 综合性与广泛性。信息素养是一个综合性的概念，它融合了信息技术、学科知识、思维方式和道德伦理等多个方面。这种综合性体现在它不仅要求个体具备信息技术的基本操作能力，还要求能够运用这些技能解决实际问题，同时遵循信息道德和社会规范。此外，信息素养的广泛性也体现在它适用于各个年龄段、职业领域和社会阶层的人群，是现代社会中每个人必备的基本素养。

② 实践性与应用性。信息素养的培养和提升离不开实践和应用。通过实际操作和解决问题，个体能够更好地掌握信息技能，培养信息素养。这种实践性和应用性使得信息素养不仅仅停留在理

论层面，而是能够真正转化为解决实际问题的能力。例如，在学术研究、工作决策或日常生活中，信息素养都能发挥重要作用。

③ 发展性与动态性。随着信息技术的不断发展和社会的不断进步，信息素养的内涵和要求也在不断变化和发展。新的信息技术、信息源和信息类型的出现，都要求个体不断更新和扩展自己的信息素养。因此，信息素养具有明显的发展性和动态性特点。个体需要不断学习新知识、掌握新技能，以适应信息社会的快速发展。

④ 终身性与持续性。信息素养的培养不是一蹴而就的，而是一个长期而持续的过程。在信息社会中，个体需要不断学习和实践，才能提升自己的信息素养。这种终身性和持续性要求个体具备自主学习的能力和习惯，能够主动寻求和获取新知识、新技能，以适应不断变化的信息环境。

⑤ 批判性与创新性。信息素养还强调了个体在信息处理中的批判性和创新性。批判性体现在对信息的分析和评价能力上，个体需要能够识别信息的真伪、评估信息的价值，避免被误导或欺骗。创新性则体现在对信息的利用和创新上，个体需要能够运用信息来解决问题、推动创新，并创造出新的知识和价值。

（4）信息素养的时代意义

信息素养在当今时代具有极其重要的意义，它不仅是个人适应信息社会、实现终身学习和持续发展的基础能力，也是推动社会进步、促进经济发展的关键因素。以下是信息素养时代意义的具体体现。

① 信息素养是适应信息社会的必然要求。随着信息技术的飞速发展和互联网的普及，人们已经进入了一个信息爆炸的时代。在这个时代里，信息成为最重要的资源之一，而信息素养则是人们获取、处理和应用这些信息的关键能力。只有具备了良好的信息素养，人们才能在信息海洋中筛选出有价值的信息，避免被无效或虚假信息所干扰，从而更好地适应信息社会的发展。

② 信息素养是实现终身学习和持续发展的关键。在知识更新速度日益加快的今天，终身学习和持续发展已经成为每个人的必然选择。而信息素养则是人们实现这一目标的重要基础。通过信息素养的培养和提升，人们能够更加高效地获取新知识、新技能，不断拓宽自己的知识领域和视野。同时，人们也能够更好地利用信息技术工具进行自主学习和合作学习，提高自己的学习效果和创新能力。

③ 信息素养是推动社会进步和经济发展的重要力量。信息素养的普及和提升对于社会进步和经济发展具有重要意义。在信息社会中，公民信息素养成为衡量一个国家或地区综合实力的重要指标之一。具备良好信息素养的公民能够更加高效地参与社会事务、推动科技创新和经济发展。同时，信息素养的提升也能够促进信息产业的繁荣和发展，为经济增长注入新的动力。

④ 信息素养是提升个人竞争力和就业能力的关键因素。在当今竞争激烈的就业市场中，具备良好的信息素养已经成为许多企业和用人单位对求职者的基本要求之一。通过信息素养的培养和提升，人们能够更加准确地把握市场动态和行业需求，提高自己的职业竞争力和就业能力。同时，人们也能够更好地适应工作环境的变化和挑战，实现个人职业发展的目标。

⑤ 信息素养是促进社会和谐与文明进步的基石。信息素养的提升还有助于促进社会和谐与文明进步。在信息社会中，信息素养高的公民能够更加理性地看待问题、表达观点和交流思想。他们能够尊重他人的意见和权利，遵守社会公德和法律法规，积极参与社会公益事业和志愿服务活动。这种积极向上的社会氛围将有力推动社会的和谐稳定和文明进步。

2. 信息社会责任

（1）信息素养中的职业文化

信息素养中的职业文化是一个相对宽泛而深刻的概念，它涉及信息时代的职业人在其职业生涯中如何运用信息素养来推动工作、提升专业能力和促进职业发展。

1）职业信息意识

职业信息意识是信息素养在职业文化中的基础。它要求职业人具备对信息的敏感性、洞察力和判断力，能够意识到信息对于职业发展的重要性。在信息社会中，职业人需要时刻保持对信息的关注，了解行业动态、市场趋势和技术发展，以便及时调整自己的职业规划和行动策略。

2）职业信息能力

职业信息能力是信息素养在职业文化中的核心。它包括信息获取能力、信息处理能力、信息评价能力和信息利用能力等多个方面。

① 信息获取能力：职业人需要掌握多种信息获取渠道和方法，如搜索引擎、专业数据库、行业报告等，以便及时获取所需信息。

② 信息处理能力：在获取大量信息后，职业人需要具备对信息进行筛选、整理、分析和综合的能力，以便提取出有价值的信息。

③ 信息评价能力：在信息爆炸的时代，职业人需要具备对信息质量、可靠性和权威性的评价能力，避免被错误信息误导或利用。

④ 信息利用能力：最终，职业人需要将获取和处理的信息应用于实际工作中，如制定决策、解决问题、创新创造等。

3）职业信息道德

职业信息道德是信息素养在职业文化中的重要保障。它要求职业人在信息活动中遵循道德规范和法律法规，尊重知识产权、保护个人隐私、抵制不良信息等。在信息社会中，职业人的信息行为不仅关系到个人的职业声誉和形象，还关系到整个行业的健康发展和社会秩序的稳定。

4）职业信息交流与协作

信息素养中的职业文化还体现在职业人之间的信息交流与协作上。在信息社会中，职业人需要具备良好的沟通能力和团队协作精神，以便在团队中分享信息、交流思想、协作完成任务。同时，职业人还需要掌握现代信息技术工具和方法，如电子邮件、即时通信、在线协作平台等，以提高信息交流和协作的效率和质量。

5）职业信息创新

信息素养中的职业文化还鼓励职业人进行信息创新。在信息社会中，创新是推动职业发展的重要动力。职业人需要具备创新思维和创新能力，能够利用信息技术手段对传统工作流程和方法进行改进和优化，提高工作效率和质量。同时，职业人还需要关注新兴技术的发展动态，以便及时把握机遇并应对挑战。

（2）信息伦理与行为规范

信息伦理（Information Ethics）关注人们在信息创造、存储、访问、使用和传播过程中应遵循的道德原则和行为规范。随着信息技术的迅猛发展，信息伦理变得日益重要，因为它直接影响个人隐私、数据安全、信息公正、知识产权、信息污染等多个方面。信息伦理与行为规范对于维护信息社会的稳定和发展具有重要意义。它有助于保护个人隐私和信息安全，促进信息公平和正义，增强社会信任和合作。同时，遵守信息伦理与行为规范也是社会责任感的重要体现，有助于培养公民的道德素养和社会责任感。

1）信息伦理的核心要素

- 隐私保护：尊重并保护个人隐私是信息伦理的基本原则之一。这包括不非法收集、使用或泄露他人的个人信息，确保个人数据的安全。
- 数据安全：维护数据的安全性是信息伦理的重要任务。这要求采取适当的技术和管理措施，防止数据被未经授权的访问、篡改或破坏。
- 信息公正：在信息资源的分配和使用中保持公正和公平，避免信息垄断和信息歧视。确保所有人都能平等地获取和使用信息，促进社会公正和进步。
- 知识产权：尊重和保护知识产权是信息伦理的重要内容。这包括遵守《中华人民共和国著作权法》《中华人民共和国专利法》等知识产权法律法规，不侵犯他人的知识产权权益。

- 信息质量：确保信息的真实性、准确性和完整性是信息伦理的基本要求。不传播虚假信息、误导性信息或低质量信息，以维护信息社会的信任和稳定。
- 责任与诚信：在信息活动中承担相应的责任和义务，保持诚信和诚实。对自己的行为负责，对可能产生的后果负责，不利用信息技术从事违法违规或损害他人利益的活动。

2）信息行为规范的主要内容

信息行为规范是信息伦理在具体实践中的体现，它规定了人们在信息活动中应遵循的具体行为准则。以下是一些主要的信息行为规范。

- 合法合规：在信息活动中遵守国家法律法规和相关政策规定，不从事违法违规的信息活动。
- 尊重隐私：尊重他人的隐私权，不非法收集、使用或泄露他人的个人信息。
- 保护信息安全：采取有效措施保护信息安全，防止信息泄露、篡改或破坏。
- 诚信交流：在信息交流和传播中保持诚信和真实，不传播虚假信息或误导性信息。
- 合理使用资源：合理使用信息资源，避免浪费和滥用，尊重知识产权和版权。

3）信息伦理的挑战与应对

随着信息技术的不断发展，信息伦理面临着诸多挑战。例如，大数据技术的广泛应用使得个人隐私保护变得更加困难；社交媒体的普及加剧了信息污染和虚假信息的传播；人工智能技术的发展引发了关于算法偏见和伦理责任的讨论等。

为了应对这些挑战，需要加强信息伦理教育和宣传，提高公众对信息伦理的认识和重视程度；制定和完善相关法律法规和政策措施，为信息伦理提供法律保障；加强技术研发和创新，提高信息安全性和信息质量；同时，也需要加强国际合作和交流，共同应对全球性的信息伦理问题。

（3）信息安全

随着全球信息化过程的不断推进，越来越多的信息将依靠计算机来处理、存储和转发，信息资源的保护成为一个重要的问题。信息安全不仅涉及信息的传输过程，还包括可能产生的各种信息安全问题。信息安全不是仅仅依靠某个技术就能够实现的，它实际上与信息伦理以及个体的责任担当等紧密关联。在“互联网+”时代，职业岗位与信息技术的关联进一步增强，也更强调学生的信息素养培养，即在课程教学中有意识地培养学生的数字化思维与提炼信息的批判精神，使其具备信息安全意识并坚守使用信息的道德底线，铸成学生基于信息素养的职业素养，构建职业文化。

信息安全是指为数据处理系统建立和采用的技术、管理上的安全保护，以保护计算机硬件、软件、数据不因偶然或恶意的原因而遭到破坏、更改和泄露。其目标是确保信息系统（包括硬件、软件、数据、人、物理环境及其基础设施）的安全运行，防止信息受到未经授权的访问、使用、披露、破坏、干扰和篡改。

按照《信息处理系统开放系统互联基本参考模型 第2部分：安全体系结构》（ISO 7498-2）的定义，在OSI（开放系统互联）参照模型框架内，能选择提供的安全性服务主要包括以下5个要素：身份认证（Identity Authentication）、访问控制（Access Control）、数据保密性（Data Confidentiality）、数据完整性（Data Integrity）以及不可否认性（Non-Repudiation）。这些服务共同构成了信息系统安全性的基础，确保了信息和资源在传输、处理和存储过程中的安全性、完整性和可靠性。

① 身份认证。身份认证是网络安全的重要组成部分，它的主要目的是确认网络用户的身份。通过身份认证，系统可以验证用户是否具备访问特定资源的权限。身份认证可以通过多种方式实现，如用户名和密码、多因素身份验证、数字证书等。正确的身份认证可以防止网络攻击者伪装成合法用户，从而保护网络免受恶意攻击。

② 访问控制。访问控制是网络安全的基础，它的主要目的是防止未授权的用户或实体访问网络资源。访问控制通过定义和控制对网络资源的访问权限来保证网络资源的安全性。在实践中，访

问控制通常包括基于角色、基于用户、基于属性或基于行为的控制。通过合理的访问控制策略，组织可以限制对网络资源的访问，防止敏感信息泄露和非法操作。

③ 数据保密性。数据保密性是指数据在传输和存储过程中不被未授权者访问或泄漏。在 ISO 7498-2 中，数据保密性通常通过加密技术来实现，包括对称加密和公钥加密。加密技术可以确保数据在传输过程中不被窃听或篡改，同时在存储过程中也能防止未经授权的访问。此外，访问控制也可以作为实现数据保密性的一种手段，通过限制对敏感数据的访问来保护数据的机密性。

④ 数据完整性。数据完整性是指数据的准确性和可靠性。它的主要目的是防止未经授权的修改或破坏。数据完整性可以通过数据验证、数据校验以及数据备份等手段来确保。

⑤ 不可否认性。不可否认性服务可以防止信息发送方在发送相关数据后否认自己发送过此数据，同时防止接收方在收到这些数据后否认自己收到过此数据或伪造接收数据。这种服务通常通过数字签名、时间戳等技术手段来实现。数字签名可以确保数据的来源和完整性，时间戳可以记录数据发送和接收的时间，为后续解决纠纷提供证据支持。

（4）公民信息社会责任

公民信息社会责任是信息社会健康运行的基础，也是维护国家安全、社会稳定和个人权益的重要保障。

1）信息安全意识与保护

① 具备敏锐的信息安全意识。公民应认识到信息安全的重要性，了解信息泄露可能带来的风险，如身份盗窃、财产损失等。这种意识是信息社会责任的基础。

② 掌握信息保护方法。公民应学会使用各种技术手段和措施来保护个人信息，如设置复杂密码、定期更换密码、不随意透露个人信息等。同时，还应了解并遵守信息安全相关法律法规，如《中华人民共和国网络安全法》等。

2）遵守法律法规与伦理道德

① 遵守信息社会的法律法规：公民在使用互联网和其他信息技术时，应严格遵守国家法律法规，不得从事非法活动，如传播淫秽色情信息、侵犯他人隐私等。

② 遵循伦理道德：在信息社会中，公民还应遵循社会公认的伦理道德标准，尊重他人的权利和尊严，不进行网络欺凌、诽谤等不道德行为。

3）尊重多元信息文化与信息道德

① 尊重多元信息文化：在信息全球化的背景下，公民应尊重不同国家和地区的信息文化，促进信息文化的多样性和信息的交流互鉴。

② 辩证看待网络信息：面对海量的网络信息，公民应保持理性思考，辩证地看待各种信息源和内容，不盲目相信或传播未经证实的信息。

③ 具备良好的信息道德：公民在信息社会中应展现出良好的信息道德风范，如诚实守信、尊重原创、抵制谣言等。

4）积极参与信息社会建设

① 提升信息素养：公民应不断提升自己的信息素养，如信息获取、处理、分析和利用的能力，以更好地适应信息社会的发展需求。

② 参与信息公益活动：公民可以积极参与各种信息公益活动，如网络安全宣传、信息扶贫等，为构建和谐、安全、有序的信息社会贡献自己的力量。

5）培养信息社会责任意识

① 教育引导：学校和家庭应加强对公民的信息社会责任教育，通过课堂教学、社会实践等方式培养公民的信息社会责任意识。

② 社会监督：社会各界应加强对公民信息社会行为的监督，对违反信息社会责任的行为进行

曝光和谴责，形成全社会共同维护信息社会秩序的良好氛围。

任务实施

信息素养是基本素养的构成要素，它既反映个体检索、分析信息的信息认识能力，又反映个体整合、利用、处理信息的信息使用能力。在日常生活和工作中，良好的信息素养主要体现在以下几方面。

① 能够熟练使用各种信息工具，尤其是网络传播工具，如电子邮件、微信、QQ、微博、抖音等。

② 能够根据自己的学习目标有效收集各种学习资料与信息，能熟练运用阅读、访问、讨论、检索等获取信息的方法。

③ 能够对收集到的信息进行归纳、分类、整理、鉴别等。

④ 能够自觉抵御和消除垃圾信息及有害信息的干扰，保持正确的人生观、价值观，具有自控、自律和自我调节能力。

判断表 2–1 所示案例的相关人物是否具备良好的信息素养。如果其行为不正确，请分析正确的做法应该是什么。同学们也可自行收集案例进行判断分析并填在表 2–1 中。

表 2–1　判断相关人物是否具有良好的信息素养

相 关 行 为	是 否 正 确	若不正确，请写出正确的做法
李明引用他人文章时从不注明出处	是□　否□	
张华偶尔会通过一些不合法的渠道来获取数据、图像、声音等信息	是□　否□	
赵强会在网络中恶意攻击他人	是□　否□	
孙晓在未经肖丽同意的情况下，使用肖丽的身份证信息进行网贷	是□　否□	
周珂在网络中传播不良网络信息	是□　否□	

任务 2.3　新一代信息技术

任务描述

微课 4：新一代信息技术

新一代信息技术正在全球引发新一轮的科技革命，并快速转化为现实生产力，引领科技、经济和社会的高速发展。近些年来，在新一代信息技术的驱动下，我国实体经济数字化、网络化、智能化水平不断攀升，数字经济高速增长，新一代信息技术在新旧动能转换中的战略地位和引擎作用不断凸显。了解并认识新一代信息技术，对个人践行新发展理念具有十分重要的意义。

知识准备

1. 新一代信息技术概述

（1）新一代信息技术的概念

国务院于 2010 年发布的《国务院关于加快培育和发展战略性新兴产业的决定》中明确指出“新一代信息技术产业”是国家七大战略性新兴产业之一。新一代信息技术正在向纵深发展并深刻改变着人们的生产和生活方式。

随着信息技术的高速发展，信息技术领域的各个分支，如集成电路、计算机、通信等，都在进行“代际变迁”：集成电路制造已经进入“后摩尔”时代；计算机系统进入了“云计算”时代；移动通信从 4G（4th Generation）迈入 5G（5th Generation）时代，进一步推动万物互联。

新一代信息技术涵盖技术多、应用范围广，与传统行业结合的空间大。随着科技的进一步发展，大数据、人工智能、虚拟现实、区块链、量子信息等技术加速创新和应用步伐，在很多学科领域获得了广泛关注和应用。

（2）新一代信息技术的主要代表技术

1）云计算

云计算作为新一代信息技术的核心组成部分，正以其独特的优势和广泛的应用场景深刻改变着人们的工作和生活方式。

云计算是一种基于互联网的计算方式，它通过虚拟化技术将计算资源、存储资源和网络资源封装成一个独立的虚拟环境，为用户提供服务。用户可以通过互联网访问虚拟环境，获取所需的计算资源、存储资源和软件服务，而无须关心这些资源的具体实现和管理方式。云计算的基本原理是资源的按需分配和弹性扩展，即用户可以根据实际需求动态获取和释放资源，同时资源池可以根据用户需求的变化自动调整规模。

2）大数据

新一代信息技术中的大数据，作为数据科学的核心领域，正以前所未有的速度和规模发展，深刻影响着各行各业。大数据是指那些规模巨大、类型多样、处理速度要求高且价值密度相对较低的数据集。这些数据集通常无法用传统的数据库软件和工具在合理的时间内进行获取和处理。

3）人工智能

新一代信息技术中的人工智能（AI）无疑是最具变革性和前瞻性的领域之一，它正以前所未有的方式重塑着人们的生产、生活和社会结构。人工智能是一种模拟、延伸和扩展人类智能的技术，旨在使计算机系统能够执行通常需要人类智慧才能完成的任务。这些任务包括但不限于学习、推理、自我修正、自然语言处理、图像识别、语音识别与合成等。

4）物联网

新一代信息技术中的物联网（The Internet of Things，IoT）是近年来迅猛发展并深刻影响社会生活的关键技术之一。物联网作为互联网基础上的延伸和扩展，其核心仍然是互联网，但其用户端已经扩展到了任何物品，实现了物物相连的信息交换和通信。

物联网通过射频识别（Radio Frequency Identification，RFID）、红外感应器、全球定位系统、激光扫描器等信息传感设备，按照约定的协议，将各种物品与互联网相连接，实现智能化识别、定位、跟踪、监控和管理。物联网具有以下 3 个重要特征。

① 全面感知：物联网上部署了海量的多种类型传感器，每一个传感器都是一个信息源，能够捕获不同类别、不同格式的信息。

② 可靠传输：物联网利用互联网、有线或无线网络，将物体的信息实时准确地传递出去，实现信息的互联互通。

③ 智能处理：物联网结合云计算、模式识别等智能技术，对采集到的数据进行处理和分析，为各种智能应用提供支持。

5）区块链

自加密货币兴起以来，区块链（Blockchain）技术逐渐从金融领域扩展到社会经济的多个层面，成为推动数字化转型和信任机制创新的重要力量。

区块链是一种去中心化、不可篡改、分布式账本技术，它通过一系列按照时间顺序排列的数据块（Block）组成的数据结构，来存储和验证交易信息。每个数据块都包含了前一个数据块的哈希值（Hash），从而形成一个不断增长的链条，即“区块链”。其核心特性如下。

① 去中心化：区块链网络中的每个节点都拥有完整的账本副本，无须中心化的管理机构进行控制和验证，降低了单点故障的风险。

② 不可篡改性：一旦数据被记录到区块链上，除非能够同时控制网络中超过 51% 的节点（即所谓的“51% 攻击”），否则几乎不可能对数据进行修改或删除。

③ 透明性：区块链上的所有交易记录都是公开可见的（尽管交易参与者的身份可以是匿名的），这有助于建立透明和可追踪的信任机制。

④ 智能合约：区块链技术支持编写和执行智能合约，即自动执行、控制或文档化法律事件和行动的计算机程序，无须第三方干预。

6）下一代通信网络

新一代信息技术中的下一代通信网络（Next Generation Networks，NGN）是信息技术领域的重要发展方向，它代表了通信网络技术的最新演进和融合趋势。

下一代通信网络是一种基于互联网和 IP 技术的新型通信网络架构，它能够实现多媒体通信与互联互通，提供包括语音、数据、视频和多媒体业务在内的综合开放服务。NGN 的主要特点如下。

① 全 IP 化：NGN 采用全 IP（Internet Protocol）网络结构，实现了各种通信业务的 IP 化承载，提高了网络的灵活性和可扩展性。

② 融合性：NGN 融合了语音、数据和视频等多种通信媒介，通过统一的 IP 网络进行传输，实现了网络资源的共享和高效利用。

③ 开放性：NGN 采用开放的网络架构和接口标准，支持多种业务和应用的灵活接入和部署，促进了业务的创新和发展。

④ 智能化：NGN 具备强大的业务支撑和智能化服务能力，能够根据用户需求提供个性化的通信服务和解决方案。

（3）发展新一代信息技术的意义

发展新一代信息技术具有深远的意义，它不仅能够推动科技进步，还将深刻影响经济、社会、文化等多个方面。

① 促进经济转型升级。新一代信息技术如云计算、大数据、人工智能、物联网等，为传统产业提供了转型升级的新动力。通过数字化、网络化、智能化改造，传统产业能够提升生产效率、优化资源配置、降低运营成本，从而增强市场竞争力。同时，新一代信息技术还催生了大量新兴产业，如数字经济、智能制造、智慧城市等，为经济增长提供了新的增长点。

② 推动社会进步与民生改善。新一代信息技术在医疗、教育、交通、环保等民生领域的应用，极大地方便了人民群众的生活。例如，远程医疗让优质医疗资源得以跨地域共享，让偏远地区的患者也能享受到高质量的医疗服务；在线教育打破了时间和空间的限制，为广大学子提供了更加灵活多样的学习方式；智能交通系统提高了道路通行效率，减少了交通事故的发生；智慧环保系统则能实时监测环境质量，为环保决策提供了科学依据。

③ 增强国家竞争力。在全球化的背景下，新一代信息技术已成为国际竞争的新焦点。发展新一代信息技术，有利于提升国家的技术创新能力，培养具有国际竞争力的科技企业和人才队伍，从而在激烈的国际竞争中占据有利地位。此外，新一代信息技术还为国家安全提供了重要保障，如网络安全、信息安全等领域的发展，对于维护国家主权、安全和发展利益具有重要意义。

④ 促进全球合作与交流。新一代信息技术的发展打破了传统地理界线，促进了全球范围内的信息交流和资源共享。通过互联网、社交媒体等渠道，人们可以更加便捷地获取全球范围内的信息，增进对彼此的了解和认识。同时，新一代信息技术还为跨国合作提供了新平台和新模式，促进

了全球范围内的技术转移、产业合作和人文交流。

⑤ 推动可持续发展。新一代信息技术在节能减排、环境保护等方面发挥着重要作用。通过智能化管理和优化资源配置，可以降低能源消耗和减少污染物排放；通过大数据分析和预测模型，可以更加精准地制定环保政策和措施；通过物联网技术实现环境监测和预警系统的智能化升级，可以及时发现和解决环境问题。这些都有利于推动经济社会的可持续发展。

2. 新一代信息技术典型应用

新一代信息技术的创新活动异常活跃，技术融合步伐不断加快，催生出一系列新产品、新应用和新模式。新一代信息技术的应用场景也更加多样，例如，借助 5G 技术，用户利用手机就可以在线浏览“云货架”“云橱窗”，感受 360° 全景式购物，参观基于虚拟现实（Virtual Reality，VR）的科普体验馆。

新一代信息技术在人工智能领域的典型应用广泛且深入，涵盖了多个行业和领域，推动了社会经济的快速发展和变革。

（1）智能家居

智能家居是人工智能技术在家庭生活中的重要应用。通过物联网、大数据、云计算等技术的融合，智能家居系统能够实现对家庭设备的智能化控制和管理，提高居住的舒适性和便捷性。如通过语音交互技术，用户可以轻松控制家中的灯光、空调、电视等设备，享受智能化的家居生活。又如智能门锁、智能摄像头等设备与人工智能算法相结合，能够实现人脸识别、入侵检测等功能，保障家庭安全。

（2）智能制造

在制造业中，人工智能技术被广泛应用于生产过程的智能化改造，提高了生产效率和产品质量。例如智能工厂通过引入人工智能算法和机器人技术，实现生产线的自动化和智能化。智能机器人可以完成精密零件的组装和检测工作，减少人工干预和错误率。预测性维护利用大数据分析技术，对设备的运行状态进行实时监测和预测性维护，避免设备故障和停机损失。

（3）智能医疗

人工智能技术在医疗领域的应用日益广泛，包括辅助诊断、个性化治疗、医疗影像分析等方面。例如辅助诊断系统通过分析患者的病历和检查数据，为医生提供准确的诊断建议。智能影像识别利用深度学习技术，对医疗影像进行自动识别和分类，提高诊断的准确性和效率。

（4）自动驾驶

自动驾驶是人工智能技术在交通领域的重大突破，通过传感器、雷达、摄像头等设备与人工智能算法的结合，实现车辆的自主驾驶。例如现已有自动驾驶技术公司在多个城市开展了自动驾驶出租车的试运营。通过技术的不断更新和优化，已经实现了部分自动驾驶功能，如自动变道、自动泊车等。

（5）智慧金融

人工智能技术在金融领域的应用包括风险评估、智能投顾、反欺诈等方面，提高了金融服务的效率和安全性。智能投顾通过算法分析用户的投资偏好和风险承受能力，为用户提供个性化的投资建议。反欺诈系统利用人工智能算法对交易数据进行实时监测和分析，及时发现并阻止欺诈行为。

（6）智慧教育

人工智能技术在教育领域的应用包括个性化教学、智能辅导、虚拟实验室等方面，提高了教育质量和效果。智能辅导系统通过对学生学习数据的分析，为学生提供个性化的学习建议和辅导。虚拟实验室利用虚拟现实技术，构建虚拟的实验环境，让学生能够在安全的环境中进行实验操作和学习。

（7）智慧城市

智慧城市是人工智能技术在城市管理领域的综合应用，通过物联网、大数据、云计算等技术的融合，实现城市管理的智能化和精细化。智慧安防通过智能摄像头、人脸识别等技术，实现对城市安全的实时监控和预警。智慧交通利用智能交通系统，对交通流量进行实时监测和调度，缓解交通拥堵问题。

3. 新一代信息技术与其他产业融合

新一代信息产业的市场规模正在逐渐扩大，快速发展的信息技术也与其他产业进行了高度融合，如工业互联网就是新一代信息技术与制造业尝试整合的新兴产物。除此之外，新一代信息技术也与生物医药产业、汽车产业等进行了深度融合。

（1）新一代信息技术与制造业融合

在新一轮科技革命和产业革命的浪潮下，中国经济进入全面高质量发展阶段，制造业在高质量发展与维持产业比重方面面临着新的挑战。为应对这些挑战，推动制造业与新一代信息技术的深度融合成为必然选择。这种融合有助于提升制造业的智能化、网络化、数字化水平，促进制造业生产方式和企业形态的根本性变革，进而推动制造大国向制造强国转变。新一代信息技术与制造业融合主要包括以下几个方面。

① 智能制造。通过集成应用智能装备、智能软件、物联网、大数据、云计算等新一代信息技术，实现生产过程的自动化、智能化和高效化。智能制造是新一代信息技术与制造业融合的核心领域，也是推动制造业转型升级的重要方向。

② 工业互联网。构建基于工业互联网平台的新型生产和服务体系，实现人、机、物的全面互联和智能交互。工业互联网平台通过提供数据采集、分析、处理和服务等功能，帮助企业实现生产过程的优化和管理水平的提升。

③ 大数据与人工智能。利用大数据技术收集和分析生产过程中的海量数据，通过人工智能算法进行智能决策和优化，这有助于企业实现精准营销、智能制造、供应链优化等目标，提升企业的竞争力和市场响应速度。

④ 5G 与物联网。5G 技术的高速、低时延、大连接特性为物联网的发展提供了有力支撑。通过 5G 与物联网的融合应用，可以实现生产设备的远程监控、故障诊断和预测性维护等功能，提升生产效率和设备利用率。

（2）新一代信息技术与生物医药融合

新一代信息技术与生物医药的融合，正逐步重塑整个医疗健康行业的面貌，开启了生物医药领域前所未有的创新篇章。这种深度融合不仅加速了药物研发进程，提高了疾病诊断与治疗的精准度，还促进了医疗服务的智能化、个性化与远程化，为全球医疗健康产业带来了革命性的变革。

1）加速药物研发与创新

① 基因测序与数据分析。新一代信息技术，尤其是大数据和云计算技术，使得海量的基因测序数据得以高效处理和分析。通过挖掘这些数据中的潜在规律，科学家能够更快速地识别与疾病相关的基因变异，为新药靶点的发现提供重要线索。同时，人工智能算法的应用能够模拟药物与生物分子的相互作用，预测药物疗效和副作用，大大缩短了药物研发周期并降低了成本。

② 精准医疗与个性化用药。基于患者基因信息、疾病状态及生活习惯等多维度数据的综合分析，新一代信息技术助力实现精准医疗。医生可以根据患者的个体特征，为其量身定制最合适的治疗方案，包括药物种类、剂量及给药方式等。这种个性化用药模式显著提高了治疗效果，减少了不必要的药物副作用。

2）提升疾病诊断与治疗水平

① 智能影像诊断。深度学习等人工智能技术已广泛应用于医学影像诊断领域。通过使用大量医学影像数据进行训练，AI 系统能够自动识别病变区域、判断疾病类型及严重程度，为医生提供辅助诊断意见。这种技术不仅提高了诊断的准确性和效率，还缓解了医疗资源紧张的问题。

② 远程医疗与在线诊疗。物联网和 5G 等通信技术的快速发展，使得远程医疗成为可能。患者可以通过可穿戴设备、智能手机等终端，实时传输生理数据至医疗机构或专家手中，接受远程会诊和在线诊疗服务。这不仅方便了患者就医，还促进了医疗资源的均衡分配。

3）促进医疗服务的智能化与个性化

① 智能医疗助手。基于自然语言处理和语音识别技术，智能医疗助手能够辅助医生完成病历记录、医嘱开具等日常工作，减轻医生负担。同时，它们还能根据患者需求提供健康咨询、用药指导等服务。

② 健康管理与预防。新一代信息技术还为健康管理提供了有力支持。用户可通过可穿戴设备持续监测自己的生理指标，结合大数据分析预测疾病风险，获得个性化的健康管理建议。此外，基于地理位置、气候等环境因素的考虑，系统还能为用户提供有针对性的疾病预防策略。

4）面临的挑战与应对策略

尽管新一代信息技术与生物医药的融合带来了诸多机遇，但也面临着数据安全与隐私保护、技术标准不统一、医疗伦理与法规滞后等挑战。为应对这些挑战，可以采取以下策略。

① 加强数据安全与隐私保护技术研发，建立健全的数据管理和保护机制。

② 推动技术标准的制定与统一，促进不同系统之间的互联互通。

③ 加强医疗伦理与法规建设，确保新技术在合法合规的前提下应用。

④ 加强跨学科人才培养与交流合作，促进生物医药与信息技术的深度融合发展。

（3）新一代信息技术与汽车产业融合

新一代信息技术与汽车产业的深度融合，正引领着全球汽车行业步入一个前所未有的变革时代。这种融合不仅仅是技术层面的简单叠加，而是深刻改变了汽车的设计、生产、销售、使用乃至整个产业链的生态模式，为汽车产业注入了前所未有的创新活力与可持续发展动力。

① 技术创新引领产业升级。5G、人工智能、物联网、大数据、云计算等新一代信息技术正以前所未有的速度应用到汽车产业的各个环节。通过集成先进的传感器、高精度地图、智能算法等，自动驾驶技术使车辆能够在复杂环境中实现自主导航、避障、决策等功能，极大地提升了交通的安全性和效率。同时，智能网联汽车通过车联网技术，实现了车辆与车辆、车辆与基础设施之间的实时信息交换和共享，为智能交通系统的构建奠定了坚实基础。

② 智能制造重塑生产模式。在汽车制造领域，智能制造技术的引入彻底改变了传统的生产方式。数字化工厂、智能机器人、自动化生产线等技术的应用，不仅提高了生产效率和产品质量，还降低了人力成本和能耗。ERP、MES、SCM 等信息系统的集成，实现了生产过程的可视化、可追溯化和智能化管理，为汽车制造商提供了更加精准、高效的决策支持。此外，智能制造还促进了汽车产业的定制化生产，满足了消费者日益增长的个性化需求。

③ 数字化转型优化营销与服务。新一代信息技术的应用还推动了汽车产业的营销与服务模式的数字化转型。通过大数据分析和用户画像技术，汽车制造商可以更准确地把握市场趋势和消费者需求，制定更加精准的营销策略。同时，电商平台、社交媒体等线上渠道的兴起，使汽车销售途径更加便捷、高效。在售后服务方面，远程诊断、在线维修、智能客服等数字化服务手段的应用，不仅提升了用户满意度和黏性，还降低了服务成本和周期。

④ 跨界融合构建产业新生态。新一代信息技术与汽车产业的融合还促进了跨界合作与产业生态的构建。一方面，汽车制造商与科技企业、互联网公司等加强合作，共同推动智能网联汽车、自动驾驶等技术的研发和应用；另一方面，汽车产业还与其他行业，如能源、交通、城市管理等实现深度融合，共同构建智能交通系统、智慧城市等新型基础设施。这种跨界融合不仅推动了汽车产业的创新发展，还促进了整个社会的数字化转型和可持续发展。

（4）新一代信息技术与农业融合

新一代信息技术与农业的深度融合，正引领着传统农业向智慧农业、精准农业和可持续农业转型升级，极大地提升了农业生产效率、资源利用效率和农产品质量，为全球农业可持续发展注入了强劲动力。

1）智能感知与精准管理

① 物联网技术的应用。通过部署在农田、温室、养殖场等农业生产环境中的各类传感器，物联网技术能够实时采集土壤湿度、光照强度、温度、二氧化碳浓度以及动物行为、健康状况等关键数据。这些数据为农业生产提供了精准的“数字画像”，使得农业生产者和管理者能够基于数据做出科学决策，实现精准灌溉、施肥、病虫害防控和动物健康管理。

② 遥感卫星与无人机监测。利用遥感卫星和无人机进行大范围、高频次的农田监测，可以快速获取作物生长状况、病虫害分布及土壤养分等信息。这些数据不仅有助于及时发现并解决问题，还能为农业保险、农作物估产等提供可靠依据。

2）智能决策与自动化控制

① 人工智能与机器学习：结合大数据分析，人工智能和机器学习算法能够处理和分析海量农业数据，识别作物生长的最佳条件，预测产量和市场趋势，为农业生产者提供个性化的种植建议。同时，智能控制系统能够根据实时数据自动调整灌溉、施肥、通风等农业生产环节，实现农业生产的全自动化和智能化。

② 精准农业机器人：智能机器人技术在农业中的应用日益广泛，包括播种机器人、除草机器人、采摘机器人等。这些机器人能够精准执行农业任务，减少人力成本，提高作业效率和精度，同时降低农作物对化学农药和化肥的依赖。

3）农产品追溯与供应链管理

① 区块链技术。区块链技术以其去中心化、不可篡改的特性，为农产品追溯提供了可靠的技术手段。通过为每个农产品分配唯一的数字身份，记录其生产、加工、运输、销售等全链条信息，消费者可以轻松查询到农产品的来源和品质信息，增强消费信心。同时，区块链技术也有助于提高供应链的透明度和效率，降低欺诈和浪费。

② 智能物流与冷链物流。利用物联网、GPS 和大数据等技术，可以实时监控农产品的物流状态，确保农产品在运输过程中保持最佳品质。特别是在冷链物流中，智能温控系统能够精确控制温度、湿度等环境条件，减少农产品损耗，保障食品安全。

4）促进农业可持续发展

① 资源高效利用。新一代信息技术有助于实现农业资源的精准配置和高效利用。通过精准灌溉、施肥等技术手段，可以减少水资源和化肥农药的浪费；通过智能农机装备和自动化控制技术，可以提高农业机械的利用率和作业效率。

② 环境保护与生态修复。利用遥感监测和无人机技术，可以及时发现并处理农业面源污染问题；通过智能农业系统优化种植结构和管理方式，可以减少对生态环境的破坏；同时，利用生物技术和信息技术手段进行生态修复和土壤改良也是未来农业发展的重要方向。

5）面临的挑战与应对策略

尽管新一代信息技术与农业的融合带来了诸多机遇，但也面临着技术普及难度大、农业生产者素质提升需求高、数据安全与隐私保护等问题。为应对这些挑战，需要采取以下策略。

① 加强农业信息技术研发和推广力度，提高农业生产者对新技术的认知度和接受度。

② 加强农业生产者培训和教育工作，提高其信息技术应用能力和综合素质。

③ 加强数据安全与隐私保护技术研发和应用实践，建立健全的数据管理和保护机制。

④ 推动农业信息化与农业现代化的深度融合发展，形成具有中国特色的智慧农业发展模式。

任务实施

人工智能、区块链、大数据等新一代信息技术正在经济社会的各领域快速发展与应用，成为驱动行业技术创新和产业变革的重要力量。其中，人工智能在人们生活中的应用尤其普遍，例如航拍无人机便是利用人工智能、物联网、大数据技术等使得定位更加准确、图像分析结果更加精确。航拍无人机可以弥补卫星和载人航空遥感技术的不足，催生了更加多元化的应用场景，如航空拍照、地质测量、高压输电线路巡视、高速公路管理、毒气勘察等。

除此之外，请同学们思考新一代信息技术还有哪些典型应用场景或产品，并将其填入表 2–2 中，分析该典型应用场景或产品都应用了哪些新一代信息技术。

表 2–2 新一代信息技术典型应用场景与产品分析

典型应用场景	相关技术	解决的问题
智能物流	物联网、人工智能、大数据与云计算等技术	解决了物流行业中的多个问题，提高了物流效率、降低了物流成本、提升了服务质量并优化了资源配置
自动驾驶	人工智能、物联网等技术	解决了传统驾驶中的诸多问题，提高了道路安全、交通效率和驾驶舒适性

拓展训练：应用信息检索技术给未来职业画像

训练描述

在本训练中，将学习如何利用搜索引擎、专用数据库等检索信息，完成未来职业画像，此过程将培养学生的信息检索技能，提升信息素养。

训练目标

- 掌握信息检索的技能，能在百度搜索引擎中熟练运用检索技术构建合理的检索式，掌握百度学术、百度高级搜索的操作。
- 学会使用知网进行学术文献搜索，并能根据作者发表的文献量进行可视化统计等。
- 学会使用佰腾网进行专利信息检索等。

训练实施

1. 搜索专业培养目标和生涯规划

① 打开百度搜索引擎，输入检索词“人工智能应用技术专业 培养目标”，查看搜索结果。

② 输入检索词“人工智能应用技术专业 人才培养目标”，查看搜索结果。

③ 输入检索词“人工智能应用技术专业 人才培养目标 site：edu.cn”，锁定各个大学的官方网页，查看搜索结果。

④ 输入检索词“人工智能应用技术专业 生涯规划”，查看搜索结果。

2. 查找特定岗位要求

① 打开一个在线招聘网站，在职位类型搜索框中输入检索词“人工智能工程师”。

② 打开某个岗位的招聘链接，可以浏览此岗位的具体描述，从工作岗位描述中可了解未来工作岗位很可能面对的工作内容。

③ 使用垂直搜索引擎“职友集”（百度等属于通用搜索引擎）搜索人工智能工程师在长沙的招聘广告，浏览搜索结果，感受真实职场中人工智能工程师具体从事的业务，了解需要什么资质才能就业、晋升与发展。

3. 了解行业前景

① 在百度搜索引擎中输入检索式“人工智能产业 site：gov.cn”，通过限定网址来源查阅大数据产业的官方行业政策、规划和文件等。

② 在百度搜索引擎中输入检索式“人工智能产业 | 人工智能行业 | site：gov.cn”，通过限定网址来源以及相似词，使用布尔逻辑“或”，查阅人工智能产业的官方行业政策、规划和文件等。

③ 在搜狗搜索引擎中，输入检索式“人工智能 行业 OR 产业 研报 OR 报告”，查找大数据相关的研究报告。

4. 查找标杆企业和行业精英

① 在百度搜索引擎页面，单击“设置”按钮，选择“高级搜索”，打开高级搜索界面，并输入相应的检索词，查阅人工智能技术的标杆企业，如图 2-15 所示。

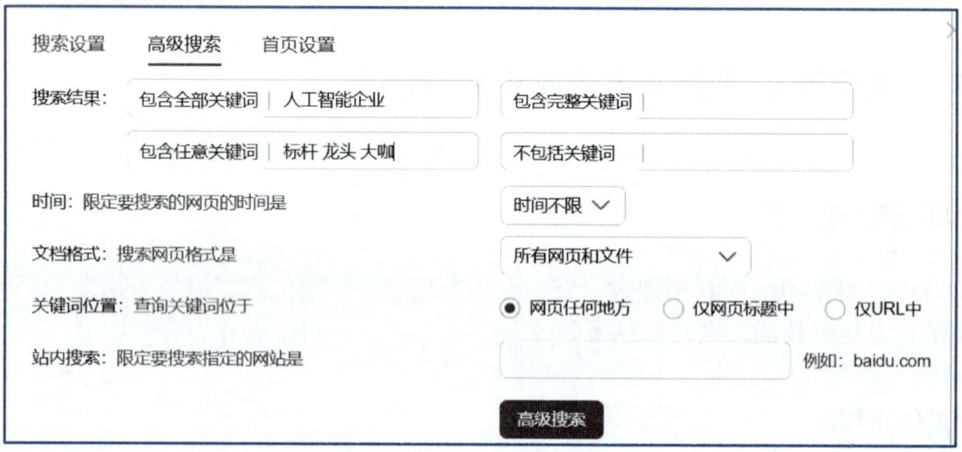

图 2-15　查阅人工智能技术标杆企业

② 在百度搜索引擎界面，单击“设置”按钮，选择“高级搜索”，打开高级搜索界面，并输入相应的检索词，查阅人工智能相关企业排行榜，如图 2-16 所示。

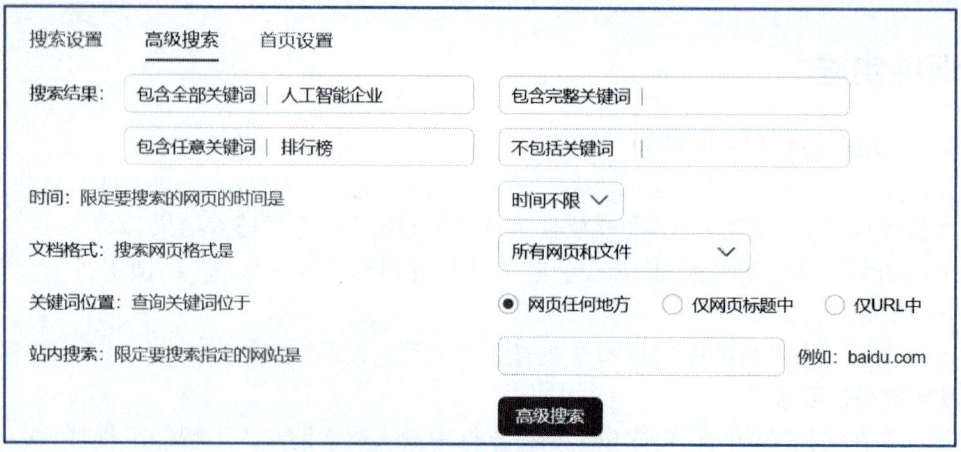

图 2-16　查阅企业排行榜

③ 查找专利信息，利用佰腾网免费查询人工智能技术领域的专利大户企业。打开佰腾网首页，单击右上角的“注册”按钮，使用个人信息注册账号，登录后即可免费使用专业检索系统。在搜索框内输入关键词“人工智能”，即可进行简单检索，如图 2-17 所示。

图 2-17　佰腾网专利检索平台

检索结果如图 2-18 所示，对于检索结果还可以进行多维度的统计，如按照国家、申请人、申请日等，通过专门的专利数据库可以对具体技术领域的专利数据排序，锁定具体的技术领军企业。

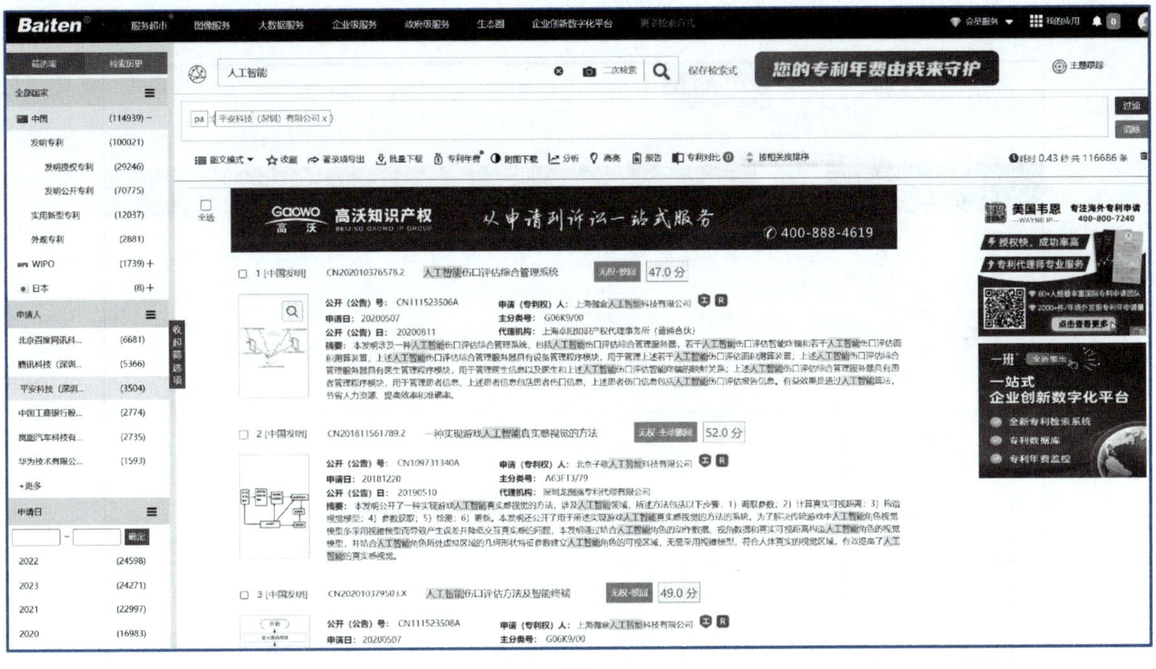

图 2-18　专利检索结果展示

④ 从知网期刊数据库调查专业文献上的作者。打开中国知网首页，单击“学术期刊”超链接，进入学术期刊检索界面，如图 2-19 所示。

在图 2-19 所示的界面搜索框中输入主题关键词“人工智能”进行检索，单击左侧的“作者”，即可查询该主题下作者发表文献量的统计情况，如图 2-20 所示。

单击“可视化”按钮，还可以得到作者发表文献量的可视化统计图，如图 2-21 所示。

图 2-19　知网学术期刊检索界面

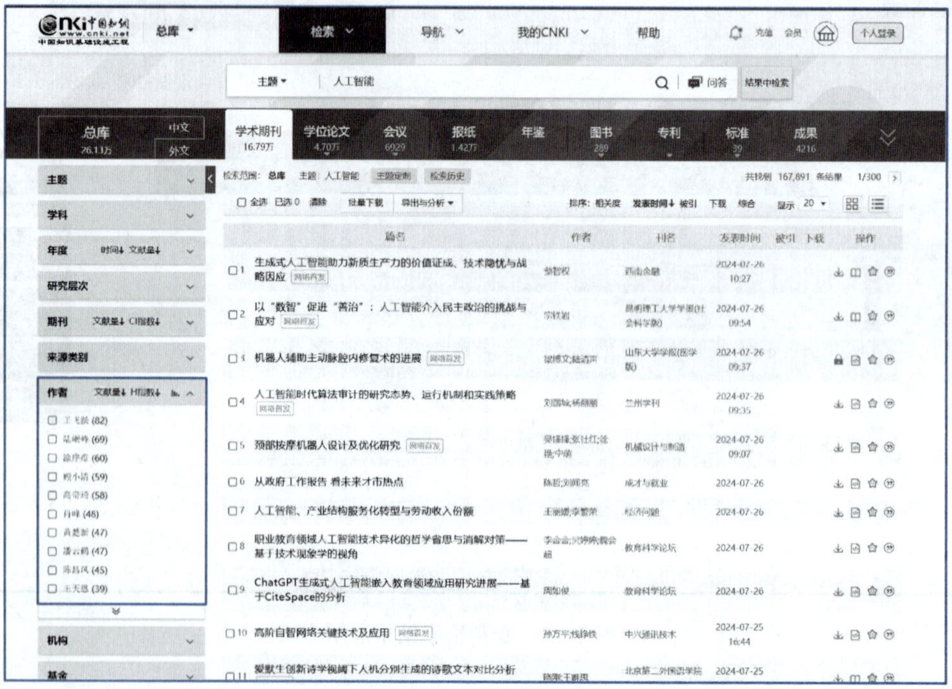

图 2-20　作者发表文献量统计

5. 跟踪行业发展动态

打开百度搜索引擎，在“高级搜索”界面输入如图 2-22 所示的关键字，构建检索式“人工智能（学会 | 协会 | 商会 | 联盟）”，关注行业组织，积极参与行业活动。

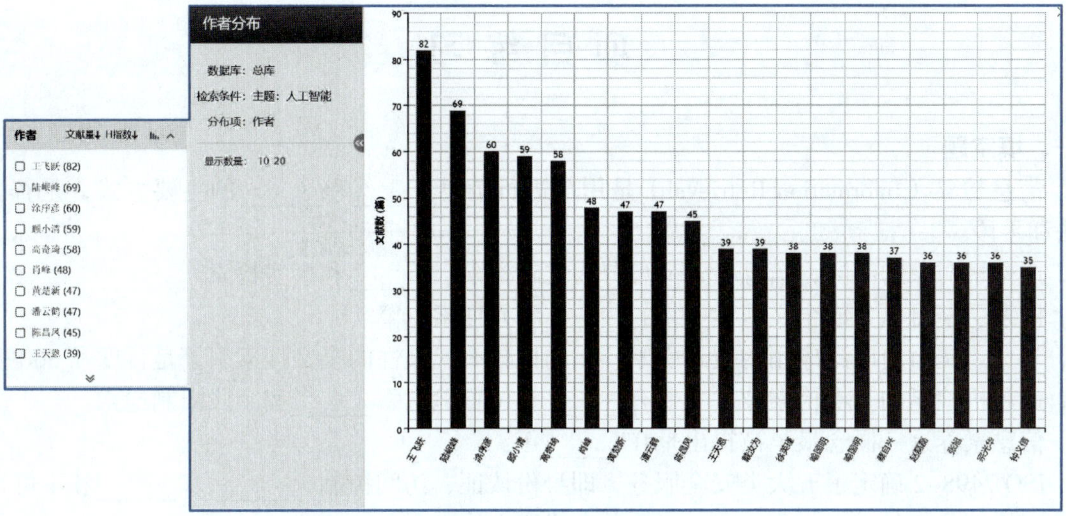

图 2-21　作者发表文献量可视化统计图

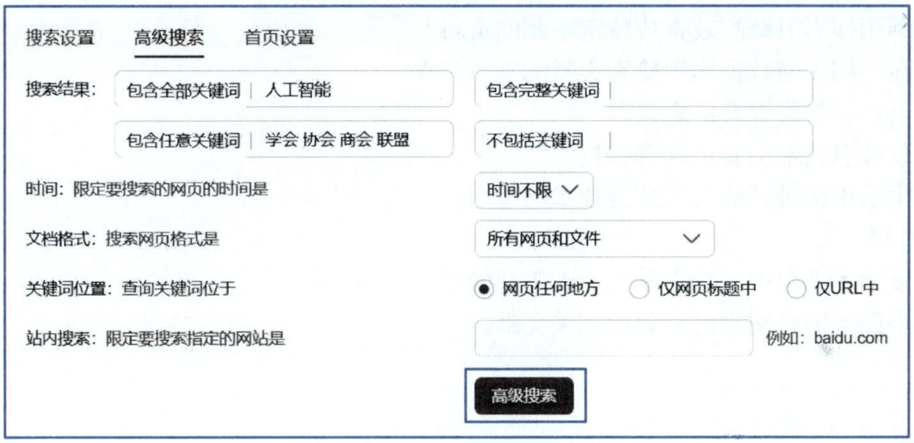

图 2-22　百度高级搜索前沿行业组织

项 目 小 结

通过本项目的学习与实践，学生不仅深入掌握了信息检索的核心知识与技能，包括百度等常用搜索引擎的使用、常用信息检索技术，知网、读秀等常用专业数据库检索技巧，了解了信息素养的内涵、公民的信息社会责任，还学习了包括云计算、大数据、物联网、人工智能等新一代信息技术的概念及典型应用，以及新一代信息技术与制造业、汽车产业等产业融合。通过拓展训练，学生们将所学技能应用于对未来职业进行画像的实践中，通过信息检索技术，从人才培养目标、岗位需求、行业前景、标杆企业、行业精英以及行业发展动态几个方面，进行职业规划。

本项目在培养学生专业技能的同时，也注重培养职业素养和团队合作精神。通过信息检索实践训练，培养学生的钻研精神，规范信息社会行为，提升信息素养；通过探索新一代信息技术的应用以及与其他产业的融合，培养学生的创新精神。

项目练习

一、填空题

1. 信息检索（Information Retrieval）是用户进行信息______和______的主要方式，是查找信息的方法和手段。

2. 按检索对象的不同，信息检索又可分为文献检索、______和事实检索。

3. 搜索引擎可以分成全文搜索引擎、______和元搜索引擎。

4. ______是目前广泛应用的搜索引擎，国内比较有代表性的全文搜索引擎是百度和360搜索。

5. 计算机检索的基本检索技术主要有______、位置检索、______和字段限制检索。

6. 信息素养这一概念最早被提出是在______年。

7. ISO 7498–2确定了五大类安全服务，即身份认证、访问控制、______、______和不可否认。

8. 区块链是一种去中心化、______、分布式账本技术。

9. 物联网的3个重要特征分别是全面感知、可靠传输和______。

二、简答题

1. 如何利用搜索引擎高效查找特定主题的资料？

2. 简述在中国知网数据库中检索文献的基本步骤。

3. 作为公民，如何提升信息素养？

4. 新一代信息技术主要包含哪些技术？

5. 简述生活中接触到的人工智能技术的应用。

三、操作题

1. 在百度学术平台中，检索关于“人工智能语言”的信息。

2. 试用中国知网查阅自己专业的相关文献。

项目 3　WPS Office 文字编辑排版

项目描述

本项目旨在深入探索 WPS Office 的文字编辑与排版功能，使读者能够充分利用该软件进行专业、高效的文档处理，主要包括文档的基本设置、字体与段落格式调整、样式与模板的应用、高级排版技巧（如分页、分节、目录生成等）、图片与表格的插入与处理，以及文档的审阅与修订等核心内容。通过实践案例的操作与练习，读者将掌握 WPS Office 文字编辑与排版的关键技能，能够独立完成格式规范、美观大方的文档制作，提升工作效率和文档质量，满足日常工作和学习中的多样化需求。

学习目标

- **知识目标**

◎ 掌握 WPS Office 软件的基本功能与操作界面

◎ 理解文字编辑排版的基本原则与规范

- **技能目标**

◎ 熟练运用 WPS Office 进行文字编辑、格式设置与排版

◎ 能够设计并制作符合湘菜学院特色的文档，如活动报道、宣传海报等

◎ 掌握新闻稿的写作规范，并能进行专业的排版处理

- **素养目标**

◎ 培养良好的职业素养，注重团队合作与沟通，培养团队合作精神与集体荣誉感

◎ 通过湘菜文化的传承与创新，增强文化自信与责任感

◎ 树立正确的价值观与职业观

任务 3.1　简单图文混排

任务描述

本任务要求学生充分利用 WPS Office 的文字编辑与排版功能，撰写一篇关于湘菜学院近期活动的报道，并进行专业的排版处理。报道内容需全面、客观地反映活动的主题、过程、亮点及参与人员等情况。在排版方面，需注重美观性、可读性和专业性，以便读者能够轻松获取所需信息并留下

深刻印象。同时，通过活动主题、亮点等内容，体现湘菜文化的传承与创新，强调团队合作、创新思维等职业素养的重要性。

知识准备

1. 文字编辑基础

本节旨在帮助学生熟悉 WPS Office 的文字编辑环境，掌握基础编辑技能，并理解文本格式设置对文档呈现效果的影响。

（1）熟悉文字编辑界面

在开始学习 WPS Office 的文字编辑之前，首先需要熟悉其界面布局。

1）界面启动

WPS Office 的启动方式多样，用户可以通过双击桌面上的快捷方式图标，或者从“开始”菜单中选择 WPS Office 程序组中的相应程序，或者通过双击一个 WPS Office 文档来启动该程序。启动后，WPS Office 将呈现其主界面。

2）界面布局

WPS Office 的界面布局旨在为用户提供高效、便捷的操作体验。主界面如图 3-1 所示，主要由以下几部分组成。

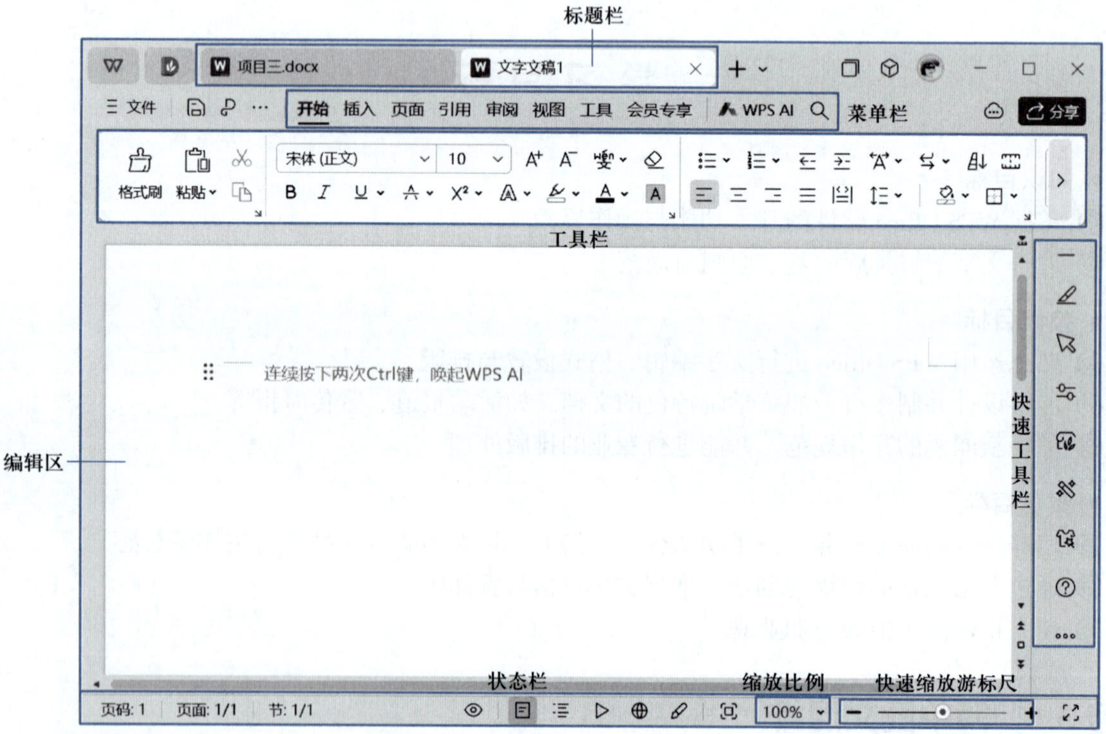

图 3-1　WPS Office 的界面布局

● 标题栏：显示当前文档的名称以及 WPS Office 的图标，用户可以通过标题栏快速了解当前操作的是哪个文档。

● 菜单栏：包含 WPS Office 的所有命令和功能，用户可以通过单击菜单栏中的选项来执行相应的操作。菜单栏中的命令按照功能进行了分类，方便用户快速找到所需功能。

● 工具栏：位于菜单栏下方，提供了常用命令的快捷按钮。用户可以通过单击工具栏中的按钮来快速执行常用操作，提高工作效率。

- 编辑区：是用户进行文档编辑的主要区域。在这里，用户可以输入、修改、删除文本，还可以插入图片、表格等对象。
- 状态栏：位于界面底部，显示当前文档的状态信息，如页码、字数、拼写检查等。状态栏为用户提供了文档的实时反馈，帮助用户更好地了解文档的状态。

3）菜单栏

WPS Office 的菜单栏集成了该软件的所有命令和功能，是用户进行文档编辑、格式设置、排版等操作的主要入口。菜单栏中的命令按照功能进行了分类，并以选项卡的形式进行组织，方便用户快速找到并执行所需命令。菜单栏位于界面的上方，通过单击不同的菜单项，用户可以使用各种功能和工具。

菜单栏中的每个选项卡都对应着一组相关的命令和功能。例如，“编辑”选项卡提供了文本的剪切、复制、粘贴等操作。通过熟悉菜单栏中的各个选项卡，用户可以更加高效地进行文档编辑和排版工作。

4）工具栏

工具栏是 WPS Office 中另一个重要的界面元素，它位于菜单栏的下方，为用户提供了一组常用的命令和工具的快捷访问方式。

工具栏中的每个按钮都对应着一个特定的命令或功能。例如，字体选择按钮可以让用户快速更改文本的字体，段落格式按钮则可以用来调整段落的排版和对齐方式。通过使用工具栏中的按钮，用户可以更加便捷地执行常用操作，提高工作效率。

此外，WPS Office 还提供了自定义工具栏的功能，用户可以根据自己的需求和习惯，添加或删除工具栏中的按钮，打造个性化的编辑环境。

5）状态栏

状态栏是 WPS Office 界面底部的一个信息显示区域，它为用户提供了当前文档的状态信息，如页码、字数、拼写检查等。状态栏中的信息显示是实时的，它会随着用户在文档编辑区中的操作而更新。例如，当用户输入文本时，状态栏中的字数信息会实时更新；当用户进行拼写检查时，状态栏会显示拼写检查的结果和相关信息。同时，状态栏还提供了一些快捷操作，如缩放比例调整、视图切换等，进一步提高了用户的工作效率。

（2）基本的文字操作

在 WPS Office 中进行文字录入是文档编辑的基础。为了高效地完成这一任务，用户需要熟悉并掌握一系列文字录入的技巧。

1）启动 WPS Office 并创建新文档

打开 WPS Office 软件，单击“新建”按钮，选择“文字”，创建一个新的空白文档，如图 3-2 所示。

2）选择输入法

单击桌面下方状态栏中键盘样式的图标（或类似图标），打开输入法菜单。从输入法菜单中选择想要使用的输入法，如图 3-3 所示。

3）录入文字

根据选择的输入法，输入对应的拼音或笔画，使用键盘输入文字。输入过程中，可以使用输入法提供的联想词、纠错等功能辅助输入。

4）输入法选择与切换

大多数操作系统都提供了快捷键来切换输入法，如 Ctrl+Shift 快捷键用于依次切换不同的输入法，而 Ctrl+Space 快捷键的作用可能因系统和输入法软件的不同而有所差异，但通常用于切换到

图 3-2　新建空白文档

当前正在使用或之前使用过的输入法，或者在中文输入法和英文输入法之间进行切换。在 WPS Office 中编辑文档时，使用这些快捷键可以快速切换输入法，提高录入效率。

可以将常用的输入法设置为默认输入法，这样在每次启动 WPS Office 时都会自动使用该输入法，无须手动切换。具体操作如下。

右击桌面状态栏中键盘样式的图标（或类似图标），在弹出的快捷菜单中选择“设置”命令；弹出“文本服务和输入语言”对话框，在“默认输入语言”选项组中，单击右侧下拉按钮，在下拉列表中找到希望设置为默认的输入法；单击“确定”按钮保存设置，如图 3-4 所示。

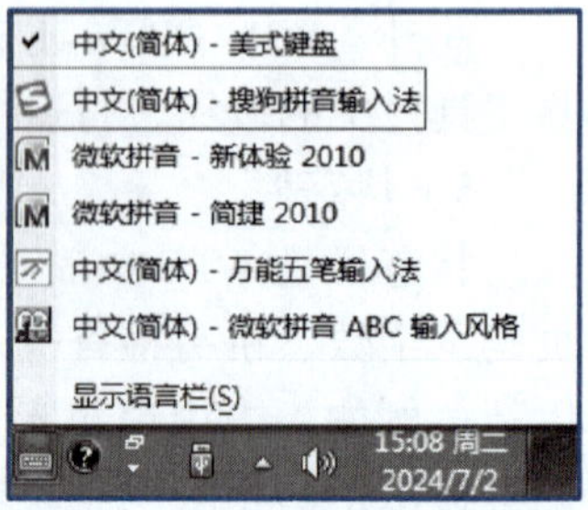

图 3-3　选择输入法

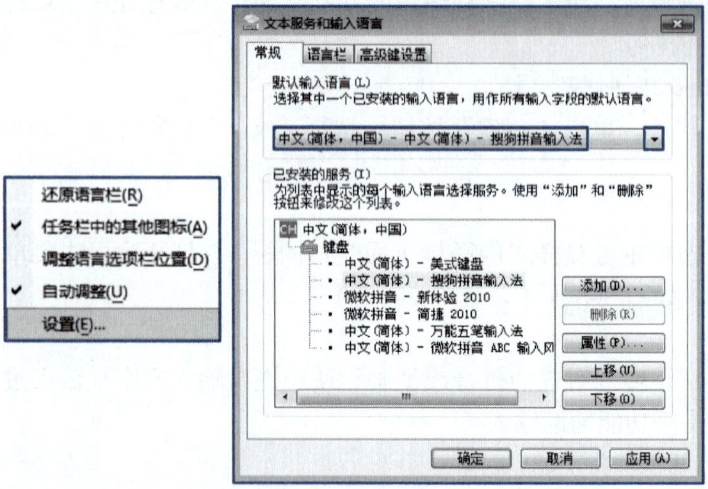

图 3-4　设置默认输入法

5）快速定位与选择文本

在 WPS Office 中，双击文档的任意空白位置，即可快速定位光标插入点，实现在该位置输入文字。利用鼠标和键盘组合操作，如按 Shift+ 方向键可以选择文本，按 Ctrl+A 快捷键可以全选文本等。

6）文本编辑与格式设置

使用常用编辑快捷键如 Ctrl+C（复制）、Ctrl+V（粘贴）、Ctrl+X（剪切）等，可以快速进行文本编辑操作。

选中已设置好格式的文本，单击格式刷，然后选择需要应用该格式的文本，可以快速复制格式。

利用“查找和替换”功能，可以进行文本查找、替换，以及格式和特殊字符的查找与替换操作，提高编辑效率，如图 3–5 所示。

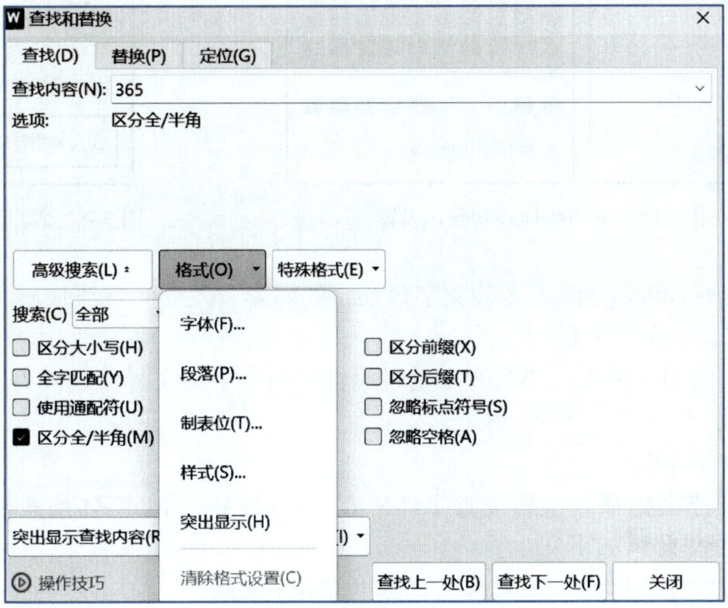

图 3–5　“查找和替换”对话框

（3）字符格式设置

WPS Office 的字符格式设置是一个涉及字体、字号、字形、颜色等多方面的详细过程，用户可以通过 WPS Office 提供的丰富选项，对文档中的字符进行精细化的格式设置。

1）基本字符格式设置

- 字体设置：在 WPS Office 中，可以通过“开始”选项卡中的“字体”命令组进行字体格式的设置，如图 3–6 所示。可以分别设置中文字体和西文字体的格式，例如中文字体设置为“方正仿宋 _GB2312”，西文字体设置为“Times New Roman”。

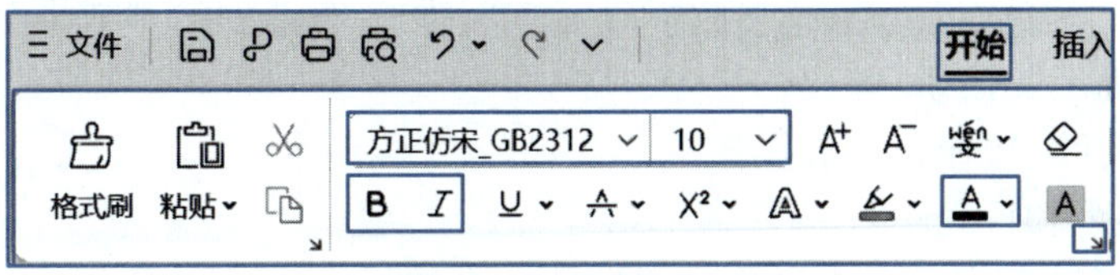

图 3–6　字体基本设置

- 字号设置：字号决定了字体的大小，可以选择合适的字号以满足文档需求，如“10”号字。
- 字形设置：字形包括常规、加粗、倾斜等选项，可以根据需要进行选择。
- 字体颜色设置：可以为字体选择不同的颜色，以增强文档的可读性和吸引力。

2）高级字符格式设置

- 下划线样式和颜色：可以为字体添加下划线，并选择不同的下划线样式和颜色，如图 3–7 所示。
- 着重号：着重号用于突出显示某些文字，如图 3–8 所示，可以选择添加或取消着重号。

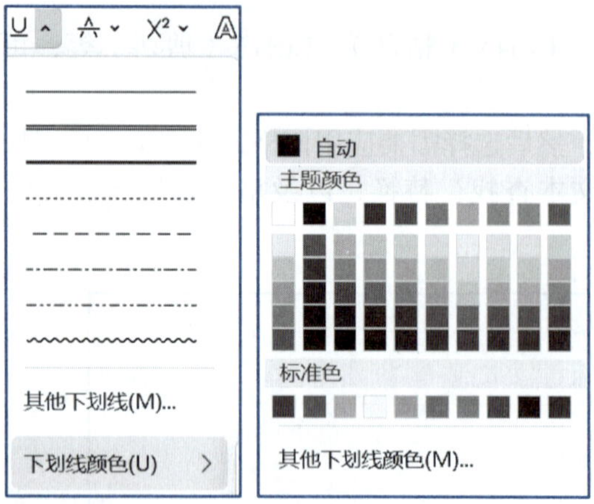

图 3–7　下划线样式和颜色设置

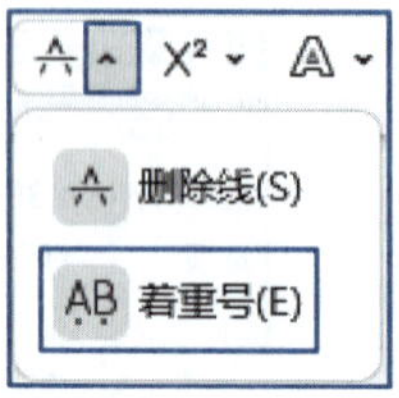

图 3–8　着重号设置

- 文字效果：WPS Office 提供了多种文字效果，如阴影、发光、三维旋转等，可以通过“文字效果”选项进行设置，如图 3–9 所示。
- 更改大小写：使用“更改大小写”工具可以批量调整中英文混排或纯英文文档中的英文字符大小写。

3）字符格式的默认设置

为了避免每次新建文档都要重新设置字体格式，可以将常用的字体格式设置为默认格式，如图 3–10 所示。具体操作步骤如下。

① 选择菜单栏中的“开始”选项卡，找到并单击常用工具栏中的“字体”对话框启动按钮（右下角的小箭头），打开“字体”对话框。

② 切换到“字体”选项卡，设置所需的字体、字形、字号等选项。

③ 单击“默认”按钮，在打开的对话框中单击“确定”按钮，即可将当前设置保存为默认字体格式。

4）批量设置特定字符格式

使用“替换”功能，可以将文档中的特定字符批量设置为上标或下标格式。例如，若想将“i–1”设置为上标格式，如图 3–11 所示，具体操作步骤如下。

① 选择菜单栏中的“开始”选项卡，找到并单击常用工具栏中的“查找替换”按钮，在弹出的对话框的“查找内容”文本框中输入“i–1”，在“替换为”文本框中也输入“i–1”。

② 单击“格式”下拉按钮，选择“字体”，在“字体”对话框的“效果”选项组中，勾选“上标”复选框，单击“确定”按钮。

③ 单击“全部替换”按钮，完成操作。

5）快速调整字间距和行间距

选中需要设置的区域后右击，在弹出的快捷菜单中选择“字体”命令，在弹出的“字体”对话框单击“字符间距”选项卡，根据需求设置好间距和位置。

在“段落”对话框的“行距”设置行间距即可。一般建议设置为“多倍行距”中的“1.3 倍行距”较为美观。同时，可以在“特殊格式”下拉列表选择首行缩进，一般正规的公文格式都是首行缩进 2 个字符。

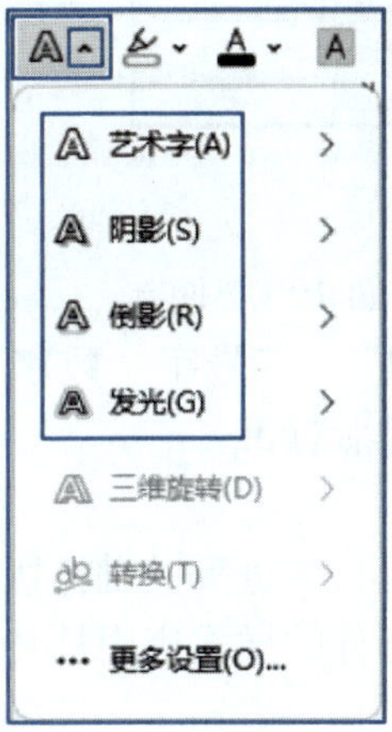

图 3-9　文字效果设置

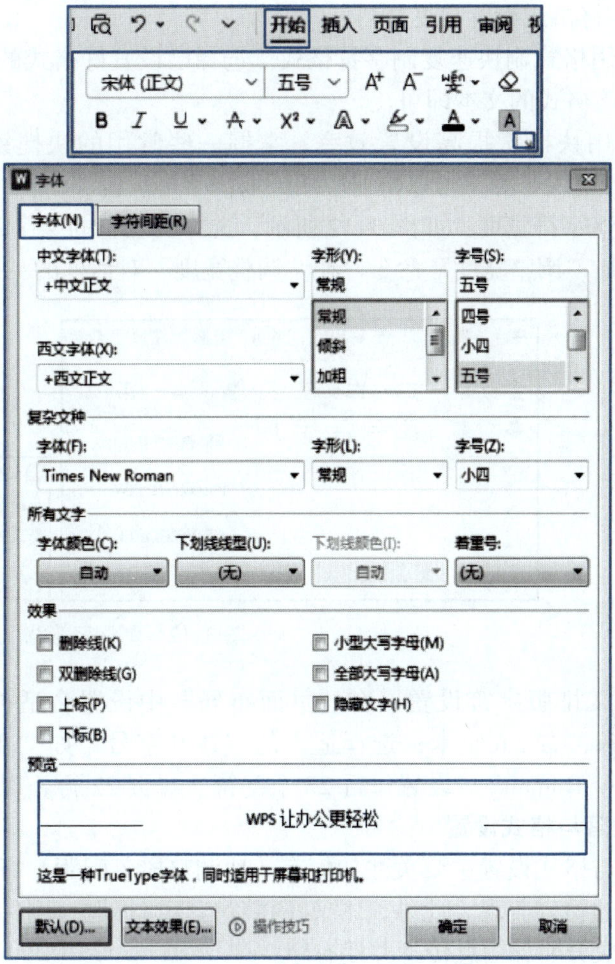

图 3-10　“字体”对话框

图 3-11　查找和替换

6）字符格式设置常见技巧

● 利用格式刷快速复制字符格式。选择已设置好格式的文本，单击“格式刷”按钮，然后选择需要应用该格式的文本即可。

● 使用快捷键提高设置效率。掌握一些常用的快捷键，如 Ctrl+B（加粗）、Ctrl+I（倾斜）、Ctrl+U（下划线）等，可以快速应用或取消字形设置。

● 调整字符宽度：如图 3-12 所示，选择要调整的文字，单击“开始”选项卡中的“中文版式”按钮，选择“调整宽度”命令，在“调整宽度”对话框的“新文字宽度”内设置字符宽度。

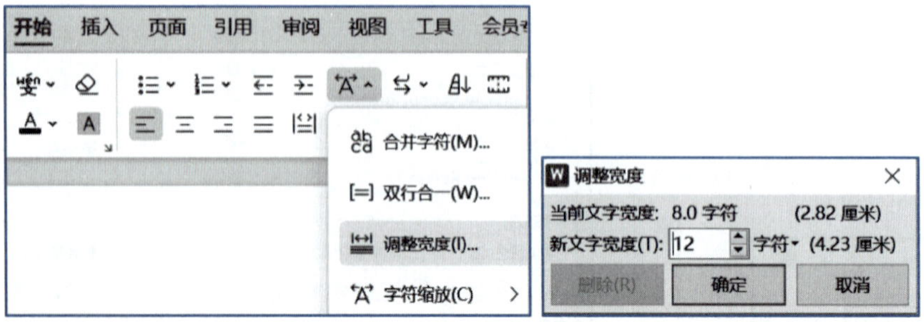

图 3-12　调整字符宽度

● 公文排版字符设置：在“页面布局”中设置合适的页边距，如上 3.7 厘米、下 3.5 厘米、左 2.8 厘米、右 2.6 厘米；选择适当的字体和字号，如“gb 仿宋 2312”、三号字，数字格式选择“Times New Roman”；设置每行 28 个字符、每页 22 行，以符合公文排版标准。

2. 段落与格式设置

段落与格式设置主要关注如何有效地调整段落间距、行间距以及首行缩进等关键排版元素，以实现文本的整齐美观。此外，本节还将深入探讨标题、副标题及正文部分的样式应用技巧，确保文档结构层次分明，信息传达井然有序。

（1）段落间距与行间距调整

调整段落间距与行间距是文本排版的基本技能之一。合理的段落间距与行间距设置可以使文本更加易读，提升文档的整体美观度。

1）段落间距调整

段落间距是指段落与段落之间的垂直距离。在 WPS Office 中，可以通过以下步骤调整段落间距，如图 3-13 所示。

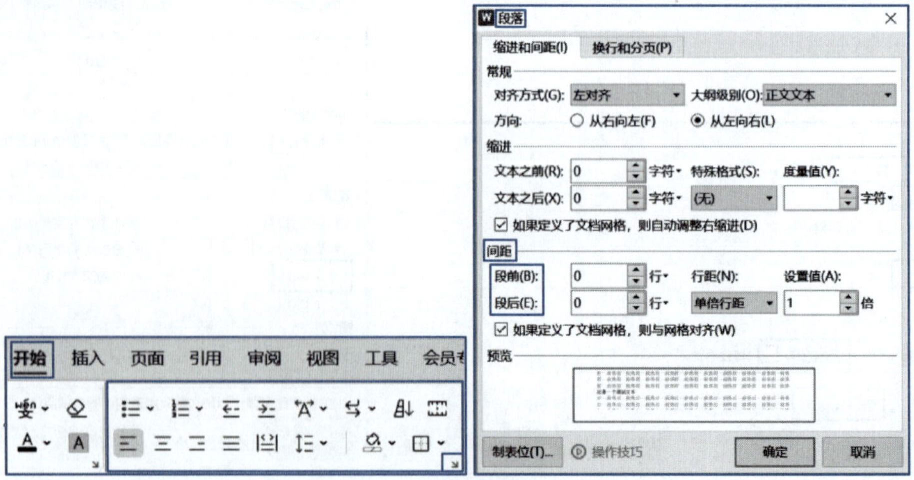

图 3-13　段落间距调整

① 选中需要调整段落间距的文本。

② 在选中的文本区域右击，在弹出的快捷菜单中选择“段落”命令，或者通过“开始”选项卡→常用工具栏中的“段落”对话框启动按钮。

③ 在弹出的“段落”对话框中，找到“间距”选项组。

④ 在“段前”和“段后”输入框中输入所需的间距值，或者通过单击上、下箭头进行微调，单击“确定”按钮应用更改。

2）行间距调整

行间距是指行与行之间的垂直距离。调整行间距可以使文本更加紧凑或松散，以适应不同的排版需求。以下是调整行间距的步骤。

① 选中需要调整行间距的文本。

② 右击，在弹出的快捷菜单中选择“段落”命令，或者单击“开始”选项卡，单击常用工具栏中的“段落”对话框启动按钮。

③ 在“段落”对话框中，如图 3-14 所示，找到“行距”，选择合适的行距选项，如“单倍行距”“1.5 倍行距”等，或者选择“固定值”并输入具体的行距数值。单击“确定”按钮应用更改。

（2）首行缩进与文本对齐

在 WPS Office 中，首行缩进与文本对齐是文本排版的重要技能。合理的首行缩进可以使文本更加整洁、有序，恰当的文本对齐方式能提升文档的整体美观度和阅读体验。

1）首行缩进设置

首行缩进是指段落的第一行相对于其他行向内缩进一定的距离。在 WPS Office 中，用户可以通过以下步骤设置首行缩进。

① 选中需要设置首行缩进的段落。

② 右击，在弹出的快捷菜单中选择“段落”命令，或者单击“开始”选项卡，单击常用工具栏中的“段落”对话框启动按钮。

③ 在弹出的“段落”对话框中，如图 3-15 所示，单击“缩进和间距”选项卡。

④ 在“特殊格式”下拉菜单中选择“首行缩进”。

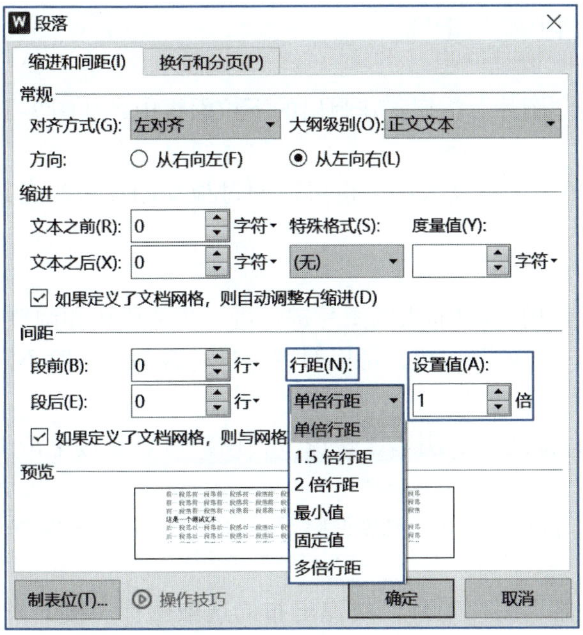

图 3-14　行间距调整

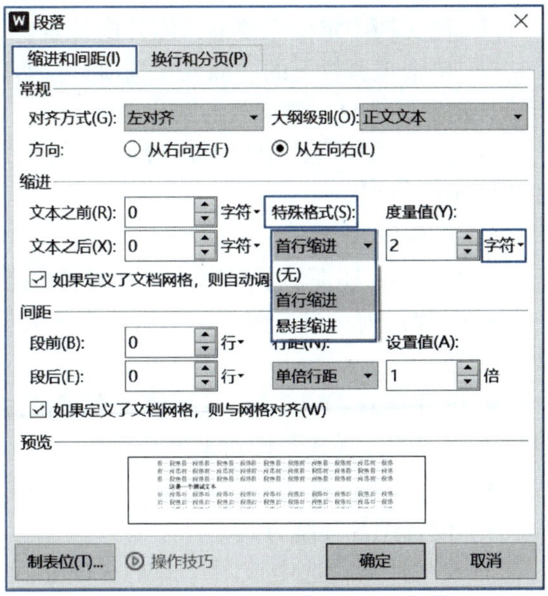

图 3-15　设置首行缩进

⑤ 在“度量值”输入框中输入所需的缩进距离，或通过单击上、下箭头进行微调。注意，度量值的单位可以通过单击右侧的小三角形进行选择。单击“确定”按钮应用更改。

2）文本对齐方式

文本对齐方式决定了文本在行内的排列方式。WPS Office 提供了多种文本对齐方式，包括左对齐、居中对齐、右对齐和两端对齐等。用户可以通过以下步骤设置文本对齐方式。

① 选中需要设置对齐方式的文本。

② 右击，在弹出的快捷菜单中选择“段落”命令，或者单击“开始”选项卡，单击常用工具栏中的“段落”对话框启动按钮。

③ 在“段落”对话框中，找到“对齐方式”。

④ 从下拉菜单中选择所需的对齐方式，如“左对齐”“居中对齐”“右对齐”或“两端对齐”。单击“确定”按钮应用更改。

3. 图片插入与编辑

在现代办公中，图片与多媒体元素的插入对于丰富文档内容、提升表达效果具有重要作用。WPS Office 作为一款功能强大的办公软件，提供了便捷的图片插入功能，让用户能够轻松地在文档中插入并编辑各种图片元素。

（1）WPS Office 图片的插入与编辑功能

① 图片插入功能。用户可以通过“插入”选项卡中的“图片”按钮，浏览并选择单张图片文件进行插入。WPS Office 还支持批量插入图片，特别适用于需要在文档中快速添加多张图片的场景。

② 图片编辑功能。插入图片后，用户可以调整图片的大小，以适应文档布局。通过裁剪工具，用户可以根据需要裁剪图片，去除图片多余部分或突出主题。用户可以旋转或翻转图片，以达到所需的视觉效果。WPS Office 还允许调整图片的亮度和对比度，以改善图片的外观。用户可以将图片另存为不同的文件格式，以满足不同的使用需求。

③ 图片布局与排版。用户可以设置图片的环绕方式，如嵌入型、四周型、紧密型等，以控制文字与图片的排版关系。在文档中，用户可以自由移动图片位置，将其放置在合适的地方。

（2）WPS Office 图片的插入与编辑方法

1）插入图片

在 WPS Office 中，用户可以通过以下步骤在文档中插入图片。

① 在文档中定位想要插入图片的位置。

② 单击工具栏上的“插入”选项卡，然后单击“图片”按钮。在弹出的下拉面板中，如图 3-16 所示，浏览并选择想要插入的图片文件。

③ 插入图片后，用户可以通过拖动图片的边角来调整其大小，也可以通过拖动图片来改变其在文档中的位置。

2）编辑图片

WPS Office 还提供了丰富的图片编辑功能，让用户能够对插入的图片进行进一步的优化和调整。

• 图片裁剪：单击图片，然后单击工具栏上的“裁剪”按钮，可以对图片进行裁剪，去除不需要的部分。

• 图片样式：WPS Office 提供了多种图片样式，如边框、阴影、映像等，用户可以通过单击工具栏上的“图片样式”按钮来进行操作。

• 图片效果：用户还可以对图片应用各种效果，如锐化、柔化、亮度调整等，以增强图片的表现力。

3）设置图片环绕方式

插入图片后，选中该图片，WPS Office 会自动显示图片工具栏或弹出布局选项图标。接下来，可以通过以下两种方法设置图片的环绕方式。

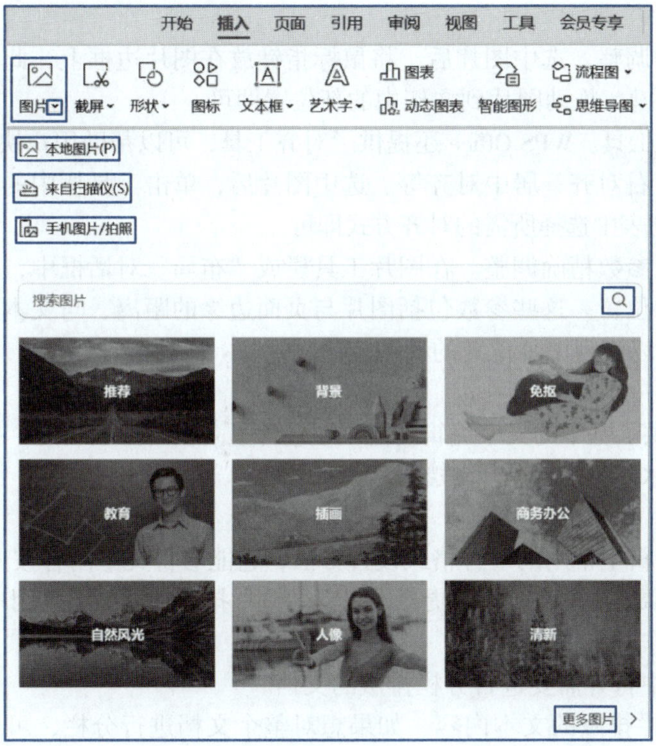

图 3–16　插入图片

方法一：使用图片工具栏。

① 单击图片工具栏中的“环绕”下拉按钮。

② 在弹出的环绕方式下拉列表中，选择所需的环绕方式，即可应用设置。WPS Office 提供了多种环绕方式，如嵌入型、四周型环绕、紧密型环绕、衬于文字下方、浮于文字上方、上下型环绕、穿越型环绕等，如图 3–17 所示。

方法二：使用布局选项图标。

① 图片被选中后，图片右侧通常会出现一个布局选项图标（可能是一个小方框或箭头）。

② 单击该图标，会展开一个包含多种环绕方式的菜单。

③ 如图 3–18 所示，在菜单中选择所需的环绕方式，单击即可应用。

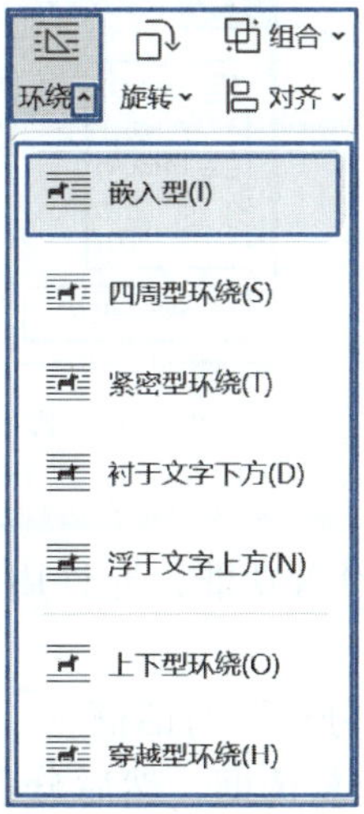

图 3–17　使用图片工具栏设置环绕方式

图 3–18　使用布局选项图标设置环绕方式

4）调整图片位置

方法一：手动拖动调整。选中图片后，将鼠标指针放在图片边框上，此时鼠标指针会变成四向箭头形状。按住鼠标左键，拖动图片到文档中的新位置即可。

方法二：使用对齐工具。WPS Office 还提供了对齐工具，可以帮助用户快速将图片对齐到文档的特定位置，如左对齐、右对齐、居中对齐等。选中图片后，单击工具栏中的“对齐”下拉按钮，如图 3–19 所示，在下拉列表中选择所需的对齐方式即可。

方法三：使用位置参数精确调整。在图片工具栏或“布局”对话框中，用户还可以输入精确的位置参数来调整图片的位置。这些参数包括图片与页面边缘的距离、与文本行的对齐方式等。通过精确调整这些参数，可以实现图片位置的精细控制。

4. 排版技巧

WPS Office 不仅提供了基本的文字编辑功能，还包含了高级的排版功能，如分栏、分页、分节等，还可以利用页眉页脚、水印等元素提升文档的专业性。

（1）分栏排版

分栏排版是文档编辑中常用的一种格式设置方法，它能够将文本内容按照设定的栏数进行排列，使文档更加美观且易于阅读。WPS Office 提供了灵活的分栏排版功能，满足用户多样化的排版需求。

1）分栏的基本操作

① 在 WPS Office 中打开需要进行分栏排版的文档。

② 选中要进行分栏排版的文本内容。如果想对整个文档进行分栏，可以全选文档内容（通常使用快捷键 Ctrl+A）。

③ 单击顶部菜单栏中的“页面”选项卡，在下面的常用工具栏中找到并单击“分栏”按钮。WPS Office 提供了多种预设的分栏样式，如一栏、两栏、三栏等，用户可以根据需要直接选择，如图 3–20 所示。选择“两栏”选项即可将选中的文本内容分为两栏显示。

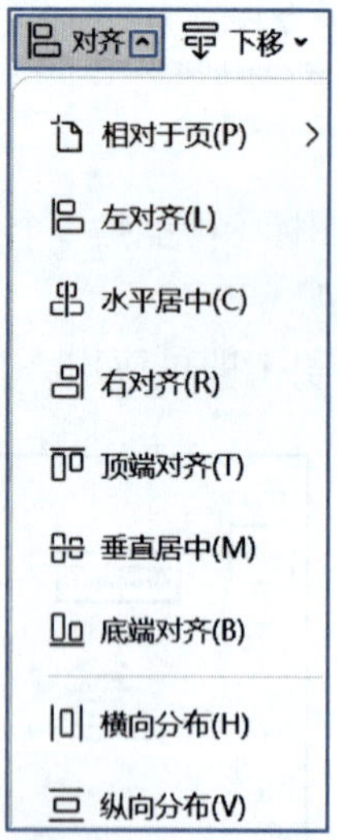

图 3–19　使用对齐工具调整图片位置

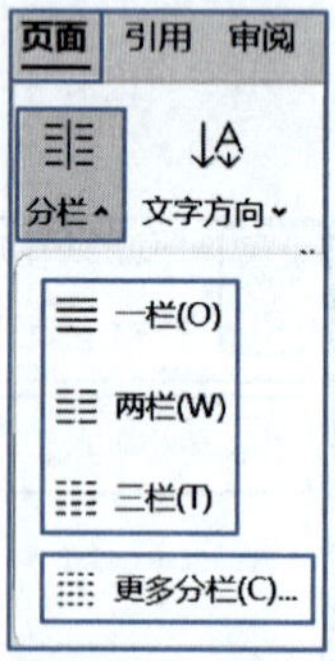

图 3–20　分栏设置

2）自定义分栏设置

除了预设的分栏样式外，WPS Office 还提供了自定义分栏设置功能，允许用户根据需要调整栏宽、栏间距、分隔线等参数。自定义分栏设置步骤如下。

① 在“分栏”下拉列表中，单击“更多分栏”选项进入“分栏”对话框。

② 在“分栏”对话框中，用户可以取消选中“栏宽相等”复选框，然后分别调整各栏的宽度。同时，还可以设置栏与栏之间的间距，以达到最佳的视觉效果。

③ 选中“分隔线”复选框，可以在各栏之间添加一条分隔线，以更清晰地区分不同栏的内容。

④ 用户还可以根据需要选择分栏的应用范围。例如，可以选择仅对选中的文本内容进行分栏，或者对整个文档进行分栏。

⑤ 完成自定义设置后，用户可以通过预览功能查看分栏效果。如果不满意，可以返回对话框进行调整，如图 3-21 所示。

（2）页眉、页脚设置

以下将详细介绍 WPS Office 中页眉、页脚的设置方法。

1）页眉设置

页眉位于文档顶部区域，通常用于显示标题、作者名、日期或其他相关信息。页眉设置操作步骤如下。

① 打开需要设置页眉的 WPS Office 文档。在菜单栏中单击“插入”选项卡。

② 在“页眉页脚”选项卡中，单击“页眉”下拉按钮。WPS Office 提供了多种预设的页眉样式供用户选择，如空白、内置标题样式等。用户可以根据文档的需求选择合适的样式。

③ 选择页眉样式后，文档顶部会出现页眉编辑区域，如图 3-22 所示，用户可以在此区域输入所需的页眉内容。同时，WPS Office 还允许用户对页眉内容的字体、大小、颜色等进行自定义设置，以满足不同的排版需求。

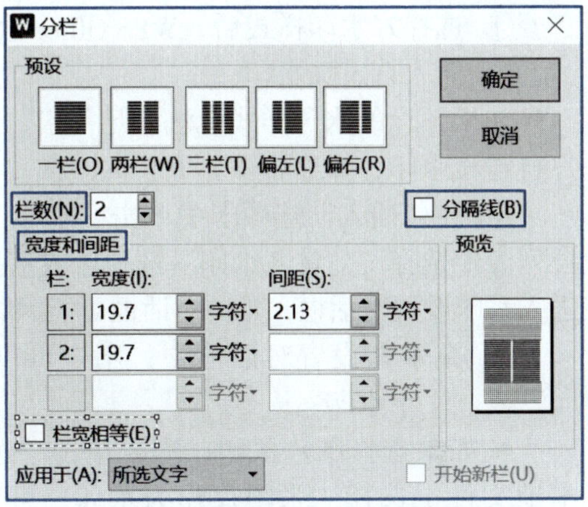

图 3-21 “分栏”对话框

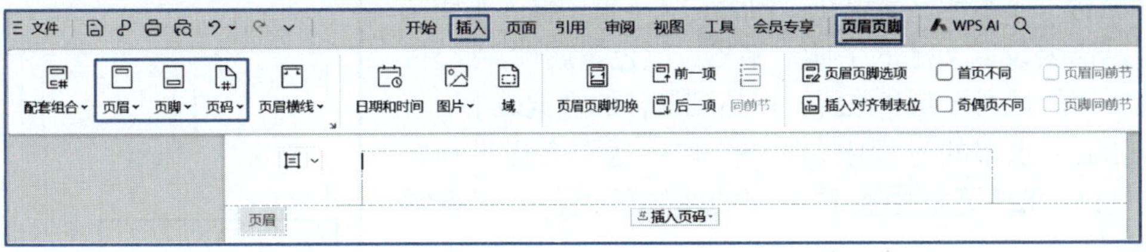

图 3-22 插入页眉

④ 根据需要，用户还可以调整页眉的格式，如对齐方式（左对齐、居中对齐、右对齐等）、页眉与页面边缘的距离等。这些设置可以在“页眉页脚”选项卡的相应选项中进行调整。

⑤ 完成页眉内容的编辑和格式调整后，双击页眉编辑区域之外的任意位置，即可退出页眉编辑模式，并应用所做的更改。

2）页脚设置

页脚位于文档的底部区域，通常用于显示页码、版权声明或其他相关信息。页脚设置操作步骤如下。

① 在“插入”选项卡中，单击“页脚”下拉按钮。与页眉设置类似，WPS Office 同样提供了多种预设的页脚样式供用户选择。用户可以根据需要选择合适的样式，并进入页脚编辑模式。

② 在页脚编辑区域中，用户可以输入所需的页脚内容，如页码、版权声明等。同时，WPS Office 还提供了插入页码、当前日期等快捷功能，方便用户快速添加常用信息。

③ 如果需要设置页码的格式（如数字格式、位置等），可以在页脚编辑区域中找到页码相关的设置选项进行调整。用户还可以进行是否在首页显示页码、是否区分奇偶页等高级设置。

④ 完成页脚内容的编辑和格式设置后，双击页脚编辑区域之外的任意位置即可退出页脚编辑模式，并应用所做的更改。

（3）添加水印

水印是文档编辑中常用的一种元素，用于标识文档的版权信息、公司标志或保密等级等。

1）插入默认水印

WPS Office 提供了一系列预设的水印样式，用户可以直接选择使用。插入默认水印操作步骤如下。

① 打开需要添加水印的 WPS Office 文档。

② 在菜单栏中单击“页面”选项卡，单击“水印”下拉按钮。此时会弹出一个包含预设水印样式的下拉列表。

③ 如图 3-23 所示，在预设水印样式下拉列表中，浏览并选择适合文档需求的水印样式。例如，如果需要添加“保密”水印，只需单击“保密”选项即可。

④ 选择好水印样式后，WPS Office 会自动将水印应用到文档中的每一页。

2）插入自定义水印

如果预设的水印样式无法满足需求，WPS Office 还允许用户自定义水印，操作步骤如下。

① 在“插入”选项卡中单击“水印”按钮，在弹出的下拉列表中选择“自定义水印”选项（或直接单击“添加”按钮进入水印设置对话框，具体对话框可能因版本而异）。

② 在水印设置对话框中，用户可以选择添加“图片水印”或“文字水印”。

- 如果选择图片水印，需要单击“选择图片”按钮，从本地文件中选择一张图片作为水印。可以调整图片的大小、排列形式等属性，以满足排版需求。
- 如果选择文字水印，需要在“内容”文本框中输入水印文字，可以根据需要设置文字的字体、字号、颜色等属性。此外，还可以调整文字的排列方向和位置，以达到最佳的视觉效果。

③ 在自定义水印的过程中，WPS Office 通常会提供预览功能，用户可以在预览框中查看水印的实际效果，并根据需要进行调整。

④ 完成水印的自定义设置后，单击“确定”按钮应用水印。此时，自定义的水印将会出现在文档中的每一页上。

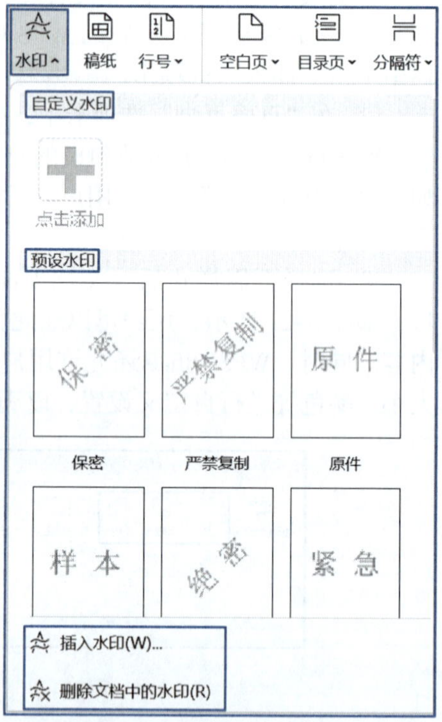

图 3-23 插入默认水印

任务实施

1. 撰写活动报道

① 打开 WPS Office 软件，单击“新建”按钮，创建一个新的文档。

② 将文档命名为“湘菜学院成功举办‘传承与创新’主题活动，共筑美食文化新篇章”。

③ 开始撰写活动报道的内容，包括活动的时间、地点、参与人员、活动内容以及活动意义，强调活动对湘菜文化传承与创新的重要价值，以及对学生专业技能和创新能力提升的作用等。

2. 设置文档基本格式

（1）页面布局设置

① 在菜单栏中选择“页面”选项卡，单击“纸张方向”下拉按钮，设置页面方向为“纵向”；单击“纸张大小”下拉按钮，设置纸张大小为 A4。

② 单击“页面边框”按钮，弹出对话框。如图 3-24 所示，在对话框中设置边框为 0.5 磅、虚线、灰色、方框，选择应用于“整篇文档”；单击“选项”按钮，在弹出的“边框和底纹选项”对话框中可以设置边框距正文的大小，设置完成后单击“确定”按钮。

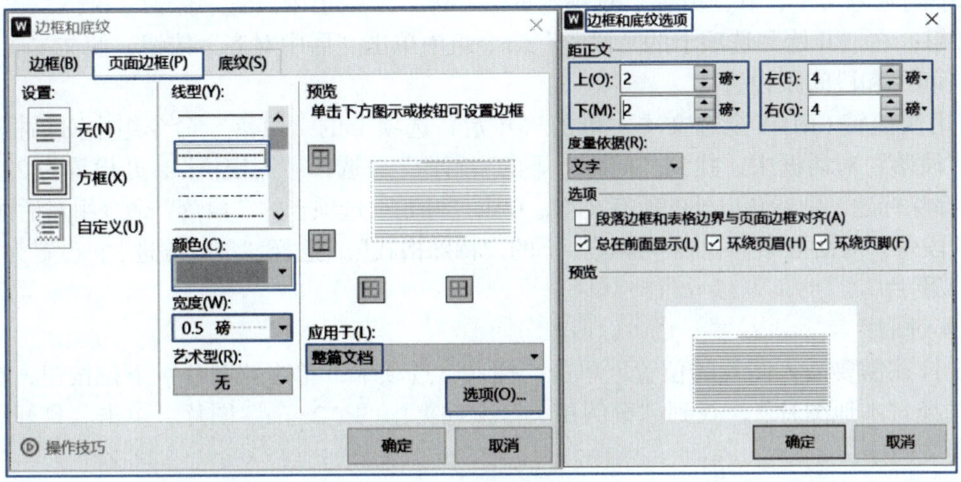

图 3–24 页面边框设置

（2）页边距设置

单击“页面”选项卡，选择“页边距”，在弹出的页边距下拉列表中选择“普通”页边距。

3. 字体与字号选择

（1）标题字体与字号的设置

单击“开始”选项卡，在“字体”命令组单击“字体”按钮，从字体下拉列表中选择“楷体”选项；在字号命令组选择“四号”；单击加粗按钮“B”。

（2）正文字体字号设置

在文档正文中选取所有文本，在“字体”命令组选择字体为“楷体”，在“字号”命令组选择“四号”。

（3）注释或引用文字设置

① 在需要添加尾注的地方选中文本，如“剁椒鱼头”。

② 单击“引用”选项卡，选择“插入尾注”选项。

③ 在尾注中输入注释内容，如“色泽红亮、味道浓郁，肉质细嫩，口感软糯，鲜辣适口”。

④ 设置尾注字体为“宋体”，字号为“小四”，加粗，渐变填充为蓝色。

（4）设置文字效果

① 选中文本“传承与创新”，在“开始”选项卡的“字体”命令组，单击“文字效果”按钮，在弹出的对话框中单击“效果”选项卡，选择“阴影”中的“透视”效果第 1 种。

② 再次选中文本“传承与创新”，单击“开始”选项卡，选择“格式刷”按钮，按住鼠标左键，拖曳鼠标滑过文本“在传承中创新、在创新中发展”，复制文本格式。

③ 按住 Ctrl 键，同时选中文本“活动概述”“活动主题与过程”“活动亮点”“参与人员”“结语”，在“段落”命令组中单击“边框”按钮，选择 0.5 磅、紫色、虚线、应用于“文字”，并调整段落间距为段后 0.5 行。

④ 按住 Ctrl 键，同时选中文本“创新菜品展示”“团队合作的重要性”“创新思维的价值”“大师点评与指导”，在“开始”选项卡的“字体”命令组中单击“突出显示”按钮，选择颜色为“灰色 –25%”。

4. 段落与标题设置

（1）标题和副标题

① 选中标题文本，在“开始”选项卡的“字体”命令组中设置字体为“楷体”，字号为“四号”，并加粗。

② 选中副标题文本，在“开始”选项卡的“字体”命令组中设置字体为“楷体”，字号为“小四”，并加粗；在“开始”选项卡的“段落”命令组中单击“居中对齐”按钮，使文本居中显示。

（2）行间距和段间距设置

① 使用快捷键 Ctrl+A 全选文本，单击“开始”选项卡的“段落”命令组中对话框启动按钮，在弹出的“段落”对话框中，找到“间距”下的“行距”，选择“固定值”，并设置为 22 磅。

② 选择除标题、副标题以外的所有文本，单击“开始”选项卡的“段落”命令组对话框启动按钮，在弹出的“段落”对话框中，找到“缩进”下的“特殊格式”，选择“首行缩进”，设置为 2 字符。

5. 插入图片

（1）插入图片

光标定位在需要插入图片的位置，单击“插入”选项卡，单击“图片”下拉按钮，在弹出的下拉列表中选择“本地图片”，找到“案例相关”文件夹中的“2.png”图片，单击“打开”按钮，将图片插入到文档中。

（2）调整图片格式

选中插入的图片，调整图片的大小，使其适应文档布局；右击图片，在弹出的快捷菜单中选择“布局选项”命令，选择“四周型环绕”选项；将图片拖动到合适的位置；在“图片工具”选项卡，如图 3–25 所示，单击“边框”下拉按钮，设置图片边框为“橙色”。

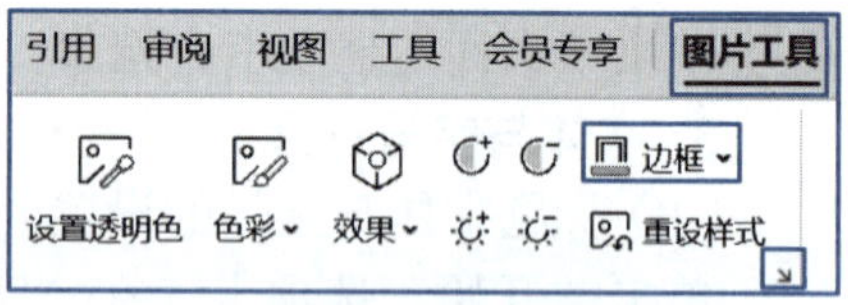

图 3–25 设置图片边框

6. 设置分栏

选中文本“创新菜品展示：……的表现给予了高度评价”，单击“页面”选项卡，在“页面”命令组单击“分栏”按钮，在弹出的下拉列表中单击“更多分栏”选项；在弹出的“分栏”对话框中，选择“预设”下的“二栏”，将文本设置为二栏排列，并选中“分割线”复选框。

7. 添加页眉与页脚

（1）添加页眉

单击“插入”选项卡，在“页眉页脚”选项卡单击“页眉”按钮；将光标定位在页眉区的左侧，单击“插入”选项卡，单击“图片”下拉按钮，选择“本地图片”，选择“案例相关”文件夹中的“1.png”图片，并调整图片到合适大小；光标定位在页眉区的居中靠右位置，输入文本“长沙商贸旅游职业技术学院”，适当调整文本位置；在文档空白处双击关闭页眉设置，效果如图 3–26 所示。

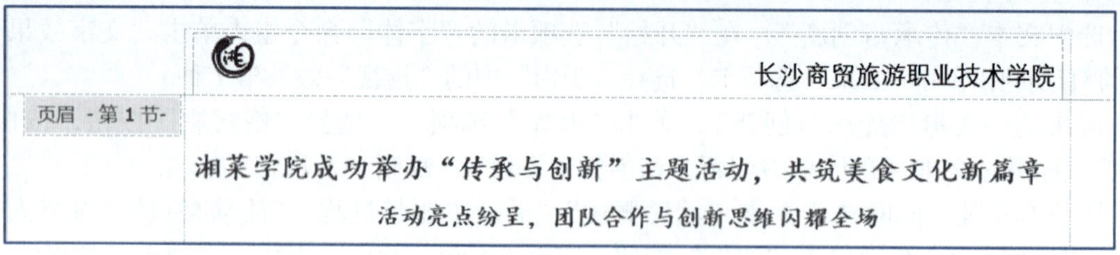

图 3–26 添加页眉效果图

（2）添加页脚

单击“插入”选项卡，单击“页码”下拉按钮；如图 3–27 所示，在弹出的下拉菜单中选择“页脚右侧”，并设置页码的格式，如数字格式、位置等。

8. 添加水印

在菜单栏中选择“页面”选项卡，单击“水印”下拉按钮，单击“自定义水印”中的“添加”；在弹出的“水印”对话框中选中“图片水印”复选框，从“案例相关”文件夹中选择“2.jpg”图片；选中“冲蚀”复选框并设置缩放比例为 390%。

9. 保存与导出

（1）保存为 WPS 文档格式

单击菜单栏中的“文件”选项，选择“保存”或“另存为”；在弹出的“保存”对话框中选择保存位置，并输入文件名，确保文件类型为 WPS 文档格式（如 .wps），单击“保存”按钮。

（2）导出为 PDF 格式

在菜单栏中选择“文件”选项，选择“输出为 PDF”，如图 3–28 所示；在弹出的对话框中，选择保存位置，并输入文件名，单击“开始输出”按钮，将文档导出为 PDF 格式。

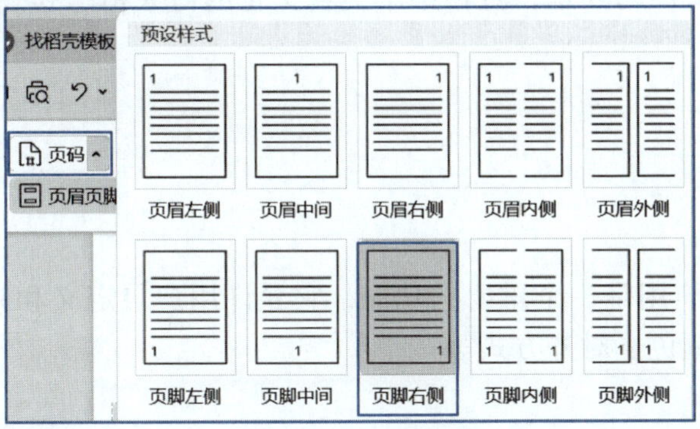

图 3–27　插入页码

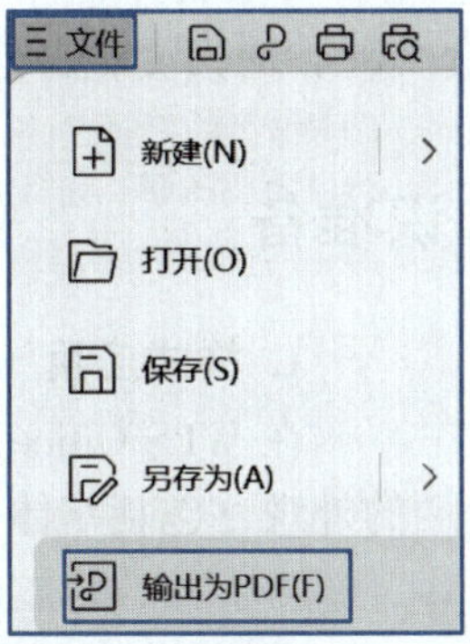

图 3–28　输出为 PDF 格式

10. 案例效果图

案例效果如图 3–29 所示。

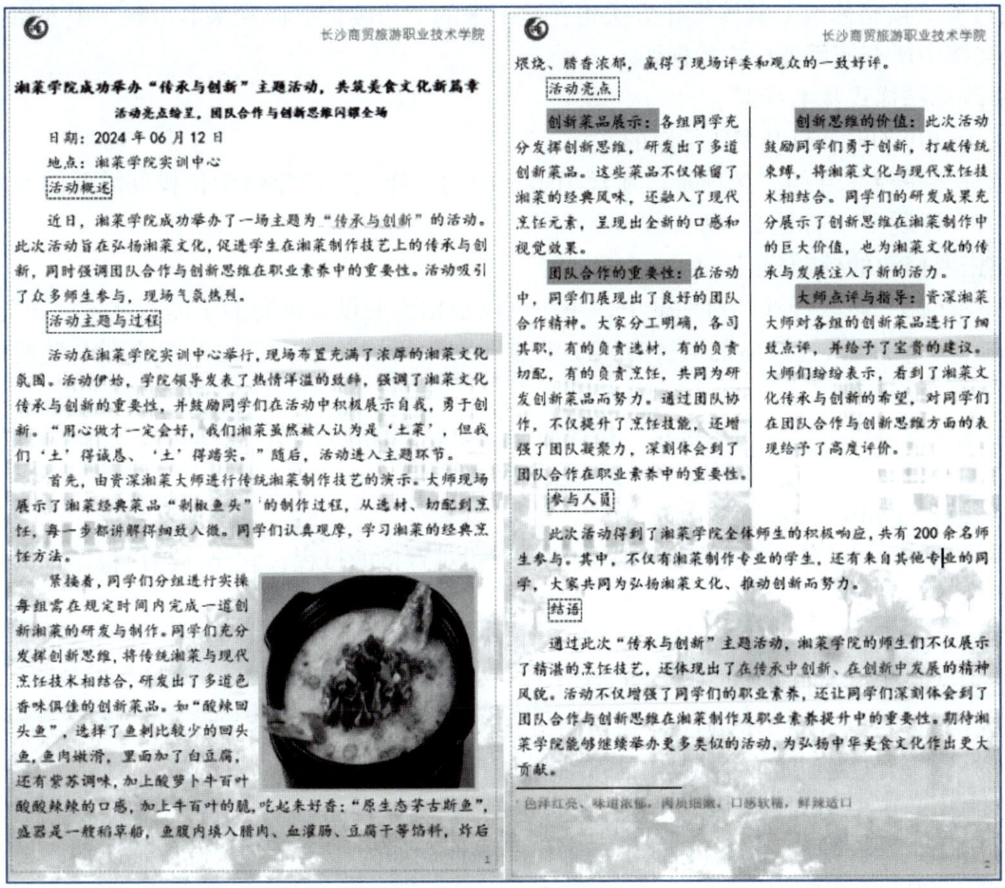

长沙商贸旅游职业技术学院

湘菜学院成功举办“传承与创新”主题活动，共筑美食文化新篇章

活动亮点纷呈，团队合作与创新思维闪耀全场

日期：2024 年 06 月 12 日

地点：湘菜学院实训中心

活动概述

近日，湘菜学院成功举办了一场主题为“传承与创新”的活动。此次活动旨在弘扬湘菜文化，促进学生在湘菜制作技艺上的传承与创新，同时强调团队合作与创新思维在职业素养中的重要性。活动吸引了众多师生参与，现场气氛热烈。

活动主题与过程

活动在湘菜学院实训中心举行，现场布置充满了浓厚的湘菜文化氛围。活动伊始，学院领导发表了热情洋溢的致辞，强调了湘菜文化传承与创新的重要性，并鼓励同学们在活动中积极展示自我，勇于创新。“用心做才一定会好，我们湘菜虽然被人认为是‘土菜’，但我们‘土’得诚恳、‘土’得踏实。”随后，活动进入主题环节。

首先，由资深湘菜大师进行传统湘菜制作技艺的演示。大师现场展示了湘菜经典菜品“剁椒鱼头”[1]的制作过程，从选材、切配到烹饪，每一步都讲解得细致入微。同学们认真观摩，学习湘菜的经典烹饪方法。

紧接着，同学们分组进行实操每组需在规定时间内完成一道创新湘菜的研发与制作。同学们充分发挥创新思维，将传统湘菜与现代烹饪技术相结合，研发出了多道色香味俱佳的创新菜品。如“酸辣回头鱼”，选择了鱼刺比较少的回头鱼，鱼肉嫩滑，里面加了白豆腐，还有紫苏调味，加上酸萝卜牛百叶酸酸辣辣的口感，加上牛百叶的脆，吃起来好香；“原生态茅古斯鱼”，盛器是一艘稻草船，鱼腹内填入腊肉、血灌肠、豆腐干等馅料，炸后

1

长沙商贸旅游职业技术学院

煨烧、腊香浓郁，赢得了现场评委和观众的一致好评。

活动亮点

创新菜品展示： 各组同学充分发挥创新思维，研发出了多道创新菜品。这些菜品不仅保留了湘菜的经典风味，还融入了现代烹饪元素，呈现出全新的口感和视觉效果。

团队合作的重要性： 在活动中，同学们展现出了良好的团队合作精神。大家分工明确，各司其职，有的负责选材，有的负责切配，有的负责烹饪，共同为研发创新菜品而努力。通过团队协作，不仅提升了烹饪技能，还增强了团队凝聚力，深刻体会到了团队合作在职业素养中的重要性。

创新思维的价值： 此次活动鼓励同学们勇于创新，打破传统束缚，将湘菜文化与现代烹饪技术相结合。同学们的研发成果充分展示了创新思维在湘菜制作中的巨大价值，也为湘菜文化的传承与发展注入了新的活力。

大师点评与指导： 资深湘菜大师对各组的创新菜品进行了细致点评，并给予了宝贵的建议。大师们纷纷表示，看到了湘菜文化传承与创新的希望，对同学们在团队合作与创新思维方面的表现给予了高度评价。

参与人员

此次活动得到了湘菜学院全体师生的积极响应，共有 200 余名师生参与。其中，不仅有湘菜制作专业的学生，还有来自其他专业的同学，大家共同为弘扬湘菜文化、推动创新而努力。

结语

通过此次“传承与创新”主题活动，湘菜学院的师生们不仅展示了精湛的烹饪技艺，还体现出了在传承中创新、在创新中发展的精神风貌。活动不仅增强了同学们的职业素养，还让同学们深刻体会到了团队合作与创新思维在湘菜制作及职业素养提升中的重要性。期待湘菜学院能够继续举办更多类似的活动，为弘扬中华美食文化作出更大贡献。

[1] 色泽红亮、味道浓郁，肉质细嫩，口感软糯，鲜辣适口

2

图 3–29　案例效果图

任务 3.2　长文档智能编排

任务描述

本任务旨在通过编辑一份关于“湘菜文化”的长文档，引导学生学习并掌握 WPS Office 文本编辑中的样式应用和目录制作，并通过任务文档的处理，宣传中华美食文化的博大精深和独特魅力，弘扬中华美食文化，增强文化自信。

知识准备

微课 5：样式应用

1. 样式应用

在 WPS Office 中，样式应用是一个重要的功能，它允许用户自定义和修改文档的外观，包括字体、字号、颜色、对齐方式等。

（1）修改标题样式

1）修改标题样式的方式

● 直接修改。选中文档中的某一具体标题，选择菜单栏“开始”选项卡，在用工具栏中的“字体”或“段落”命令组中，可以更改字体、字号、颜色或者设置对齐、缩进、行距等属性。这种修改只针对选中的标题，不会改变其他使用该样式的标题。

● 通过样式窗格修改。具体操作方法将在接下来的“修改标题样式基本步骤”中介绍。这种修改会影响文档中所有使用该样式的标题。

2）修改标题样式基本步骤

① 使用 WPS Office 打开需要编辑的文档。

② 选择菜单栏“开始”选项卡，在常用工具中的“样式”命令组中，找到需要修改的预设标题样式，如“标题 1”“标题 2”等。

③ 右击要修改的标题样式，如“一级标题”。

④ 在弹出的“修改样式”对话框中，用户可以根据需要设置标题的字体、字号、颜色、加粗、倾斜等格式，还可以设置段落的对齐方式、缩进、间距等段落格式。此外，还可以设置标题的边框、底纹等高级格式。

⑤ 完成样式修改后，单击“确定”按钮应用更改，如图 3-30 所示。此时，选中的标题样式已经更新，并且文档中所有使用该样式的标题也会随之更新。

（2）新建正文和标题样式

在 WPS Office 中，新建正文和标题样式是一个相对直接的过程，它允许用户根据个人需求自定义文档的外观。

1）新建正文样式

① 使用 WPS Office 打开需要编辑的文档。

② 选择菜单栏“开始”选项卡，在常用工具栏中单击“样式”下拉按钮。通常，这里会显示一些默认的样式，包括正文样式。单击区域右侧向下的小箭头。

③ 在弹出的下拉菜单中选择“新建样式”选项。

④ 在弹出的“新建样式”对话框中设置样式属性。如为样式命名以便后续识别，设置样式类型（如段落）和样式基于（如正文），调整字体、字号、颜色、对齐方式等格式设置，以满足需求。

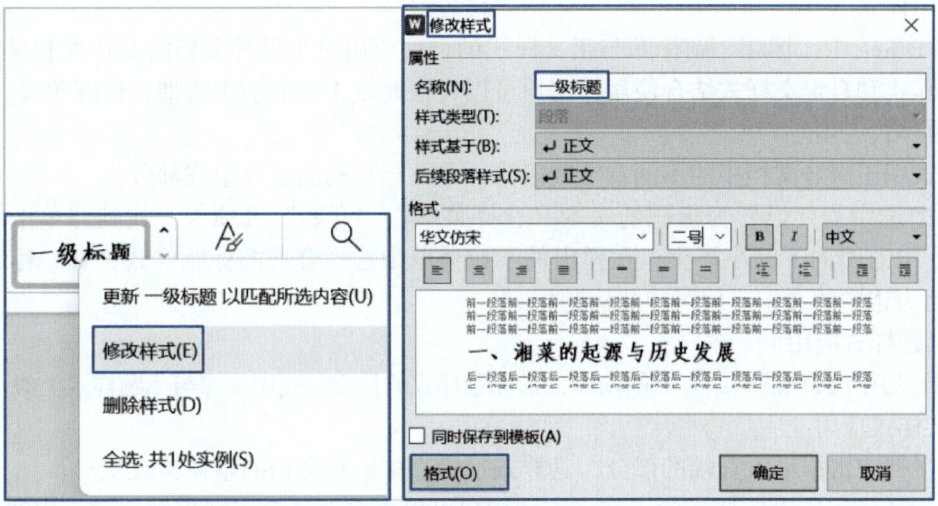

图 3-30　修改样式

⑤ 单击“确定”按钮保存新建的正文样式。

注意：在文档中选中需要应用新样式的文本，然后单击样式列表中的新样式名称即可。

2）新建标题样式

如果预设的标题样式不符合需求，用户可以自定义标题样式。新建标题样式的步骤与新建正文样式类似，但通常标题样式需要更多的格式设置以突出显示。

① 与新建正文样式相同的前 4 个步骤不在此赘述。

② 在弹出的“新建样式”对话框中，选择样式类型（段落）和样式基于（可以选择基于某个现有的标题样式或正文）。

③ 根据需要调整字体、字号、加粗、颜色、对齐方式等格式设置。特别是字号和加粗选项，它们通常用于使标题更加醒目。

④ 单击对话框中的“格式”按钮，进一步设置段落的缩进、间距等属性。

⑤ 单击“确定”按钮保存新建的标题样式，如图 3-31 所示。

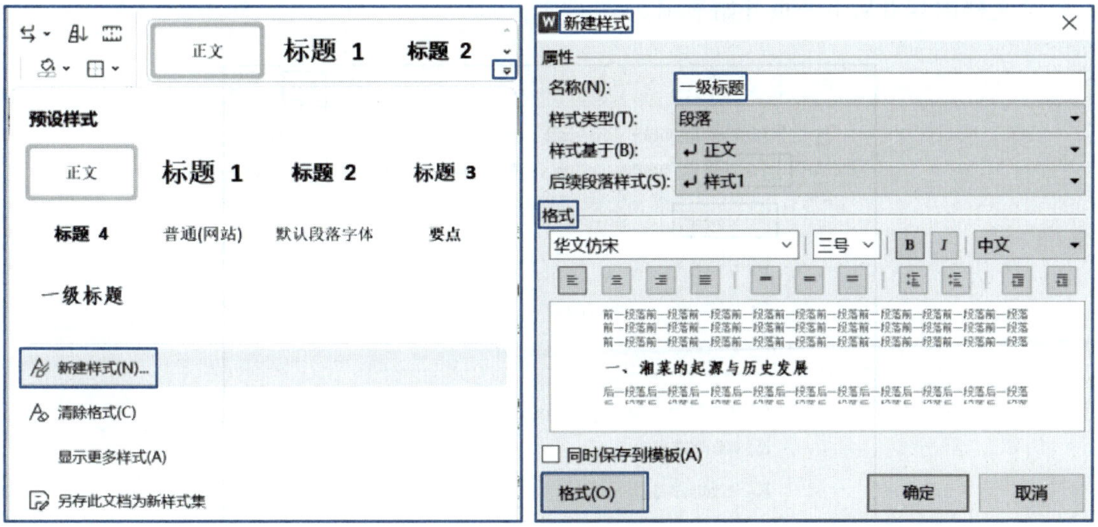

图 3-31　新建标题样式

注意： 在文档中选中需要应用新建标题样式的文本，然后单击样式列表中的新建标题样式名称即可。

（3）应用样式

在 WPS Office 中，标题、副标题与正文样式的合理应用对于提升文档的专业性和易读性至关重要。将预设样式和自定义样式结合使用，用户可以轻松地使文档的层次清晰和排版美观。

1）标题样式应用

标题样式用于区分文档中的不同章节或段落，是文档结构的重要组成部分。

在文档中选中需要设置为标题的文本，选择菜单栏“开始”选项卡，找到并单击常用工具栏“样式”命令组右侧向下的小箭头，在弹出的下拉菜单中选择合适的标题样式，如“标题 1”。WPS Office 会自动为选中的文本应用对应的标题样式。

2）副标题样式应用

副标题样式用于强调段落或小节的内容，是标题样式的补充。应用步骤与标题样式类似，不再赘述。

3）正文样式应用

正文是文档中占据最大篇幅的部分，其样式设置直接影响文档的整体美观度。

在文档中选中需要设置样式的正文文本，用户可以直接选择使用“预设样式”中的“正文”样式，也可以使用“新建样式”中定义的样式。

2. 目录制作

微课 6：目录制作

在文档编辑过程中，分节与分页是排版的重要技巧，它们能够帮助用户更好地组织和展示文档内容。

（1）分页

分页是将文档内容按照页面进行划分。WPS Office 提供了自动分页和手动分页两种方式。

1）自动分页

当文档中的文字或图形填满一页时，WPS Office 会自动插入一个分页符，开始新的一页。这是文档编辑中最常见的分页方式，无须用户手动干预。

2）手动分页

有时，用户需要在特定位置进行分页，以确保内容的连贯性或满足特定的排版要求。此时，可以使用手动分页符。如图 3–32 所示，单击菜单栏中的“插入”选项卡，单击常用工具栏的“分页”下拉按钮，在弹出的下拉列表中选择“分页符”选项。这样，在当前光标位置就会插入一个手动分页符，后续文档内容将从下一页开始显示。

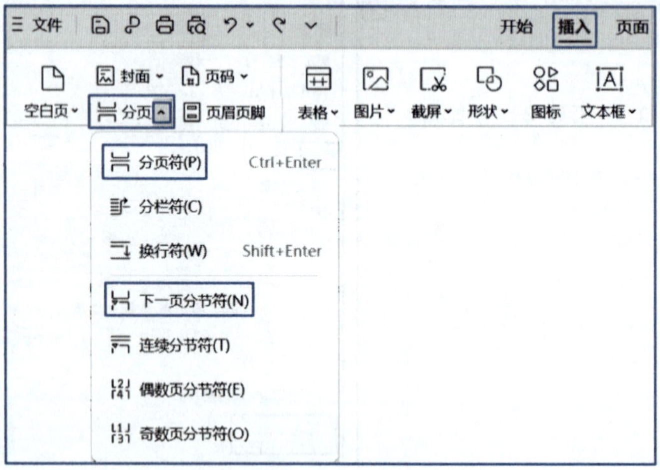

图 3–32 “分页”工具栏界面

（2）分节

分节是将文档划分为不同部分，每个部分可以独立设置页面格式和排版样式。WPS Office 提供了多种分节方式，包括下一页分节、连续分节、奇数页分节和偶数页分节等。

1）分节符类型

- 下一页分节：插入一个分节符，新节从下一页开始。这种方式常用于需要在不同页面开始新节的情况。
- 连续分节：插入一个分节符，但新节从同一页开始。这种方式适用于在同一页面内需要改变页面格式的情况。
- 奇数页分节：插入一个分节符，新节从下一个奇数页开始。这种方式常用于双面打印的文档，确保章节或部分内容从奇数页开始。
- 偶数页分节：插入一个分节符，新节从下一个偶数页开始。与奇数页分节类似，但适用于需要从偶数页开始新节的情况。

2）分节符的插入与删除

- 插入分节符：光标定位在需要分节的位置，单击菜单栏中的“插入”选项卡，单击常用工具栏的“分页”下拉按钮，在弹出的下拉列表中选择如“下一页分节符”选项，这样，在当前光标位置就会插入一个分节符，文档内容将从下一页开始分节。
- 删除分节符：分节符在文档中通常不可见，但可以通过设置“显示 / 隐藏段落标记”来查看。在 WPS Office 中，可以通过单击“开始”选项卡中的“显示 / 隐藏编辑标记”按钮来显示分节符。然后，将光标定位到分节符前，按 Delete 键即可删除分节符。

3）分节后的格式设置

插入分节符后，可以对每节进行独立的页面格式设置，包括页边距、纸张方向、页眉页脚等。这样，即使在同一文档中，不同分节也可以呈现出不同的排版风格。

（3）目录制作

目录制作是文档编辑过程中的一个重要环节，它能有效提升文档的可读性。以下将详细介绍如何使用 WPS Office 进行目录制作。

1）准备阶段

① 启动 WPS Office，选择“新建文档”或打开已有的文档。

② 根据文档内容，合理设置各级标题的样式，通常包括一级标题、二级标题、三级标题等。

2）自动生成目录

① 在文档中定位需要插入目录的位置，通常是在文档开头或结尾处。

② 在菜单栏中选择“引用”选项卡，找到常用工具栏“目录”命令组；单击“目录”下拉按钮，在弹出的目录样式下拉面板中，根据文档中的标题层级选择合适的目录样式。例如，如果文档包含一级标题、二级标题和三级标题，可以选择插入包含这些层级的目录样式。

③ 单击选中的目录样式，WPS 将利用智能 AI 技术自动生成目录，并将其插入到文档中指定位置。操作步骤如图 3-33 所示。

3）更新目录

如果文档中的标题或内容发生了变化，需要手动更新目录以确保其准确性。单击目录中的任意位置，然后单击工具栏中的“更新目录”下拉按钮，选择“更新整个目录”或“只更新页码”。

在某些情况下，WPS 能够自动识别文档中的标题变化并自动更新目录。但为了确保准确性，建议定期检查并手动更新目录。

（4）自定义目录样式

如果 WPS 提供的预设目录样式不符合需求，可以进行自定义设置。单击“引用”选项卡的“目录”下拉按钮，在下拉列表中选择“自定义目录”选项。

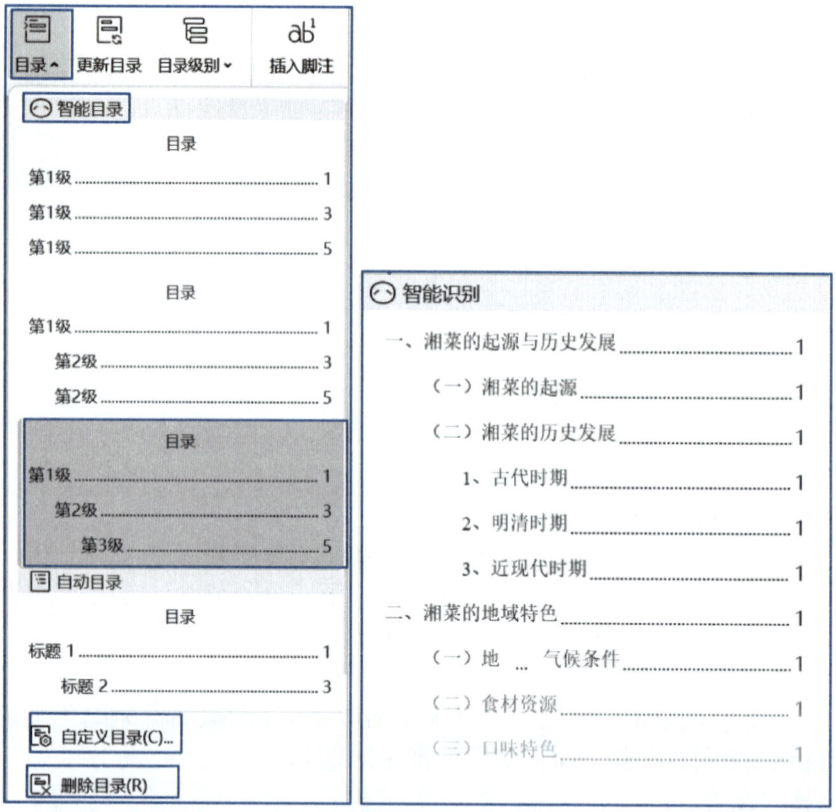

图 3-33 生成自动目录

在弹出的“自定义目录”对话框中，可以调整目录的样式、字体、字号、行距等，还可以选择是否显示页码、页码右对齐、使用超链接等选项，以满足个性化需求。

任务实施

1. 创建与编辑文档

① 启动 WPS Office，新建一个空白文档，将文档保存为“湘菜文化探索 .docx”，并设置合适的保存路径。

② 输入文档标题“湘菜文化探索”，并编写文档内容。在编写过程中，注重展现湘菜的起源、发展、特色菜品、烹饪技艺等，同时融入对中华美食文化的赞美与传承的责任感。

③ 插入相关图片，如湘菜菜品图片、烹饪过程图片等，以增强文档的可读性与吸引力。在插入图片时，注意选择具有代表性、能够体现湘菜文化特色的图片。

例如，在文本“（一）剁椒鱼头”处，插入“案例相关”中的图片“3.png”，调整图片大小和位置，设置“四周型环绕”，“效果”为柔化边缘 10 磅；在文本“（二）酸豆角炒肉末”处，插入“案例相关”中的图片“4.jpeg”，调整图片大小和位置，设置“四周型环绕”。

2. 应用样式

为文档中的各个部分设置合适的标题样式，如使用“标题 1”表示主标题，“标题 2”表示次标题等。在设置标题样式时，注重层次的清晰与逻辑的严谨。可以根据需要自定义标题样式。

① 修改“正文”样式为：“宋体”、小四、行距 22 磅、首行缩进 2 字符，并应用到全部正文。

② 选中文档标题“湘菜文化探索”，设置为“标题 1”，文本居中显示。

③ 新建样式“一级标题”：“华文仿宋”、三号、加粗，段前段后 0.5 行，行距 22 磅；按住 Ctrl

键并拖动鼠标选中所有一级标题文本，为其应用样式“一级标题”。

④ 新建样式“二级标题”：“华文仿宋”、四号、加粗，段前段后 0.5 行，行距 22 磅；为所有二级标题文本应用样式“二级标题”。

⑤ 新建样式“三级标题”：“华文仿宋”、小四号、加粗，首行缩进 2 字符，行距 22 磅；为所有三级标题文本应用样式“三级标题”。

⑥ 选中“五、感受中华美食的博大精深”所有段落文本，设置二栏排版并添加分隔线。

3. 制作目录

① 将光标定位到文档的最前面，单击“引用”选项卡中的“目录”下拉按钮，选择合适的目录样式，如“自动目录 3”。WPS Office 将自动根据标题样式生成目录。在生成目录后，检查目录的准确性与完整性，全选目录文本，设置字体段落格式。

② 如果文档内容或标题发生变化，右击目录区域，在弹出的快捷菜单中选择“更新目录”选项，更新整个目录以确保其与文档内容一致。

4. 保存与提交

对文档进行最后的检查与修改，确保内容完整、格式规范、无错别字与语法错误。保存文档，并将其提交给教师进行评价与反馈。在提交时，附上一段简短的学习心得，总结自己在编辑文档过程中的收获与不足，以及如何在未来的学习与工作中更好地应用所学知识与技能来传承与发展中华优秀传统文化。

5. 案例效果图

案例效果如图 3-34 和图 3-35 所示。

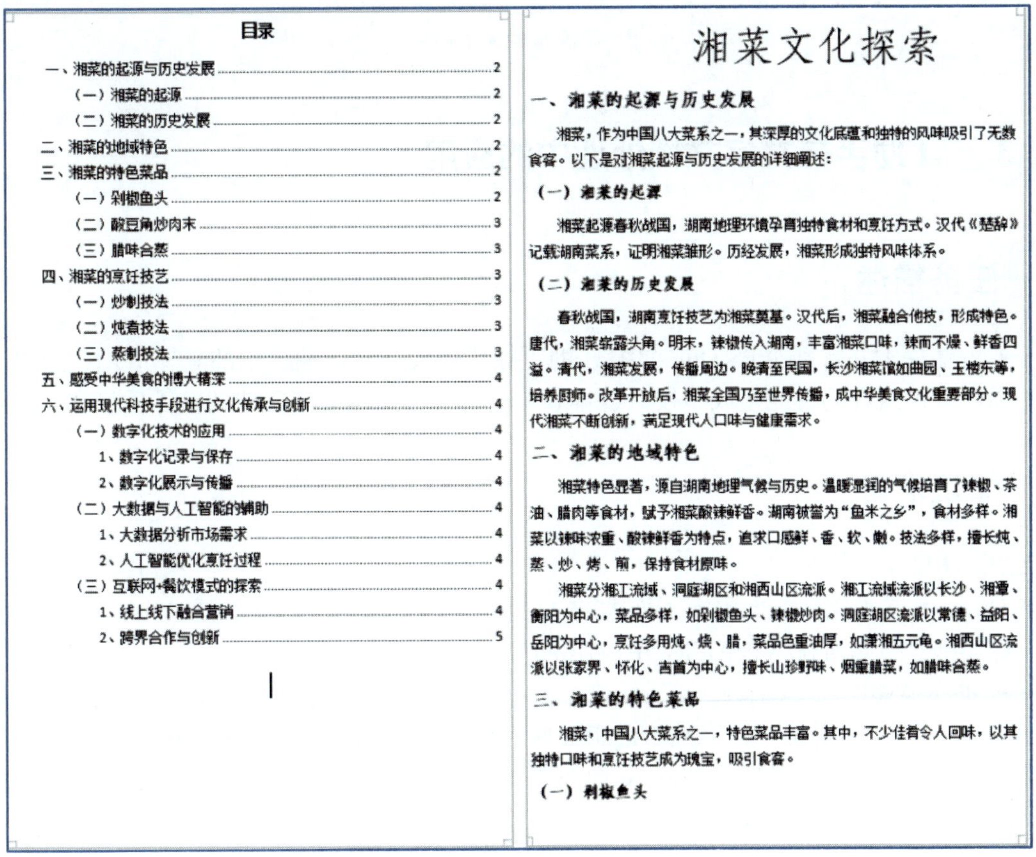
目录

湘菜文化探索

一、湘菜的起源与历史发展

湘菜，作为中国八大菜系之一，其深厚的文化底蕴和独特的风味吸引了无数食客。以下是对湘菜起源与历史发展的详细阐述：

（一）湘菜的起源

湘菜起源春秋战国，湖南地理环境孕育独特食材和烹饪方式。汉代《楚辞》记载湖南菜系，证明湘菜雏形。历经发展，湘菜形成独特风味体系。

（二）湘菜的历史发展

春秋战国，湖南烹饪技艺为湘菜奠基。汉代后，湘菜融合他技，形成特色。唐代，湘菜崭露头角。明末，辣椒传入湖南，丰富湘菜口味，辣而不燥、鲜香四溢。清代，湘菜发展，传播周边。晚清至民国，长沙湘菜馆如曲园、玉楼东等，培养厨师。改革开放后，湘菜全国乃至世界传播，成中华美食文化重要部分。现代湘菜不断创新，满足现代人口味与健康需求。

二、湘菜的地域特色

湘菜特色显著，源自湖南地理气候与历史。温暖湿润的气候培育了辣椒、茶油、腊肉等食材，赋予湘菜酸辣鲜香。湖南被誉为“鱼米之乡”，食材多样。湘菜以辣味浓重、酸辣鲜香为特点，追求口感鲜、香、软、嫩。技法多样，擅长炖、蒸、炒、烤、煎，保持食材原味。

湘菜分湘江流域、洞庭湖区和湘西山区流派。湘江流域流派以长沙、湘潭、衡阳为中心，菜品多样，如剁椒鱼头、辣椒炒肉。洞庭湖区流派以常德、益阳、岳阳为中心，烹饪多用炖、烧、腊，菜品色重油厚，如潇湘五元龟。湘西山区流派以张家界、怀化、吉首为中心，擅长山珍野味、烟熏腊菜，如腊味合蒸。

三、湘菜的特色菜品

湘菜，中国八大菜系之一，特色菜品丰富。其中，不少佳肴令人回味，以其独特口味和烹饪技艺成为瑰宝，吸引食客。

（一）剁椒鱼头

图 3-34 案例效果图 1

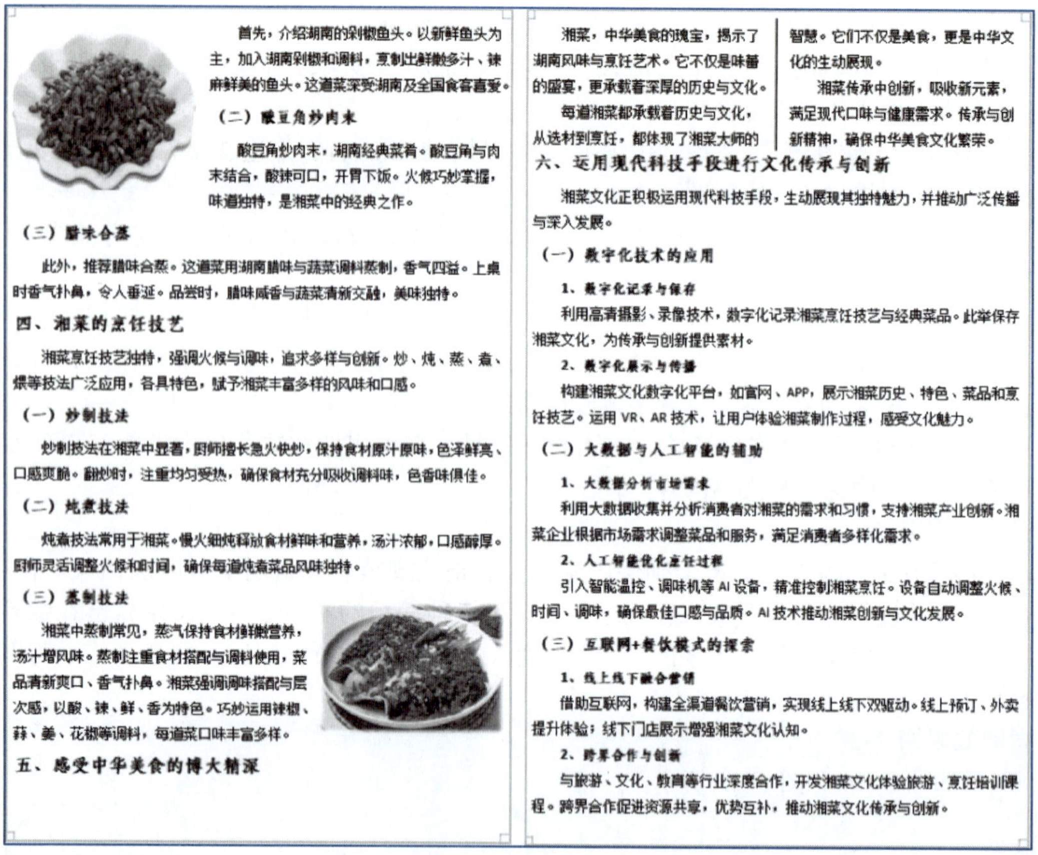

首先，介绍湖南的剁椒鱼头。以新鲜鱼头为主，加入湖南剁椒和调料，烹制出鲜嫩多汁、辣麻鲜美的鱼头。这道菜深受湖南及全国食客喜爱。

（二）酸豆角炒肉末

酸豆角炒肉末，湖南经典菜肴。酸豆角与肉末结合，酸辣可口，开胃下饭。火候巧妙掌握，味道独特，是湘菜中的经典之作。

（三）腊味合蒸

此外，推荐腊味合蒸。这道菜用湖南腊味与蔬菜调料蒸制，香气四溢。上桌时香气扑鼻，令人垂涎。品尝时，腊味咸香与蔬菜清新交融，美味独特。

四、湘菜的烹饪技艺

湘菜烹饪技艺独特，强调火候与调味，追求多样与创新。炒、炖、蒸、煮、煨等技法广泛应用，各具特色，赋予湘菜丰富多样的风味和口感。

（一）炒制技法

炒制技法在湘菜中显著，厨师擅长急火快炒，保持食材原汁原味，色泽鲜亮、口感爽脆。翻炒时，注重均匀受热，确保食材充分吸收调料味，色香味俱佳。

（二）炖煮技法

炖煮技法常用于湘菜。慢火细炖释放食材鲜味和营养，汤汁浓郁，口感醇厚。厨师灵活调整火候和时间，确保每道炖煮菜品风味独特。

（三）蒸制技法

湘菜中蒸制常见，蒸汽保持食材鲜嫩营养，汤汁增风味。蒸制注重食材搭配与调料使用，菜品清新爽口、香气扑鼻。湘菜强调调味搭配与层次感，以酸、辣、鲜、香为特色。巧妙运用辣椒、蒜、姜、花椒等调料，每道菜口味丰富多样。

五、感受中华美食的博大精深

湘菜，中华美食的瑰宝，揭示了湖南风味与烹饪艺术。它不仅是味蕾的盛宴，更承载着深厚的历史与文化。

每道湘菜都承载着历史与文化，从选材到烹饪，都体现了湘菜大师的智慧。它们不仅是美食，更是中华文化的生动展现。

湘菜传承中创新，吸收新元素，满足现代口味与健康需求。传承与创新精神，确保中华美食文化繁荣。

六、运用现代科技手段进行文化传承与创新

湘菜文化正积极运用现代科技手段，生动展现其独特魅力，并推动广泛传播与深入发展。

（一）数字化技术的应用

1、数字化记录与保存

利用高清摄影、录像技术，数字化记录湘菜烹饪技艺与经典菜品。此举保存湘菜文化，为传承与创新提供素材。

2、数字化展示与传播

构建湘菜文化数字化平台，如官网、APP，展示湘菜历史、特色、菜品和烹饪技艺。运用 VR、AR 技术，让用户体验湘菜制作过程，感受文化魅力。

（二）大数据与人工智能的辅助

1、大数据分析市场需求

利用大数据收集并分析消费者对湘菜的需求和习惯，支持湘菜产业创新。湘菜企业根据市场需求调整菜品和服务，满足消费者多样化需求。

2、人工智能优化烹饪过程

引入智能温控、调味机等 AI 设备，精准控制湘菜烹饪。设备自动调整火候、时间、调味，确保最佳口感与品质。AI 技术推动湘菜创新与文化发展。

（三）互联网+餐饮模式的探索

1、线上线下融合营销

借助互联网，构建全渠道餐饮营销，实现线上线下双驱动。线上预订、外卖提升体验；线下门店展示增强湘菜文化认知。

2、跨界合作与创新

与旅游、文化、教育等行业深度合作，开发湘菜文化体验旅游、烹饪培训课程。跨界合作促进资源共享，优势互补，推动湘菜文化传承与创新。

图 3-35　案例效果图 2

任务 3.3　AI 助手在文字文档处理中的应用

任务描述

本任务旨在探索并实践 WPS Office 中 AI 助手在毕业设计文档编辑中的具体应用，通过 AI 助手的功能，实现文档内容的智能生成、校对、排版、分析等，从而提高文档的整体质量和完成效率。

知识准备

1. 启用 AI 助手

WPS Office 在文本编辑方面引入了强大的 AI 助手功能，为用户提供了更加智能、高效的编辑体验。以下将详细介绍如何在 WPS Office 中应用 AI 助手进行文本编辑。

（1）AI 助手概述

WPS Office 的 AI 助手是一个集成的智能工具，它利用先进的人工智能技术，为用户提供文本校对、语法检查、智能推荐、内容优化等多种功能。通过 AI 助手，用户可以更轻松地完成文本编辑任务，提高文档制作的质量和效率。

（2）启用 AI 助手

① 启动 WPS Office，并打开需要编辑的文档。

② 在 WPS Office 的菜单栏中，找到并单击“WPS AI”按钮，或者通过快捷键直接访问 AI 助手功能。

③ 在弹出的 AI 助手下拉菜单中，如图 3-36 所示，根据需求启用相应的功能，如“AI 帮我读”“AI 帮我改”“AI 帮我写”“AI 排版”等。

2. AI 助手应用

WPS Office 中的 AI 助手通过智能创作、智能校对与修改、跨平台协作等功能，极大地提升了用户的办公效率和质量。同时，“WPS AI”还针对个人用户和企业组织用户推出了不同版本的应用，满足不同用户的需求。

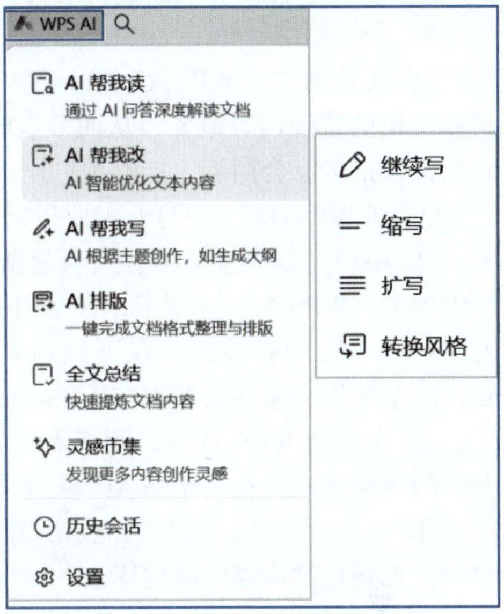

图 3-36 “AI 帮我改”及其二级菜单界面

（1）应用 AI 助手进行文字编辑

1）AI 帮我读

“AI 帮我读”功能允许用户通过 AI 助手朗读文档内容，帮助用户快速理解长篇文章或报告，减轻阅读负担。AI 助手能够识别文档中的文字，并以自然、流畅的声音读出，同时支持语速、语调等参数的调整。操作步骤如下。

① 打开 WPS Office，加载需要朗读的文档。

② 在工具栏中找到 AI 助手的相关图标或选项（具体图标可能因版本而异，但通常会有明显的“朗读”或“AI 读”标识）。

③ 单击该图标，AI 助手即开始朗读文档内容。用户可以根据需要调整朗读设置，如语速、音量等。

2）AI 帮我改

“AI 帮我改”功能主要用于文档的自动校对和优化，能够检查文档中的语法错误、拼写错误，并提供修改建议，帮助用户提升文档的专业性和可读性。操作步骤如下。

① 打开需要修改的文档，进入编辑界面。

② 在工具栏中找到 AI 助手的“修改”或类似功能的图标（可能位于“审阅”或“编辑”选项卡下）。

③ 单击该图标，AI 助手将自动扫描文档，并在侧边栏或文档中直接显示错误和建议。

④ 用户可以根据 AI 助手的建议进行修改，或选择忽略某些建议。

3）AI 帮我写

“AI 帮我写”功能允许用户通过简单的输入（如关键词、主题等），快速生成符合要求的文档内容。无论是编写工作总结、广告文案还是社交媒体推文等，AI 助手都能提供高质量的文本生成服务。操作步骤如下。

① 打开 WPS Office，选择新建文档或打开已有文档。

② 在工具栏中找到 AI 助手的“写作”或“生成内容”功能图标（可能位于“插入”或专门的“AI 助手”选项卡下）。

③ 输入关键词、主题或简短的描述，单击“生成”按钮。

④ AI 助手将根据输入信息生成文档内容，用户可以根据需要进行进一步的编辑和修改。

4）AI 排版

“AI 排版”功能利用 AI 技术自动调整文档格式和布局，使文档更加美观、专业。用户只需选择文档类型（如学位论文、合同协议等），AI 助手即可自动套用相应的排版模板和样式。操作步骤如下。

① 打开需要排版的文档，进入编辑界面。

② 在工具栏中找到 AI 助手的“排版”功能图标（可能位于“页面布局”或专门的“AI 助手”选项卡下）。

③ 选择合适的文档类型或排版模板，单击“应用”按钮。

④ AI 助手将自动调整文档格式和布局，用户可以根据需要进行微调。

5）全文总结

“全文总结”是 WPS AI 中用于快速提炼文档内容核心要点的一项功能，用户可通过该功能快速获取文档的主要内容概要，从而节省时间，提高工作效率。该功能特别适用于处理长篇文档，如科研论文、报告、合同等，能够帮助用户快速掌握文档的核心信息。操作步骤如下。

① 在 WPS Office 中打开需要进行全文总结的文档。

② 用户可以通过多种方式唤起 WPS AI，以便使用“全文总结”功能。具体方法包括：在菜单栏中单击“WPS AI”选项卡；在空白文档的正文区域直接单击“WPS AI”按钮；在顶部工具栏中单击“WPS AI”下拉按钮，在下拉列表中选择功能；双击 Ctrl 键或按 Ctrl+J 快捷键（Windows 系统，macOS 系统用户需连续两次按下 Command 键）。

③ 在唤起 WPS AI 后，用户需要选择“全文总结”功能。这通常可以通过单击“WPS AI”选项卡中的相应按钮或在“WPS AI”的下拉列表中选择“全文总结”选项来实现。

④ 选择“全文总结”功能后，WPS AI 将自动对文档内容进行分析与总结。用户需要等待一段时间，直到总结内容生成完毕。

⑤ 总结生成后，用户可以在 WPS AI 面板中查看总结内容，如果需要也可将总结内容复制到其他位置。

6）AI 助手设置

根据版本不同，WPS AI 设置的功能也各有不同，WPS Office 版本中，用户可以设置唤起 WPS AI 的快捷键以及确定是否在空白文档显示唤起 WPS AI 的提示文案，默认快捷键为 Ctrl+Ctrl，如图 3-37 所示。

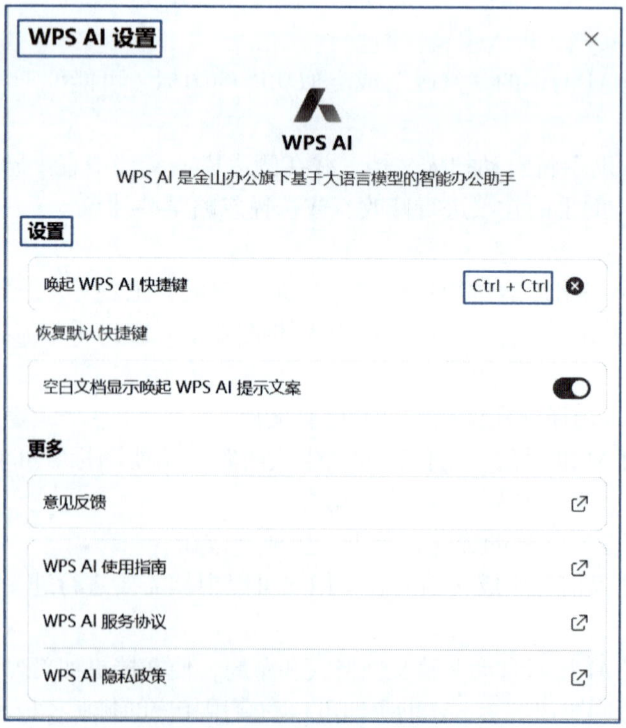

图 3-37　WPS AI 设置界面

（2）智能文档

在 WPS Office 中，智能文档与模板是两个紧密相连且强大的功能，它们共同提升了用户的文档处理效率和文档质量。

1）智能文档的特点及应用场景

智能文档是 WPS Office 中的一项重要功能，它利用人工智能技术帮助用户快速生成、编辑和排版文档。智能文档不仅提高了文档处理的效率，还通过智能化的内容生成和优化，提升了文档的质量。其主要特点和应用场景包括以下几个方面。

- 内容生成与优化：智能文档可以帮助用户快速构建文章大纲、生成文章内容、优化表达方式等。无论是撰写学术论文、商务报告，还是编制教学资料、科研项目计划，智能文档都能提供有力的支持。
- 高效协作：智能文档支持多人协作，多人可以同时编辑同一份文档，大大提高了团队协作效率。这一功能使得远程办公和团队协作变得更加便捷和高效。
- 丰富的编辑功能：智能文档提供了丰富的编辑功能，如段落柄控制、快捷菜单、浮动工具栏等，使得文档的编辑和排版更加灵活和高效。
- 演示与导出：智能文档支持全屏演示模式，为会议、演讲等场合提供美观、沉浸式的内容展示。同时，智能文档还支持将文档导出为本地 Word、PDF 或图片等格式，导出的文件保持原样排版，无须手动调整。
- 持续创新：随着人工智能技术的不断发展，WPS 智能文档将在内容创作与协作领域不断探索和创新，为用户提供更加智能化的文档处理体验。

2）智能文档操作

① 启动 WPS Office 软件。

② 单击“新建”按钮，然后选择“智能文档”选项。可以选择“空白智能文档”或“AI 模板”等。

③ 在新建的智能文档中，通过单击界面上的“WPS AI”图标来唤起 AI 助手。然后，根据需求输入指令或提示词，AI 助手将根据指令生成或优化文档内容。如单击“模板”按钮，会弹出“推荐模板”，如图 3-38 所示。

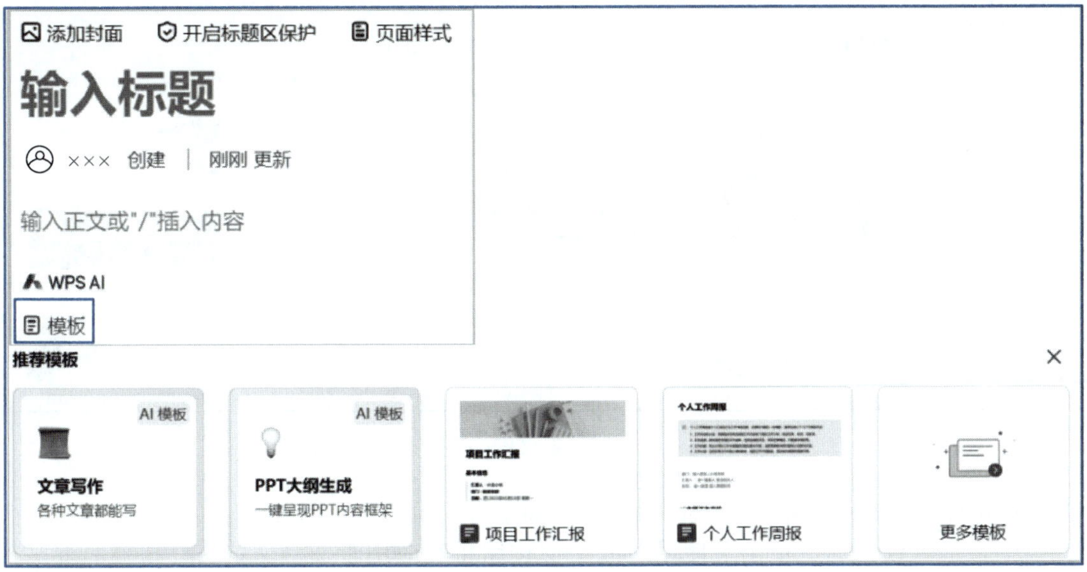

图 3-38　智能文档中的推荐模板

④ 利用智能文档提供的丰富的编辑功能，对文档进行编辑和排版。智能文档还支持智能校对功能，可以自动检测并纠正拼写、语法和标点错误。

⑤ 编辑完成后，保存文档。智能文档支持将文档导出为多种格式，方便在不同设备和平台上查看和分享。

（3）模板

WPS Office 内置了丰富的模板库，用户可以根据自己的需求选择合适的模板，快速制作出符合要求的文档。

1）模板库中的模板类型

- 文字模板：包括报告、简历、合同、信函等各种文档类型的模板。
- 表格模板：提供财务报表、考勤表、销售报表等各种表格类型的模板。
- PPT 模板：涵盖商务汇报、产品介绍、教育培训等多种 PPT 类型的模板。
- 海报模板：包括宣传海报、活动海报、展览海报等多种海报类型的模板。
- 名片模板：提供企业名片、个人名片等多种名片类型的模板。
- 证书模板：包括荣誉证书、奖状证书等各种证书类型的模板。
- 其他模板：如日历、信封、标签等其他类型的模板，满足用户多样化的需求。

此外，WPS Office 还提供了 AI 模板功能，通过人工智能技术为用户提供更加个性化的模板选择。用户可以根据自身需求，快速生成符合要求的模板内容。

2）模板的使用

① 启动 WPS Office 软件。

② 在新建文档时直接选择模板类型。或者，选择菜单栏“插入”选项卡，单击“更多素材”下拉按钮，在弹出的下拉列表中选择“素材中心”选项，进入“稻壳资源”界面，找到“模板库”选项，系统提供了很多文字模板和智能模板，如图 3-39 所示。

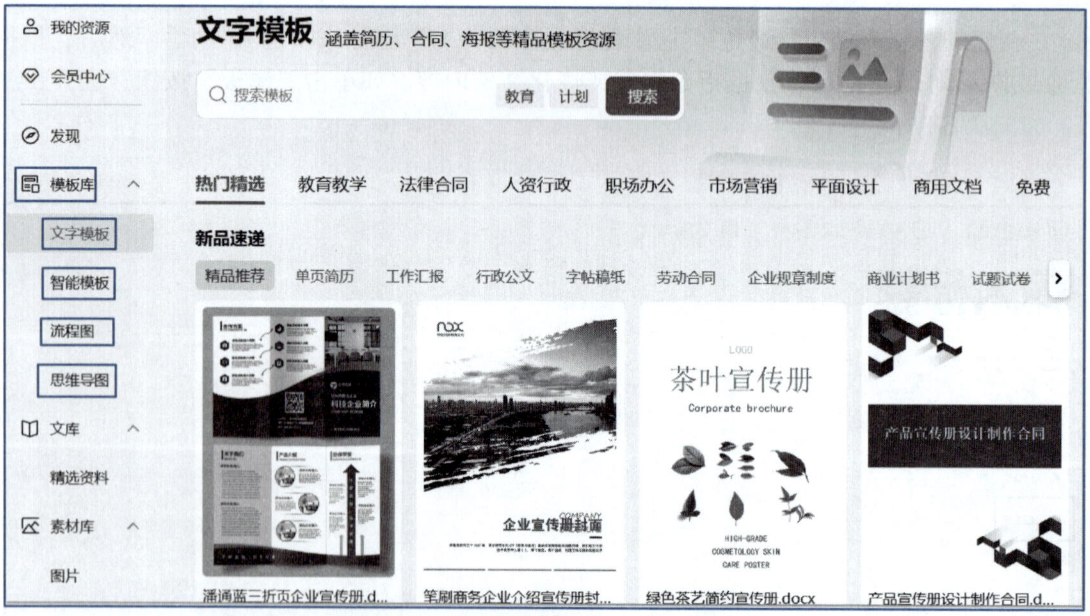

图 3-39 素材中心界面

③ 在模板库中浏览或搜索所需的模板类型，如报告、简历、合同等。

④ 选中合适的模板后，单击“使用”或类似按钮将其应用于文档。然后，根据需要对模板内容进行编辑和修改，以符合实际需求。

⑤ 编辑完成后，保存文档。如果需要将文档分享给他人，可以选择导出为合适的格式，并通过电子邮件、云存储等方式进行分享。

（4）文档审阅

在 WPS Office 中，文档审阅是一个重要的功能，它允许用户在多人协作编辑文档时进行版本控制、修订、注释等操作，从而有效提高文档的编辑质量和协作效率。

1）文档审阅功能介绍

● 版本控制：文档审阅功能可以记录文档的每一次修改，包括修改内容、修改时间和修改者，便于用户追踪和管理文档版本。

● 修订功能：用户可以对文档内容进行修改、添加和删除等操作，所有的修订都会以不同的颜色标记，以便与原始文档进行区分。这样，其他协作者可以清晰地看到每一处修改，并进行讨论和确认。

● 批注和注释：用户可以对文档中的特定内容进行批注和注释，通过添加批注来分享观点、提出问题或提供建议。批注会以气泡形式显示在文档旁边，方便与其他成员进行沟通和交流。

● 修订记录查看：WPS Office 提供了查看修订记录的功能，用户可以查看所有修订的历史记录，包括修订的内容、修订者以及修订时间等信息。这对于文档的版本控制和修改追踪非常有用。

2）文档审阅操作

① 在 WPS Office 中打开需要进行审阅的文档。

② 选择菜单栏中的“审阅”选项卡，在“文档审阅”命令组单击对应的操作按钮，即可进行文档审阅，如图 3–40 所示。

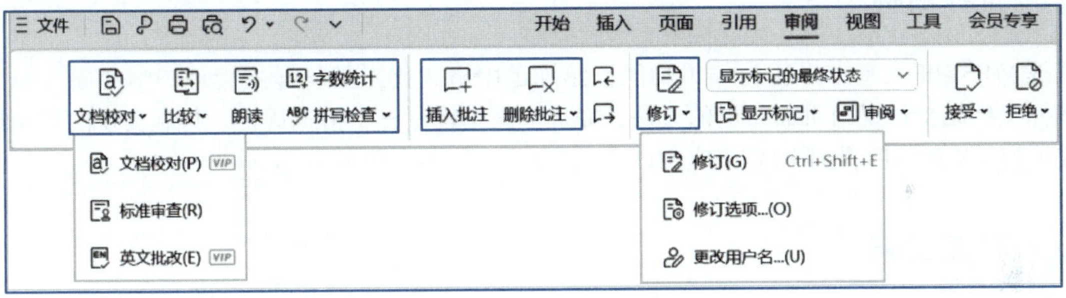

图 3–40 审阅界面

● 修订：用户可以通过“修订”下拉列表的“修订选项”来设置标记和批注框格式等。

● 插入批注：选中需要添加批注的内容，单击常用工具栏上的“插入批注”按钮，在弹出的批注框中输入批注内容，单击“确定”按钮即可。批注会以气泡形式显示在文档旁边。在文档审阅模式下，用户可以看到其他协作者添加的批注。右击批注，在弹出的快捷菜单中，可以选择进行“答复批注”“解决批注”“删除批注”等相关操作，如图 3–41 所示。

图 3–41 批注操作快捷菜单

任务实施

1. 创建文档

① 打开计算机，启动 WPS Office 软件。

② 在 WPS Office 主界面，单击“新建”按钮，在弹出的界面中选择“文字”，然后单击“空白文档”按钮，创建一个新的 Word 文档。

③ 撰写毕业设计内容。

2. 启用 AI 助手

① 在文档编辑界面中，在菜单栏右侧找到“WPS AI”选项卡。

② 根据需要，选择启用“AI 帮我读”“AI 帮我改”“AI 帮我写”“AI 排版”以及全文总结、灵感集市等。

3. 应用 AI 助手修改文档

利用“AI 帮我读”“AI 帮我改”“AI 帮我写”“AI 排版”以及全文总结、灵感集市等功能，对毕业设计文档进行编辑修改。

4. 保存与提交

在文档编辑完成后，按快捷键 Ctrl+S 或单击工具栏上的“保存”按钮，保存文档至指定位置。建议文档名包含毕业设计题目、学生姓名和日期等信息，便于识别和管理。

拓展训练：毕业设计编排

训练描述

在本训练中，将学习如何利用 WPS Office 在文档编辑与排版方面的核心功能与应用技巧，完成毕业设计文档的编辑与排版。

训练目标

掌握 WPS Office 基本操作与编辑功能，熟练运用格式化工具与样式管理，学会插入与调整对象，掌握文档结构设置与页面布局的方法，完成一篇结构完整、格式规范、排版美观的毕业设计文档，并了解“WPS AI”助手的高级应用。

训练实施

1. 输入文本与设置页面布局

① 打开 WPS Office，新建文档“毕业设计”。

② 输入毕业设计的文本内容，并运用“WPS AI”助手进行文档的检查、修改等。具体操作步骤为：按住鼠标左键框选要修改的文本，文本右侧会弹出快捷操作工具栏，单击“WPS AI”下拉按钮，在弹出的下拉列表中选择相应操作，如“润色”，系统会快速给出润色后文档，用户可以决定是否使用当前文档或更换一种润色方式，操作如图 3-42 和图 3-43 所示。

③ 单击菜单栏中的“页面”选项卡，在常用工具栏的“页面设置”命令组中单击“纸张大小”按钮，设置纸张大小为“A4”。

④ 单击“页边距”按钮，在弹出的下拉列表中，选择“自定义页边距”选项，设置上下各为 2 cm，左右页边距为 3 cm。

⑤ 将光标移到文档最前面，选择菜单栏中的“插入”选项卡，单击常用工具栏中的“分页”下拉按钮，在弹出的下拉列表中，选择“下一页分节”选项，插入分节符。

⑥ 单击菜单栏中的“页面”选项卡，单击“页面边框”，设置为 0.5 磅、灰色、单实线、方框，应用于“本节”；单击“选项”按钮，设置边框距正文上下左右都为 4 磅，单击“确定”按钮，从第 2 页起添加页面边框。

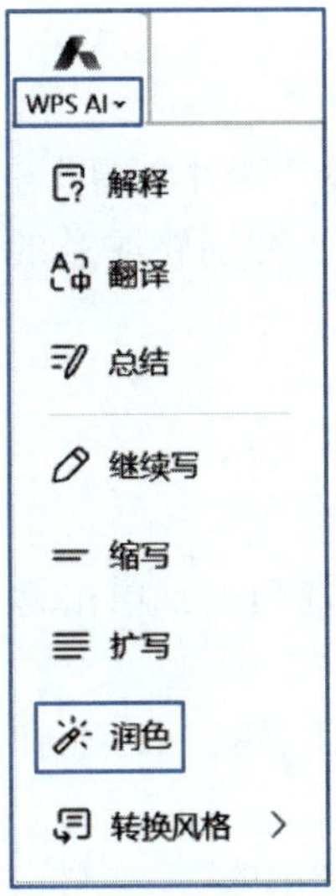

图 3-42 WPS AI 润色操作

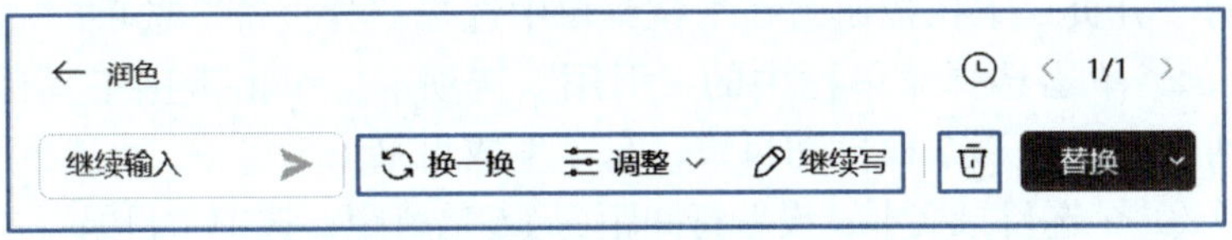

图 3-43 WPS AI 润色确认

⑦ 将光标移到文档最前面，按 3 次 Enter 键，留出空白行，单击菜单栏中的“插入”选项卡，单击常用工具栏的“形状”下拉按钮，在弹出的下拉列表中，选择“直线”选项，按住 Shift 键绘制两条直线，形状如同一行两列的表格。将“产品名称”和“星光音乐网站”移入对应表格中。

2. 设置段落缩进和间距

① 按 Ctrl+A 快捷键选中全文。

② 单击菜单栏中的“开始”选项卡，单击常用工具栏的“段落”命令组右下方的对话框启动按钮，在弹出的对话框中，设置行距为“固定值”、值为“20 磅”；设置特殊格式为“首行缩进”，磅值设置为“2 字符”。

3. 修改标题样式

① 单击选择菜单栏中的“开始”选项卡，找到常用工具栏中“样式”命令组的“标题 1”样式，右击，选择“修改样式”选项，在弹出的对话框中修改“标题 1”的样式：字体选择“宋体”，加粗，字号为四号；单击“格式”按钮，选择“段落”，在弹出的对话框中设置间距，段前段后都设置为 0.5 行（注意先选单位为行），行距选择“单倍行距”。

② 使用同样的方法修改“标题 2”的样式：字体选择“宋体”，字号为小四号，加粗；段落间距中段前段后为 0.5 行，行距选择“单倍行距”。

4. 新建正文和图标题样式

① 单击菜单栏中的“开始”选项卡，单击常用工具栏的“样式和格式”对话框启动按钮，单击“新样式”按钮，在弹出的对话框中，新建正文“样式 1”：字体为“宋体”，字号为小四号，特殊格式为“首行缩进”2 字符，行距为“固定值”20 磅。

② 使用同样的方法新建“样式 2”：字体为“宋体”，字号为五号，行距为“固定值”20 磅，居中对齐。

③ 使用同样的方法新建“样式 3”：字体为“宋体”，字号为五号，行距为“固定值”20 磅。

5. 应用样式

① 为文本中的所有一级标题应用“标题 1”样式（注：按住 Ctrl 键一次性选择所有一级标题，再单击“标题 1”，可快速应用样式。）

② 为文本中的所有二级标题应用“标题 2”样式。

③ 为所有正文内容应用“样式 1”。

④ 为所有图片底部的图题应用“样式 2”。

⑤ 为参考文献文本应用“样式 3”。

6. 设置图片样式

① 将图片单独插入一行，确保图片为选中状态，此时菜单栏中会出现“图片工具”选项卡，单击常用工具栏中的“环绕”下拉按钮，设置图片的环绕方式为“嵌入型”。特别要注意的是，正文文本设置了首行缩进，所以插入图片的行要重新设置特殊格式为“无”。

② 将光标定位在图片所在行，设置该行段落的格式为居中对齐。

③ 在图片下行输入图标题，并应用“样式 2”。

7. 插入分页符与生成目录

① 将光标定位在文档最前面空白页的末尾，单击菜单栏中的“插入”选项卡，单击常用工具栏的“分页”下拉按钮，在下拉菜单中选择“分页符”选项。

② 单击选择菜单栏中的“引用”选项卡，单击常用工具栏的“目录”下拉按钮，在弹出的下拉列表中选择第 2 种自动目录，自动生成目录。

③ 全选目录文本，设置行间距为 1.5 倍行距；选中“目录”二字，设置为“宋体”、二号、加粗。

8. 输入并设置封面格式

① 在文档第 1 页（空白页、无边框）输入封面的相关内容。

② 根据需要设置封面的格式，如字体、字号、对齐方式等。

注意：可以直接复制粘贴模板封面。

9. 审查文本与调整页面

① 仔细审查文本内容，确保无误。

② 根据需要调整图片的大小，进行文本排版。

③ 将参考文献和致谢都设置为单独成页显示。

10. 案例效果图

案例效果如图 3-44、图 3-45 所示。

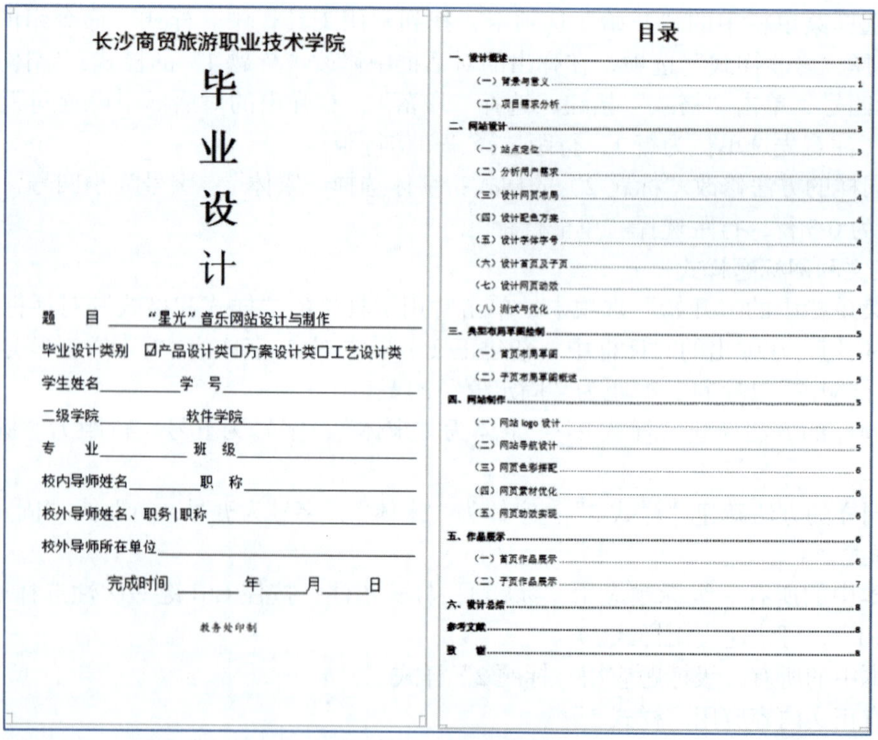

长沙商贸旅游职业技术学院

毕

业

设

计

题　目 “星光”音乐网站设计与制作

毕业设计类别 ☑产品设计类□方案设计类□工艺设计类

学生姓名________ 学　号________

二级学院 软件学院

专　业________ 班　级________

校内导师姓名________ 职　称________

校外导师姓名、职务|职称________

校外导师所在单位________

完成时间 ____年____月____日

教务处印制

目录

一、设计概述……1
（一）背景与意义……1
（二）项目需求分析……2
二、网站设计……3
（一）站点定位……3
（二）分析用户需求……3
（三）设计网页布局……4
（四）设计配色方案……4
（五）设计字体字号……4
（六）设计首页及子页……4
（七）设计网页动效……4
（八）测试与优化……4
三、典型布局草图绘制……5
（一）首页布局草图……5
（二）子页布局草图概述……5
四、网站制作……5
（一）网站 logo 设计……5
（二）网站导航设计……5
（三）网页色彩搭配……6
（四）网页素材优化……6
（五）网页动效实现……6
五、作品展示……6
（一）首页作品展示……6
（二）子页作品展示……7
六、设计总结……8
参考文献……8
致　谢……8

图 3-44　毕业设计效果图 1

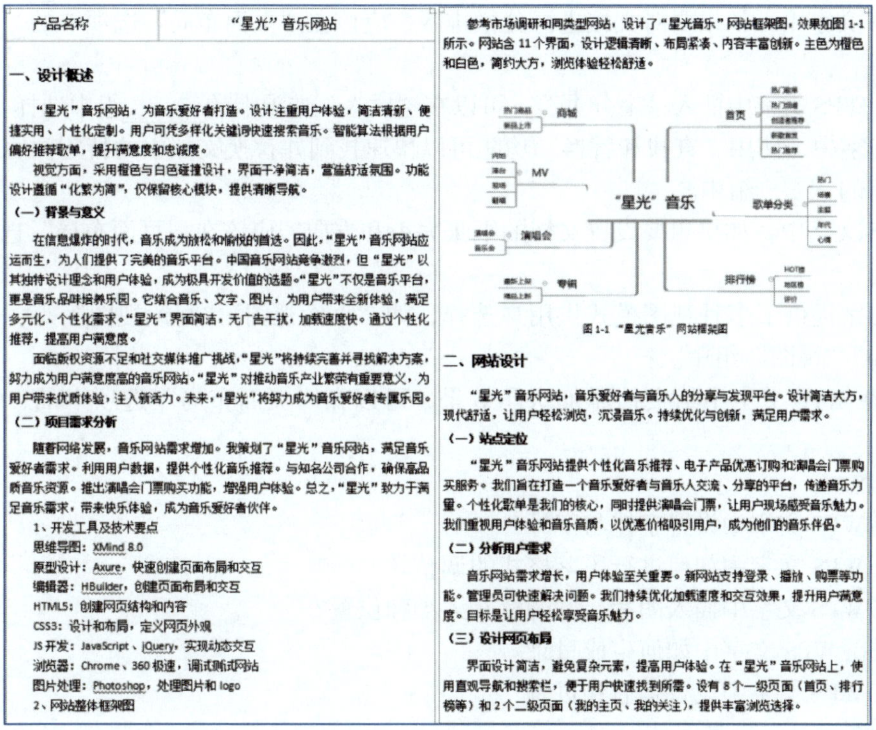

产品名称	“星光”音乐网站

一、设计概述

“星光”音乐网站，为音乐爱好者打造。设计注重用户体验，简洁清新、便捷实用、个性化定制。用户可凭多样化关键词快速搜索音乐。智能算法根据用户偏好推荐歌单，提升满意度和忠诚度。

视觉方面，采用橙色与白色碰撞设计，界面干净简洁，营造舒适氛围。功能设计遵循“化繁为简”，仅保留核心模块，提供清晰导航。

（一）背景与意义

在信息爆炸的时代，音乐成为放松和愉悦的首选。因此，“星光”音乐网站应运而生，为人们提供了完美的音乐平台。中国音乐网站竞争激烈，但“星光”以其独特设计理念和用户体验，成为极具开发价值的选题。“星光”不仅是音乐平台，更是音乐品味培养乐园。它结合音乐、文字、图片，为用户带来全新体验，满足多元化、个性化需求。“星光”界面简洁，无广告干扰，加载速度快。通过个性化推荐，提高用户满意度。

面临版权资源不足和社交媒体推广挑战，“星光”将持续完善并寻找解决方案，努力成为用户满意度高的音乐网站。“星光”对推动音乐产业繁荣有重要意义，为用户带来优质体验，注入新活力。未来，“星光”将努力成为音乐爱好者专属乐园。

（二）项目需求分析

随着网络发展，音乐网站需求增加。我策划了“星光”音乐网站，满足音乐爱好者需求。利用用户数据，提供个性化音乐推荐。与知名公司合作，确保高品质音乐资源。推出演唱会门票购买功能，增强用户体验。总之，“星光”致力于满足音乐需求，带来快乐体验，成为音乐爱好者伙伴。

1、开发工具及技术要点

思维导图：XMind 8.0

原型设计：Axure，快速创建页面布局和交互

编辑器：HBuilder，创建页面布局和交互

HTML5：创建网页结构和内容

CSS3：设计和布局，定义网页外观

JS 开发：JavaScript、jQuery，实现动态交互

浏览器：Chrome、360 极速，调试测试网站

图片处理：Photoshop，处理图片和 logo

2、网站整体框架图

参考市场调研和同类型网站，设计了“星光音乐”网站框架图，效果如图 1-1 所示。网站含 11 个界面，设计逻辑清晰、布局紧凑、内容丰富创新。主色为橙色和白色，简约大方，浏览体验轻松舒适。

图 1-1 “星光音乐”网站框架图

二、网站设计

“星光”音乐网站，音乐爱好者与音乐人的分享与发现平台。设计简洁大方，现代舒适，让用户轻松浏览，沉浸音乐。持续优化与创新，满足用户需求。

（一）站点定位

“星光”音乐网站提供个性化音乐推荐、电子产品优惠订购和演唱会门票购买服务。我们旨在打造一个音乐爱好者与音乐人交流、分享的平台，传递音乐力量。个性化歌单是我们的核心，同时提供演唱会门票，让用户现场感受音乐魅力。我们重视用户体验和音乐音质，以优惠价格吸引用户，成为他们的音乐伴侣。

（二）分析用户需求

音乐网站需求增长，用户体验至关重要。新网站支持登录、播放、购票等功能。管理员可快速解决问题。我们持续优化加载速度和交互效果，提升用户满意度。目标是让用户轻松享受音乐魅力。

（三）设计网页布局

界面设计简洁，避免复杂元素，提高用户体验。在“星光”音乐网站上，使用直观导航和搜索栏，便于用户快速找到所需。设有 8 个一级页面（首页、排行榜等）和 2 个二级页面（我的主页、我的关注），提供丰富浏览选择。

图 3–45 毕业设计效果图 2

注意：本案例针对文档的编辑排版来设计，和真实的毕业设计文档有差别，请务必针对所在学校的毕业设计要求进行相应修改。

项 目 小 结

通过本项目的学习与实践，学生不仅深入掌握了文字编辑排版的核心知识与技能，包括文字编辑、格式化、样式应用、查找替换以及长篇文档排版等技巧，还学会了如何灵活运用这些技能进行专业文档的设计与制作。特别值得一提的是，学生们将所学技能应用于湘菜文化的传承与创新实践中，通过编辑和排版关于湘菜文化的文档，展现了湘菜的独特魅力和中华美食的博大精深。

学生通过小组合作，共同完成了文档的编辑与排版任务，展现了良好的团队协作能力和职业素养。这种将知识学习与价值引领有机结合的方式，不仅提升了学生的专业技能水平，也促进了他们的全面发展。

项 目 练 习

一、填空题

1. 在 WPS 文字中，要调整文档的行间距，可以在“段落”对话框的______选项卡中进行设置。

2. WPS 文字中，如果想要对某个段落进行首字下沉的设置，应该在______选项卡中找到“首字下沉”选项。

3. 若要在 WPS 文字中设置页面边距，应该在“页面布局”选项卡的______组中进行设置。

4. WPS 文字中，通过“开始”选项卡的______组，可以快速设置文字的字体、字号和颜色等属性。

5. 在 WPS 文字中，如果要对文档进行分栏排版，应该在“页面布局”选项卡的______组中选择“分栏”命令。

6. 若要在 WPS 文字中插入一个分页符，可以在“插入”选项卡的______组中选择“分页”命令。

7. WPS 文字中，使用“查找和替换”功能可以快速找到并替换文档中的特定内容，该功能位于“开始”选项卡的______组中。

8. 在 WPS 文字中，如果想要设置文档的纸张大小和方向，应该在“页面布局”选项卡的______组中进行设置。

9. WPS 文字提供了多种视图模式供用户选择，如“页面视图”“阅读视图”等，这些选项位于______选项卡的“视图”组中。

10. 若要在 WPS 文字中给文档添加水印效果，可以在“页面布局”选项卡的______组中选择“水印”命令。

二、简答题

1. 如何在 WPS 文字中设置字体与字号？
2. 描述在 WPS 文字中如何进行段落格式的调整。
3. 如何在 WPS 文字中插入图片，并调整其大小和位置？
4. 请说明在 WPS 文字中如何生成目录。
5. 如何在 WPS 文字中设置页眉和页脚？

三、操作题

1. 在 WPS 文字中，请将一篇文档的标题设置为居中对齐，字体为“黑体”，字号为二号，并加粗。同时，为文档添加页眉“WPS 文字编辑排版操作题”，并在页脚插入页码。

2. 为学校的社团活动准备一份宣传文案。该文案需要包含标题、正文、图片以及分页布局。现要求使用 WPS Office 进行文档的编辑与排版。

项目 4　WPS Office 文字数据处理

项 目 描 述

本项目聚焦 WPS Office 文档中表格的插入与编辑，旨在通过一系列实践性的学习任务，帮助学习者全面掌握在 WPS 文档中创建、编辑和美化表格的基本操作与高级技巧。

学 习 目 标

- **知识目标**

◎ 熟悉 WPS Office 中表格的创建和编辑环境

◎ 认识工作表、单元格等基本概念，理解它们之间的关系

◎ 熟悉 WPS Office 提供的表格样式选项，包括字体、边框、底纹等，以及它们对表格外观的影响

- **技能目标**

◎ 快速插入表格，调整行数和列数，掌握调整行高、列宽、合并与拆分单元格的技巧

◎ 应用 WPS Office 的表格样式选项美化表格

◎ 尝试使用数据排序、公式和函数等功能，提高数据处理效率

◎ 根据需求制作收入报表、消费统计表、学生成绩表等

- **素养目标**

◎ 培养学习者在信息化办公环境中运用表格处理数据的能力，提高信息素养。

◎ 通过实际操作，提升学习者的动手能力和问题解决能力，将理论知识转化为实践技能。

◎ 鼓励学习者探索表格的新功能和应用场景，培养创新意识和创新能力。

◎ 引导学习者树立严谨的工作态度，注重细节，确保表格数据的准确性和规范性，培养良好的职业素养。

任务 4.1　文档表格操作

任务描述

本任务旨在指导用户掌握在 WPS Office 文档中插入表格、进行表格格式化、录入数据以及整理数据的基本操作。通过完成本任务，用户将能够熟练地在文档中创建和管理表格，以满足各种办公需求。

知识准备

在 WPS 文字中，表格是一种非常重要的元素，它能够帮助用户有效地组织和展示数据。为了充分利用这一功能，用户需要掌握表格的基本操作，包括创建表格、格式化以及数据的录入与整理。本任务将逐步介绍这些关键步骤，帮助学习者快速掌握 WPS 文字中表格的使用技巧。

微课 7：表格格式化

1. 表格的创建与格式化

在 WPS Office 文档中，表格的创建与格式化是一项基础且重要的功能。通过插入和编辑表格，用户可以清晰地展示和整理数据。

（1）创建表格

在 WPS Office 文档中，创建表格主要有两种方法：插入表格和绘制表格。

1）插入表格

① 打开 WPS Office 文档，将光标定位到需要插入表格的位置。

② 单击菜单栏上的“插入”选项卡。

③ 在“插入”选项卡中，单击“表格”下拉按钮，在弹出的下拉列表中选择“插入表格”选项。

④ 在弹出的“插入表格”对话框中输入所需的表格行数和列数，然后单击“确定”按钮即可插入表格，如图 4-1 所示。

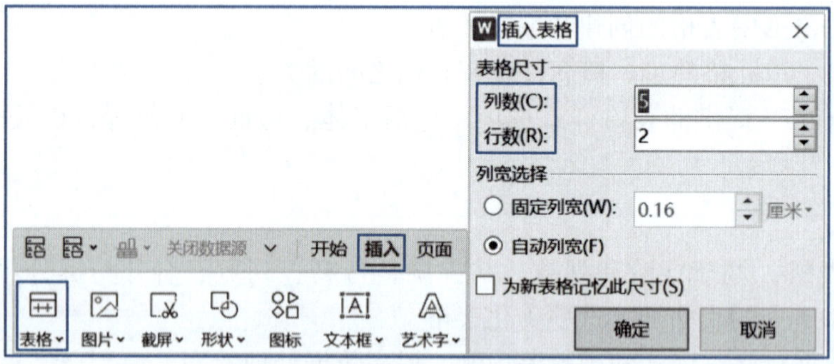

图 4-1　插入表格操作

2）绘制表格

① 单击菜单栏上的“插入”选项卡，单击“表格”下拉按钮，在弹出的下拉列表中选择“绘制表格”选项。

② 鼠标指针将变为铅笔形状，此时可以在文档中自由绘制表格的边框和线条。

③ 绘制完成后，按 Esc 键退出绘制模式。

（2）格式化表格

在 WPS Office 文档中，格式化表格是一个关键步骤，它可以使表格看起来更加专业和有吸引力。

1）设置表格样式

① 选中需要格式化的表格或单元格区域。

② 在菜单栏中会出现“表格工具”和“表格样式”选项卡，单击“表格样式”选项卡，在常用工具栏中，可以选择“预设样式”和“其他样式”选项，也可以自定义边框和底纹样式。

③ 如果需要应用预设表格样式，可以在“设计”命令组的样式库中选择合适的样式，如图 4-2 所示。

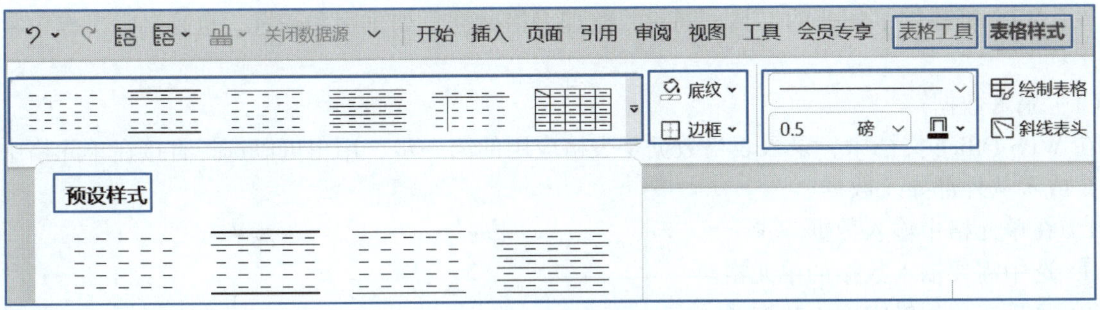

图 4-2 设置表格样式

2）调整行高和列宽

① 选中需要调整的行或列。

② 将鼠标指针放在行号下方或列标右侧的分隔线上，当鼠标指针变为双向箭头时，拖动以调整行高或列宽。

③ 如果需要精确调整，可以右击选中的行或列，在弹出的快捷菜单中选择“表格属性”命令，在弹出的“表格属性”对话框中设置具体的行高或列宽值。对话框如图 4-3 所示。

3）合并与拆分单元格

① 选中需要合并或拆分的单元格区域。

② 右击选中的区域，在弹出的快捷菜单中选择“合并单元格”或“拆分单元格”命令。快捷菜单如图 4-4 所示。

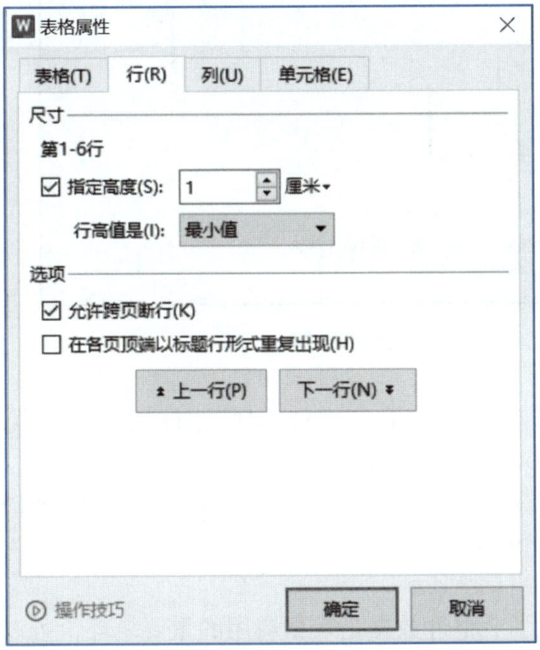

图 4-3 “表格属性”对话框

图 4-4 表格操作快捷菜单

③ 如果需要拆分单元格，在弹出的对话框中设置拆分的行数和列数即可。

2. 表格数据的录入与整理

在 WPS Office 文档中，录入和整理表格数据是表格应用的核心。无论是手动输入数据还是从外部导入，WPS 都提供了便捷的工具。同时，整理表格数据，如排序和筛选，也是日常工作中常用的功能。

（1）录入数据

在 WPS Office 文档中，录入表格数据是表格应用的第一步。用户可以选择直接在单元格中输入数据，或者从外部导入数据。

1）在单元格中输入数据

① 选中需要输入数据的单元格。

② 直接在单元格中输入数据或文本。

③ 使用 Tab 键在横向单元格间切换，使用 Enter 键在纵向单元格间切换。

2）导入外部数据

① 启动 WPS Office 并打开需要插入外部数据的文档。

② 在文档中定位插入外部数据的具体位置。

③ 单击菜单栏中的“插入”选项卡，单击“附件”下拉按钮，在弹出的下拉列表中选择“对象”选项。

④ 在弹出的“插入对象”对话框中，选择“由文件创建”，选中“显示为图标”复选框（可选，根据需求决定是否选中，选中后插入的对象将以图标形式显示），如图 4-5 所示。

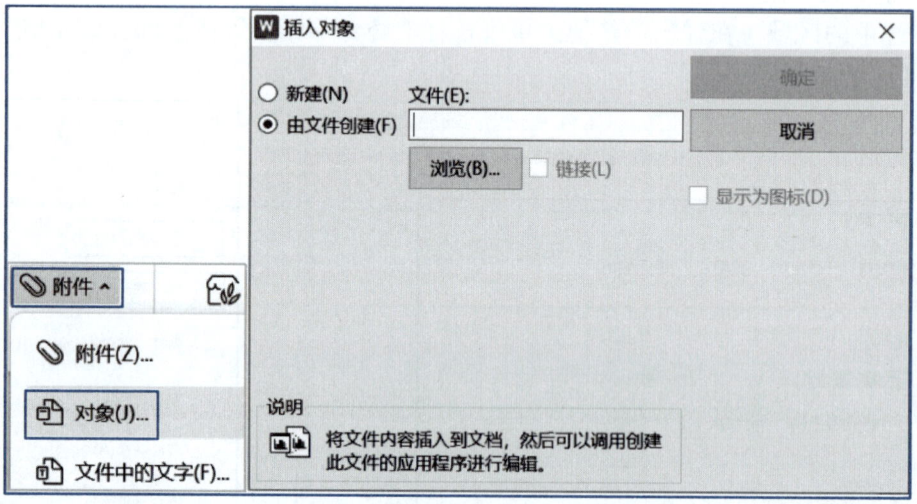

图 4-5　以插入对象方式导入外部数据

⑤ 单击“浏览”按钮，打开“文件选择”对话框；在“文件选择”对话框中，浏览并选择需要插入的外部数据文件（如 Excel 表格、Word 文档等），单击“打开”按钮。

⑥ 回到“插入对象”对话框，确认文件路径和选项无误后，单击“确定”按钮。WPS Office 将把选定的外部数据文件作为对象插入到当前文档的指定位置。

（2）整理数据

录入数据后，接下来就是对数据进行整理了。整理数据是表格应用的重要一环，可以帮助用户更好地理解和分析数据。在 WPS Office 中，用户可以使用排序和筛选功能来整理数据。

① 选中需要排序的列。

② 单击菜单栏“表格工具”选项卡，单击常用工具栏中的“排序”按钮。

③ 在弹出的“排序”对话框中设置排序条件（如升序或降序），然后单击“确定”按钮，对话框如图 4-6 所示。

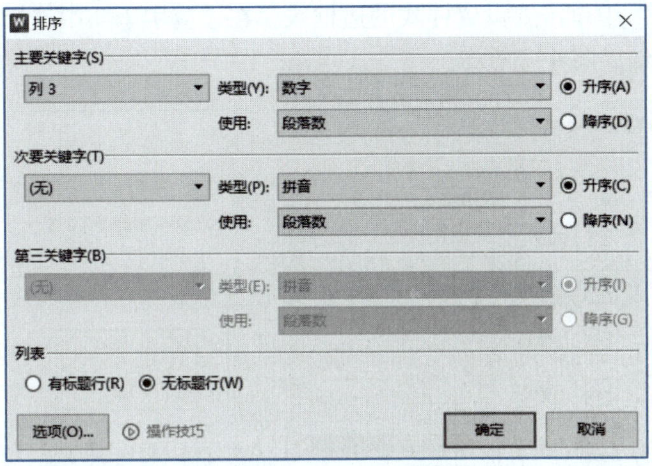

图 4-6　“排序”对话框

任务实施

使用 WPS Office 文档插入一个表格（6 行 ×4 列），并按照表 4-1 的素材录入旅游专业的相关数据，对表格进行格式化，包括设置表格样式、调整行高和列宽、合并与拆分单元格等。最后，对表格数据进行排序和筛选操作。

表 4-1　旅游收入表数据源

年份	旅游总收入（亿元）	国内旅游人数（亿人次）	国际旅游人数（万人次）
2018	5.97	55.39	1.41
2019	6.63	60.06	1.45
2020	4.57	45.73	0.41
2021	7.21	63.22	0.76
2022	8.07	68.95	0.98

1. 插入表格

① 打开 WPS Office 文档，将光标定位到需要插入表格的位置。

② 单击菜单栏上的“插入”选项卡，单击“表格”下拉按钮，在弹出的下拉列表中选择“插入表格”选项。

③ 在弹出的“插入表格”对话框中输入“6”行“4”列，单击“确定”按钮插入表格。

2. 录入数据

按照表 4-1，在表格中录入旅游专业的相关数据。

3. 格式化表格

① 选中整个表格，单击“表格样式”选项卡的“预设样式”选项，选择一种预设样式，如“网格表 1”。

② 选择合适的边框、底纹和字体样式，使表格更加美观。选中整个表格，右击，在弹出的快捷菜单中选择“边框和底纹”命令，在弹出的“边框和底纹”对话框中，设置外框为 1 磅、深蓝、实线，内框为 0.5 磅、深蓝、虚线。请按以下顺序操作：先选择边框为“自定义”，再选择宽度、

颜色、线型，在“预览”中单击要设置样式的边框线，在“应用于”中选择“表格”选项，最后单击“确定”按钮。对话框如图 4–7 所示。

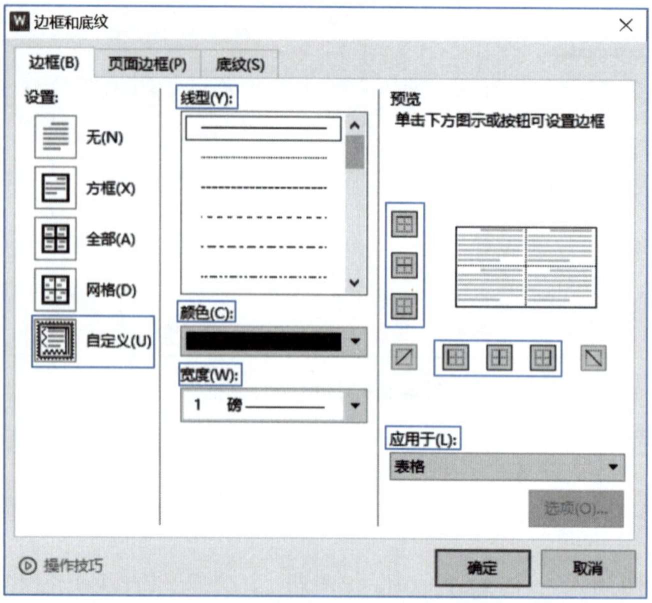

图 4–7 “边框和底纹”对话框

③ 调整行高和列宽，确保数据能够清晰展示。选中整个表格，右击，在弹出的快捷菜单中选择“表格属性”命令，在弹出的“表格属性”对话框中指定高度和宽度，如设置行高为 1 cm、列宽为 3 cm。

④ 设置表格内文本居中。选中整个表格，单击菜单栏中的“表格工具”选项卡，在常用工具栏中单击“垂直居中”和“水平居中”按钮，设置文本居中。

⑤ 选中第 1 行和第 1 列，设置文本加粗、紫色。将光标移到第 1 列最上面，当出现向下的箭头时单击选中第 1 列，单击菜单栏中的“表格工具”选项卡，找到常用工具栏中的文本加粗和颜色按钮，设置第 1 列文本为加粗、紫色。框选第 1 行文本（也可将鼠标指针移到第 1 行最左侧，当光标变为向右的箭头时单击，同样可以选中第 1 行文本），进行同样的设置。

⑥ 如果需要，可以合并或拆分单元格来优化表格布局。

4. 数据整理

① 选中需要排序的列（例如“旅游总收入（亿元）”列）。

② 单击“表格工具”选项卡的“排序”按钮，进行升序或降序排列，以便更直观地观察数据变化。

5. 案例效果图

案例效果如图 4–8 所示。

年份	旅游总收入（亿元）	国内旅游人数（亿人次）	国际旅游人数（万人次）
2020	4.57	45.73	0.41
2018	5.97	55.39	1.41
2019	6.63	60.06	1.45
2021	7.21	63.22	0.76
2022	8.07	68.95	0.98

图 4–8 旅游收入表效果

任务 4.2　文档表格数据处理

任务描述

在 WPS Office 文档中，表格数据处理是一项核心技能。通过掌握文本与表格的互相转换、表格数据计算公式以及函数的应用，学习者将能够高效地进行数据整理和分析。

微课 8：
表格数据处理

知识准备

在处理文档时，表格数据的计算和函数的应用是不可或缺的技能。

1. 文本与表格互相转换

在进行数据计算之前，经常需要将文本和表格进行转换。

（1）文本转换成表格

① 在文档中选中想要转换成表格的文本。

② 单击菜单栏上的“插入”选项卡，然后选择“表格”下拉列表中的“文本转换成表格”选项。

③ 在弹出的“将文本转换成表格”对话框中，设置表格的列数和行数，以及分隔符选项；单击“确定”按钮，文本将被转换成表格。对话框如图 4–9 所示。

（2）表格转换成文本

① 在文档中选中想要转换成文本的表格。

② 单击菜单栏上的“表格工具”选项卡（或类似的表格相关选项），然后选择“表格转换成文本”选项。

③ 在弹出的对话框中，选择适当的分隔符，如段落标记、制表符等。

④ 单击“确定”按钮，表格将被转换成文本。

2. 公式的应用

了解并掌握如何在表格中应用计算公式是至关重要的，这包括掌握基本的算术运算，如加、减、乘、除，以及更复杂的公式，如求平均值、总和、最大值和最小值等。这些计算公式的应用可以帮助用户快速准确地分析表格中的数据。

① 在表格中选中想要输入公式的单元格。

② 单击菜单栏中的“表格工具”选项卡，单击“公式”按钮，在弹出的“公式”对话框中输入计算公式，例如“=C2*D2”。对话框如图 4–10 所示。

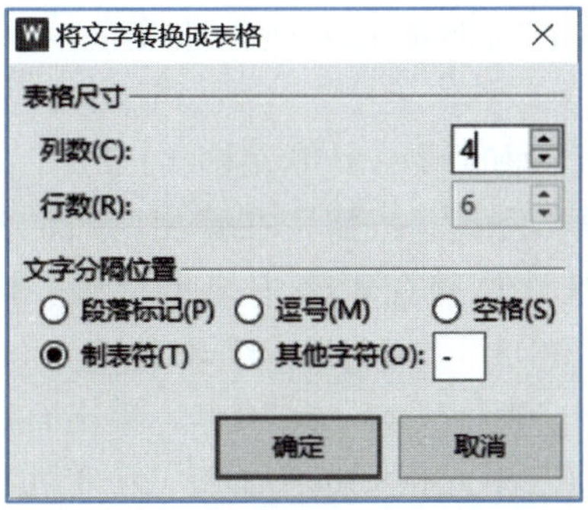

图 4–9　“将文字转换成表格”对话框

图 4–10　“公式”对话框

③ 单击“确定”按钮，公式将被计算并在表格中显示结果。

④ 如果需要编辑公式，只需再次单击该单元格并进行编辑即可。

3. 函数的应用

除了基本的计算公式，函数的应用也是表格数据处理中的一项重要技能。函数能够执行更复杂的计算，如条件求和、查找和引用等。掌握函数的应用可以极大地提升处理和分析表格数据的能力。

（1）常用函数介绍

● SUM 函数：用于求和，例如“=SUM（C2：C6）”计算 C2 到 C6 单元格的和。

● AVERAGE 函数：用于计算平均值，例如“=AVERAGE（D2：D6）”计算 D2 到 D6 单元格的平均值。

● MAX/MIN 函数：用于计算最大值 / 最小值，例如“=MAX（A1：A10）”计算 A1 到 A10 单元格的最大值。

（2）函数的嵌套与使用技巧

① 嵌套函数：可以在一个函数内部使用另一个函数，例如“=SUM(A1：A5)*AVERAGE(B1：B5)”。

② 使用技巧：利用括号来调整函数的计算顺序，避免计算错误。同时，注意函数的参数类型和数量，确保输入正确。

任务实施

在 WPS Office 文档中创建一个包含旅游专业相关数据的表 4–2，并使用表格数据处理功能来计算总消费、游客数量、平均消费等统计数据。

表 4–2　旅游消费统计表数据源

序号	旅游目的地	游客数量（万人）	平均消费（元）	总消费（元）（公式）
1	北京	500	2 000	
2	上海	480	2 200	
3	广州	450	1 900	
4	成都	520	1 800	
5	西安	490	2 100	

① 启动 WPS Office 软件，打开一个新的文档或现有的文档。

② 在文档中定位想要插入表格的位置，单击菜单栏上的“插入”选项卡，选择“表格”，设置适当的行数和列数（例如 7 行 ×5 列），单击“确定”按钮以插入表格。

③ 输入数据。在表格的第一行输入列标题“序号”“旅游目的地”“游客数量”“平均消费（元）”“总消费（万元）”，在后续的行中依次输入各个旅游目的地的数据，即北京、上海、广州、成都、西安的游客数量和平均消费。

④ 计算总消费。光标定位在“总消费（元）（公式）”列的第一个单元格（E2）中，单击菜单栏中的“表格工具”选项卡，找到并单击常用工具栏中的“公式”按钮，在弹出的对话框中输入计算公式，例如“=C2*D2”，单击“确定”按钮，公式将被计算并在表格中显示结果。按同样的方法，依次计算其他单元格的总消费。计算公式分别为“=C3*D3”“=C4*D4”“=C5*D5”“=C6*D6”。

⑤ 计算总计。选中 C2：C7 单元格，单击菜单栏中的“表格工具”选项卡，单击常用工具栏中的“计算”按钮，选择“求和”选项，求和结果将显示在 C7 单元格；选中 D2：D7 单元格，单击菜单栏中的“表格工具”选项卡，单击常用工具栏中的“计算”按钮，选择“求平均值”选项，求平

均值结果将显示在 D7 单元格；选中 E2：E7 单元格，单击菜单栏中的“表格工具”选项卡，单击常用工具栏中的“计算”按钮，选择“求和”选项，计算结果将显示在 E7 单元格。

⑥ 选中表格第 7 行第 1 列和第 2 列，右击，在弹出的快捷菜单中，选择“合并单元格”命令，并在单元格内输入文字“总计”。

⑦ 检查所有公式是否输入正确，若有需要，调整表格的格式、字体、边框等，以使表格更加美观和易读。

⑧ 单击菜单栏上的“文件”选项，选择“保存”或“另存为”，给文档命名，并选择适当的位置保存，单击“保存”按钮。

⑨ 表格使用公式和函数计算后的效果如图 4–11 所示。

序号	旅游目的地	游客数量(万人)	平均消费（元）	总消费（元）（公式）
1	北京	500	2000	1000000
2	上海	480	2200	1056000
3	广州	450	1900	855000
4	成都	520	1800	936000
5	西安	490	2100	1029000
总计		2440	2000	4876000

图 4–11　旅游消费统计表

拓展训练：制作学生成绩表

训练描述

本训练以高职软件专业学生的学习成绩为素材，通过 WPS Office 文档的表格功能，旨在引导学生掌握制作学生成绩表，并利用邮件合并功能生成成绩单的方法。在此过程中，学生将学习数据导入、表格格式化、数据排序、数据处理以及邮件合并等核心知识，为日后的学习和工作打下坚实的基础。

训练目标

- 掌握 WPS Office 文档中表格数据的导入方法；
- 学会数据的排序技巧，以便进行后续的数据处理和分析；
- 学会格式化表格，使数据更加清晰易读；
- 学会进行数据处理，包括计算总分、平均分，以及成绩分布等；
- 掌握运用邮件合并功能生成成绩单的方法。

训练实施

首先，将学生成绩数据导入 WPS Office 文档，并创建表格进行数据的整理与归类；接着，对表格进行格式化操作，使其更加易读；使用数据排序技巧对成绩进行分析；计算学生的总分和平均分，并分析成绩的整体分布；最后，利用邮件合并功能，为每位学生生成个性化的成绩单。学生成绩原始表见表 4–3。

1）导入数据

① 打开 WPS Office 软件，并创建一个新的文档。

② 在文档中定位想要插入表格的位置，单击菜单栏上的“插入”选项卡，选择“表格”，并设置适当的行数和列数，例如 6 行 ×7 列，列标题包括“序号”“姓名”“学号”“Java”“数据库”“软件测试”“项目实训”。

③ 输入高职软件专业学生的成绩数据，确保数据的准确性和完整性。

表 4-3　学生成绩表数据源

序号	姓名	学号	Java	数据库	软件测试	项目实训
1	张三	2024001	85	90	88	92
2	李四	2024002	78	85	92	88
3	王五	2024003	82	77	80	91
4	赵六	2024007	67	74	82	60
5	孙七	2024017	89	75	94	78

2）格式化表格

① 对表格进行格式化。如设置行高为 1 cm、列宽为 2 cm、文本水平居中和垂直居中、字体为“宋体”小 5 号。

② 可以使用 WPS Office 提供的表格样式功能，快速应用预设的表格样式或其他样式，如应用“表格样式”“其他样式”中第 2 行第 2 列的样式。

3）排序

对表格中的数据进行排序，例如按照“Java”成绩从高到低排序。光标定位在“Java”数据列，单击菜单栏“表格工具”选项卡，单击常用工具栏中的“排序”按钮，在弹出的“排序”对话框中，设置主要关键字为“列 4”，选择“升序”，则数据表按“Java”成绩从低到高排序显示。

4）数据处理

① 在表格中添加新的列，计算每个学生的总分和平均分。光标定位在“项目实训”列上方，当光标显示为黑色向下的箭头时单击选中该列，在弹出的快捷菜单中选择“在右侧插入列”命令，此时会插入一个空白列，在该列第 1 行单元格中输入列标题“总分”。

② 使用同样的方法插入“平均分”列。

③ 选择单元格 D2：H6，单击菜单栏中的“表格工具”选项卡，单击常用工具栏中的“计算”按钮，选择“求和”函数，可以快速计算每个同学的总分。

④ 光标定位在 I2 单元格，单击菜单栏中的“表格工具”选项卡，单击常用工具栏中的“公式”按钮，在弹出的“公式”对话框中输入计算公式“=H2/4”，计算结果将显示在 I2 单元格。按同样的方法计算其他同学的平均分。

⑤ 案例效果如图 4-12 所示。

序号	姓名	学号	Java	数据库	软件测试	项目实训	总分	平均分
4	赵六	2024007	67	74	82	60	283	70.75
2	李四	2024002	78	85	92	88	343	85.75
3	王五	2024003	82	77	80	91	330	82.5
1	张三	2024001	85	90	88	92	355	88.75
5	孙七	2024017	89	75	94	78	336	84

图 4-12　学生成绩表

5）邮件合并

① 准备数据源。确保学生成绩表已经保存为 Excel 或其他 WPS 可以识别的格式。成绩表应包含序号、姓名、学号、各科目成绩、总分和平均分等字段。本例中数据源为“案例相关”文件夹中的“学生成绩表 .docx”

② 创建主文档。打开 WPS 文字，创建一个新的文档，命名为“学生成绩邮件合并 .wps”。在文档中编写要发送给每位同学的内容，例如“亲爱的［姓名］同学，你的各科成绩分数如下。Java：［Java］，数据库：［数据库］，软件测试：［软件测试］，项目实训：［项目实训］”。效果如图 4–13 所示。

③ 进行邮件合并。单击菜单栏中“引用”选项卡，单击常用工具栏中的“邮件合并”按钮；在“邮件合并”选项卡中单击“打开数据源”按钮，然后选择“学生成绩表 .docx”，如图 4–14 所示。

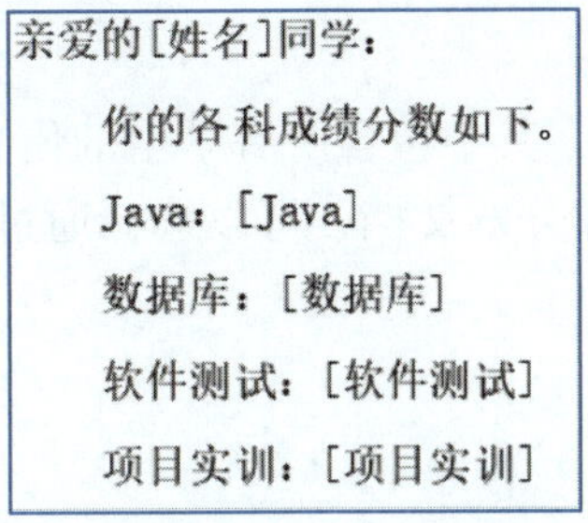

图 4–13 邮件合并主文档

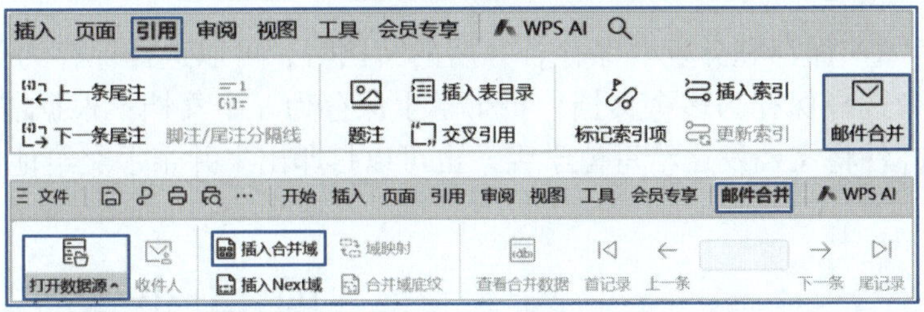

图 4–14 邮件合并

④ 使用“插入合并域”，将数据源中的字段（如姓名、Java、数据库、软件测试、项目实训等）插入到主文档的相应位置。如选中文本“Java”，单击“插入合并域”按钮，在弹出的“插入域”对话框中选择“Java”，单击“插入”按钮，然后单击“关闭”，如图 4–15 所示。

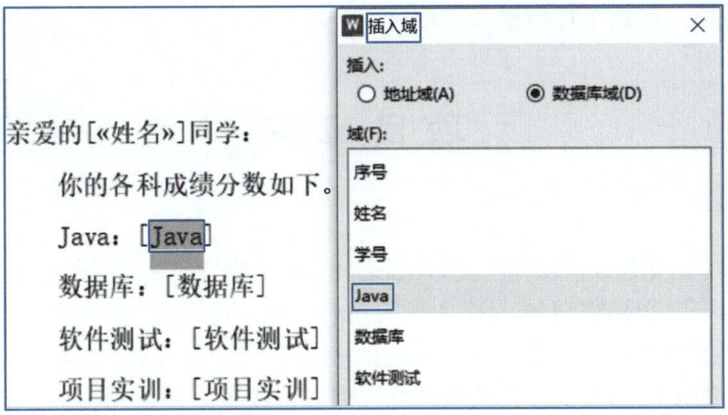

图 4–15 插入合并域操作

将所有字段都插入域，完成后的效果如图 4–16 所示。

⑤ 预览和合并。使用“查看合并数据”功能来查看合并后的文档，确保所有数据都正确无误地插入到了文档中。效果如图 4–17 所示。

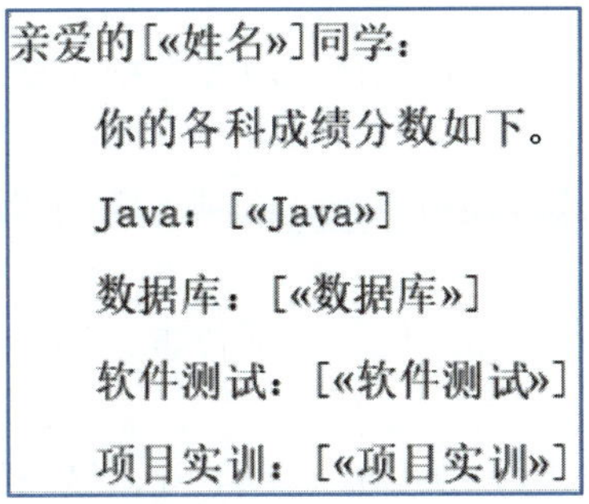

图 4–16 插入域后效果

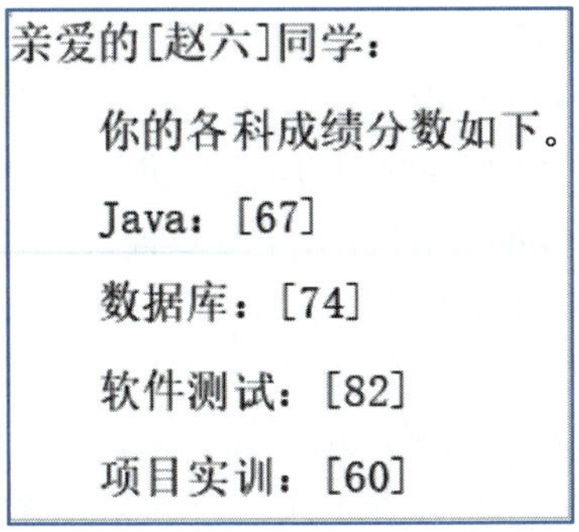

图 4–17 “查看合并数据”效果

如果一切正常，单击“合并到新文档”按钮生成最终的合并文档，如图 4-18 所示。

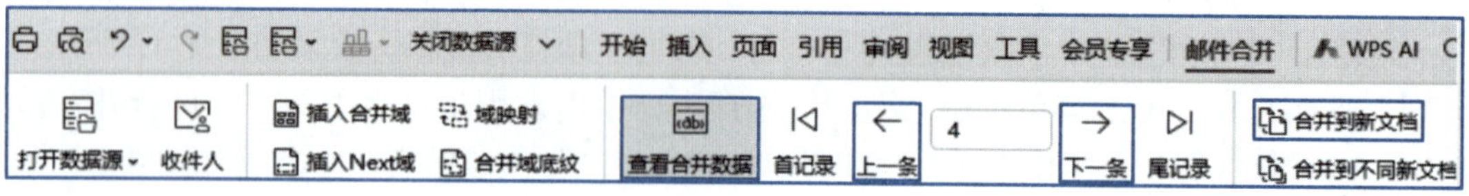

图 4-18　合并到新文档

⑥ 保存和分发。保存合并后的文档时，可以选择保存为单个文档，其中包含所有学生的信息，或者选择保存为多个文档，每个学生保存为一个文档；根据需要打印或分发文档，可以选择通过电子邮件将文档发送给每位学生，也可以打印出来并亲手交给他们。

项 目 小 结

通过本项目，学生将深入掌握 WPS Office 的表格功能，并成功完成邮件合并操作的任务。学生将学会如何导入成绩数据，创建清晰易读的表格，并进行基本的格式化操作，使表格更加美观和专业。同时，学生还将掌握排序技巧，能够方便地对数据进行排序和分析。在计算方面，学生将学会如何计算总分和平均分，并对成绩分布进行分析。最后，学生将利用邮件合并功能，为每位同学发送个性化的成绩通知单，提高工作效率。

项 目 练 习

一、填空题

1. 在 WPS Office 中，文档默认保存格式为 .docx，Excel 工作簿的默认保存格式为______。

2. 在 WPS 表格中，若要在 A1 单元格中输入当前日期，可以使用快捷键______。

3. 若要在 WPS 文档中插入一个 3 行 ×4 列的表格，可通过单击“插入”选项卡中的“表格”下拉按钮，并在弹出的下拉列表中选择相应的行、列数，或者直接拖动______进行绘制。

4. 在 WPS 文档表格中，对某一列数据进行升序排序时，应先选中该列数据，然后单击______选项卡中的“排序”按钮，选择“升序”排序方式。

5. WPS Office 支持对表格中的数据进行快速计算，如求和、求平均值等，这些功能通常位于______选项卡下的“数据”功能区中。

6. 若要在 WPS 文档表格中合并多个单元格，可选中这些单元格，然后单击______选项卡中的“合并居中”按钮，选择适当的合并方式。

7. 在 WPS 文档中，若要对表格中的文字设置字体、字号和颜色，应先选中表格中的文字，然后通过______选项卡中的相应按钮进行设置。

8. WPS Office 中的表格支持多种边框样式，这些样式可通过______选项卡下的“设计”组中的“边框”按钮进行设置。

9. 若要在 WPS 文档表格中插入一行或一列，可先将光标定位到目标位置，然后单击______选项卡中的“插入”按钮，选择插入行或列。

10. WPS Office 表格还支持将表格数据导出为多种格式，如 CSV、TXT 等，这些功能通常位于______选项卡下的“另存为”或“导出”选项中。

二、简答题

1. 简述在 WPS Office 中插入表格的几种方法。
2. 如何在 WPS 文档表格中对数据进行筛选？
3. 简述 WPS Office 中表格样式的应用。
4. 在 WPS 文档中，如何调整表格的大小和位置？
5. 简述 WPS Office 中表格与文本之间的转换方法。

三、操作题

1. 在 WPS Office 文档中插入一个 5 行 ×6 列的表格，并设置表格边框为双实线。
2. 利用 WPS Office 表格功能，制作一个学生成绩表，包括学号、姓名、三门课成绩和总分，并计算每位学生的总分。

项目5　WPS Office 表格处理

项 目 描 述

本项目旨在深入探索 WPS Office 的表格处理功能，使读者能够充分利用该软件进行表格操作与管理。具体包括表格处理软件的基础功能介绍与实操技巧、数据表格创建管理、数据编辑处理、数据统计分析、数据图表分析、AI 助手在表格中的应用等内容。通过精心设计的 3 个实战教学案例——员工工资表、计算机商品销售业绩表、汽车市场销售数据统计表，读者将能够掌握表格处理的基本操作步骤与核心技能，具备日常工作中应用表格进行数据计算分析和应用的能力。

学 习 目 标

- **知识目标**

◎ 了解 WPS Office 表格的界面和功能

◎ 理解 AI 助手在数据表格中的应用

◎ 掌握表格的创建和编辑

◎ 掌握公式和函数的应用方法

◎ 掌握数据统计分析与处理

◎ 掌握数据图表分析与应用

- **技能目标**

◎ 具备表格的格式化处理能力

◎ 具备表格的计算能力

◎ 具备表格的分析统计能力

◎ 具备表格的可视化能力

- **素养目标**

◎ 提升信息素养与自主学习能力

◎ 加强团队协作与沟通能力

◎ 培养创新思维与强化实践能力

◎ 培养职业道德与责任感

任务 5.1 工作表的基本操作

任务描述

微课 9:
工作表基本操作

本任务要求学生充分利用 WPS Office 的表格处理功能，创建和编辑员工工资表，并对表格进行格式处理。需要对员工工资表中的各项数据，如员工姓名、部门、应发工资、应扣金额、实发工资等进行逐一核对，确保所有数值与实际情况相符，无遗漏、无错误。然后根据公司的财务规定，使用 WPS 表格的格式化工具，对员工工资表的格式进行统一调整，包括设置文字格式、行高和列宽、数据格式、边框底纹、对齐方式、条件格式等，确保数据准确无误，格式规范统一。

知识准备

1. 工作表的创建

本节旨在帮助学习者熟悉 WPS Office 的表格处理环境，掌握表格基本处理技能，并理解表格格式设置对表格呈现效果的影响。

（1）新建工作表

在开始学习 WPS Office 的表格处理之前，首先需要熟悉其界面布局。

1）界面启动

WPS Office 表格的启动方式多种多样，有以下几种方式：用户双击桌面上 WPS 表格的快捷方式图标；从“开始”菜单中启动 WPS Office 程序，然后在“新建”中选择表格；或者打开运行对话框，输入“WPS”，然后在“新建”中选择表格。

2）界面布局

WPS Office 表格的界面布局旨在为用户提供高效、便捷的操作体验。主界面主要由以下几个部分组成。

- 标题栏：显示当前工作簿的名称以及 WPS Office 的图标，用户可以通过标题栏快速了解当前操作的是哪个工作簿。
- 菜单栏：菜单栏位于编辑界面的最上方，包含多个选项卡，如“开始”“插入”“页面布局”“公式”“数据”“审阅”“视图”等，每个选项卡下又包含多个工具。用户可以通过单击不同的选项卡来切换不同的功能区域，并执行相应的操作。
- 工具栏：工具栏通常位于菜单栏的下方，与菜单栏的功能类似，但使用起来更为直观和方便。工具栏上排列着各种常用的命令按钮，如剪切、复制、粘贴、格式刷、字体设置、对齐方式等。用户可以通过单击这些按钮来快速执行相应的操作，提高工作效率。
- 名称框：名称框位于工具栏的下方，通常显示为一个带有文本输入框的区域，用于显示或输入当前活动单元格的地址。名称框不仅用于显示单元格地址，还可以用于快速定位到指定的单元格或单元格区域。
- 编辑栏：编辑栏位于名称框的右侧，是一个细长的条形区域，用于显示和编辑当前活动单元格中的值、公式或文本。用户在编辑栏中输入或修改内容时，所选单元格中的内容会同步更新。
- 编辑区：编辑区是 WPS 表格的核心部分，占据了界面的大部分空间。在这个区域内，用户可以输入和编辑数据，修改表格。编辑区由多个单元格组成，每个单元格都可以输入文本、数字、公式等内容。此外，编辑区还提供了行号、列标、滚动条等辅助工具，方便用户定位和浏览数据。

- 标签栏：标签栏是用于显示和切换不同工作表的区域，通常位于表格底部的水平栏上。每个工作表都有一个对应的标签，通过单击这些标签可以快速切换到相应的工作表。
- 状态栏：状态栏位于编辑界面的底部，用于显示当前操作的状态信息。状态栏的左端通常会显示与当前命令执行情况有关的信息，如选中的单元格数量、公式计算结果等。

WPS Office 表格的界面布局如图 5-1 所示。

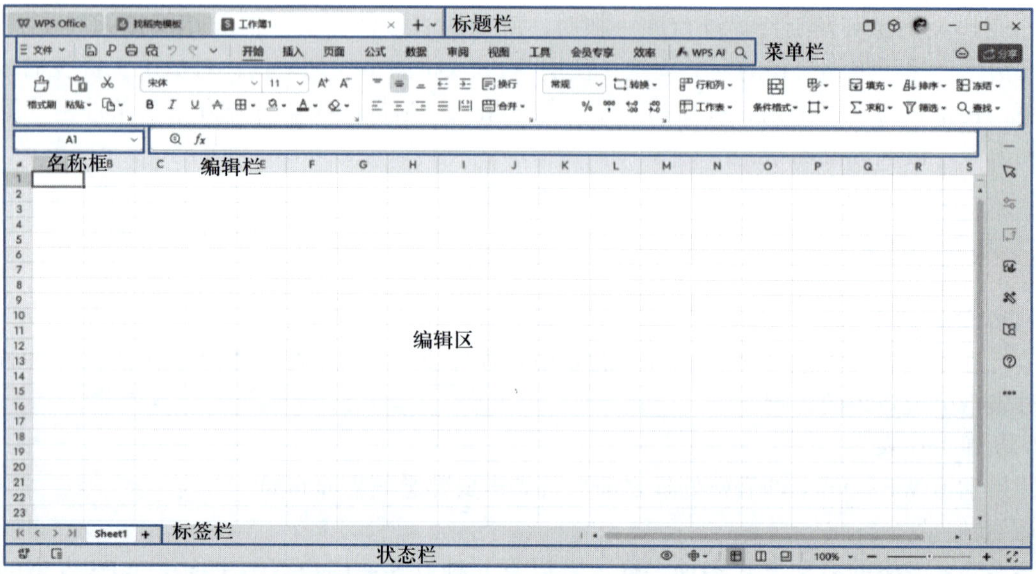

图 5-1　WPS Office 表格的界面布局

3）启动 WPS Office 并新建工作表

启动 WPS Office 软件，单击“新建”按钮，选择“表格”，创建一个新的空白工作簿，如图 5-2 所示。

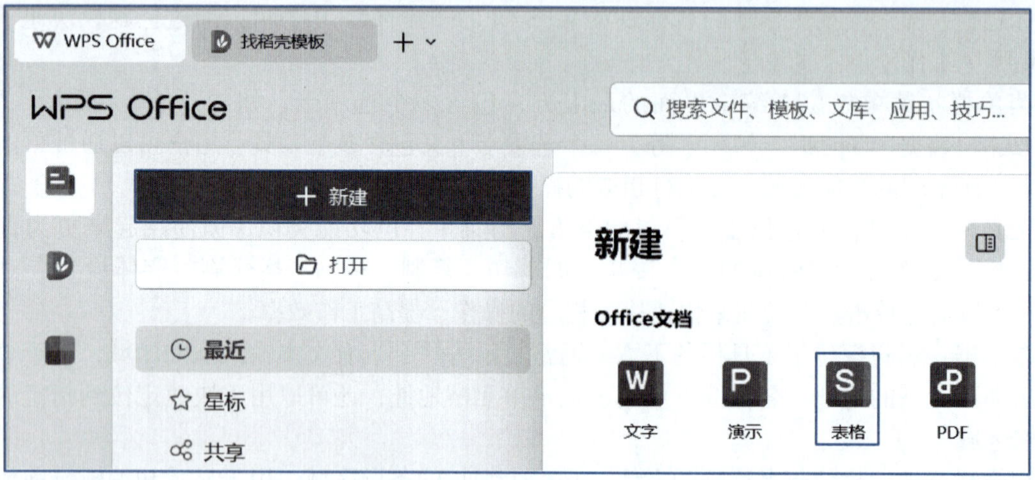

图 5-2　新建空白工作簿

（2）数据的输入

① 选择输入法。单击桌面下方状态栏中键盘样式的图标（或类似图标），打开输入法面板，从

输入法列表中选择想要使用的输入法。

② 选择工作表。默认情况下，新建的工作簿里面包含一个 Sheet1 工作表。可以选择一个已存在的工作表开始录入数据，或者通过单击“+”按钮添加新的工作表。

③ 输入列标题。工作表的第 1 行通常作为表头，在第 1 行输入列标题。这些标题将帮助用户组织并理解数据。例如，如果正在录入员工工资信息，列标题可能是“序号”“姓名”“部门”“应发工资”“应扣金额”“实发工资”等。

④ 录入数据。从第 2 行开始，按照列标题录入相应的数据。可以使用键盘输入文本、数字、日期等，也可以复制、粘贴数据。

（3）工作表的命名及保存

• 工作表的命名。直接双击想要命名的工作表标签。工作表标签会被选中并进入编辑状态，此时可以输入新的名称。

• 工作表的保存。在编辑完工作表后，可以直接单击工具栏上的“保存”按钮，或者按快捷键 Ctrl+S 来保存工作表。如果是第一次保存，系统会弹出“另存为”对话框，让用户选择保存位置和输入文件名。之后，每次编辑完直接单击“保存”按钮或使用快捷键即可覆盖原文件。

2. 工作表的格式设置

（1）文字格式设置

文字格式设置是一个重要功能，它允许用户根据需要对表格文字进行美化，以提升表格的整体视觉效果和可读性。WPS Office 表格的文字格式设置与 WPS Office 文字中类似，此处不再赘述。

（2）行高和列宽设置

行高和列宽设置是一个常见的操作，用于调整表格的外观和布局，以便更好地展示数据。以下是设置行高和列宽的步骤。

1）设置行高

① 单击行号以选中整行，或者拖动鼠标以选择多行。

② 右击选中的行号，在弹出的快捷菜单中选择“行高”命令，然后在弹出的“行高”对话框中输入所需的行高值，单击“确定”按钮，如图 5-3 所示。

或者选择菜单栏中的“开始”选项卡，单击常用工具栏中的“行和列”下拉按钮，然后在下拉列表中选择“行高”，输入值后按“确定”按钮即可。

2）设置列宽

① 单击列标（字母）以选中整列，或者拖动鼠标以选择多列。

② 右击选中的列标，在弹出的快捷菜单中选择“列宽”命令，然后在弹出的“列宽”对话框中输入所需的列宽值，单击“确定”按钮。或者选择菜单栏中的“开始”选项卡，单击常用工具栏中的“行和列”下拉按钮，然后在下拉列表中选择“列宽”，输入值后单击“确定”按钮，如图 5-4 所示。

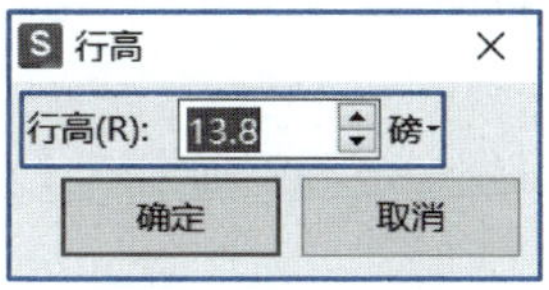

图 5-3　设置行高

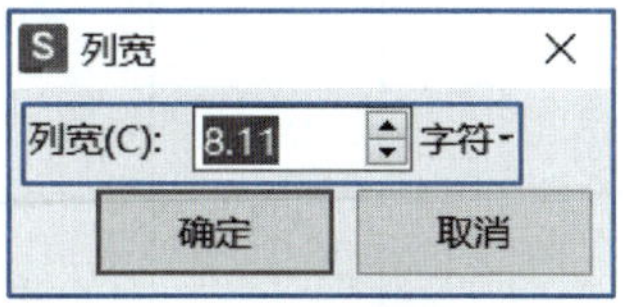

图 5-4　设置列宽

（3）数据格式设置

数据格式设置是一个重要且灵活的功能，它允许用户根据需要对单元格中的数据进行格式化，以提高数据的可读性和美观性。以下是数据格式设置的步骤。

① 选中需要进行格式设置的单元格或单元格区域，右击。

② 在弹出的快捷菜单上选择“设置单元格格式”命令，打开“单元格格式”对话框，在“单元格格式”对话框中，选择“数字”选项卡。

③ 在“分类”列表中，选择与所需格式相似的分类，如“数值”“货币”“会计专用”“日期”“时间”等。如果需要更具体的格式，可以选择“自定义”并在“类型”框中编辑数字格式，如图 5–5 所示。

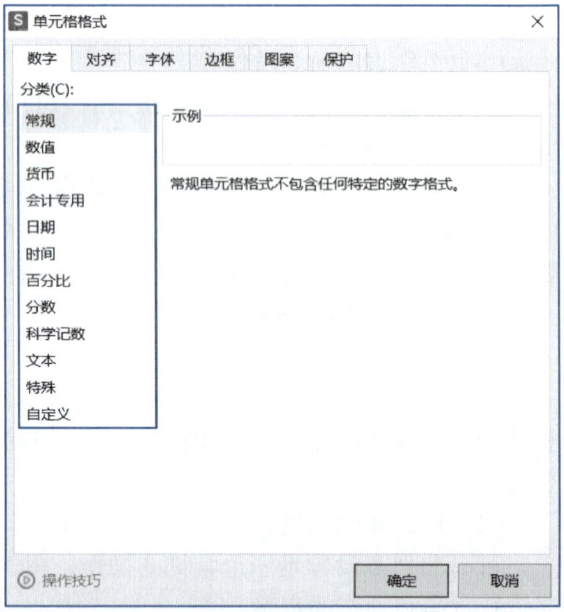

图 5–5　设置数字格式

（4）边框和底纹设置

设置边框和底纹可以增强表格的视觉效果，以下是设置边框和底纹的步骤。

1）设置边框

① 选中想要添加边框的单元格或单元格区域。

② 选择菜单栏中的“开始”选项卡，单击常用工具栏中的“边框”下拉按钮，在弹出的下拉列表中，可以选择不同的边框样式，如“所有框线”“外侧框线”等，如图 5–6 所示。

2）设置底纹

① 选中想要添加底纹的单元格或单元格区域，右击。

② 在弹出的快捷菜单上选择“设置单元格格式”命令，打开“单元格格式”对话框。在“单元格格式”对话框中，选择“图案”选项卡，设置底纹的样式和颜色，如图 5–7 所示。

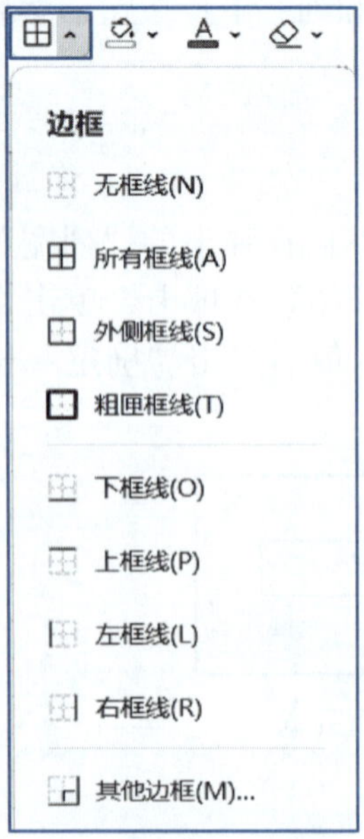

图 5–6　边框下拉列表

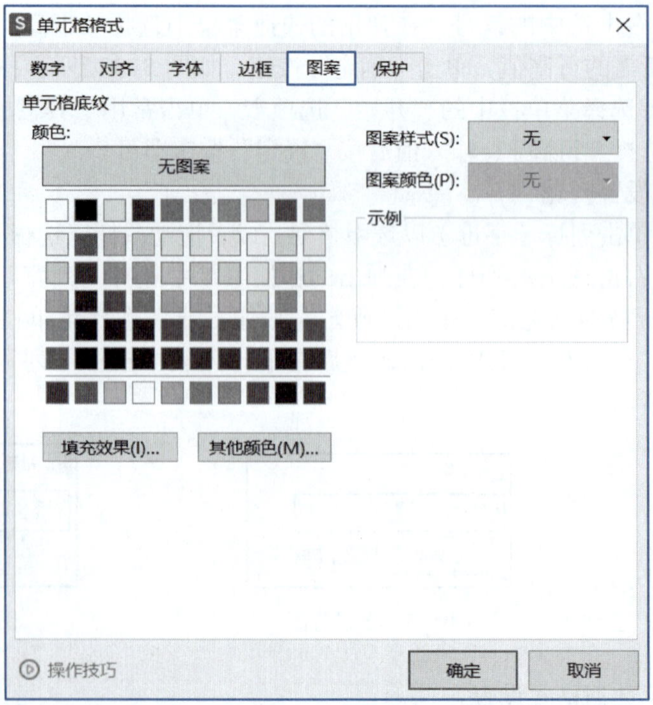

图 5–7　设置底纹

（5）条件格式设置

条件格式设置允许用户在单元格中的数据满足特定条件时，自动改变单元格的格式。以下是设置条件格式的步骤。

① 选中想要应用条件格式的单元格或单元格区域。

② 选择菜单栏中的“开始”选项卡，单击常用工具栏中的“条件格式”下拉按钮，在弹出的下拉列表中，选择想要的条件格式类型。表格提供了多种预设的条件格式类型，如“突出显示单元格规则”（包括大于、小于、等于、文本包含等）“项目选取规则”（如高于平均值、低于平均值等）“数据条”“色阶”和“图标集”等。

③ 根据选择的条件格式类型，设置相应的条件。例如，如果选择了“突出显示单元格规则”中的“大于”，则需要输入一个值作为条件，如图 5-8 所示。

④ 设置满足条件时单元格的格式，可以设置字体颜色、填充颜色、边框等。

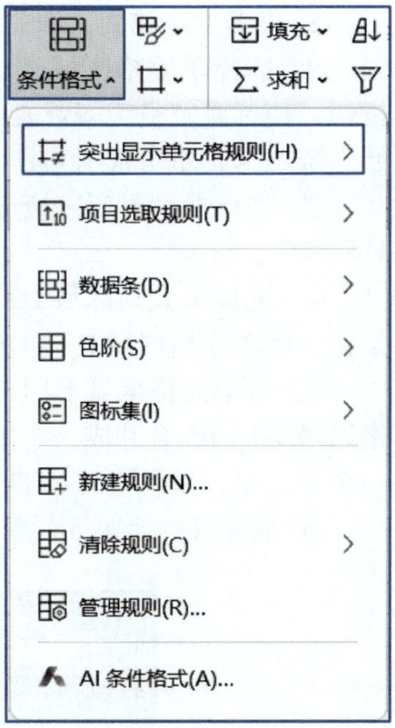

图 5-8 设置条件格式

任务实施

1. 创建员工工资表

① 启动 WPS Office 软件，单击“新建”按钮，创建一个新的表格。

② 在 B2 单元格输入标题“员工工资表”，然后按 Enter 键。在 B3 单元格输入“单位名称：”，在 D3 单元格中输入“湖南智擎科技有限公司”，然后按 Enter 键。

③ 在 B4 : J4 单元格，分别输入“序号”“姓名”“部门”“应发工资”“应扣金额”“实发工资”。在 E5 : I5 单元格，分别输入“基本工资”“岗位津贴”“加班补助”“应发工资合计”“养老保险”“基本医疗保险”“应扣金额合计”。

④ 在序号列的 B6 单元格中输入数字“1”，将光标移动至单元格右下角的填充柄，当光标变成黑色“+”时，按住 Ctrl 键同时拖曳光标至 B15，自动生成序号 1。然后单击右下角的“自动填充选项”按钮，在弹出的下拉列表中选择“以序列方式填充”选项。

⑤ 按快捷键 Ctrl+S，在弹出的“另存为”对话框中，选择合适的保存位置，将工作簿保存为“员工工资表 .xlsx”，如图 5-9 所示。

	A	B	C	D	E	F	G	H	I	J
1										
2		工资表								
3		单位名称:		湖南智擎科技有限公司						
4		序号	姓名	部门	应发工资			应扣金额		实发工资
5					基本工资	岗位津贴	加班补贴	养老保险	基本医疗保险	
6		1	周湘龙	财务部	7800	1200	300	500	480	8320
7			廖云逸	行政政	3300	600	400	300	300	3700
8			孟芊伊	销售部	2900	550	600	240	380	3430
9			曾欣瑶	后勤部	2400	340	350	300	300	2490
10			李子萌	销售部	8300	2100	450	800	550	9500
11			邹淑怡	财务部	3600	750	750	400	360	4340
12			闵鸿蒙	后勤部	5600	450	650	500	580	5620
13			湛佳仕	销售部	8900	1500	550	600	640	9710
14			刘云中	行政政	4300	1200	700	550	450	5200
15			魏柳源	销售部	5300	570	480	460	480	5410

图 5-9 输入原始数据

2. 设置文字格式、填充颜色

① 选择单元格区域 B2：J2，选择菜单栏中的“开始”选项卡，单击常用工具栏中的“合并”按钮，使标题“员工工资表”所在的单元格区域 B2：J2 合并成为一个单元格。选择菜单栏中的“开始”选项卡，单击常用工具栏中的“填充颜色”按钮，设置填充颜色为绿色。

② 将标题“员工工资表”设置为“微软雅黑”、20 磅、白色。将表格中其他文字设置为“微软雅黑”、11 磅。

③ 选择单元格区域 D3：E3，选择菜单栏中的“开始”选项卡，单击常用工具栏中的“合并”按钮，将单元格区域 D3：E3 合并为一个单元格。

④ 将单元格区域 E4：G4 合并成一个单元格，将单元格区域 H4：I4 合并成一个单元格，单元格区域 B4：B5 合并成一个单元格，单元格区域 C4：C5 合并一个单元格，单元格区域 D4：D5 合并一个单元格，单元格区域 J4：J5 合并一个单元格。

⑤ 将第 4 行至第 5 行单元格的填充颜色设置为绿色，将字体设置为白色，效果如图 5-10 所示。

员工工资表								
单位名称：		湖南智擎科技有限公司						
序号	姓名	部门	应发工资			应扣金额		实发工资
			基本工资	岗位津贴	加班补贴	养老保险	基本医疗保险	

图 5-10　文字格式、单元格合并效果

3. 设置行高、列宽

① 选择单元格区域 B6：J15，选择菜单栏中的“开始”选项卡，单击常用工具栏中的“行和列”下拉按钮，在下拉列表中选择“行高”选项，在弹出的“行高”对话框中，输入“16.3”，度量单位默认为磅。

② 选择菜单栏中的“开始”选项卡，单击常用工具栏中的“行和列”下拉按钮，在下拉列表中选择“列宽”选项，在弹出的“列宽”对话框中输入“11”。

4. 设置数据格式

① 选择单元格区域 E6：J15，右击，在弹出快捷菜单上选择“设置单元格格式”命令，打开“单元格格式”对话框，在“单元格格式”对话框中，选择“数字”选项卡。

② 在“数字”选项卡中选择“货币”选项，“小数位数”选择“2”，单击“确定”按钮，设置货币格式后，效果如图 5-11 所示。

员工工资表								
单位名称：		湖南智擎科技有限公司						
序号	姓名	部门	应发工资			应扣金额		实发工资
			基本工资	岗位津贴	加班补贴	养老保险	基本医疗保险	
1	周湘龙	财务部	¥7,800.00	¥1,200.00	¥300.00	¥500.00	¥480.00	¥8,320.00
2	廖云逸	行政政	¥3,300.00	¥600.00	¥400.00	¥300.00	¥300.00	¥3,700.00
3	孟芊伊	销售部	¥2,900.00	¥550.00	¥600.00	¥240.00	¥380.00	¥3,430.00
4	曾欣瑶	后勤部	¥2,400.00	¥340.00	¥350.00	¥300.00	¥300.00	¥2,490.00
5	李子萌	销售部	¥8,300.00	¥2,100.00	¥450.00	¥800.00	¥550.00	¥9,500.00
6	邹淑怡	财务部	¥3,600.00	¥750.00	¥750.00	¥400.00	¥360.00	¥4,340.00
7	闵鸿蒙	后勤部	¥5,600.00	¥450.00	¥650.00	¥500.00	¥580.00	¥5,620.00
8	湛佳仕	销售部	¥8,900.00	¥1,500.00	¥550.00	¥600.00	¥640.00	¥9,710.00
9	刘云中	行政政	¥4,300.00	¥1,200.00	¥700.00	¥550.00	¥450.00	¥5,200.00
10	魏柳源	销售部	¥5,300.00	¥570.00	¥480.00	¥460.00	¥480.00	¥5,410.00

图 5-11　设置货币格式后的效果

5. 设置对齐方式

① 选择单元格区域 B6：J15。

② 选择菜单栏中的“开始”选项卡，单击常用工具栏中的“垂直居中”按钮，设置垂直居中。

③ 选择菜单栏中的“开始”选项卡，单击常用工具栏中的“水平居中”按钮，设置水平居中。

6. 设置边框

① 选择单元格区域 B2：J15，右击。

② 在弹出的快捷菜单上选择“设置单元格格式”命令，打开“单元格格式”对话框。在“单元格格式”对话框中，选择“边框”选项卡，单击“外边框”；选择样式为细线，单击“内部”，如图 5-12 所示。

7. 设置条件格式

① 选择单元格区域 D6：D15。

② 单击菜单栏中的“开始”选项卡，单击常用工具栏中的“条件格式”下拉按钮，在弹出的下拉列表中选择“突出显示单元格规则”二级列表的“文本包含”，弹出“文本中包含”对话框。

③ 在“为包含以下文本的单元格设置格式：”文本框中输入“销售部”，设置为“红色文本”，然后单击“确定”按钮，如图 5-13 所示。

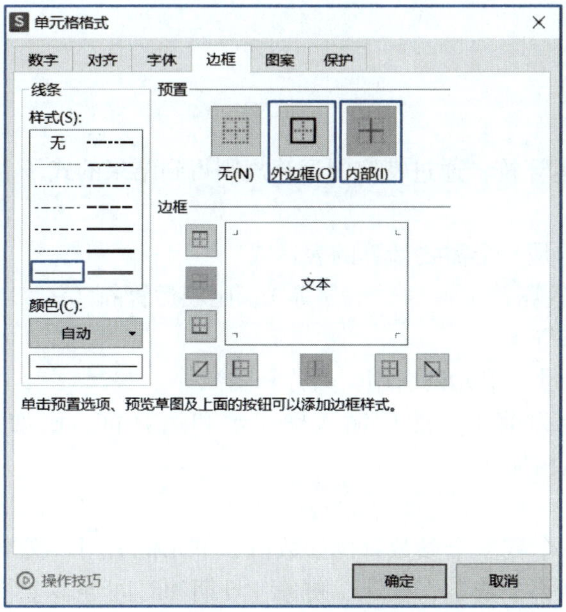

图 5-12 设置内外边框

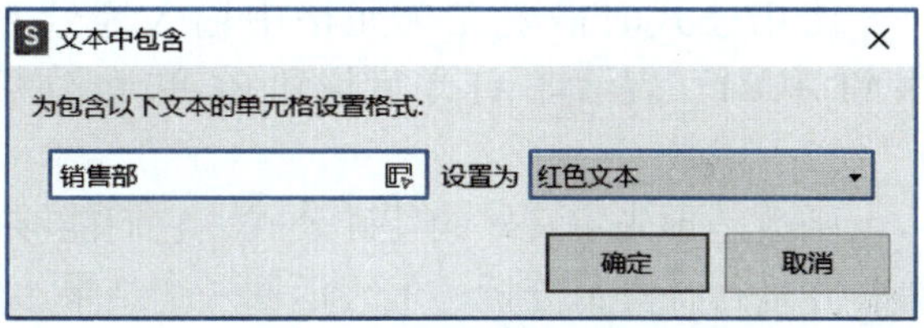

图 5-13 设置条件格式

8. 案例效果图

案例最终效果如图 5-14 所示。

员工工资表

单位名称：湖南智擎科技有限公司

序号	姓名	部门	应发工资			应扣金额		实发工资
			基本工资	岗位津贴	加班补贴	养老保险	基本医疗保险	
1	周湘龙	财务部	¥7,800.00	¥1,200.00	¥300.00	¥500.00	¥480.00	¥8,320.00
2	廖云逸	行政政	¥3,300.00	¥600.00	¥400.00	¥300.00	¥300.00	¥3,700.00
3	孟芊伊	销售部	¥2,900.00	¥550.00	¥600.00	¥240.00	¥380.00	¥3,430.00
4	曾欣瑶	后勤部	¥2,400.00	¥340.00	¥350.00	¥300.00	¥300.00	¥2,490.00
5	李子萌	销售部	¥8,300.00	¥2,100.00	¥450.00	¥800.00	¥550.00	¥9,500.00
6	邹淑怡	财务部	¥3,600.00	¥750.00	¥750.00	¥400.00	¥360.00	¥4,340.00
7	闵鸿蒙	后勤部	¥5,600.00	¥450.00	¥650.00	¥500.00	¥580.00	¥5,620.00
8	湛佳仕	销售部	¥8,900.00	¥1,500.00	¥550.00	¥600.00	¥640.00	¥9,710.00
9	刘云中	行政政	¥4,300.00	¥1,200.00	¥700.00	¥550.00	¥450.00	¥5,200.00
10	魏柳源	销售部	¥5,300.00	¥570.00	¥480.00	¥460.00	¥480.00	¥5,410.00

图 5-14 最终效果

任务 5.2　表格中的数据分析与统计

任务描述

微课 10：
工作表数据分析与统计

本任务要求学生充分利用 WPS Office 表格的数据分析与统计功能，对计算机商品销售业绩表进行计算、管理与分析。需要使用公式计算销售额，使用函数计算销售排名和销售评价，并统计出最高、最低、平均销售额，销售记录数和销售量之和，并使用排序、筛选、分类汇总等功能对表格进行数据管理，以便精准地掌握销售情况，做出正确的经营决策。

知识准备

1. 公式与函数

（1）公式

公式是以等号（=）为开始，后面跟随操作数和运算符，通过特定的运算规则得到结果的式子。公式构成要素如下。

- 等号（=）：公式的开始符号，表示后面跟随的是一个需要计算的表达式。
- 运算符：用于连接操作数的符号，包括算术运算符（+、–、*、/ 等）、比较运算符（=、>、< 等）、文本运算符（&）和引用运算符（ ：、,、空格等）。
- 操作数：参与运算的数据或数据引用，包括常量、单元格引用、名称和函数等。

使用公式时需要在单元格中输入等号（=）作为前缀，然后输入操作数和运算符。例如，“=A1 + B1”表示将 A1 单元格和 B1 单元格中的数值相加。

（2）函数

函数是预先定义好的特殊公式，它们能够接收一个或多个参数，例如数值、单元格引用、文本等，并进行计算或分析，最终返回一个结果。函数涵盖了数学、统计、财务、日期和时间等多个领域，为数据处理提供了强大的支持。

函数构成要素如下。

- 函数名：每个函数都有一个唯一的名称，用于标识其功能。函数名通常由英文单词或其缩写组成，且不分大小写。
- 参数：函数在执行时需要的数据或条件。参数可以是常量（如数字、文本）、单元格引用、其他函数等。参数之间通常使用逗号分隔。
- 返回值：函数执行完毕后返回的结果。这个结果可以是数值、文本、日期等任何数据类型。

使用函数时需要在单元格中输入等号（=）作为前缀，然后输入函数名和参数。例如，“=SUM（A1：A10）”表示对 A1 到 A10 单元格内的数值进行求和。

（3）单元格引用

表格中的单元格引用是指对表格中特定单元格或单元格区域的引用，以便在公式或函数中使用这些单元格中的值。单元格引用包括相对引用、绝对引用和混合引用。

相对引用在公式被复制到其他单元格时会自动调整。默认情况下，WPS 表格中的单元格引用是相对的。例如，如果在 C1 单元格中输入公式“=A1 + B1”，并将该公式复制到 C2 单元格，则 C2 单元格中的公式会自动变为“=A2 + B2”。

绝对引用在公式被复制到其他单元格时不会改变。创建绝对引用时，需要在行号和列标前加上美元符号。例如，“A1”表示对 A1 单元格的绝对引用。无论将包含该引用的公式复制到哪里，它都将始终引用 A1 单元格。

混合引用结合了相对引用和绝对引用的特点。在混合引用中，行号或列标之一被固定，而另一个则是相对引用。例如，“A$1”表示列是绝对引用（始终引用 A 列），但行是相对引用；同样，“$A1”表示行是绝对引用（始终引用第 1 行），但列是相对引用。

2. 数据分析统计

（1）数据排序

数据排序允许用户根据一列或多列的数据对表格进行排序，排序的列称为排序关键字。通常升序是数字由小到大，文本按拼音字母顺序，日期从最早日期到最晚日期的排序；反之则是降序。数据排序功能包括简单排序和自定义排序两种。

1）简单排序

简单排序是最基本的排序方式，它允许用户快速地对单列数据进行升序或降序排序。

① 选择想要排序的数据列，将光标定位在排序列的任一单元格。

② 选择菜单栏中的“数据”选项卡，单击常用工具栏中“排序”下拉按钮，在下拉列表中选择“升序”或“降序”排序，如图 5-15 所示。

2）自定义排序

自定义排序允许用户根据更复杂的规则对数据进行排序，比如按照自定义的序列、多个条件等进行排序。

① 选择想要排序的数据范围，将光标定位在区域的任一单元格。

② 单击菜单栏中的“数据”选项卡，单击常用工具栏中“排序”下拉按钮，在下拉列表中，选择“自定义排序”选项，弹出“排序”对话框。

③ 在“排序”对话框中，选择要排序的“主要关键字”，依次设置“排序依据”和“次序”。

④ 如果需要，可以单击“添加条件”按钮来选择次要关键字，依次设置“排序依据”和“次序”，以根据多个列对数据进行排序。

⑤ 设置好排序列、排序依据、次序等排序条件后，单击“确定”按钮，表格将根据设置对数据进行排序，如图 5-16 所示。

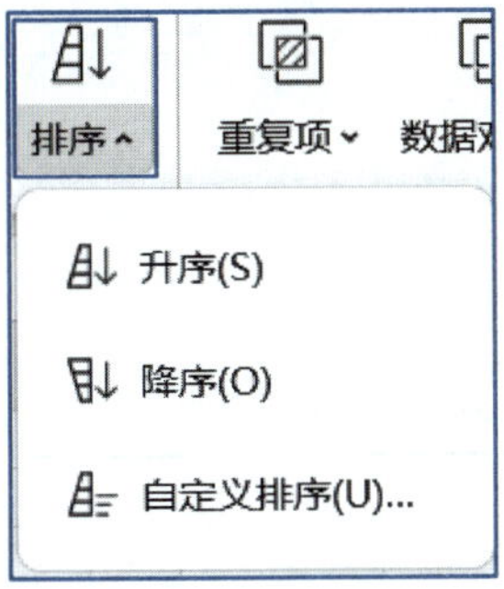

图 5-15　排序下拉列表

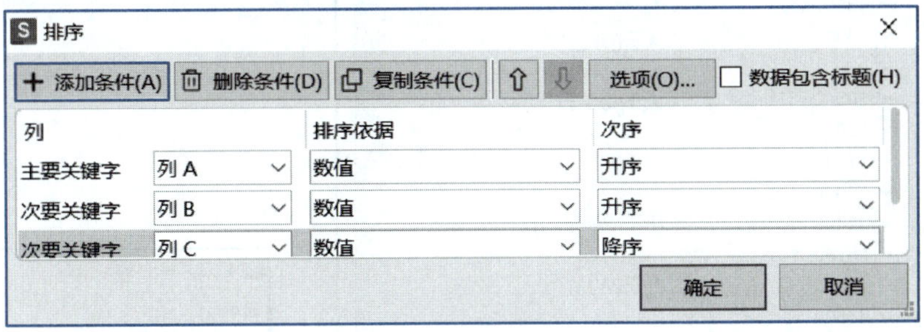

图 5-16　自定义排序

（2）数据筛选

数据筛选是指将符合要求的数据集中显示在工作表上，不符合要求的数据暂时隐藏。数据筛选分为自动筛选、自定义筛选和高级筛选 3 类。

1）自动筛选

自动筛选是最基本的筛选方式，是进行单一条件的筛选。

① 将光标定位在工作表数据区域的任一单元格。

② 单击菜单栏中的“数据”选项卡，单击常用工具栏中的“筛选”按钮，表格中每个列标题右侧会出现一个自动筛选下拉按钮。

③ 单击想筛选的列标题旁边的下拉按钮，选择“内容筛选”选项卡，从“内容筛选”中选中所要筛选的条件即可。

④ 单击“确定”按钮，完成对所选列的筛选，如图 5–17 所示。

2）自定义筛选

自定义筛选是自动筛选的扩展，它允许用户设置更复杂的筛选条件，如多个条件之间的逻辑关系（与、或、非）以及条件值的范围等。

① 将光标定位在工作表数据区域的任一单元格。

② 单击菜单栏中的“数据”选项卡，单击常用工具栏中“筛选”下拉按钮，表格中每个列标题右侧会出现一个自动筛选下拉按钮。

③ 单击想筛选的列标题旁边的下拉按钮，选择“数字筛选”选项，从“数字筛选”下拉列表中选择“自定义筛选”，如图 5–18 所示，弹出“自定义自动筛选方式”对话框。

④ 在弹出的对话框中设置筛选条件。可以设置多个条件，并通过选择“与”或“或”来定义条件之间的逻辑关系。同时，还可以设置条件值的范围，如大于、小于、等于某个值等，如图 5–19 所示。

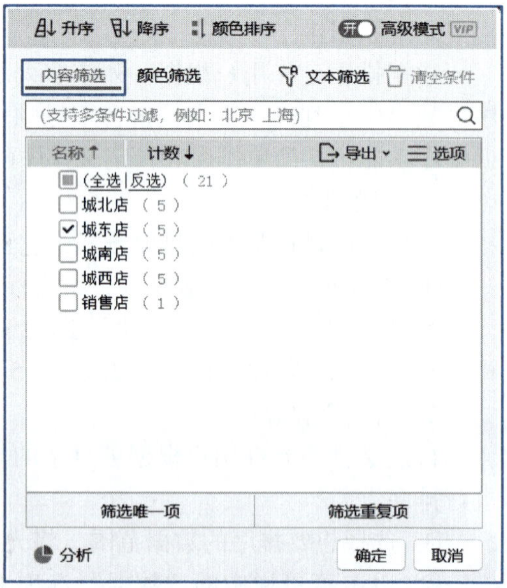

图 5–17 自动筛选

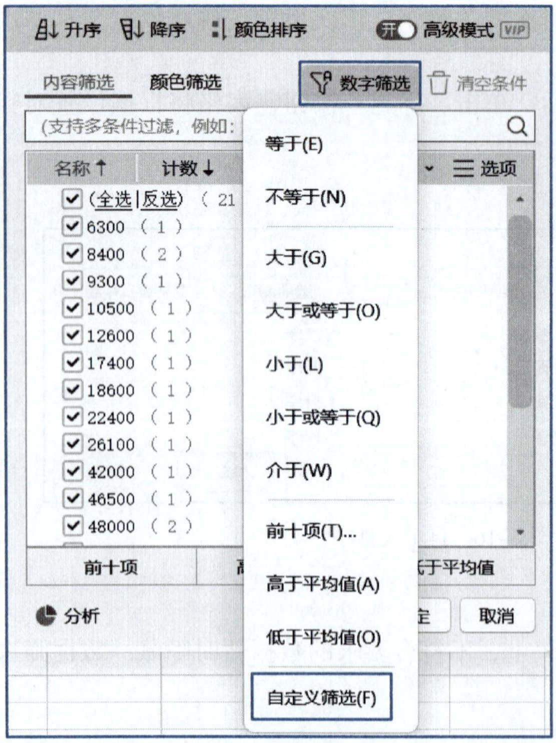

图 5–18 数字筛选

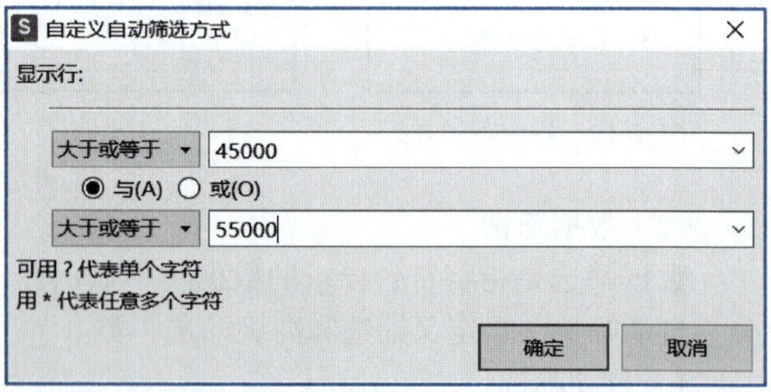

图 5–19 “自定义自动筛选方式”对话框

⑤ 单击“确定”按钮，表格将根据筛选条件完成对所选列的筛选。

3）高级筛选

高级筛选提供了比自动筛选和自定义筛选更强大的功能，允许用户根据复杂条件或不同工作表中的数据来筛选数据，并将筛选结果输出到指定位置。

① 在数据区域旁边的空白处，创建一个条件区域。这个区域应该包含至少两行：第一行是列标题（与数据区域的列标题完全相同），第二行及以下是想要应用的条件。可以设置多个条件列，并通过在同一行或不同行中设置条件来定义它们之间的逻辑关系（与、或）。

② 单击菜单栏中的“数据”选项卡，单击常用工具栏中“筛选”下拉列表中的“高级筛选”选项，弹出的“高级筛选”对话框。

③ 在“高级筛选”对话框中，可以选择“将筛选结果复制到其他位置”或“在原有区域显示筛选结果”单选按钮，在“列表区域”中选择数据区域，在“条件区域”中选择刚刚创建的条件区域。如果选择“将筛选结果复制到其他位置”单选按钮，还需要在“复制到”框中指定筛选结果的输出位置，如图 5–20 所示。

④ 单击“确定”按钮，表格将根据筛选条件完成筛选。

（3）分类汇总

分类汇总是根据指定的类别将数据以指定的方式进行统计，这样可以快速对数据进行汇总与分析。在进行分类汇总之前需要先按关键字排序，即先进行分类，然后再进行汇总。

① 在进行分类汇总之前，首先需要确保数据已经按照某个或多个字段进行了排序。

② 选中需要进行分类汇总的数据区域，选择菜单栏中的“数据”选项卡，单击常用工具栏中“分类汇总”按钮，打开“分类汇总”对话框，如图 5–21 所示。

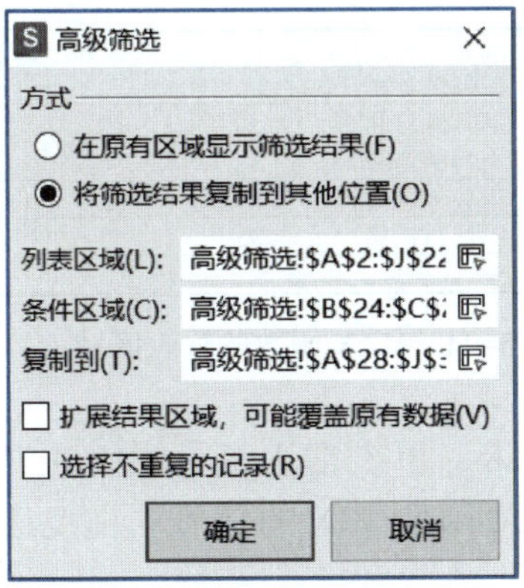

图 5–20 “高级筛选”对话框

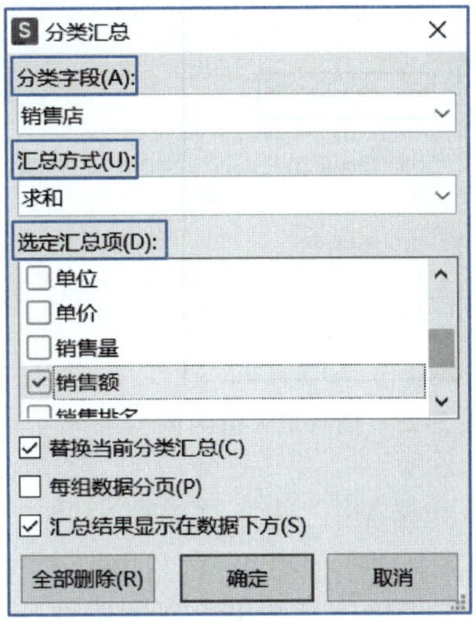

图 5–21 “分类汇总”对话框

③ 在“分类汇总”对话框中，设置以下选项。

- 分类字段：选择想要进行分类的字段。
- 汇总方式：选择想要的汇总方式，如求和、平均值、最大值、最小值等。
- 选定汇总项：选中想要进行汇总的数值字段。

④ 单击“确定”按钮，表格将根据设置完成分类汇总。

任务实施

1. 使用公式与函数

① 打开“计算机商品销售业绩表.xlsx”文件，选择“销售额”列的单元格 H3，输入公式“=F3*G3”，按 Enter 键，如图 5-22 所示。

	A	B	C	D	E	F	G	H	I	J
1	计算机商品销售业绩表									
2	编号	日期	销售店	产品名称	单位	单价/元	销售量	销售额/元	销售排名	销售评价
3	BJP-01	2024/6/5	城北店	笔记本	台	4350	6	=F3*G3		

图 5-22　销售额公式输入图

② 选择单元格 H3，将光标移动到右下角的填充柄，向下拖曳复制，计算出所有门店的销售额。

③ 选择单元格 M8，单击菜单栏中的“公式”选项卡，单击常用工具栏中“求和”下拉按钮，在下拉列表中选择“最大值”选项，如图 5-23 所示。

④ 在插入的最大值函数 MAX 的括号中拖曳选择单元格区域 H3：H22，按 Enter 键，如图 5-24 所示，计算出最高销售额。

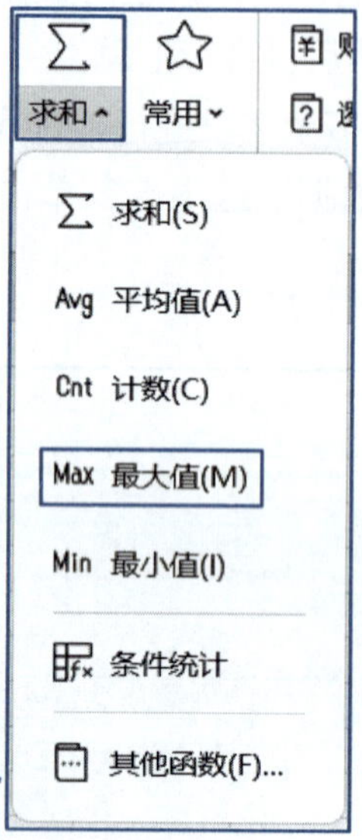

图 5-23　插入最大值函数

最高销售额/元	=MAX(H3:H22)
最低销售额/元	
销售额总和/元	
平均销售额/元	
销售记录数/台	
2024年6月5日销售记录数/台	
笔记本销售量之和/台	

图 5-24　MAX 函数的输入区域

⑤ 选择单元格 M9，选择菜单栏中的“公式”选项卡，单击常用工具栏中的“求和”下拉按钮，在下拉列表中选择“最小值”选项，在插入的最小值函数 MIN 的括号中拖曳选择单元格区域 H3：H22，按 Enter 键，计算出最低销售额。

⑥ 选择单元格 M10，选择菜单栏中的“公式”选项卡，单击常用工具栏中的“求和”下拉按钮，在下拉列表中选择“求和”选项，在插入的求和函数 SUM 的括号中拖曳选择单元格区域 H3：H22，按 Enter 键，计算出销售额总和。

⑦ 选择单元格 M11，单击菜单栏中的“公式”选项卡，单击常用工具栏中的“求和”下拉按钮，在下拉列表中选择“平均值”选项，在插入的平均值函数 AVERAGE 的括号中拖曳选择单元格区域 H3：H22，按 Enter 键，计算出平均销售额。

⑧ 选择单元格 M12，单击菜单栏中的“公式”选项卡，单击常用工具栏中的“求和”下拉按

钮，在下拉列表中选择“计数”选项，在插入的计数函数 COUNT 的括号中拖曳选择单元格区域 H3：H22，按 Enter 键，计算出销售记录数。

⑨ 选择“销售评价”列的单元格 J3，单击菜单栏中的“公式”选项卡，单击常用工具栏中的“插入函数”按钮，弹出“插入函数”对话框，选择函数“IF”，单击“确定”按钮，如图 5-25 所示。

⑩ 弹出的“函数参数”对话框中，在“测试条件”后的数据框中输入“H3>=50000”，在“真值”后的数据框中输入“明星”，将光标定位在“假值”后的数据框中，如图 5-26 所示。

⑪ 然后单击选择名称框中的 IF 函数，再次弹出“函数参数”对话框，在“测试套件”后的数据框中输入“H3>=40000”，在“真值”后的数据框中输入“优秀”，在“假值”后的数据框中输入“需要加油”，如图 5-27 所示。

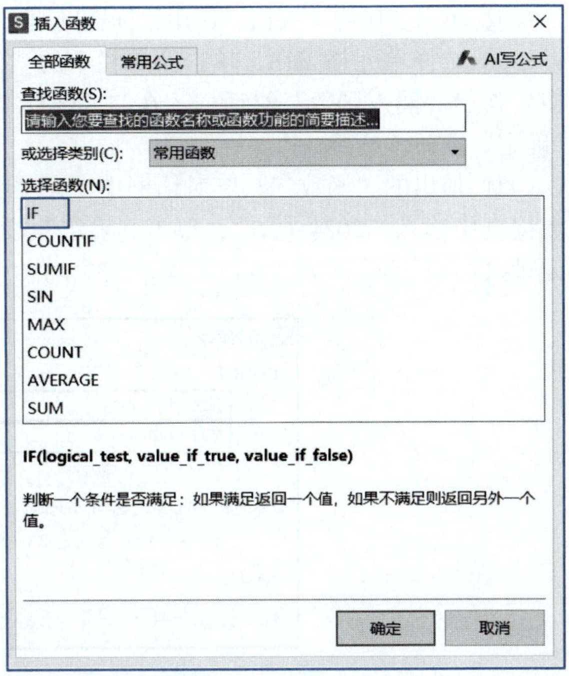

图 5-25　插入 IF 函数

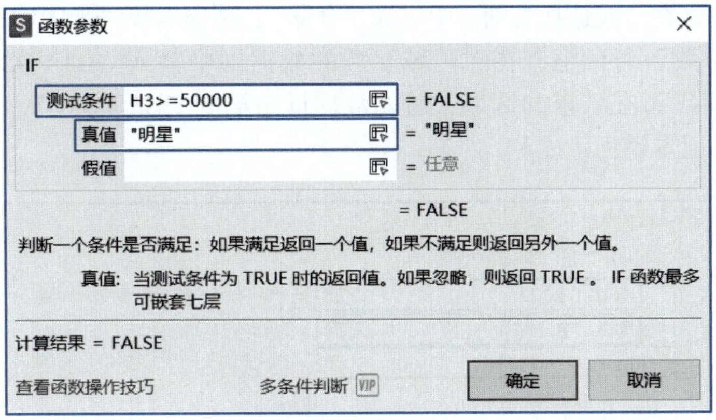

图 5-26　设置 IF 函数

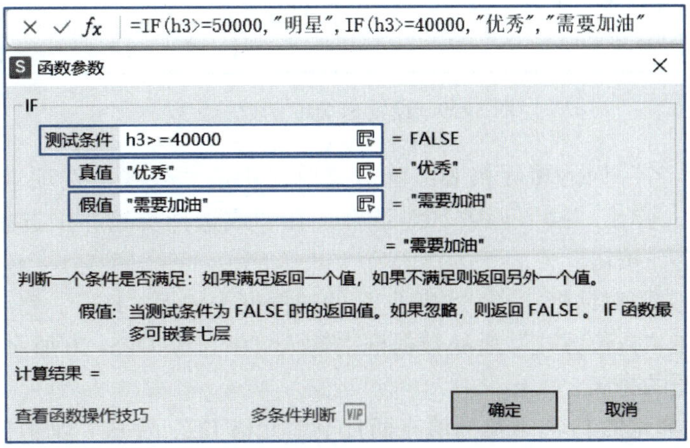

图 5-27　输入嵌套 IF 函数的参数

⑫ 单击“确定”按钮，使用鼠标拖曳填充柄，完成“销售评价”列其他单元格的计算。

⑬ 选择单元格 M13，单击菜单栏中的“公式”选项卡，单击常用工具栏中的“插入函数”按钮，弹出“插入函数”对话框，在“或选择类别”中选择“全部”，选择函数“COUNTIF”，单击“确定”按钮。

⑭ 弹出的“函数参数”对话框中，在“区域”后的数据框中输入“B3：B22”，在“条件”后数据框中输入“2024-6-5”，单击“确定”按钮，如图 5-28 所示，计算出 2024 年 6 月 5 日的销售记录数。

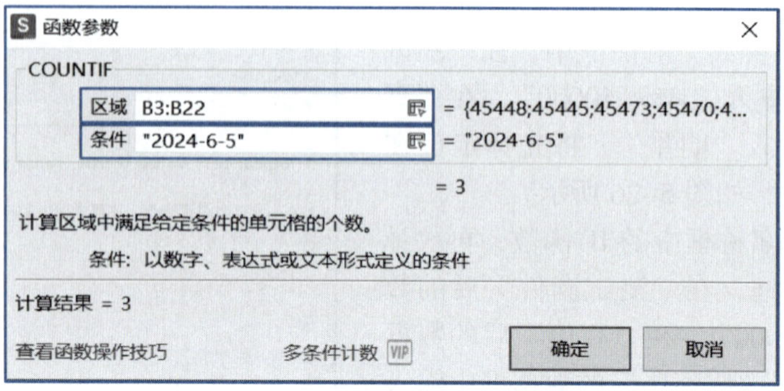

图 5-28　设置 COUNTIF 函数的参数

⑮ 选择单元格 M14，单击菜单栏中的“公式”选项卡，单击常用工具栏中的“插入函数”按钮，弹出“插入函数”对话框，在“或选择类别”中选择“全部”，选择函数“SUMIF”，单击“确定”按钮。

⑯ 弹出“函数参数”对话框，在“区域”后的数据框中输入“D3：D22”，在“条件”后的数据框中输入“笔记本”，在“求和区域”后的数据框中输入“G3：G22”，如图 5-29 所示，单击“确定”按钮，计算笔记本销售量之和。

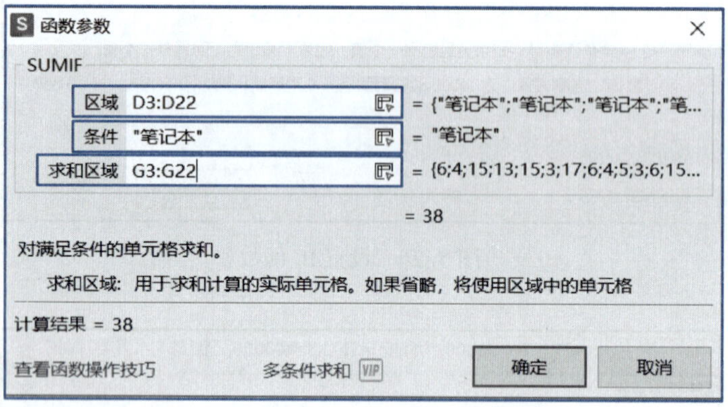

图 5-29　设置 SUMIF 函数的参数

⑰ 选择“销售排名”列的单元格 I3，单击菜单栏中的“公式”选项卡，单击常用工具栏中的“插入函数”按钮，弹出“插入函数”对话框，在“或选择类别”中选择“全部”，选择函数“RANK”，单击“确定”按钮。

⑱ 弹出“函数参数”对话框，在“数值”后的数据框中输入“H3”，在“引用”后的数据框中输入“H$3:H$22”，在“排位方式”后的数据框中输入“0”，如图 5-30 所示，单击“确定”按钮，计算出销售额从高到低的排名。

⑲ 使用鼠标拖曳单元格 I3 右下角的填充柄直至单元格 I22，完成“销售排名”列的排名。

⑳ 按 Ctrl+S 快捷键保存文件。最终完成效果如图 5-31 所示。

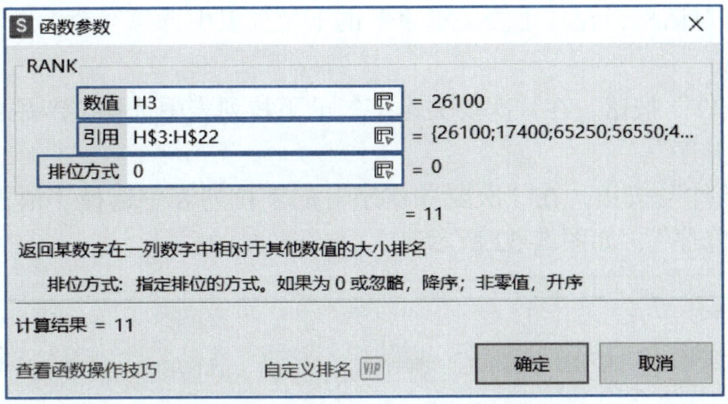

图 5-30 设置 RANK 函数的参数

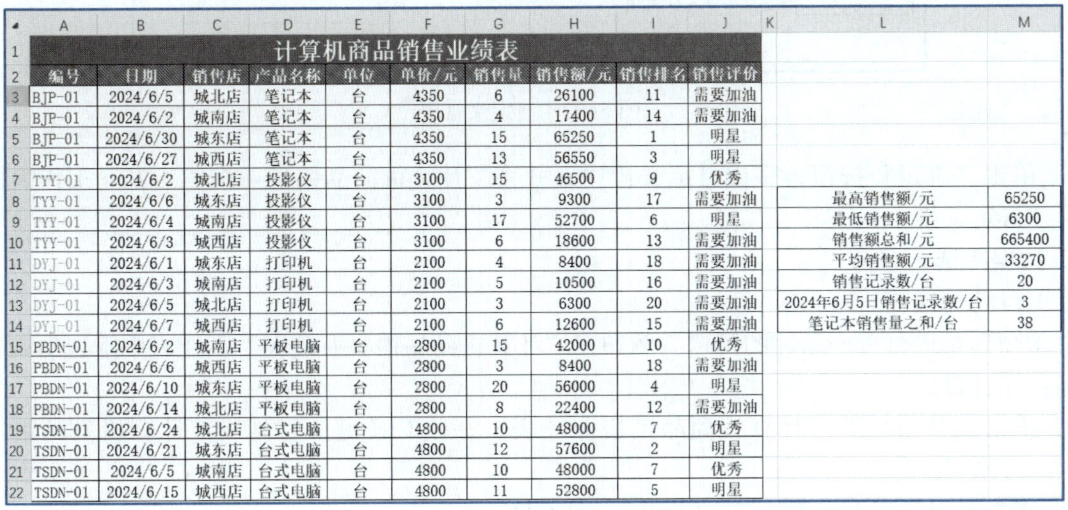

计算机商品销售业绩表									
编号	日期	销售店	产品名称	单位	单价/元	销售量	销售额/元	销售排名	销售评价
BJP-01	2024/6/5	城北店	笔记本	台	4350	6	26100	11	需要加油
BJP-01	2024/6/2	城南店	笔记本	台	4350	4	17400	14	需要加油
BJP-01	2024/6/30	城东店	笔记本	台	4350	15	65250	1	明星
BJP-01	2024/6/27	城西店	笔记本	台	4350	13	56550	3	明星
TYY-01	2024/6/2	城北店	投影仪	台	3100	15	46500	9	优秀
TYY-01	2024/6/6	城东店	投影仪	台	3100	3	9300	17	需要加油
TYY-01	2024/6/4	城南店	投影仪	台	3100	17	52700	6	明星
TYY-01	2024/6/3	城西店	投影仪	台	3100	6	18600	13	需要加油
DYJ-01	2024/6/1	城东店	打印机	台	2100	4	8400	18	需要加油
DYJ-01	2024/6/3	城南店	打印机	台	2100	5	10500	16	需要加油
DYJ-01	2024/6/5	城北店	打印机	台	2100	3	6300	20	需要加油
DYJ-01	2024/6/7	城西店	打印机	台	2100	6	12600	15	需要加油
PBDN-01	2024/6/2	城南店	平板电脑	台	2800	15	42000	10	优秀
PBDN-01	2024/6/6	城西店	平板电脑	台	2800	3	8400	18	需要加油
PBDN-01	2024/6/10	城东店	平板电脑	台	2800	20	56000	4	明星
PBDN-01	2024/6/14	城北店	平板电脑	台	2800	8	22400	12	需要加油
TSDN-01	2024/6/24	城北店	台式电脑	台	4800	10	48000	7	优秀
TSDN-01	2024/6/21	城东店	台式电脑	台	4800	12	57600	2	明星
TSDN-01	2024/6/5	城南店	台式电脑	台	4800	10	48000	7	优秀
TSDN-01	2024/6/15	城西店	台式电脑	台	4800	11	52800	5	明星

最高销售额/元	65250
最低销售额/元	6300
销售额总和/元	665400
平均销售额/元	33270
销售记录数/台	20
2024年6月5日销售记录数/台	3
笔记本销售量之和/台	38

图 5-31 最终完成效果图

2. 数据排序

（1）简单排序

打开“计算机商品销售业绩表 .xlsx”文件，单击工作表标签“计算机商品销售业绩表”并按 Ctrl 键，复制成“计算机商品销售业绩表（2）”工作表。

① 在工作表中，将光标定位在“销售额”列的任一单元格。

② 单击菜单栏中的“数据”选项卡，单击常用工具栏中的“排序”下拉按钮，在下拉列表中选择“降序”选项。

③ 将“计算机商品销售业绩表（2）”工作表标签名修改为“简单排序”，完成按销售额的值由高到低的降序排序。

（2）自定义排序

自定义排序是对两个或两个以上的关键字进行的排序。例如按“销售店”进行升序，按“产品名称”进行升序，按“销售量”进行降序排序。

① 单击工作表标签“计算机商品销售业绩表”并按 Ctrl 键，复制成“计算机商品销售业绩表（2）”工作表。

② 将光标定位在工作表的任一单元格，单击菜单栏中的“数据”选项卡，单击常用工具栏中的“排序”下拉按钮，在下拉列表中选择“自定义排序”选项。

③ 弹出“排序”对话框，在“主要关键字”的下拉列表中选择“销售店”，排序依据选择“数值”，次序选择“升序”。

④ 单击“添加条件”按钮，在“次要关键字”的下拉列表中选择“产品名称”，排序依据选择“数值”，次序选择“升序”。

⑤ 单击“添加条件”按钮，在“次要关键字”的下拉列表中选择“销售量”，排序依据选择“数值”，次序选择“降序”，如图 5–32 所示。

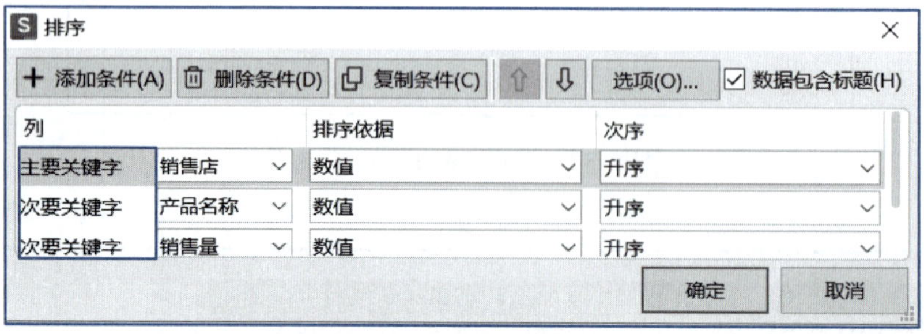

图 5–32　自定义排序

⑥ 单击“确定”按钮，完成自定义排序，并将“计算机商品销售业绩表（2）”工作表标签名修改为“自定义排序”。

3. 数据筛选

（1）自动筛选

自动筛选是进行单一条件的筛选。例如在“计算机商品销售业绩表”工作表中筛选出销售店为“城东店”的信息。

① 单击工作表标签“计算机商品销售业绩表”并按 Ctrl 键，复制成“计算机商品销售业绩表（2）”工作表。

② 将光标定位在工作表数据区域的任一单元格。

③ 单击菜单栏中的“数据”选项卡，单击常用工具栏中的“筛选”按钮，表格中每个列标题右侧出现一个自动筛选下拉按钮。

④ 单击“销售店”右侧的下拉按钮，在弹出的下拉列表中取消选中“全选”复选框，选中“城东店”复选框，单击“确定”按钮。将工作表标签名修改为“自动筛选”，完成对“城东店”的筛选，如图 5–33 所示。

1	计算机商品销售业绩表									
2	编号	日期	销售店	产品名	单位	单价/	销售	销售额/	销售排	销售评
5	BJP-01	2024/6/30	城东店	笔记本	台	4350	15	65250	1	明星
8	TYY-01	2024/6/6	城东店	投影仪	台	3100	3	9300	17	需要加油
11	DYJ-01	2024/6/1	城东店	打印机	台	2100	4	8400	18	需要加油
17	PBDN-01	2024/6/10	城东店	平板电脑	台	2800	20	56000	4	明星
20	TSDN-01	2024/6/21	城东店	台式电脑	台	4800	12	57600	2	明星

图 5–33　自动筛选效果

（2）自定义筛选

当对基于某一列的多个条件进行筛选时，可使用自定义筛选。例如，筛选出销售额在 45 000 元至 55 000 元之间的记录。

① 单击工作表标签“计算机商品销售业绩表”并按 Ctrl 键，复制成“计算机商品销售业绩表（2）”工作表。

② 选择菜单栏中的“数据”选项卡，单击常用工具栏中的“筛选”按钮，表格中每个列标题

右侧出现一个自动筛选下拉按钮。

③ 单击“销售额”右侧的自动筛选下拉按钮，在弹出的对话框中选择“数字筛选”选项，并选择“介于”命令。

④ 在弹出“自定义自动筛选方式”对话框中，“大于或等于”后的数据框中输入“45000”，“小于或等于”后的数据框中输入“55000”。

⑤ 单击“确定”按钮，将工作表标签名修改为“自定义筛选”，完成自定义筛选，如图 5-34 所示。

	计算机商品销售业绩表									
2	编号	日期	销售店	产品名	单位	单价/元	销售量	销售额/	销售排	销售评
7	TYY-01	2024/6/2	城北店	投影仪	台	3100	15	46500	9	优秀
9	TYY-01	2024/6/4	城南店	投影仪	台	3100	17	52700	6	明星
19	TSDN-01	2024/6/24	城北店	台式电脑	台	4800	10	48000	7	优秀
21	TSDN-01	2024/6/5	城南店	台式电脑	台	4800	10	48000	7	优秀
22	TSDN-01	2024/6/15	城西店	台式电脑	台	4800	11	52800	5	明星

图 5-34　自定义筛选效果图

（3）高级筛选

高级筛选可以筛选出基于多列同时满足两个或两个以上条件的数据，它是指根据设定的条件而进行的筛选。例如，对工作表进行高级筛选，条件为“销售店为‘城南店’或销售额大于 50 000 元”的记录。

① 单击工作表标签“计算机商品销售业绩表”并按 Ctrl 键，复制成“计算机商品销售业绩表（2）”工作表。

② 将列名“销售店”和“销售额”分别复制到单元格 B24、单元格 C24。

③ 在单元格 B25 中输入“城南店”，在单元格 C26 中输入“>50000”。

④ 把光标置于数据区域的任一单元格，单击菜单栏中的“数据”选项卡，单击常用工具栏中的“筛选”下拉按钮，在下拉列表中，选择“高级筛选”命令。

⑤ 在弹出的“高级筛选”对话框中，选中“方式”下的“将筛选结果复制到其他位置”单选按钮，在“列表区域”后的数据框，选择数据区域 A2：J22。

⑥ 在“条件区域”后的数据框，选择条件区域 B24：C26。

⑦ 在“复制到”后的数据框右边的折叠对话框按钮，选择单元格区域 A28：J40，并选中“选择不重复的记录”复选框。单击“确定”按钮，完成高级筛选，如图 5-35 所示。将工作表标签名修改为“高级筛选”。

4. 分类汇总

分类汇总是根据指定的类别将数据以指定的方式进行统计。例如，对“计算机商品销售业绩表”工作表按“销售店”分类，对销售额的和进行汇总。

① 单击工作表标签“计算机商品销售业绩表”并按 Ctrl 键，复制成“计算机商品销售业绩表（2）”工作表。

② 在工作表中将光标定位在“销售店”列中的任一单元格，如 C5。单击菜单栏中的“数据”选项卡，单击常用工具栏中的“排序”按钮，则“销售店”列中的数据按升序排列。

③ 单击菜单栏中的“数据”选项卡，单击常用工具栏中的“分类汇总”按钮。在弹出的“分类汇总”对话框中，“分类字段”选择“销售店”，汇总方式选择“求和”，“选定汇总项”选中“销售额”复选项。

④ 单击“确定”按钮，实现分类汇总，如图 5-36 所示。将工作表标签名修改为“分类汇总”。

	A	B	C	D	E	F	G	H	I	J
1	计算机商品销售业绩表									
2	编号	日期	销售店	产品名称	单位	单价/元	销售量	销售额/元	销售排名	销售评价
3	BJP-01	2024/6/5	城北店	笔记本	台	4350	6	26100	11	需要加油
4	BJP-01	2024/6/2	城南店	笔记本	台	4350	4	17400	14	需要加油
5	BJP-01	2024/6/30	城东店	笔记本	台	4350	15	65250	1	明星
6	BJP-01	2024/6/27	城西店	笔记本	台	4350	13	56550	3	明星
7	TYY-01	2024/6/2	城北店	投影仪	台	3100	15	46500	9	优秀
8	TYY-01	2024/6/6	城东店	投影仪	台	3100	3	9300	17	需要加油
9	TYY-01	2024/6/4	城南店	投影仪	台	3100	17	52700	6	明星
10	TYY-01	2024/6/3	城西店	投影仪	台	3100	6	18600	13	需要加油
11	DYJ-01	2024/6/1	城东店	打印机	台	2100	4	8400	18	需要加油
12	DYJ-01	2024/6/3	城南店	打印机	台	2100	5	10500	16	需要加油
13	DYJ-01	2024/6/5	城北店	打印机	台	2100	3	6300	20	需要加油
14	DYJ-01	2024/6/7	城西店	打印机	台	2100	6	12600	15	需要加油
15	PBDN-01	2024/6/2	城南店	平板电脑	台	2800	15	42000	10	优秀
16	PBDN-01	2024/6/6	城西店	平板电脑	台	2800	3	8400	18	需要加油
17	PBDN-01	2024/6/10	城东店	平板电脑	台	2800	20	56000	4	明星
18	PBDN-01	2024/6/14	城北店	平板电脑	台	2800	8	22400	12	需要加油
19	TSDN-01	2024/6/24	城北店	台式电脑	台	4800	10	48000	7	优秀
20	TSDN-01	2024/6/21	城东店	台式电脑	台	4800	12	57600	2	明星
21	TSDN-01	2024/6/5	城南店	台式电脑	台	4800	10	48000	7	优秀
22	TSDN-01	2024/6/15	城西店	台式电脑	台	4800	11	52800	5	明星
23										
24		销售店	销售额							
25		城南店								
26			>50000							
27										
28	编号	日期	销售店	产品名称	单位	单价/元	销售量	销售额/元	销售排名	销售评价
29	BJP-01	2024/6/2	城南店	笔记本	台	4350	4	17400	14	需要加油
30	TYY-01	2024/6/4	城南店	投影仪	台	3100	17	52700	6	明星
31	DYJ-01	2024/6/3	城南店	打印机	台	2100	5	10500	16	需要加油
32	PBDN-01	2024/6/2	城南店	平板电脑	台	2800	15	42000	10	优秀
33	TSDN-01	2024/6/5	城南店	台式电脑	台	4800	10	48000	7	优秀

图 5-35　高级筛选效果图

	A	B	C	D	E	F	G	H	I	J
1	计算机商品销售业绩表									
2	编号	日期	销售店	产品名称	单位	单价/元	销售量	销售额/元	销售排名	销售评价
3	BJP-01	2024/6/5	城北店	笔记本	台	4350	6	26100	14	需要加油
4	TYY-01	2024/6/2	城北店	投影仪	台	3100	15	46500	12	优秀
5	DYJ-01	2024/6/5	城北店	打印机	台	2100	3	6300	23	需要加油
6	PBDN-01	2024/6/14	城北店	平板电脑	台	2800	8	22400	15	需要加油
7	TSDN-01	2024/6/24	城北店	台式电脑	台	4800	10	48000	10	优秀
8			城北店 汇总					149300		
9	BJP-01	2024/6/30	城东店	笔记本	台	4350	15	65250	4	明星
10	TYY-01	2024/6/6	城东店	投影仪	台	3100	3	9300	20	需要加油
11	DYJ-01	2024/6/1	城东店	打印机	台	2100	4	8400	21	需要加油
12	PBDN-01	2024/6/10	城东店	平板电脑	台	2800	20	56000	7	明星
13	TSDN-01	2024/6/21	城东店	台式电脑	台	4800	12	57600	5	明星
14			城东店 汇总					196550		
15	BJP-01	2024/6/2	城南店	笔记本	台	4350	4	17400	17	需要加油
16	TYY-01	2024/6/4	城南店	投影仪	台	3100	17	52700	9	明星
17	DYJ-01	2024/6/3	城南店	打印机	台	2100	5	10500	19	需要加油
18	PBDN-01	2024/6/2	城南店	平板电脑	台	2800	15	42000	13	优秀
19	TSDN-01	2024/6/5	城南店	台式电脑	台	4800	10	48000	10	优秀
20			城南店 汇总					170600		
21	BJP-01	2024/6/27	城西店	笔记本	台	4350	13	56550	6	明星
22	TYY-01	2024/6/3	城西店	投影仪	台	3100	6	18600	16	需要加油
23	DYJ-01	2024/6/7	城西店	打印机	台	2100	6	12600	18	需要加油
24	PBDN-01	2024/6/6	城西店	平板电脑	台	2800	3	8400	21	需要加油
25	TSDN-01	2024/6/15	城西店	台式电脑	台	4800	11	52800	8	明星
26			城西店 汇总					148950		
27			总计					665400		

图 5-36　分类汇总效果图

任务 5.3 图表的制作

任务描述

本任务要求学生充分利用 WPS Office 表格的图表制作功能，对企业在第二季度期间的计算机商品销售数据进行详尽的可视化分析。学生需充分发挥 WPS 的图表设计优势，不仅限于简单地创建图表，还需要掌握如何根据需求灵活更改图表类型（如柱形图、折线图、饼图等），以最佳视觉形式展现不同维度的销售趋势或对比情况。

知识准备

1. 图表的创建

图表是 WPS Office 中用于数据可视化的重要工具，能够将复杂的数据以直观、易懂的方式呈现出来，帮助用户更好地理解和分析数据。

（1）图表的分类

图表主要分为以下几类，每类图表都有其特定的应用场景和优势。

- 柱形图：用于表示数据的对比，适合展示不同类别间的数据差异。
- 折线图：用于表示数据的变化及趋势，适合展示数据随时间或其他连续变量的变化情况。
- 饼图：用于表示数据的占比，适合展示各部分在总体中的比例关系。
- 条形图：与柱形图类似，但数据系列通常是水平排列的，适合展示排名或对比数据，尤其适合类别名称较长的情况。
- 面积图：强调数量随时间而变化的程度，也可表示总量及各部分量。
- 散点图：用于展示两个变量之间的关系，通常用于统计分析。
- 雷达图：又称蜘蛛网图，用于显示多个变量的数据，并比较不同数据系列的特征。

（2）图表的结构

一个完整的图表通常由以下几部分组成。

- 图表标题：用于说明图表的主题或内容。
- 图表区域：包含图表的主要数据部分，如柱形图中的柱子、折线图中的线条等。
- 坐标轴：包括横轴（X 轴）和纵轴（Y 轴），用于定位图表中的数据点。
- 图例：解释图表中不同数据系列或类别的标识。
- 数据标签：直接标注在图表数据点上的数值，便于用户快速读取数据。
- 网格线（可选）：帮助用户更准确地读取图表中的数据。

（3）图表的新建

① 将光标置于工作表中数据区域的任一单元格。

② 单击菜单栏中的“插入”选项卡，单击常用工具栏中“图表”按钮。

③ 在弹出的“图表”窗口中，浏览左侧的不同图表类型（如柱形图、条形图、饼图等），选择需要的图表类型。然后，在右侧选择具体的图表样式，自动生成图表，如图 5-37 所示。

2. 图表的编辑

图表的编辑功能非常强大，允许用户对已创建的图表进行各种修改和优化，以满足不同的展示需求。

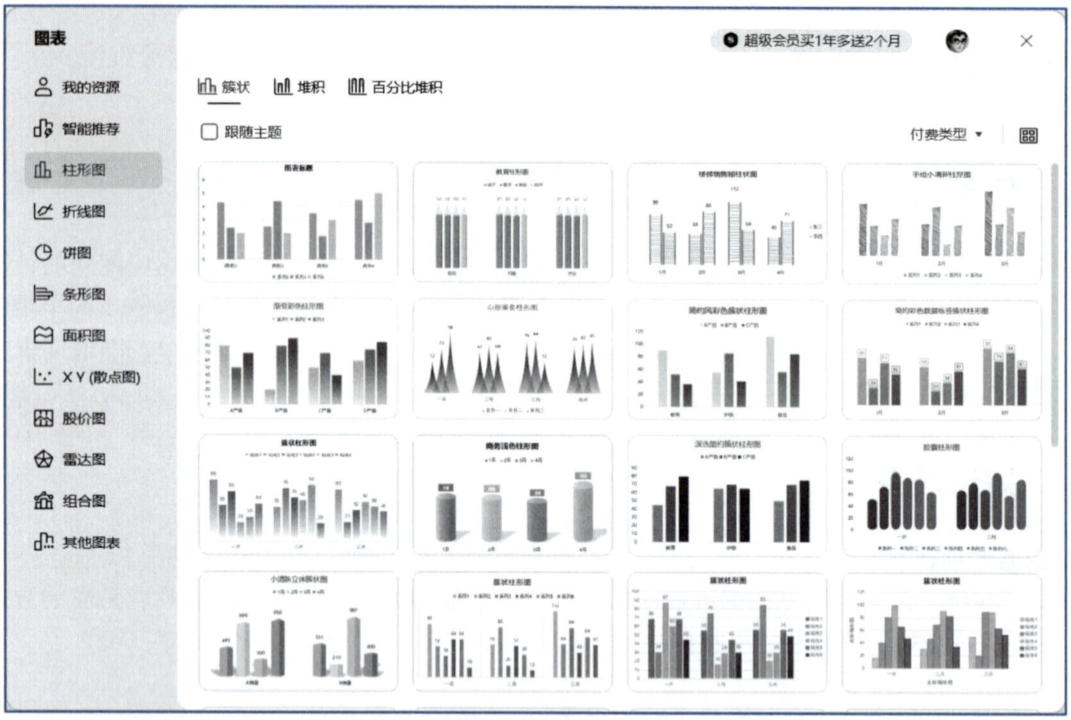

图 5-37 “图表”窗口

（1）图表布局设置

图表的布局设置是一个综合性的过程，包括添加或修改图表标题、设置坐标轴、添加图例、添加数据标签、使用预设图表样式等。

1）添加或修改图表标题

选择图表，单击图表右上角“图表元素”按钮，在弹出的快捷菜单中选中“图表标题”复选框，在“图表标题”文本框中输入图表标题，如图 5-38 所示。

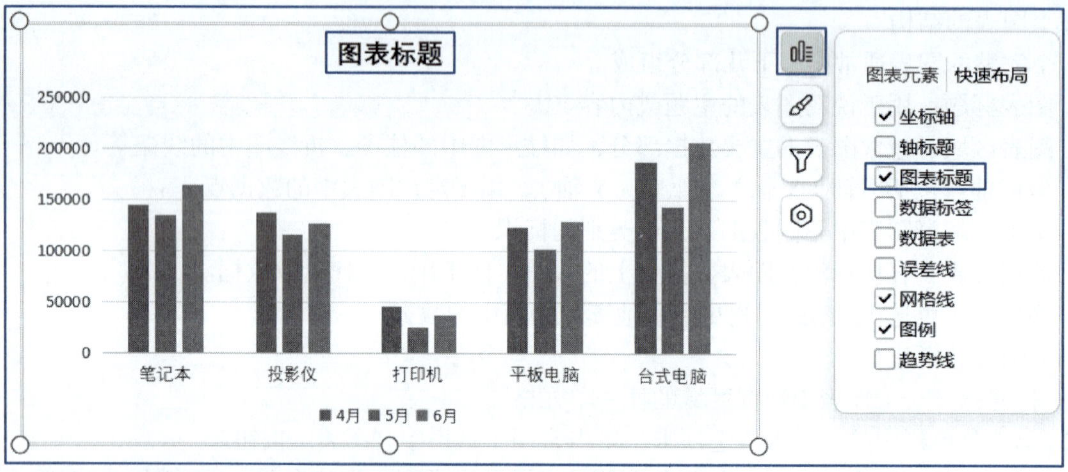

图 5-38 添加图表标题

2）设置坐标轴

选择图表，单击图表右上角“图表元素”按钮，在弹出的快捷菜单中选中“坐标轴”复选框，在二级菜单中选中“主要横坐标”“主要纵坐标”复选框，如图 5-39 所示。

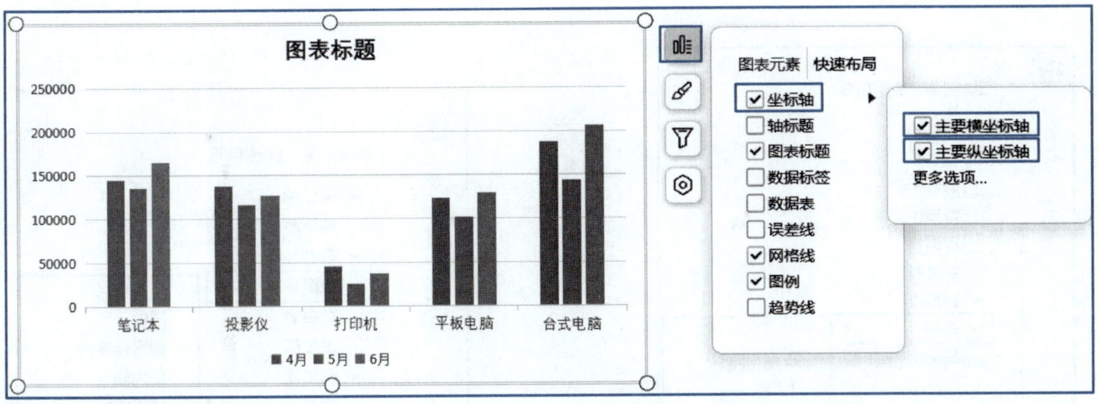

图 5-39 添加图表坐标轴

选择图表，单击图表右上角“图表元素”按钮，在弹出的快捷菜单中选中“轴标题”复选框，在二级菜单中选中“主要横坐标”“主要纵坐标”复选框。分别在横坐标下方、纵坐标左侧的“坐标轴标题”文本框输入坐标轴标题，如图 5-40 所示。

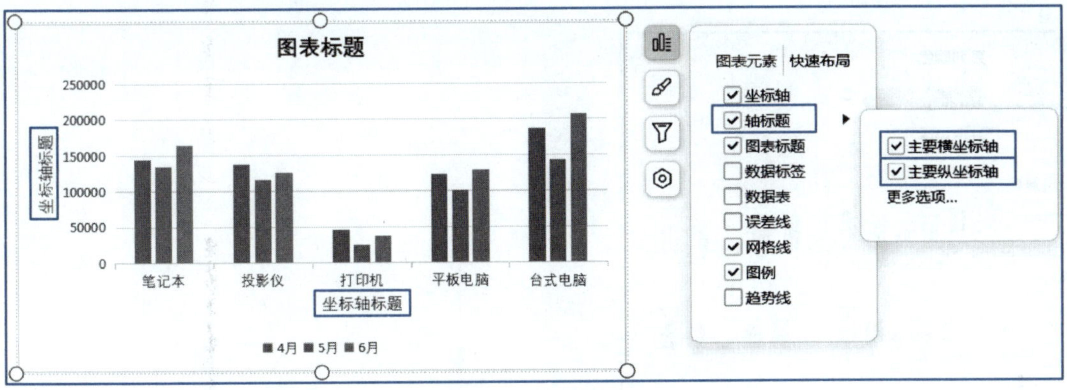

图 5-40 添加坐标轴标题

3）添加图例

图例用于标示图表中的数据系列或分类指定的图案、颜色。

选择图表，单击图表右上角“图表元素”按钮，在弹出的快捷菜单中选中“图例”复选框，在二级菜单中选择图例的具体位置，如图 5-41 所示。

4）添加数据标签

添加数据标签是指将工作表中的具体数据添加到图表的数据系列上。

选择图表，单击图表右上角“图表元素”按钮，在弹出的快捷菜单中选中“数据标签”复选框，在二级菜单中选择数据标签的具体位置，如图 5-42 所示。

5）使用预设的图表样式

选择图表，单击图表右上角“图表样式”按钮，在弹出的面板中选择“预设样式”或“其他样式”中的样式，完成图表样式的修改，如图 5-43 所示。

（2）图表类型更改

① 选择图表，单击菜单栏中的“图表工具”选项卡，单击常用工具栏中“更改类型”按钮，如图 5-44。

② 在弹出的“图表”窗口中，浏览左侧的不同图表类型，选择想要更改的图表类型。然后，在右侧选择具体的图表样式，即可完成图表类型的更改。

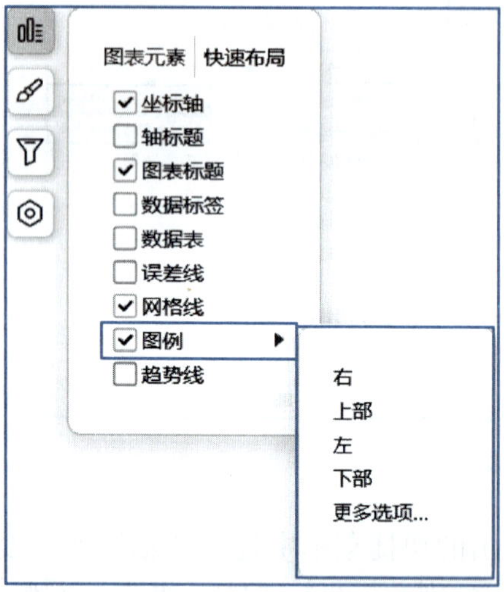

图 5-41　添加图例

图 5-42　添加数据标签

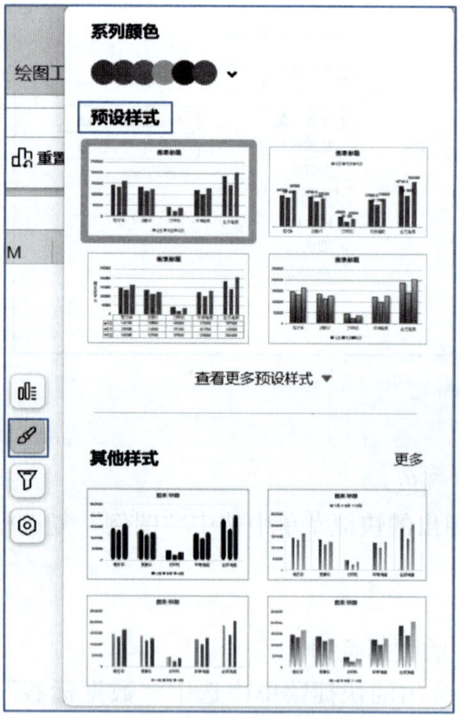

图 5-43　使用预设的图表样式

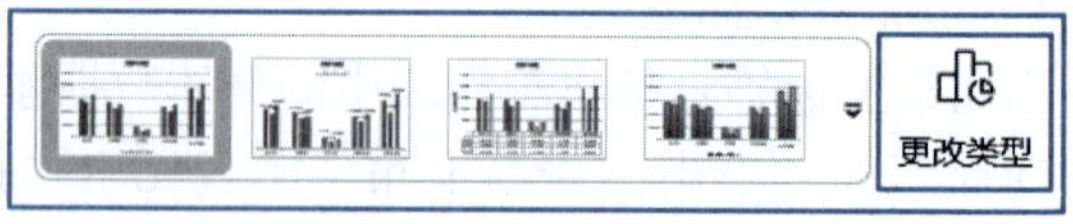

图 5-44　图表类型更改

任务实施

1. 创建图表

① 打开“计算机商品销售业绩表.xlsx”文件的“图表（素材）”工作表，准备为其建立簇状柱形图。

② 将光标置于工作表中数据区域的任一单元格。

③ 选择菜单栏中的“插入”选项卡，单击常用工具栏中“图表”按钮。在弹出的窗口中，左侧选择柱形图，在右侧选择“簇状柱形图”，生成簇状柱形图，如图 5-45 所示，将生成的图表移动至合适位置。

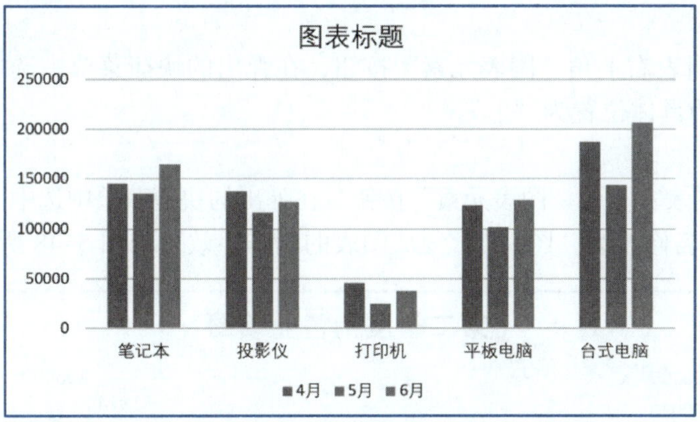

图 5-45 生成簇状柱形图

2. 编辑图表

（1）设置图表布局

1）添加或修改图表标题

选择图表，单击图表右上角“图表元素”按钮，在弹出的快捷菜单中选中“图表标题”复选框，在“图表标题”文本框中输入“第二季度销售业绩图”。

2）设置坐标轴

① 右击图表中的纵坐标轴数值，在弹出的快捷菜单中选择“设置坐标轴格式”命令，在编辑区右侧打开“设置坐标轴格式”任务窗格。

② 调整“单位”的“主要”为“25000”，如图 5-46 所示。修改纵坐标后效果如图 5-47 所示。

③ 选择图表，单击图表右上角“图表元素”按钮，在弹出的快捷菜单中选中“坐标轴”复选框，在二级菜单中选中“主要横坐标”“主要纵坐标”复选框。

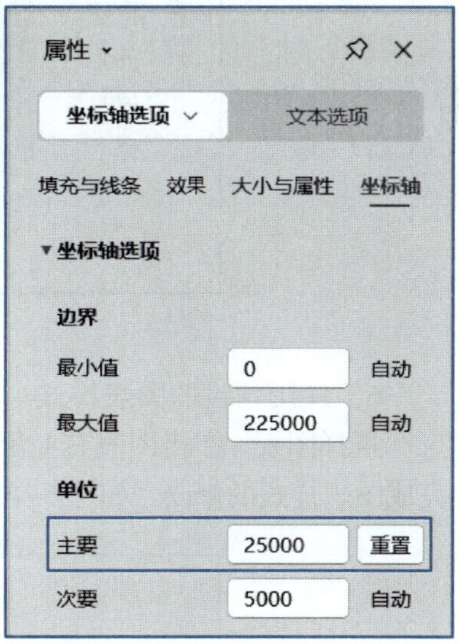

图 5-46 设置纵坐标单位刻度

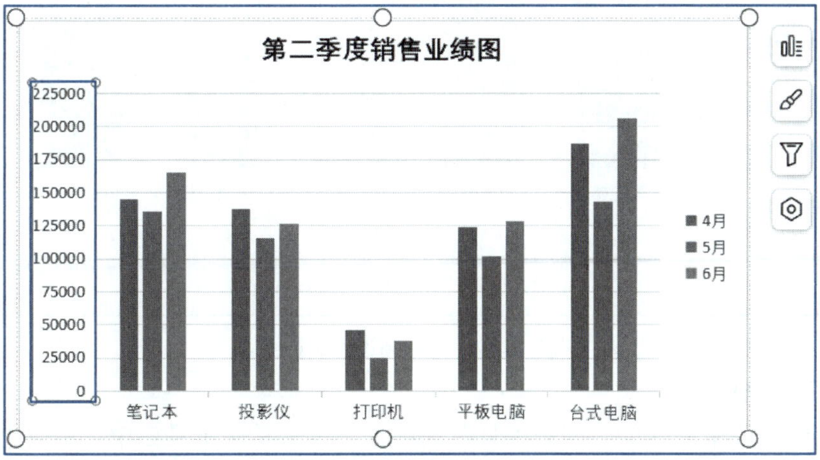

图 5-47 设置纵坐标刻度效果

④ 选择图表，单击图表右上角“图表元素”按钮，在弹出的快捷菜单中选中“轴标题”复选框，在二级菜单中选中“主要横坐标”“主要纵坐标”复选框。将图表横坐标下方的“坐标轴标题”修改为“商品类别”。将图标纵坐标左侧的“坐标轴标题”修改为“销售额 / 元”。

3）添加修改图例

选择图表，单击图表右上角“图表元素”按钮，在弹出的快捷菜单中选中“图例”复选框，在二级菜单中选择图例的具体位置为“上”。

4）添加数据标签

选择图表，单击图表右上角“图表元素”按钮，在弹出的快捷菜单中选中“数据标签”复选框。

5）将工作表标签名修改为“图表”，完成图表的制作，效果如图 5-48 所示。

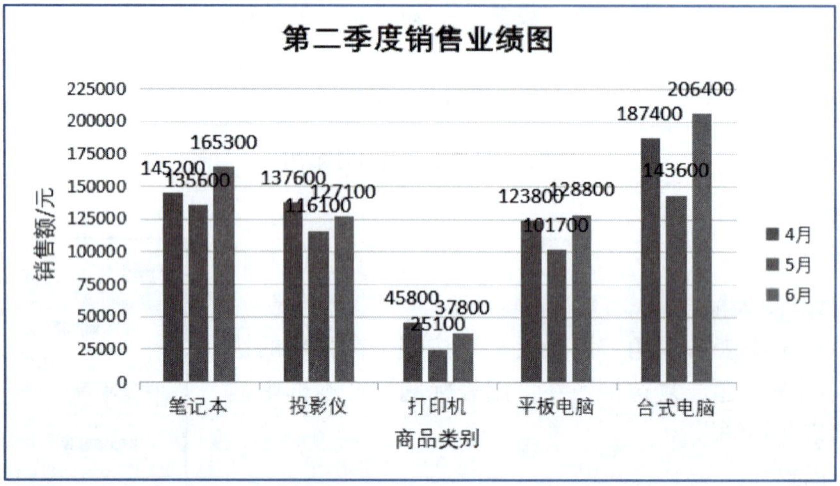

图 5-48　图表效果图

6）使用预设的图表样式

选择图表，单击图表右上角“图表样式”按钮，在弹出的面板中选择“预设样式”下的“样式 4”，完成图表样式的修改，如图 5-49 所示。

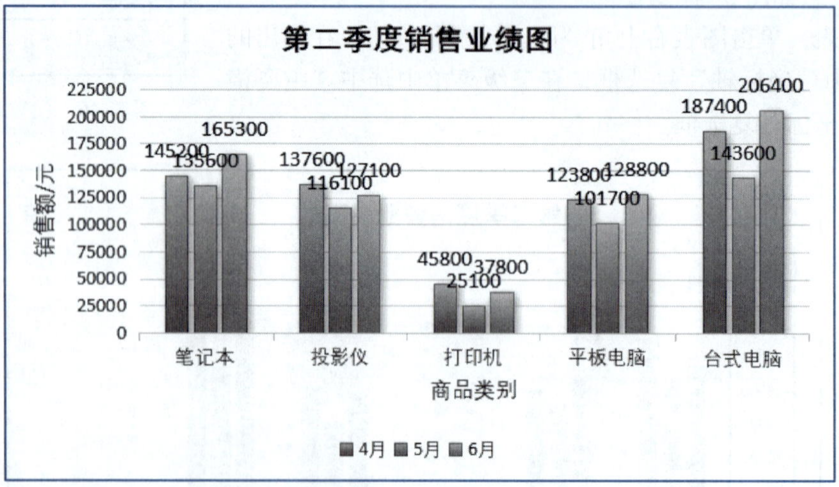

图 5-49　使用预设图表样式

（2）更改图表类型

选择图表，单击菜单栏中的“图表工具”选项卡，单击常用工具栏中“更改类型”按钮。在弹出的窗口中，左侧选择柱形图，在右侧选择“山形渐变柱形图”，完成更改，如图 5-50 所示。

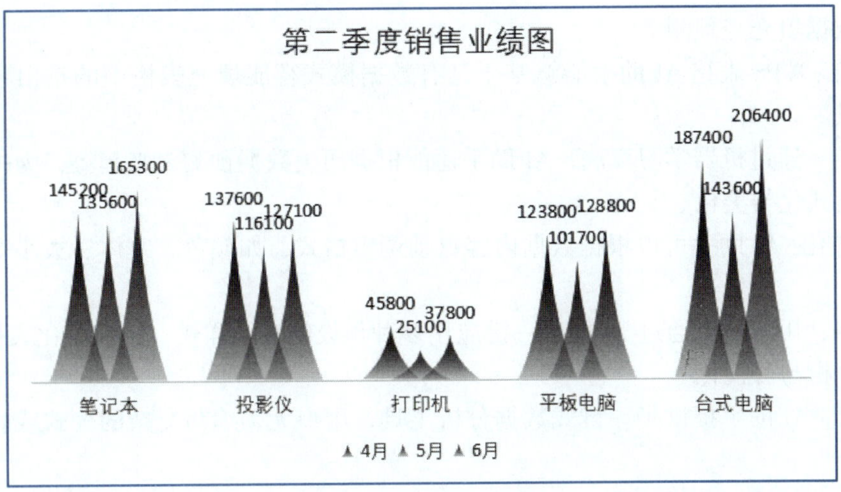

图 5-50　更改图表类型

任务 5.4　AI 助手在表格处理中的应用

任务描述

本任务要求学生充分利用 WPS Office 表格的 AI 助手，对计算机商品销售业绩表中的销售额、销售排名、销售评价、最高销售额、最低销售额、平均销售额、销售记录数和销售总额等项目进行公式计算，并使用 AI 对销售评价设置条件格式，探索并实践 WPS Office 中 AI 助手的应用。

知识准备

1. AI 助手的功能

（1）智能内容生成

根据用户需求和输入，WPS AI 助手能够自动生成文本、表格、图表等内容，大大节省用户时间。例如，在输入关键词后，AI 助手可以自动生成与关键词相关的表格模板或数据内容。

（2）智能数据处理

用户可以通过简单的指令，让 AI 助手实现数据筛选、排序、标记等操作。例如，在出勤表中，用户可以描述“把选中的部分，出勤小于 25 的用红色标记”，AI 助手即可自动完成标记。

（3）公式生成与计算

用户可以向 AI 助手发出指令，明确表达出期望的计算结果，AI 助手将自动完成公式运算。这对于需要频繁进行数学计算的用户来说，是一个极大的便利。

（4）智能推荐与搜索

AI 助手能够根据用户的历史数据和偏好，智能推荐相关的内容、模板和工具。同时，它还支持智能搜索功能，帮助用户快速定位需要的信息和资源。

（5）智能校对与修改

AI 助手具备强大的校对和修改功能，能够自动检查表格中的错误，如格式错误、数据不一致等，并提供修改建议。

2. AI 助手的应用

（1）智能数据填充与预测

● 智能填充：WPS 表格 AI 助手能够基于已有数据模式智能填充表格中的空白项，减少用户的手工输入工作量。

● 数据预测：通过机器学习算法，AI 助手还能根据历史数据预测未来趋势，为决策提供支持。

（2）智能格式化与美化

● 智能格式化：AI 助手可以根据数据内容自动调整格式，如颜色、字体、大小等，使数据更易于阅读和理解。

● 美化表格：用户可以通过 AI 助手一键应用多种预设的表格样式，快速美化表格外观。

（3）数据分析与可视化

● 一键分析：AI 助手提供了一键式数据分析工具，用户无须编写复杂的公式或脚本，即可快速进行数据分析。

● 数据可视化：根据分析结果，AI 助手可以自动生成直观的数据可视化图表，如柱形图、折线图、饼图等，帮助用户更好地理解数据。

（4）自动化工作流

● 任务自动化：用户可以通过设置 AI 助手，自动化执行一系列表格处理任务，如数据导入、清洗、分析、报告生成等，提高工作效率。

● 模板应用：AI 助手支持使用预设的模板来创建表格，用户只需简单修改即可满足需求，减少重复性工作。

（5）智能推荐与辅助

● 智能推荐：AI 助手会根据用户的行为和偏好，智能推荐适合的数据处理和分析方法。

● 辅助操作：在用户进行表格操作时，AI 助手会提供实时的帮助和提示，如自动纠正错误、提供优化建议等。

（6）多平台支持

● 跨平台使用：WPS 表格 AI 助手支持多平台操作，包括 Windows、macOS、Linux 等操作系统，以及智能手机、平板计算机等移动设备，方便用户在不同场景下使用。

3. AI 助手使用方法

（1）唤醒 AI 助手

在 WPS 表格中，用户可以通过单击菜单栏中的“WPS AI”选项卡或输入特定的唤醒指令（如输入“=AI”后按 Enter 键）来唤醒 AI 助手。

（2）输入指令

用户可以通过自然语言描述自己的需求或指令，AI 助手将尝试理解并执行这些指令。

（3）查看结果

AI 助手执行完指令后，用户可以在表格中查看结果。如果结果不符合预期，用户可以调整或重新输入指令。

任务实施

1. AI 写公式

（1）AI 写“销售额”公式

① 打开“计算机商品销售业绩表.xlsx”文件，选择“销售额”列的单元格 H3，单击菜单栏中

的“WPS AI”选项卡，选择“AI 写公式”命令，在弹出的窗口中的输入框中输入“求销售额，销售额等于单价乘销售量”，然后，单击“发送”按钮，AI 开始处理请求，如图 5–51 所示。

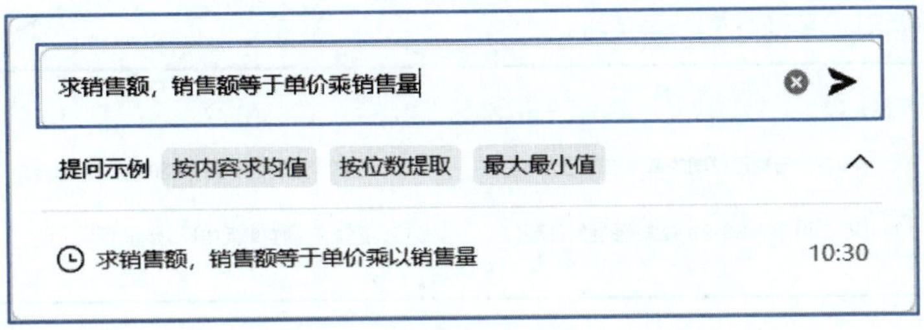

图 5–51　AI 写“销售额”公式

② AI 处理完成后，会在表格中显示结果或给出相应的公式。此时，可以检查结果是否符合预期，如果符合预期，单击“完成”按钮即可生成公式，如图 5–52 所示。

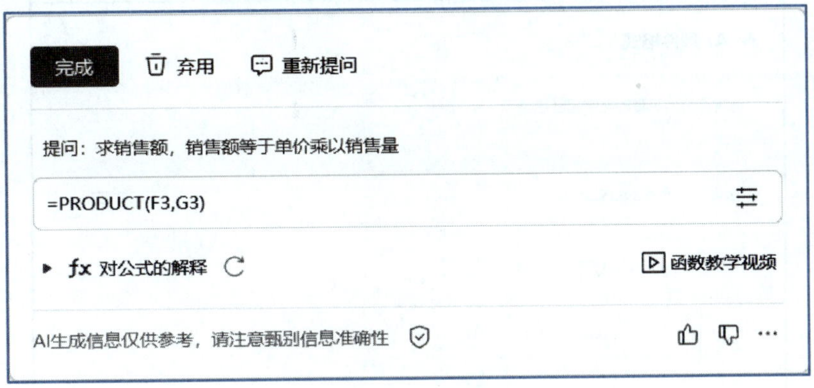

图 5–52　公式确认

③ 如果结果不完全符合预期，可以根据 AI 给出的建议或自己的需求，对条件进行微调，并重新执行指令。

④ 选择单元格 H3，将光标移动到右下角的填充柄，向下拖曳复制公式，计算出所有门店的销售额。

（2）AI 写其他公式

① 选择“销售排名”列的单元格 I3，单击菜单栏中的“WPS AI”选项卡，选择“AI 写公式”命令，在弹出的窗口中的输入框中输入“求销售额排名”，即可计算出销售额排名，使用鼠标拖曳单元格 I3 右下角的填充柄直至单元格 I22，完成“销售排名”列的计算。

② 选择“销售评价”列的单元格 J3，单击菜单栏中的“WPS AI”选项卡，选择“AI 写公式”，在弹出的窗口中的输入框中输入“如果销售额大于 50000，销售评价为明星。如果销售额大于 40000，销售评价为优秀，否则销售评价为继续加油”，即可计算出销售评价。使用鼠标拖曳单元格 J3 右下角的填充柄直至单元格 J22，完成“销售评价”列其他单元格的计算。

③ 按照上述方式计算最高 / 低销售额、销售额总和、平均销售额、销售记录数、2024 年 6 月 5 日销售记录数、笔记本销售量之和。

2. AI 条件格式

① 选择“销售排名”列的单元格 I3：I22，单击菜单栏中的“WPS AI”选项卡，选择“AI 条件格式”命令，在弹出窗口中的输入框中输入“销售评价为明星的文字呈红色显示”，单击“发送”按钮，AI 开始处理用户的请求，如图 5–53 所示。

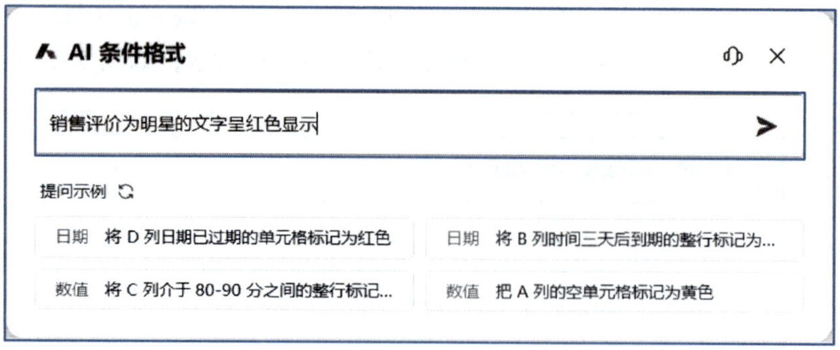

图 5-53 对销售评价应用 AI 条件格式

② AI 处理完成后，会自动将满足条件的单元格按照指定的格式进行标记。此时，可以查看表格以确认结果是否符合预期，如果符合预期，单击“完成”按钮即可生成条件格式，如图 5-54 所示。

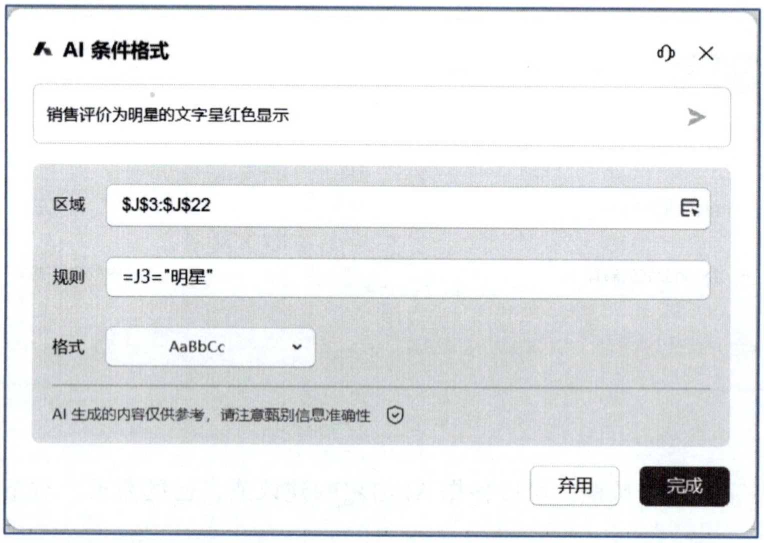

图 5-54 AI 条件格式确认

③ 如果结果不完全符合预期，可以返回 AI 条件格式的输入框，对条件进行微调，并重新执行指令。

拓展训练：汽车市场销售情况统计表制作

训练描述

在本训练中，将深入学习并实践 WPS Office 表格的核心操作技巧，熟悉表格的计算、数据分析及可视化呈现。通过制作汽车市场销售情况的统计表，学生能够运用所学技能进行统计分析和可视化处理。

训练目标

- 熟悉 WPS Office 表格制作与格式化处理；

- 学会使用公式和函数进行数据计算；
- 学会使用表格进行数据分析统计，能将数据进行可视化处理；
- 掌握表格制作、美化、计算、分析统计、可视化的过程，并了解“WPS AI”助手在表格中的应用。

训练实施

1. 制作、美化表格

① 启动 WPS Office 软件，单击“新建”按钮，选择“表格”，创建一个新的空白工作簿。

② 输入汽车市场销售情况统计表相关数据，在 A1 单元格输入表格标题，在 A2: J2 单元格分别输入表格表头，在 A3：J17 单元格分别输入表格相关数据。

③ 选择单元格 A1：J1，单击菜单栏中的“开始”选项卡，单击常用工具栏中的“合并”按钮，进行单元格合并。单击“填充颜色”按钮，设置填充颜色为蓝色。分别单击“字体”“字号”“字体颜色”下拉按钮，设置为“微软雅黑”、16、白色。

④ 选择单元格 A2：J2，设置为“宋体”、11、白色；选择 A3：F17、L6：L8 单元格，设置“宋体”、11、黑色。

⑤ 选择单元格 A2：F17，单击菜单栏中的“开始”选项卡，单击常用工具栏中的“水平居中”按钮，设置居中对齐。

2. 使用公式与函数

① 选择单元格 G3，单击菜单栏中的“公式”选项卡，单击常用工具栏中的“求和”下拉按钮，在下拉列表中选择“求和”选项，在插入的求和函数 SUM 的括号中拖曳选择单元格区域 C3：F3，按 Enter 键，计算出总销量。使用鼠标拖曳单元格 G3 右下角的填充柄直至单元格 G17，完成“总销量”列的计算。

② 选择单元格 H3，单击菜单栏中的“公式”选项卡，单击常用工具栏中的“求和”下拉按钮，在下拉列表中选择“平均值”命令，在插入的平均值函数 AVERAGE 的括号中拖曳选择单元格区域 C3：F3，按 Enter 键，计算出平均销售额。使用鼠标拖曳单元格 H3 右下角的填充柄直至单元格 H17，完成“平均销量”列的计算。

③ 选择单元格 I3，单击菜单栏中的“WPS AI”选项卡，选择“AI 写公式”命令，在弹出窗口中的输入框中输入“求总销量排名”，即可计算出排名，使用鼠标拖曳单元格 I3 右下角的填充柄直至单元格 I17，完成“排名”列的计算。

④ 选择单元格 J3，单击菜单栏中的“WPS AI”选项卡，选择“AI 写公式”，在弹出窗口中的输入框中输入“如果总销量大于或等于 100，销售评价为名列前茅。如果总销量大于或等于 40，销售评价为出类拔萃，否则销售评价为不容乐观”，即可计算出销售评价。使用鼠标拖曳单元格 J3 右下角的填充柄直至单元格 J17，完成“销售评价”列的计算。

⑤ 用同样的方法计算销售越野车记录数、第二季度的越野车销量、越野车总销量的平均值。

3. 排序与筛选

① 将光标定位在“区域”列的任一单元格。单击菜单栏中的“数据”选项卡，单击常用工具栏中的“排序”按钮，在下拉列表中选择“升序”选项完成排序。

② 选择单元格 A2：J2，单击菜单栏中的“数据”选项卡，单击常用工具栏中的“筛选”按钮，表格中每个列标题右侧出现一个自动筛选下拉按钮。单击“区域”右侧的自动筛选下拉按钮，在弹出的下拉列表中取消选中“全选”复选框，选中“开福区”复选框，单击“确定”按钮，完成筛选。

4. 制作图表

① 选择单元格 A2：C9，单击菜单栏中的“插入”选项卡，单击常用工具栏中“图表”按钮。在弹出的窗口中，左侧选择“饼图”，在右侧选择“彩色饼图数据分析图表”，生成彩色饼图数据分析图表，将生成的图表移动至合适位置。

② 选择图表，单击图表右上角“图表元素”按钮，在弹出的快捷菜单中选中“图表标题”复选框，在“图表标题”文本框中输入“第一季度汽车市场销售统计图”。

5. 案例效果图

案例效果如图 5-55 所示。

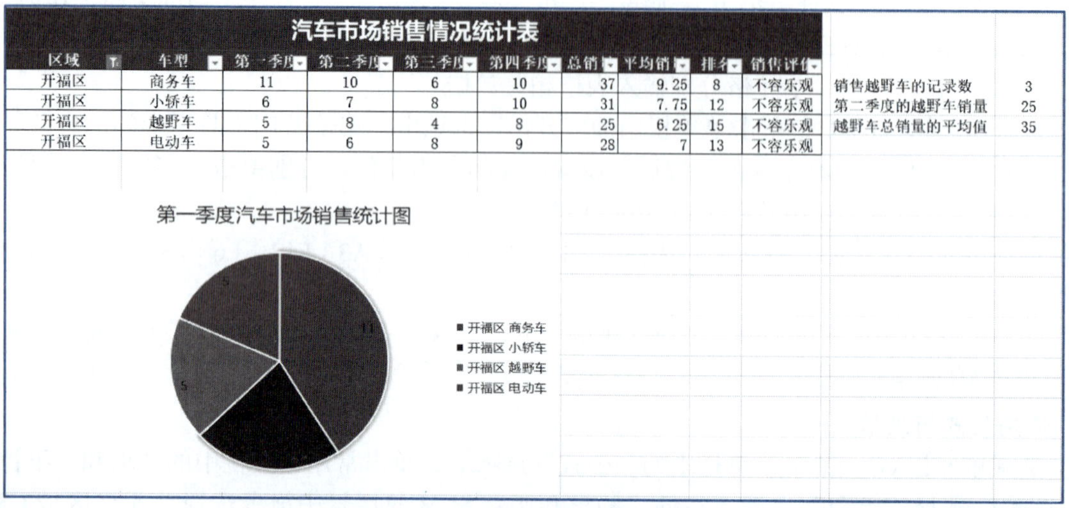

图 5-55 案例效果图

项目小结

通过本项目的学习，读者能了解表格的基本操作和使用方法，熟悉表格中数据的计算与分析，掌握数据的可视化。其中通过员工工资表案例介绍了表格的创建、数据的输入，以及字体格式、数据格式、条件格式、工作表标签的设置等操作；通过计算机商品销售业绩表案例介绍了公式与函数的运用，学习了数据排序、筛选、分类汇总、创建图表的操作技巧；通过汽车市场销售情况统计表案例进一步介绍了函数、排序、筛选和图表在实际工作中多角度的应用。

学生在学习专业技能的同时，也注重提升信息素养与自主学习能力，培养职业道德与责任感，强化创新思维与实践能力，他们通过小组合作，共同完成了表格处理任务，展现了良好的团队协作能力、促进了他们的全面发展。

项目练习

一、填空题

1. WPS 表格中，行号以______表示，列号以字母表示。
2. 插入新列时，默认会在选定列的______插入。
3. 要保存 WPS 表格文件，可以单击工具栏上的______按钮。

4. 要改变单元格的背景色以美化表格，可以使用______选项卡中的“填充颜色”按钮。
5. 若要计算 A1 和 B1 两个单元格的和，应在 C1 单元格输入公式______。
6. 使用______函数可以快速计算选定区域中所有数值的总和。
7. 对数据进行排序时，若希望从大到小排列，应选择______排序。
8. 若要进行分类汇总，首先需单击______选项卡中的“分类汇总”按钮。
9. 创建图表时，常用的图表类型包括柱形图、折线图和______等。
10. WPS 表格支持将数据导出为多种格式，包括 Excel、CSV 和______等。

二、简答题

1. 在 WPS 表格中，如何为选定区域的单元格设置统一的字体颜色和背景色？
2. 如何为 WPS 表格的标题行设置字体为“宋体”，字号为 20？
3. 假设 A 列是单价，B 列是数量，如何在 C 列计算每个商品的总价（单价 × 数量）？
4. 在 WPS 表格中，如何筛选出某一列中所有包含特定文字的行？
5. 如何根据销售数据快速创建一个折线图，以展示各月销售额的变化趋势？

三、操作题

1. 假设你是一家零售店的销售经理，为了更好地跟踪和分析不同产品的销售表现，请创建一个销售情况统计表。这个统计表将用于记录每种产品的序号、销售日期、产品名称、销售单价、销售数量、销售额、成本、税费、利润、利润率等内容。

2. 在第 1 题的基础数据上，请使用公式计算销售额、税费、利润、利润率等内容，并制作各产品利润占比的饼图。

项目 6　WPS Office 演示文稿处理

项 目 描 述

本项目旨在深入探索 WPS Office 演示文稿的制作与动画播放功能，使学习者能够制作出图文并茂、富有感染力的演示文稿。主要包括演示文稿的基本设置、动画与导出、播放等内容。通过实践案例的操作与练习，学习者将掌握 WPS Office 演示文稿的关键技能，能够独立制作生动美观的演示文稿，适应各种演讲、演示场合。

学 习 目 标

- **知识目标**

◎ 学习演示文稿的基本操作

◎ 学习演示文稿的动画设置与导出相关操作

◎ 学习演示文稿中 AI 助手的应用

- **技能目标**

◎ 掌握演示文稿的基本操作

◎ 掌握演示文稿的动画设置与导出方法

◎ 掌握演示文稿中 AI 助手的应用

- **素养目标**

◎ 重视美育，提升审美情趣

◎ 引导学生发现传统文化之美

任务 6.1　演示文稿基本操作

微课 11：
WPS 演示文稿的基本操作

任务描述

本任务要求学习者充分利用 WPS Office 的演示文稿的相关功能，制作 IT 线上培训演示文稿，并进行专业的排版处理与美化。通过本任务的学习，学生能够充分掌握增删、移动幻灯片，设置幻灯片版式、背景，插入图形、音频，添加并定义项目符号、编号等方法。

知识准备

1. WPS 演示基本概念

本节旨在帮助学习者熟悉 WPS Office 演示文稿的工作环境，掌握制作演示文稿的基础技能，并了解如何美化演示文稿。

（1）启动与新建

在开始学习 WPS Office 演示文稿之前，首先需要熟悉其界面布局。

① 界面启动。用户可以通过双击桌面上 WPS Offic 的快捷方式图标 ，或从“开始”菜单中选择 WPS Office 程序组中的相应程序，或者通过双击一个 WPS Office 演示文稿（其扩展名为 .dps）文件来启动该程序。

② 新建。单击首页左侧的“新建”按钮，在打开的页面中选择“演示”→“空白演示文稿”选项，即可进入演示文稿编辑界面。

（2）认识演示文稿的工作界面

从图 6–1 中可以看出，WPS 演示文稿的工作界面与 WPS 文字和 WPS 表格的工作界面类似，快速访问工具栏、标题栏、菜单栏和常用工具栏等的结构及作用也相近（选项卡的名称以及工具栏的按钮会因为软件的不同而有差异），下面介绍 WPS 演示特有的功能。

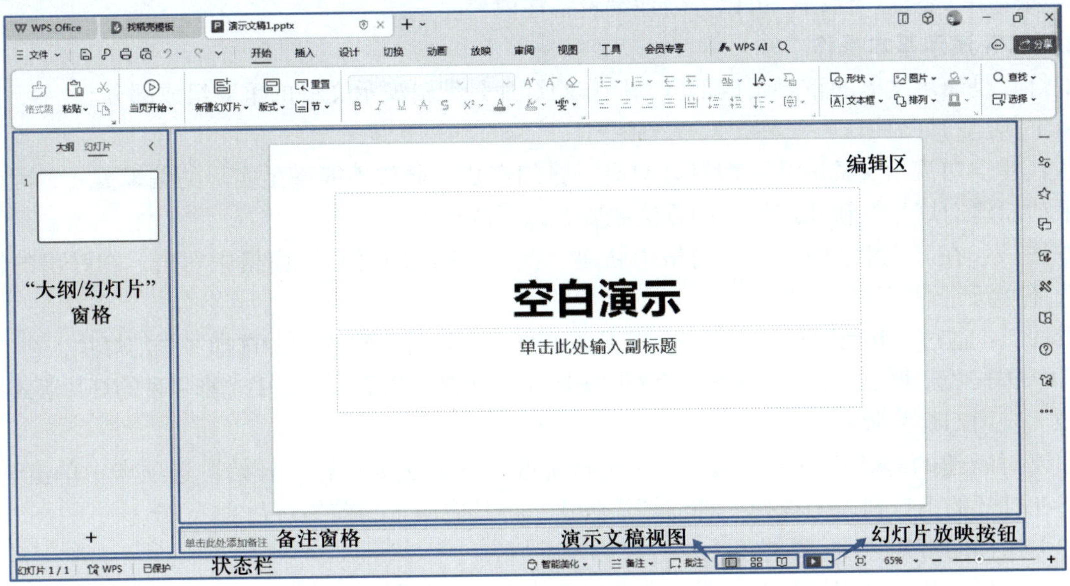

图 6–1　演示文稿的工作界面

1）幻灯片编辑区

幻灯片编辑区位于 WPS 演示工作界面的中心，用于显示和编辑幻灯片的内容。幻灯片是演示文稿的组成部分，一个演示文稿由很多张幻灯片组成，每张幻灯片有自己独立表达的主题。如果说演示文稿是一本书，幻灯片就是书中的书页。

2）“大纲 / 幻灯片”窗格

“大纲 / 幻灯片”窗格位于幻灯片编辑区的左侧，主要用于显示当前演示文稿中所有幻灯片的缩略图，单击某张幻灯片的缩略图，可跳转到该幻灯片并在右侧的幻灯片编辑区中显示该幻灯片的内容。

3）备注窗格

用于添加相应幻灯片的说明内容及注释信息，以达到辅助演示的目的。

（3）演示文稿视图

WPS 演示提供了普通视图、幻灯片浏览视图、阅读视图和备注页视图 4 种视图模式，在工作界面下方的状态栏中单击相应的视图按钮或在“视图”选项卡中单击相应的视图按钮，可进入相应的视图。各视图的功能介绍如下。

1）普通视图

普通视图是 WPS 演示默认的视图模式，打开演示文稿即可进入普通视图，单击“普通视图”按钮也可切换到普通视图。在普通视图中，可以调整幻灯片的总体结构，也可以编辑单张幻灯片。普通视图是编辑幻灯片时常用的视图模式。

2）幻灯片浏览视图

单击“幻灯片浏览”按钮即可进入幻灯片浏览视图。在该视图中可浏览演示文稿的整体效果，调整其整体结构，如调整演示文稿的背景、移动或复制幻灯片，但是不能编辑幻灯片中的内容。

3）阅读视图

单击“阅读视图”按钮即可进入幻灯片阅读视图。进入阅读视图后，可以在当前计算机上以窗口的方式查看演示文稿的放映效果，单击“上一页”按钮 ‹ 和“下一页”按钮 › 或者按键盘上的↑和↓方向键可切换幻灯片。

4）备注页视图

在“视图”选项卡中单击“备注页”按钮即可进入备注页视图。在备注页视图，用户以整页格式查看和使用“备注”窗格，可以方便地编辑备注内容。

2. WPS 演示基本操作

幻灯片是演示文稿的重要组成部分，操作幻灯片是编辑演示文稿的重要组成部分。

（1）新建幻灯片

在新建空白演示文稿时，一般默认只有一张幻灯片，通常不能满足实际的编辑需要，因此需要用户手动新建幻灯片。新建幻灯片的方法主要有以下两种。

方法一：在“大纲 / 幻灯片”窗格中新建。在“大纲 / 幻灯片”窗格中右击，在弹出的快捷菜单中选择“新建幻灯片”命令。

方法二：通过“开始”选项卡新建。在普通视图或幻灯片浏览视图中选择一张幻灯片，在“开始”选项卡中单击“新建幻灯片”按钮下方的下拉按钮 ⌄，在打开的下拉列表中选择一种幻灯片版式即可。

（2）应用幻灯片版式

如果对新建的幻灯片版式不满意，可进行更改。其方法为：在“开始”选项卡中单击“版式”按钮，在打开的下拉列表中选择一种幻灯片版式，将其应用于当前幻灯片。

（3）选择幻灯片

选择幻灯片是编辑幻灯片的前提，选择幻灯片主要有以下 3 种方法。

方法一：选择单张幻灯片。在“大纲 / 幻灯片”窗格中单击幻灯片缩略图即可选择相应幻灯片。

方法二：选择多张幻灯片。在幻灯片浏览视图或“大纲 / 幻灯片”窗格中按住 Shift 键并单击幻灯片，可选择多张连续的幻灯片，按住 Ctrl 键并单击幻灯片，可选择多张不连续的幻灯片。

方法三：选择全部幻灯片。在幻灯片浏览视图或“幻灯片”浏览窗格中按 Ctrl+A 组合键，可选择全部幻灯片。

（4）移动和复制幻灯片

当需要调整某张幻灯片的顺序时，可直接移动该幻灯片。当需要使用某张幻灯片中已有的版式或内容时，可直接复制该幻灯片进行更改，以提高工作效率。移动和复制幻灯片的方法主要有以下 3 种。

方法一：拖动鼠标。选择需移动的幻灯片，按住鼠标左键将该幻灯片拖动到目标位置后，释放鼠标左键完成移动操作；选择幻灯片，在按住 Ctrl 键的同时，将幻灯片拖动到目标位置，完成幻灯片的复制操作。

方法二：使用快捷菜单命令。选择需移动或复制的幻灯片，在其上右击，在弹出的快捷菜单中选择“剪切”或“复制”命令。定位到目标位置，右击，在弹出的快捷菜单中选择“粘贴”命令，完成幻灯片的移动或复制。

方法三：使用组合键。选择需移动或复制的幻灯片，按 Ctrl+X 组合键剪切或按 Ctrl+C 组合键复制幻灯片，然后在目标位置按 Ctrl+V 组合键进行粘贴，完成移动或复制操作。另外，在“大纲 / 幻灯片”窗格或幻灯片浏览视图中选择幻灯片，使用同样的方法也可完成移动或复制操作。

（5）删除幻灯片

在“大纲 / 幻灯片”窗格或幻灯片浏览视图中均可删除幻灯片，其方法如下 2 种。

方法一：选择要删除的幻灯片，右击，在弹出的快捷菜单中选择“删除幻灯片”命令。

方法二：选择要删除的幻灯片，按 Delete 键。

3. 母版的编辑与应用

母版是演示文稿中特有的概念，使用母版，可以使设置的内容快速在多张幻灯片、讲义和备注中生效。WPS 演示有 3 种母版：幻灯片母版、讲义母版和备注母版。

（1）幻灯片母版

幻灯片母版是存储模板信息的设计模板，这些模板信息包括字形、占位符大小和位置、背景设计和配色方案等，只要在母版中更改了样式，对应幻灯片中相应的样式会随之改变。

（2）讲义母版

讲义是指用户演示演示文稿时使用的纸稿，纸稿中显示了每张幻灯片的大致内容、要点等。制作讲义母版就是设置该内容在纸稿中的显示方式，制作讲义母版主要包括设置每页纸张上显示的幻灯片数量、排列方式以及页眉和页脚的信息等。

（3）备注母版

备注是指用户在幻灯片下方输入的内容，用户可根据需要将这些内容打印出来。备注母版的设置是指为将这些备注信息打印在纸张上，而对备注进行的相关设置。

任务实施

1. 创建演示文稿

（1）打开 WPS Office 软件，单击“新建”按钮，单击“演示”→“空白演示文稿”图标。

（2）将演示文稿命名为“2024 年暑假高校学生 IT 线上培训”并保存。

2. 制作演示文稿

（1）制作首页幻灯片

① 单击编辑区的“空白演示”主标题文本框，输入文字“2024 年暑假高校学生 IT 线上培训”，在“单击此处输入副标题”副标题文本框中，输入文字“科大讯飞教学研究中心”。

② 选择主标题文本框，单击“绘图工具”选项卡，在“填充”下拉列表中，选择“巧克力黄 - 着色 2”选项，并按文字内容调整文本框大小。

③ 选择副标题文本框，单击“绘图工具”选项卡，在“填充”下拉列表中，选择“浅绿 - 着色 4”选项，并按文字内容调整文本框大小。

④ 将主标题的文字设置为“微软雅黑”、36 磅、白色，将副标题的文字设置为“微软雅黑”、24 磅、白色，如图 6-2 所示。

图 6-2　首页幻灯片文本设置

⑤ 单击幻灯片空白处，单击“设计”选项卡→“背景”→“背景填充”选项，在编辑区右侧弹出的“对象属性”窗格中，选择“图片或纹理填充”选项，单击“图片填充”右侧的“请选择图片”下拉按钮，如图 6–3 所示。

⑥ 单击“本地文件”，在弹出的对话框中，选择“背景 .jpg”文件。

⑦ 单击“插入”选项卡→“图片”下拉按钮→“本地图片”选项，在弹出的对话框中，选择“icon.png”图片插入，调整图片大小并将图片置于幻灯片左下角，此时首页幻灯片效果如图 6–4 所示。

（2）制作“目录”幻灯片

① 在“大纲 / 幻灯片”窗格选择第一张幻灯片，在其上右击，在弹出的快捷菜单中选择“复制幻灯片”命令。

② 将主标题框的文字改为“目录”，文字设置为“微软雅黑”、44 磅，并按文字内容调整文本框大小。

③ 将副标题框的文字删掉，然后输入“培训特色”后换行，并逐行输入“开设学科”“课程亮点”“培训周期”，文字设置为“微软雅黑”、24 磅，并按文字内容调整文本框大小。

④ 选中“培训特色”“开设学科”“课程亮点”“培训周期”四行文字，单击“开始”选项卡→“项目符号”下拉按钮→选择“■”，目录页效果如图 6–5 所示。

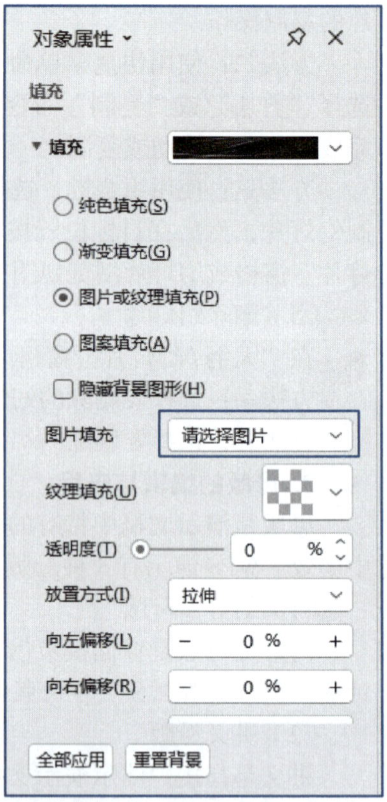

图 6–3　幻灯片背景设置

图 6–4　幻灯片首页

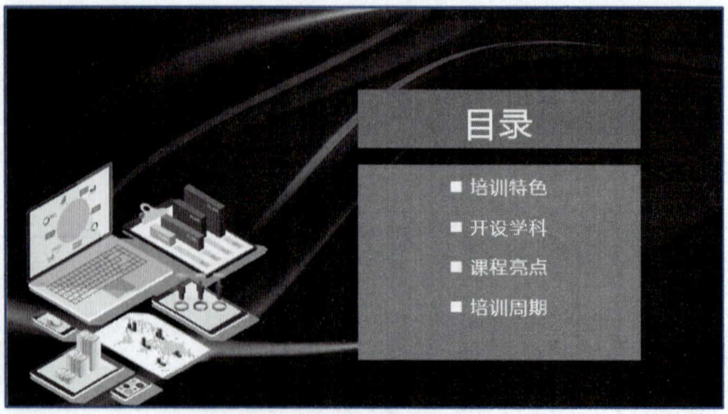

图 6–5　幻灯片目录页

（3）母版的应用

① 单击“视图”选项卡→“幻灯片母版”按钮，进入幻灯片母版编辑状态。

② 选中 WPS 母版下面的第二张“标题和内容　版式”，在编辑区进行版式设计。选中“单击此处编辑母版标题样式”文本框，单击“绘图工具”选项卡，在“填充”下拉列表中，选择“巧克力黄－着色 2”选项；在“轮廓”下拉列表中，选择“白色，背景 1”选项。将文字设置为“微软雅黑”、36 磅，加粗，白色，居中对齐。

③ 选中“母版文本样式”文本框，单击“绘图工具”选项卡，在“填充”下拉列表中，选择“白色－背景 1”选项。

④ 单击“设计”选项卡→“背景”命令按钮，在右侧弹出的“对象属性”窗格中，选择“图片或纹理填充”选项，单击“图片填充”右侧的“请选择图片”下拉按钮→“本地文件”选项→“背景 .jpg”，母版制作完成，如图 6–6 所示。

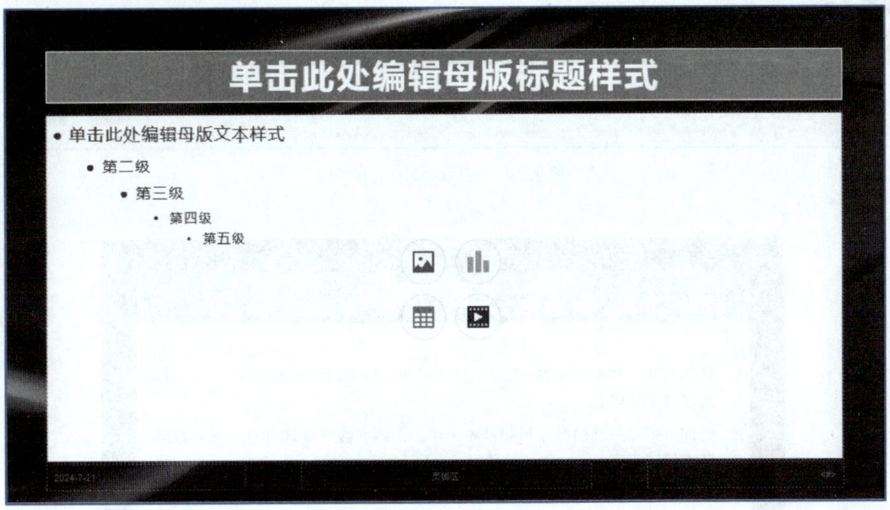

图 6–6　母版设置

⑤ 选中左侧窗格中的母版，右击，在弹出的快捷菜单中，选择“重命名版式”命令，在“重命名”对话框中将名称修改为“过渡幻灯片”，如图 6–7 所示。

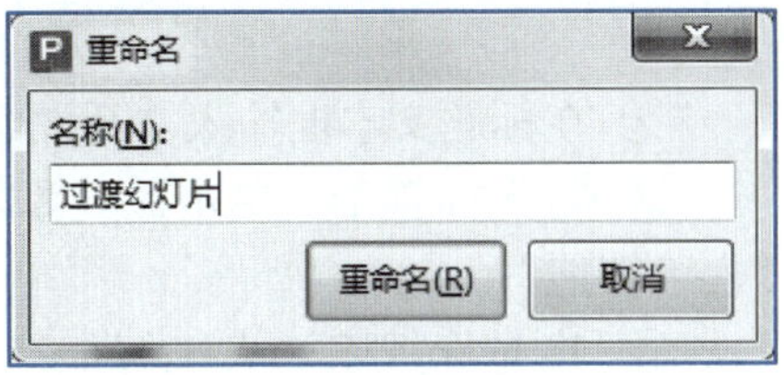

图 6–7　重命名版式

⑥ 母版设置完成，在“幻灯片母版”选项卡里单击“关闭”按钮关闭母版。

（4）制作“培训特色”幻灯片

① 选中目录页，单击“开始”选项卡→“新建幻灯片”下拉按钮，在弹出的菜单里单击“版式”选项卡，选择“过渡幻灯片”，如图 6–8 所示。

② 在标题文本框输入“培训特色”。

③ 在内容文本框输入“培训方式：理论＋实践＋辅导＋技术讲座，以项目代入方式学习，以讲座拓宽技术视野。”并换行，输入“培训讲师：严选讲师，科研技术大牛。讲师多数具备 10 年以上教学经验，技术领域专家。”文字设置成“微软雅黑”、24 磅，黑色。

④ 选中文本框内的这两行文字，单击“开始”选项卡→“编号”下拉按钮，选择编号“1.2.3”，效果如图 6–9 所示。

（5）制作“开设学科”幻灯片

① 单击“开始”选项卡→“新建幻灯片”下拉按钮，在弹出的菜单里单击“版式”选项，选择“过渡幻灯片”。

图 6-8　应用过渡幻灯片

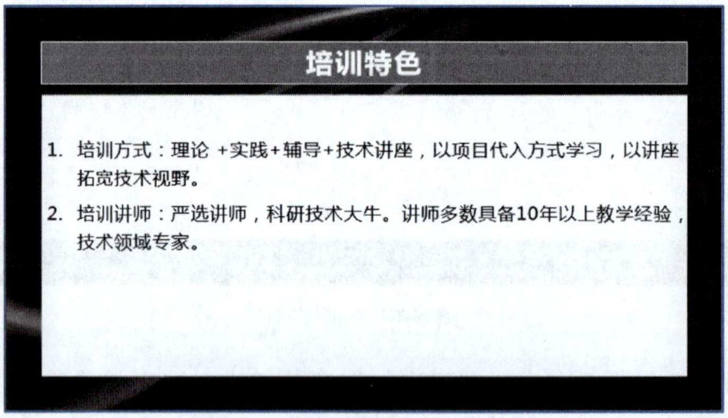

图 6-9　“培训特色”幻灯片制作

② 在标题文本框输入“开设学科”。

③ 将光标置于“单击此处添加文本”文本框中，取消应用项目符号，按几次空格键后，输入“人工智能”。

④ 将光标置于“人工智能”文字前，单击“插入”选项卡→“图片”下拉按钮→“本地图片”，找到“人工智能图标.png”文件，单击“打开”按钮，则在“人工智能”前插入了小图片。

⑤ 按 Enter 键，在其他各行分别输入“大数据”“软件测试”“Java EE”“Python”“前端与移动开发”“UI/UE 设计”。

⑥ 将所有这些文字设置为“微软雅黑”、24 磅，并在各行文字前分别插入相应图片。完成效果如图 6-10 所示。

（6）制作“课程亮点”幻灯片

① 单击“开始”选项卡→“新建幻灯片”下拉按钮，在弹出的菜单里单击“版式”选项，选择“过渡幻灯片”。

② 在标题文本框输入“课程亮点”。

③ 在内容文本框中，第一行输入“大容量课程，理论与实践结合”。

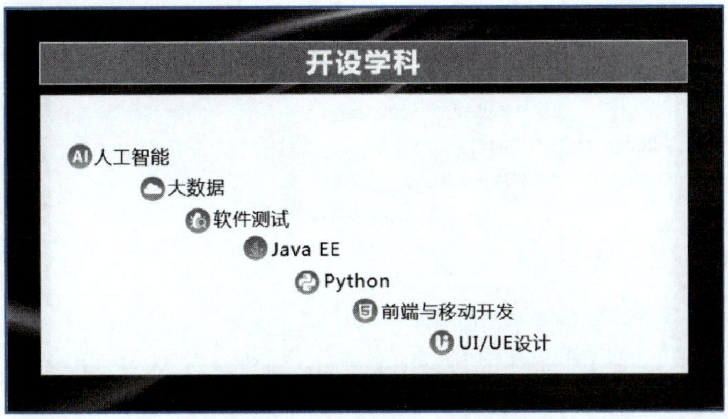

图 6–10　“开设学科”幻灯片制作

④ 单击“开始”选项卡→“项目符号”下拉按钮→选择“□”。

⑤ 按 Enter 键后，在第二行输入“最新企业级实战案例”，按 Enter 键换行，在第三行输入“随时响应助教服务”，在第四行输入“附送全套资料视频＋ PPT ＋实验文档”，在第五行输入“结业颁发证书”。将这些文字设置成“微软雅黑”、24 磅、黑色，效果如图 6–11 所示。

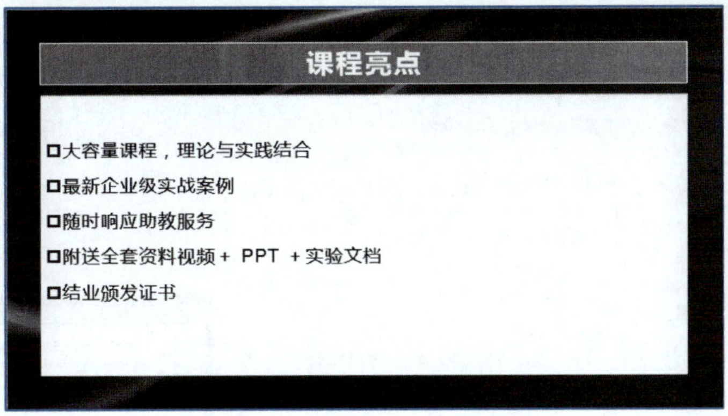

图 6–11　“课程亮点”幻灯片制作

（7）制作“培训周期”幻灯片

① 单击“开始”选项卡→“新建幻灯片”下拉按钮，在弹出的菜单里单击“版式”选项，选择“过渡幻灯片”。

② 在标题文本框输入“培训周期”。

③ 在内容文本框中输入“2024 年 7 月 20—31 日，为期 12 天”，换行，然后输入“培训形式：在线直播 / 永久回放”，文字设置成“微软雅黑”、24 磅、黑色。

④ 选择这两行文字，单击“开始”选项卡→“项目符号”下拉按钮，在下拉列表中单击“其他项目符号”选项，弹出如图 6–12 所示“项目符号与编号”对话框。

⑤ 在打开的对话框中，单击“图片”按钮，选择“日期图标 .png”，单击“打开”按钮，效果如图 6–13 所示。

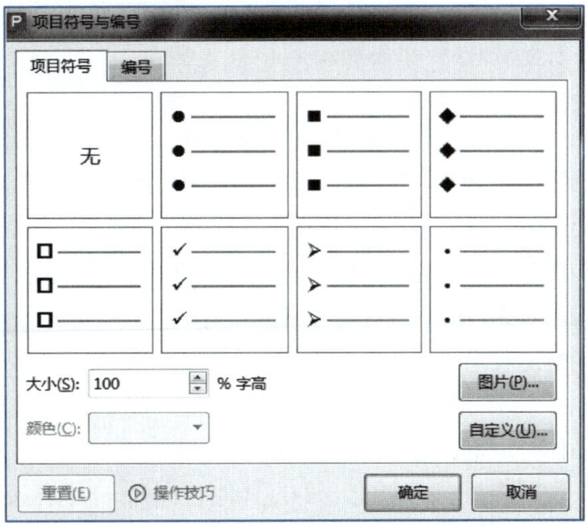

图 6–12　“项目符号与编号”对话框

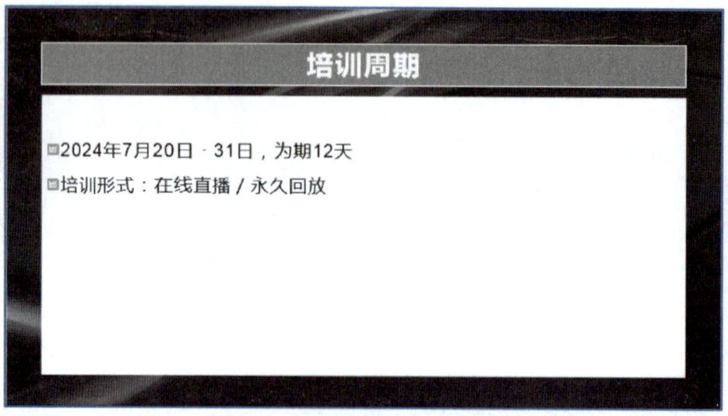

图 6–13 “培训周期”幻灯片制作

（8）给目录页添加超链接

进行幻灯片演示时，需要对内容进行反复多次展示，此时可用到超链接功能。

① 选择左侧“大纲 / 幻灯片”窗格中的第 2 张幻灯片，即目录幻灯片。

② 选中“培训特色”目录项，右击，在弹出的快捷菜单中选择“超链接”命令。

③ 在弹出的“插入超链接”对话框中，单击左侧的“链接到”列表中的“本文档中的位置”，在“请选择文档中的位置”列表中选择“3. 培训特色”，如图 6–14 所示。

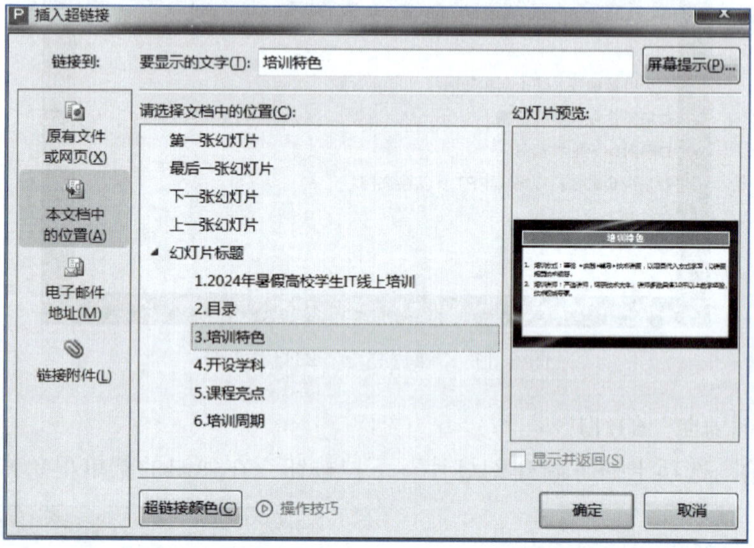

图 6–14 “插入超链接”对话框

④ 单击“插入超链接”对话框左下角的“超链接颜色”按钮，在弹出的对话框里“超链接颜色”选择“白色”，“已访问超链接颜色”选择“白色”，选择“链接无下划线”单选按钮，然后单击“应用到当前”按钮，如图 6–15 所示。

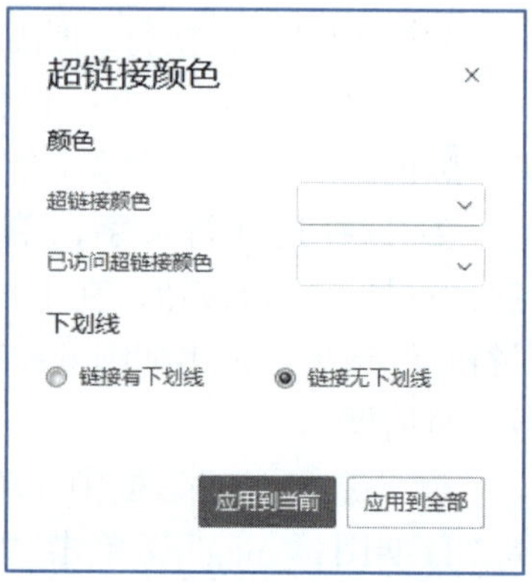

图 6–15 超链接颜色设置

⑤ 单击幻灯片右下角的播放按钮 ，可以演示本张幻灯片播放效果。

⑥ 播放时，把光标移动至“培训特色”目录项时，光标变成小手，单击即可链接到指定幻灯片。

⑦ 将目录幻灯片的其他目录项的超链接设置好，分别链接到第 4 张、第 5 张和第 6 张幻灯片。

3. 案例效果

案例效果如图 6–16 所示。

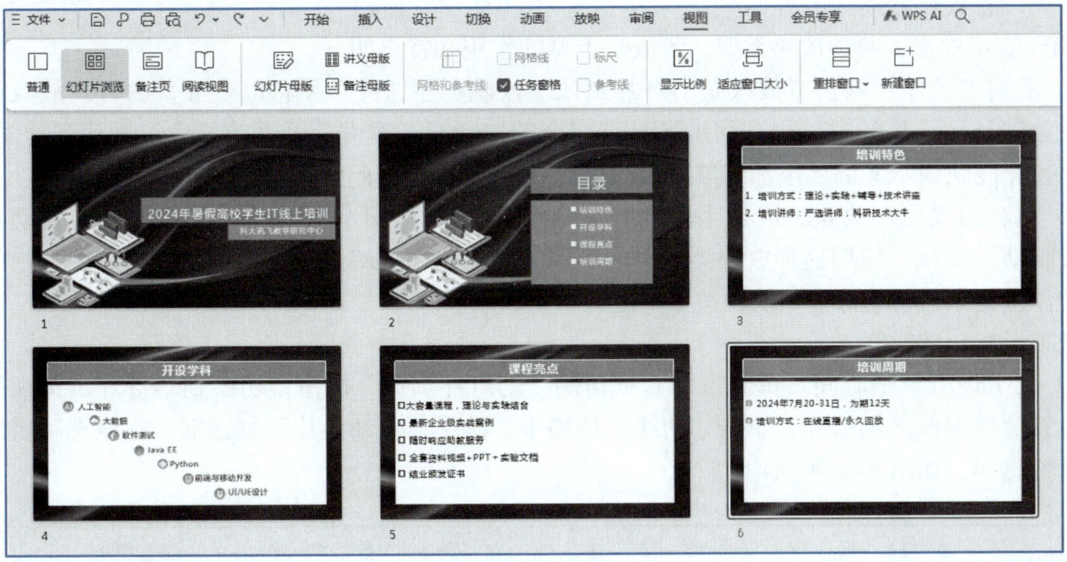

图 6–16　案例效果图

任务 6.2　动画与放映导出

微课 12：WPS 演示文稿的动画与放映导出

任务描述

本任务要求学生利用演示文稿的动画切换等功能对制作好的“2024 年暑假高校学生 IT 线上培训”演示文稿进行美化。通过该任务的学习，学生能充分掌握设置动画效果、幻灯片切换动画的方法，以及放映、输出幻灯片的方法等内容。

知识准备

1. 幻灯片动画

演示文稿之所以能够成为演示、演讲领域的主流工具，幻灯片动画起了非常重要的作用。WPS 演示的幻灯片动画有幻灯片对象动画和幻灯片切换动画两种类型。动画效果一般在幻灯片放映时才能生效。

（1）幻灯片对象动画

幻灯片对象动画是指为幻灯片中的各种对象设置的动画效果，多种对象动画组合在一起可形成复杂而自然的动画效果。

（2）幻灯片切换动画

幻灯片切换动画是指放映演示文稿时幻灯片进入、离开屏幕时的动画效果，WPS 演示提供了多种预设的幻灯片切换动画。在默认情况下，上一张幻灯片和下一张幻灯片之间没有设置切换动画，但在制作演示文稿的过程中，用户可根据需要为幻灯片添加合适的切换动画。

2. 放映

制作演示文稿的最终目的是放映，在 WPS 演示中，用户可以根据实际的演示场合选择不同的幻灯片放映类型。常用的放映方法为：单击“放映”选项卡，单击“从头开始”或者单击“当页开始”按钮，这两种是使用最多的放映方法。

（1）设置放映方式

WPS 演示提供了两种放映类型，各放映类型的作用和特点如下。

① 演讲者放映。演讲者放映是幻灯片默认的放映类型，此类型将以全屏幕的方式放映演示文稿。在放映演示文稿的过程中，演讲者具有完全的控制权，演讲者可手动切换幻灯片和动画效果，也可以暂停放映演示文稿、添加细节等，还可以在放映过程中录下旁白。

② 展台自动循环放映。这是比较简单的一种放映类型，不需要人为控制，系统将自动全屏幕循环放映演示文稿。使用这种放映类型时，不能通过单击切换幻灯片，但可以单击幻灯片中的超链接和动作按钮来进行幻灯片切换，按 Esc 键可结束放映。

（2）设置放映时间

① 人工设置放映时间。单击窗口右下角的“幻灯片浏览”按钮，切换到幻灯片浏览视图，选择要设置放映时间的幻灯片，单击“切换”选项卡，选中“自动换片”复选框，在该选项后的数据框中设置时间，如图 6–17 所示。

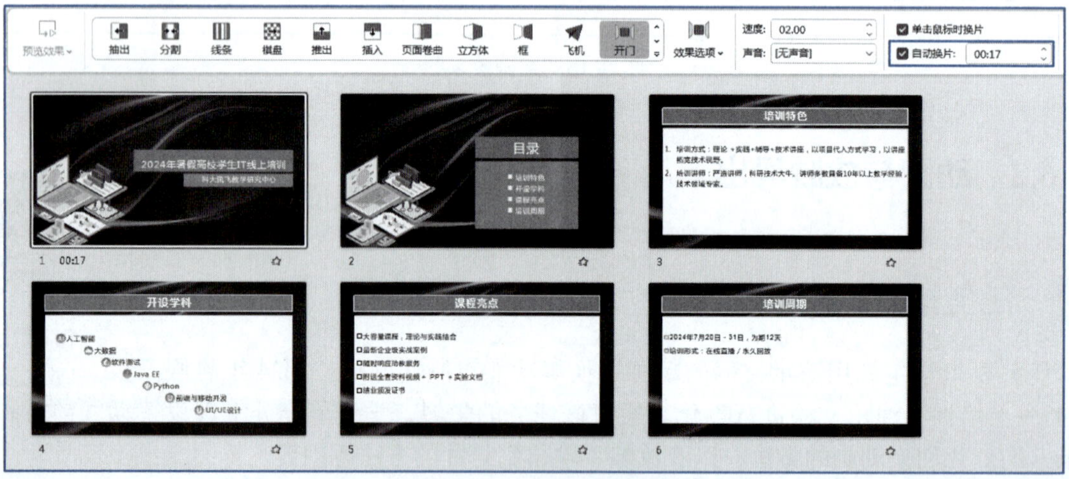

图 6–17　人工设置放映时间

② 使用排练计时。使用排练计时可以为每张幻灯片设置放映时间，使幻灯片按设置的排练计时时间自动放映。单击“放映”选项卡→“排练计时”按钮，将自动切换至幻灯片放映视图并开始录制。放映时显示“录制”工具栏，如图 6–18 所示，可记录每张幻灯片的播放时间。

图 6–18　排练计时

3. 导出

（1）打印演示文稿

演示文稿不仅可以现场演示，还可以被打印在纸张上，便于演讲人演讲使用或分发给观众作为演讲提示等。下面将前面制作好的演示文稿打印出来，要求一页纸上显示两张幻灯片，具体操作如下。

① 选择文件→打印→打印命令，打开“打印”对话框，在“份数”选项组中的“打印份数”数值框中输入“2”，即打印两份。

② 在“打印范围”选项组中选中“幻灯片”单选按钮，在其后的文本框中输入要打印的幻灯片页码。

③ 选中对话框右下角的“幻灯片加框”复选框，最后单击“确定”按钮，如图 6–19 所示。

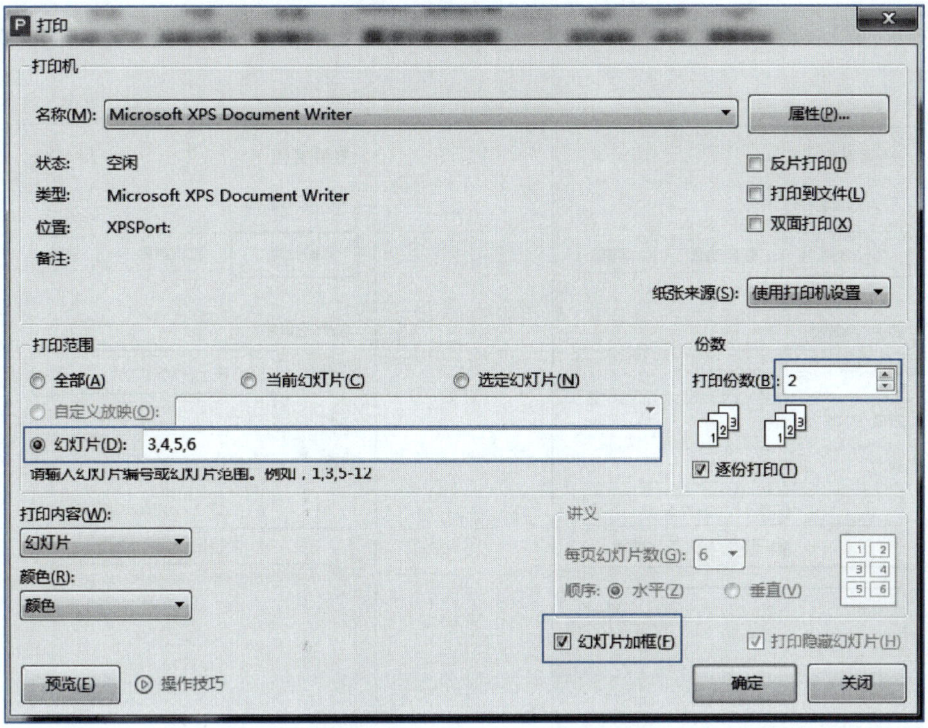

图 6–19　打印演示文稿

（2）打包演示文稿

演示文稿制作好后，有时需要在其他计算机上放映，若想一次性传输演示文稿及其相关的音频、视频文件，可将制作好的演示文稿打包。下面将前面制作好的演示文稿打包到文件夹中，并命名为“2024 年暑假高校学生 IT 线上培训”，具体操作如下。

① 选择文件→文件打包→将演示文档打包成文件夹命令，打开“演示文件打包”对话框，在其中设置文件夹名称和位置，单击“确定”按钮，如图 6–20 所示。

② 此时会打开提示框，提示文件打包已完成，单击“关闭”按钮。

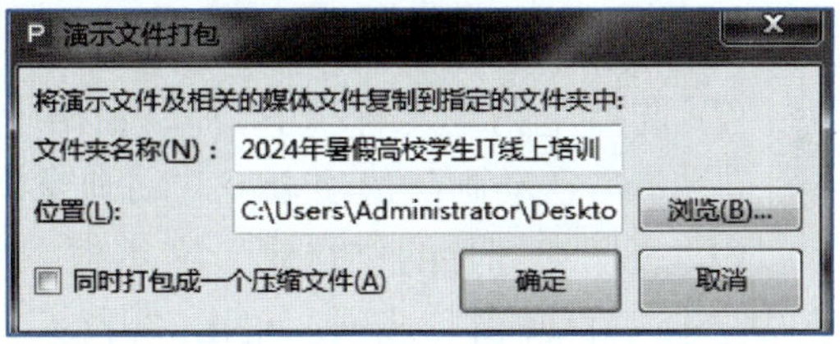

图 6–20　打包演示文稿

任务实施

1. 设置动画与应用动画

① 打开“2024 年暑假高校学生 IT 线上培训 .dps”文档，选择左侧“大纲 / 幻灯片”窗格中的第 1 张幻灯片，即封面幻灯片。

② 单击“动画”选项卡→“动画窗格”命令按钮，在编辑区右侧出现“动画窗格”。

③ 选择幻灯片的“2024 年暑假高校学生 IT 线上培训”文本框，单击“动画窗格”里的“添加效果”下拉按钮，在下拉列表中选择“百叶窗”选项。

④ 单击“开始”后面的下拉按钮，在下拉列表中选择“与上一动画同时”选项，如图 6–21 所示。

⑤ 选择幻灯片中“科大讯飞教学研究中心”文本框，单击“动画窗格”里的“添加效果”下

拉按钮，在下拉列表中选择“百叶窗”选项。

⑥ 单击“开始”后面的下拉按钮，在下拉列表中选择“上一动画之后”选项，如图 6–22 所示。

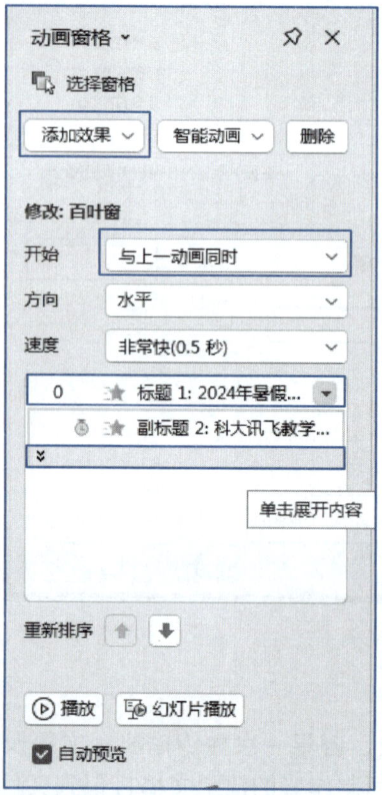

图 6–21　为文本框添加动画 1

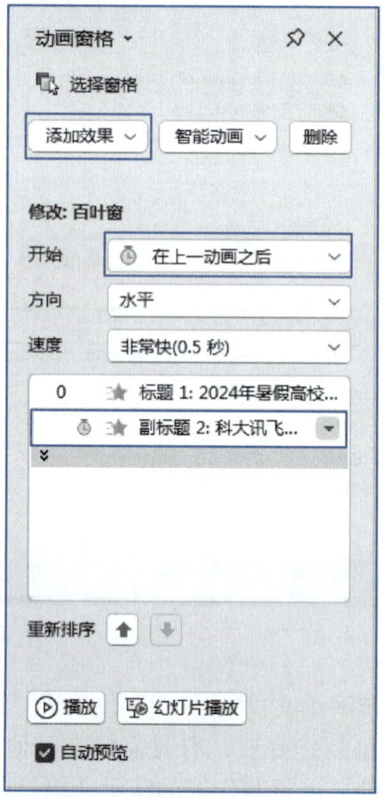

图 6–22　为文本框添加动画 2

⑦ 选择左侧“大纲 / 幻灯片”窗格中的第 2 张幻灯片，即目录幻灯片。

⑧ 单击“动画”选项卡→“动画窗格”命令按钮，在编辑区右侧出现“动画窗格”。

⑨ 选择幻灯片的“目录”文本框，单击“动画窗格”里的“添加效果”下拉按钮，在下拉列表中选择“百叶窗”选项。单击“开始”后面的下拉按钮，在下拉列表中选择“上一动画之后”选项。单击“方向”后面的下拉按钮，在下拉列表中选择“垂直”选项，如图 6–23 所示。

⑩ 选择第二张幻灯片中目录条文本框，单击“动画窗格”里的“添加效果”下拉按钮，在下拉列表中选择“飞入”选项。单击“开始”后面的下拉按钮，在下拉列表中选择“上一动画之后”选项。单击“方向”后面的下拉按钮，在下拉列表中选择“自底部”选项，如图 6–24 所示。

此时在右侧的“动画窗格”中，可见已设置了动画的对象列表，可通过左下角的上下箭头按钮调整动画播放顺序，并可通过底部左边的“播放”按钮，在不退出编辑状态的情况下预览动画播放效果。

2. 应用切换动画

① 选择左侧“大纲 / 幻灯片”窗格中的第 1 张幻灯片，即封面幻灯片。

② 单击“切换”选项卡→“开门”选项，速度设置为 02.00，如图 6–25 所示。

③ 选择左侧“大纲 / 幻灯片”窗格中的第 2 张幻灯片，即目录幻灯片。

④ 单击“切换”选项卡→“轮辐”选项，速度设置为 01.00，如图 6–26 所示。

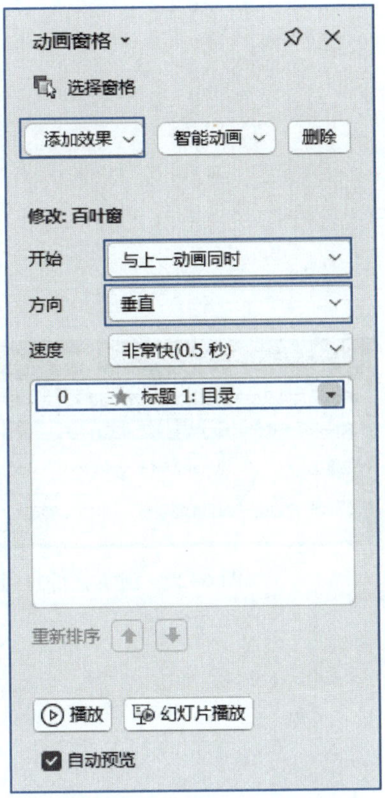

图 6–23　目录文本框添加动画

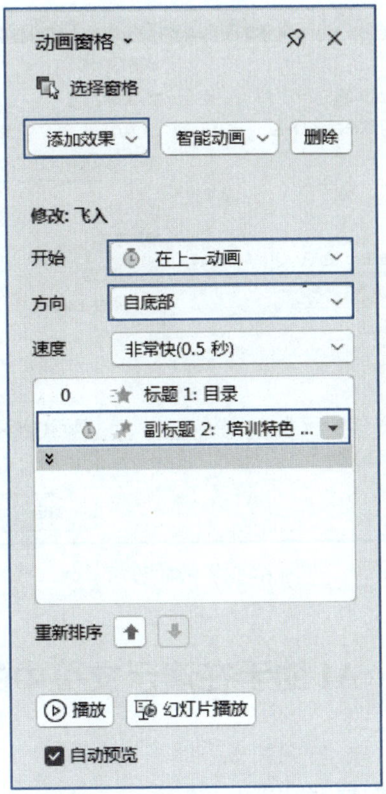

图 6–24　目录条文本框添加动画

图 6–25　封面幻灯片添加切换动画

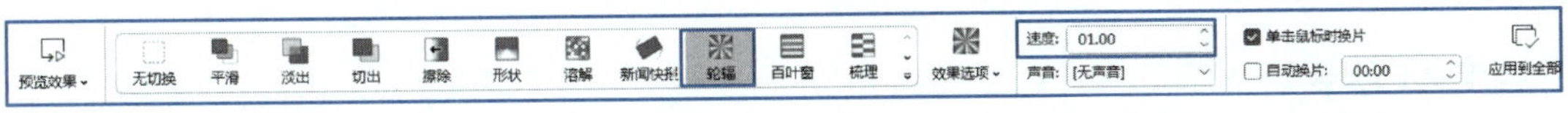

图 6–26　目录幻灯片添加切换动画

⑤ 按 Ctrl 键，同时选择左侧“大纲 / 幻灯片”窗格中的第 3 张、第 4 张、第 5 张、第 6 张幻灯片，即选中所有的过渡幻灯片。

⑥ 单击“切换”选项卡→“框”选项，速度设置为 01.30。如图 6–27 所示，完成过渡幻灯片的切换效果设置。

图 6–27　为过渡幻灯片添加切换动画

3. 放映与导出

① 单击“放映”选项卡→“放映设置”选项，在弹出的“设置放映方式”对话框的“放映选项”组中选择“循环放映，按 Esc 键终止”复选框，如图 6–28 所示。

② 单击“文件”选项卡→“文件打包”选项→“将演示文档打包成文件夹”选项。在对话框中输入文件夹名称，选择相应位置后，单击“确定”按钮，完成演示文件打包，如图 6–29 所示。

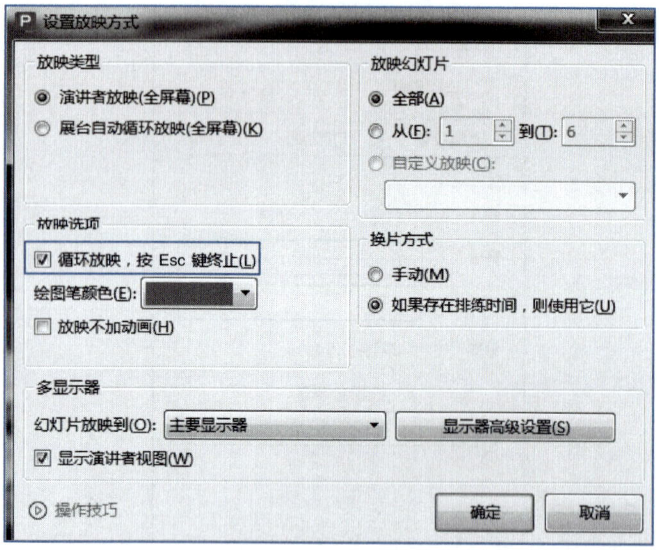

图 6–28　放映设置

图 6–29　演示文件打包

任务 6.3　AI 助手在演示文稿中的应用

任务描述

本任务旨在探索并实践 WPS Office 的 AI 助手在演示文稿中的具体应用，通过利用 AI 助手的功能，实现演示文稿智能创作。

知识准备

1. 启用 AI 助手

方法一：选择 WPS 新建页→“智能创作”选项，如图 6–30 所示。

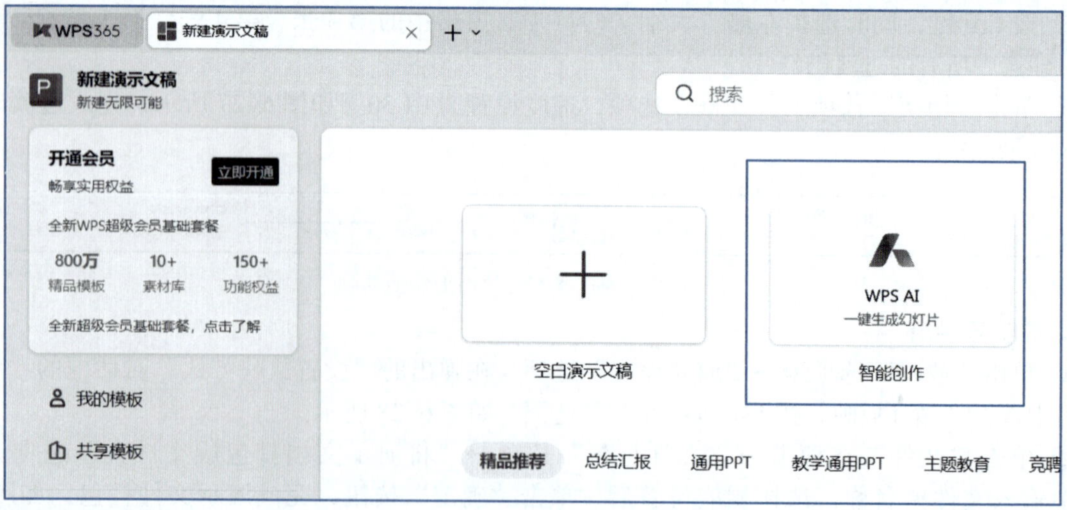

图 6–30　启用 AI 助手

方法二：单击菜单栏中的“WPS AI”选项卡，在下拉列表中选择“AI 生成 PPT”→“主题生成 PPT”，弹出“AI 生成 PPT”对话框，如图 6-31 所示。

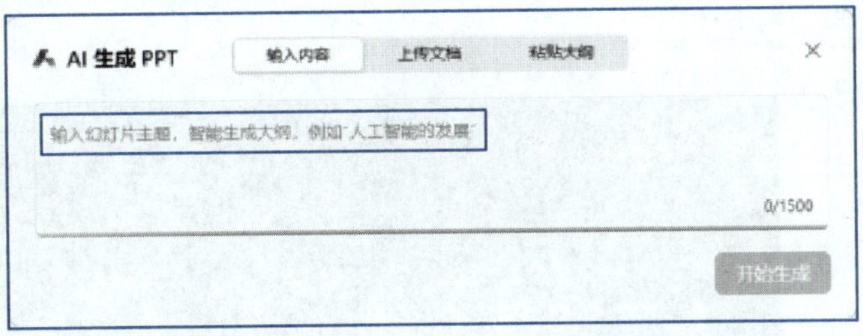

图 6-31 “AI 生成 PPT”对话框

2. AI 助手应用

（1）应用 AI 助手一键生成 PPT

① WPS AI 可以根据输入的幻灯片主题或已有大纲一键生成幻灯片。用户可以根据需要选择幻灯片的篇幅（有短篇、中篇、长篇 3 个选项供选择）。如果只希望根据主题生成幻灯片大纲框架的话，不需要选中“含正文页内容”复选框，如图 6-32 所示。

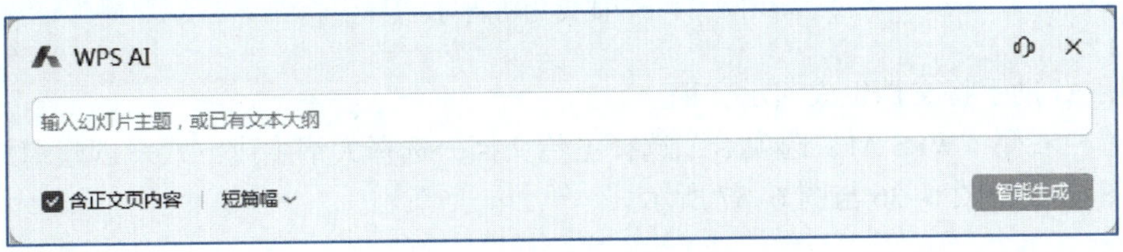

图 6-32 “WPS AI”对话框

② 输入完成后，单击“智能生成”按钮，在生成的预览对话框中，可以对 WPS AI 生成的内容进行修改，确认后单击“立即创建”按钮，即可一键生成幻灯片，如图 6-33 所示。

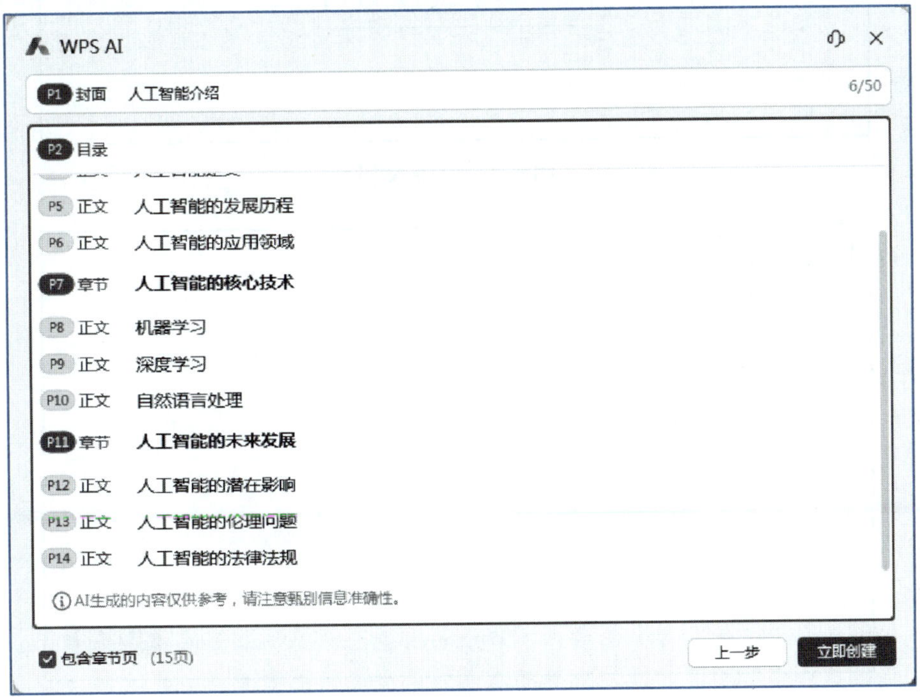

图 6-33 预览对话框

③ 后续可以利用底部的智能美化功能和右侧的工具栏进行演示文稿的美化，如图 6-34 所示。

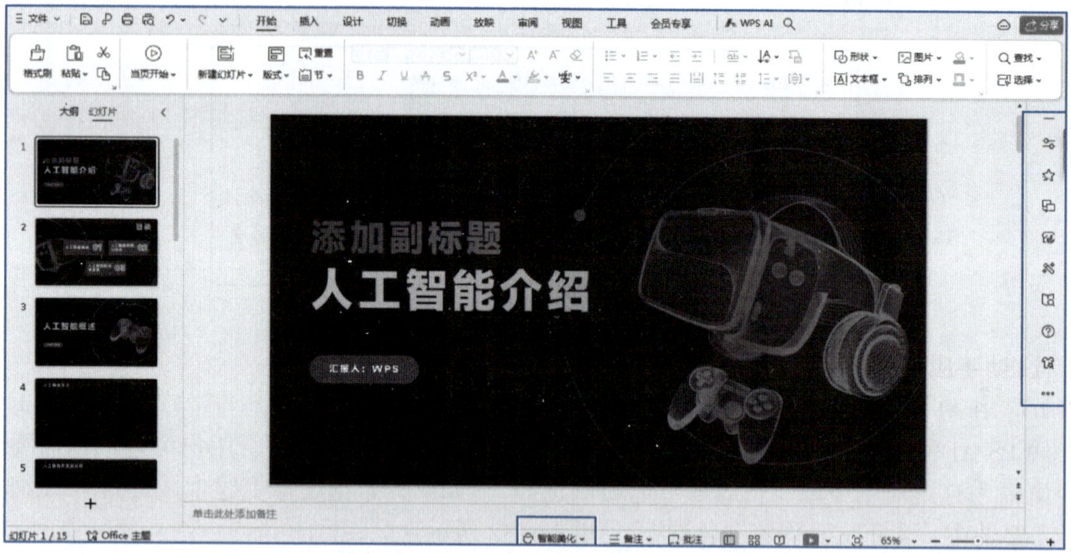

图 6-34　智能美化功能与工具栏

（2）应用 AI 助手将文档生成演示文稿

单击菜单栏右侧“WPS AI”选项卡，选择上传文档→选择大纲生成方式→创建幻灯片→生成演示文稿，如图 6-35、图 6-36 与图 6-37 所示。

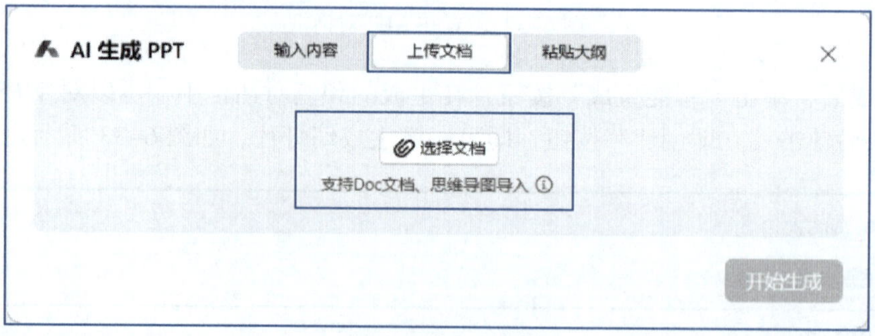

图 6-35　上传文档

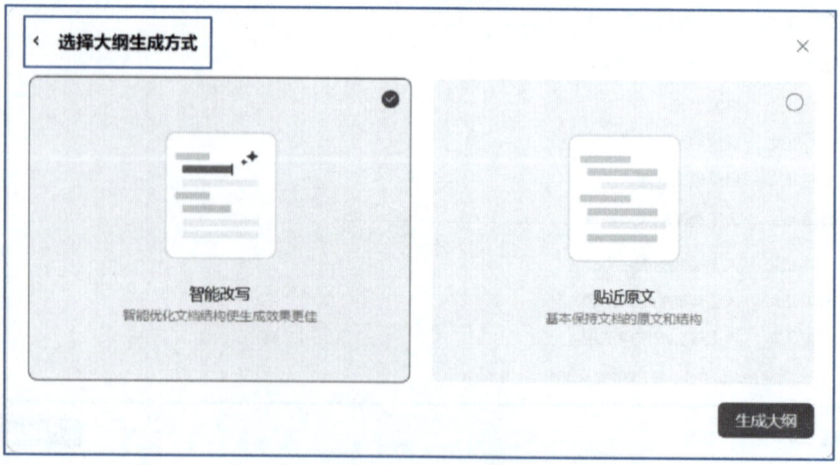

图 6-36　选择大纲生成方式

图 6–37　创建幻灯片

（3）AI 帮我写

运用“AI 帮我写”功能，智能生成插入幻灯片的内容，如图 6–38、图 6–39 所示。

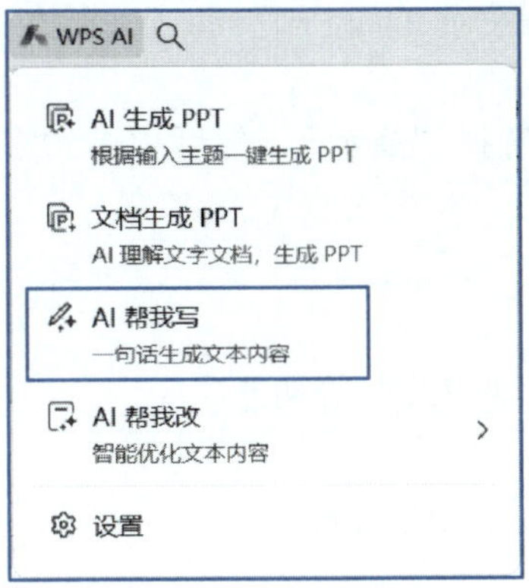

图 6–38　选择“AI 帮我写”

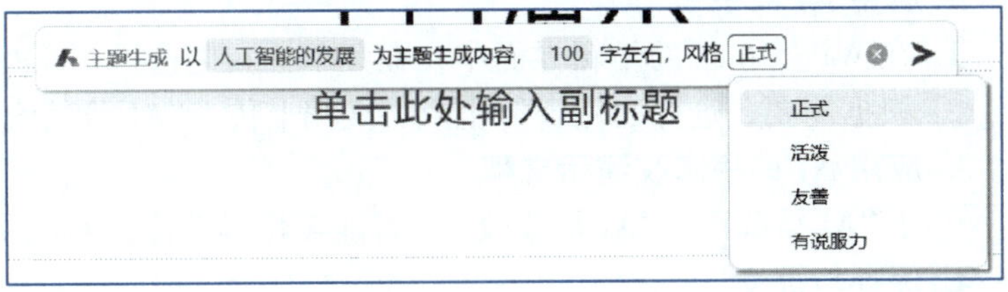

图 6–39　设置文本风格

（4）AI 帮我改

运用“AI 帮我改”功能，智能修改幻灯片内容，如图 6–40、图 6–41 所示。

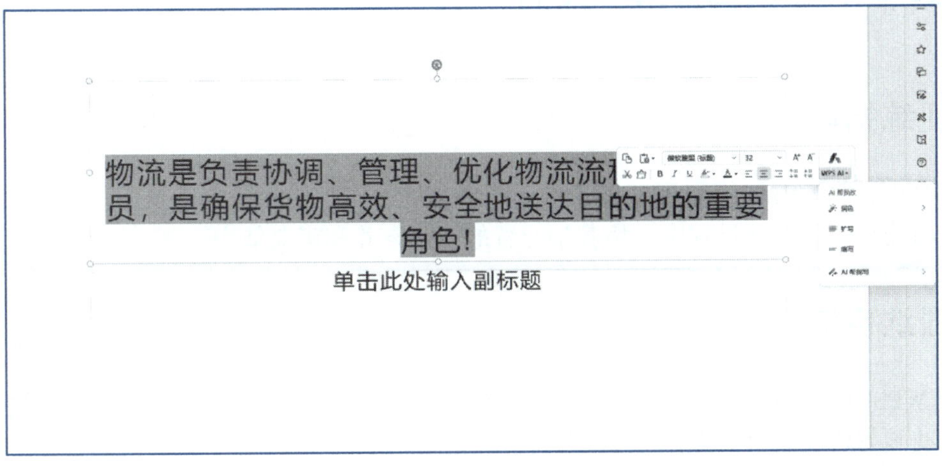

图 6–40　选择“AI 帮我改”

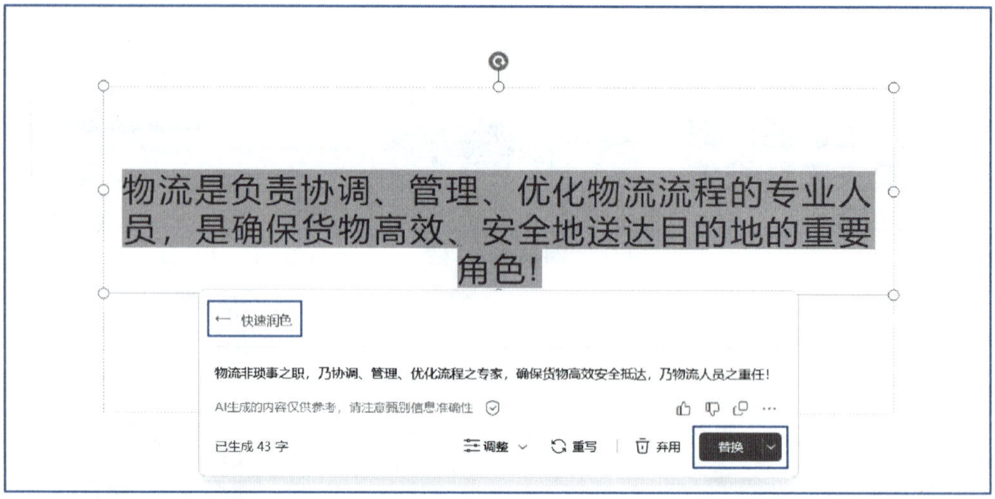

图 6-41　快速润色

任务实施

1. 创建文档

① 打开计算机，启动 WPS Office 软件。

② 在 WPS Office 主界面，单击“新建”按钮，在弹出的窗口中选择“演示”，然后单击“空白演示文稿”，创建一个新的演示文稿。

2. 启用 AI 助手

① 在 WPS Office 的编辑界面中，在菜单栏右侧选择“WPS AI”。

② 根据需要，选择启用智能生成、文档上传、“AI 帮我读”“AI 帮我改”等功能。

3. 应用 AI 助手修改演示文稿

利用“AI 帮我读”“AI 帮我改”、智能美化等功能，对演示文稿进行编辑修改。

4. 保存与提交

在演示文稿编辑完成后，使用快捷键 Ctrl+S 或单击快速访问工具栏上的“保存”按钮，保存文档至指定位置。

拓展训练：制作企业简介演示文稿

训练描述

在本训练中，将学习如何利用 WPS Office 演示文稿的核心功能与应用技巧，完成企业简介演示文稿的制作与美化，并在此过程中，培养学习者的专业素养和审美能力。

训练目标

- 掌握 WPS Office 演示文稿的插入图形，导入文本，插入音频、视频，设置超链接，设置应用母版，设置动画与切换效果等操作；
- 了解“WPS AI”助手的高级应用。

训练实施

1. 在企业简介演示文稿中插入图形和图片

① 打开“企业简介（素材）.dps”文档。

② 单击第 1 张幻灯片，即封面幻灯片，单击“插入”选项卡→“形状”下拉按钮，在下拉列表的“基本形状”中选择“椭圆”按钮，此时光标变成“+”形状，按下“Shif”键的同时拖曳鼠标，在大圆环图中插入一个圆形，单击“绘图工具”选项卡，在“大小和位置”命令组中，输入高度为 5 厘米，宽度为 5 厘米，如图 6–42 所示。

图 6–42 绘制圆形

③ 选择刚插入的圆形，右击→“填充图片”选项的右箭头按钮→“本地图片”选项，在弹出的“填充图片”对话框中，选择“1.png”文件，在圆形中填充图片。

④ 单击“插入”选项卡→“图片”下拉按钮→“本地图片”选项，在弹出的对话框中，选择“科大讯飞 .png”图片，单击“打开”按钮，调整图片大小并将其移动至小圆环中，如图 6–43 所示。

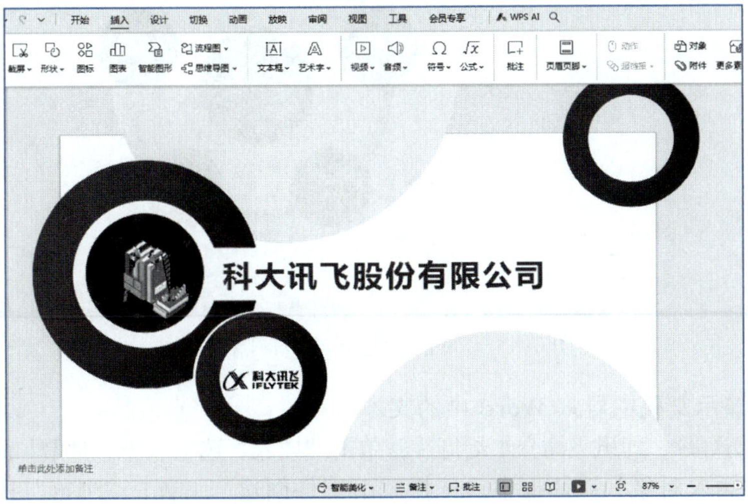

图 6–43 封面幻灯片效果图

⑤ 单击第 2 张幻灯片，即目录幻灯片，在大圆环中插入“科大讯飞 .png”图片，如图 6–44 所示。

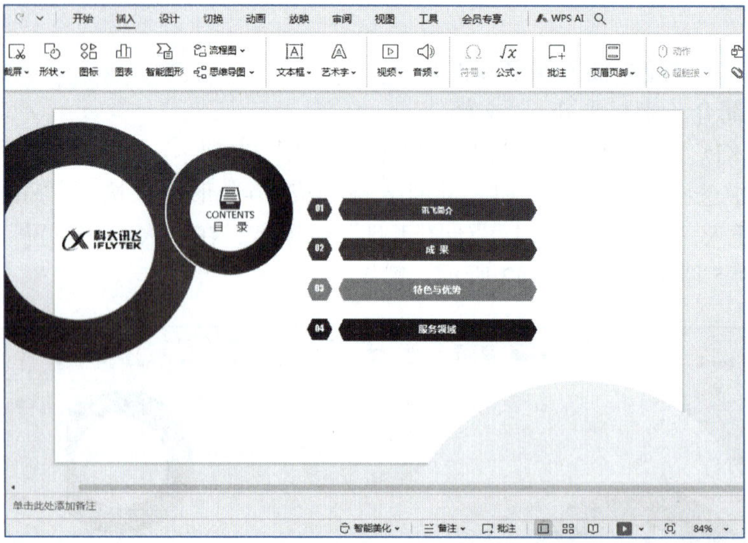

图 6–44 目录幻灯片效果图

⑥ 选择第 7 张幻灯片，单击“插入”选项卡→“智能图形”→“SmartArt”选项卡→“列表”→“射线循环”。

⑦ 选中“射线循环”SmartArt 图形，单击工具栏左侧“添加项目”按钮，增添一个圆形文本框，单击每个圆形上的文本框，分别输入“特色与优势”“语音识别”“语音合成”“内容安全”“自然语言处理”“机器翻译”，周围圆形的文字设置为“微软雅黑”、12 磅，中间圆形的文字设置为“微软雅黑”、14 磅、加粗。调整“射线循环”图形至合适大小，如图 6–45 所示。

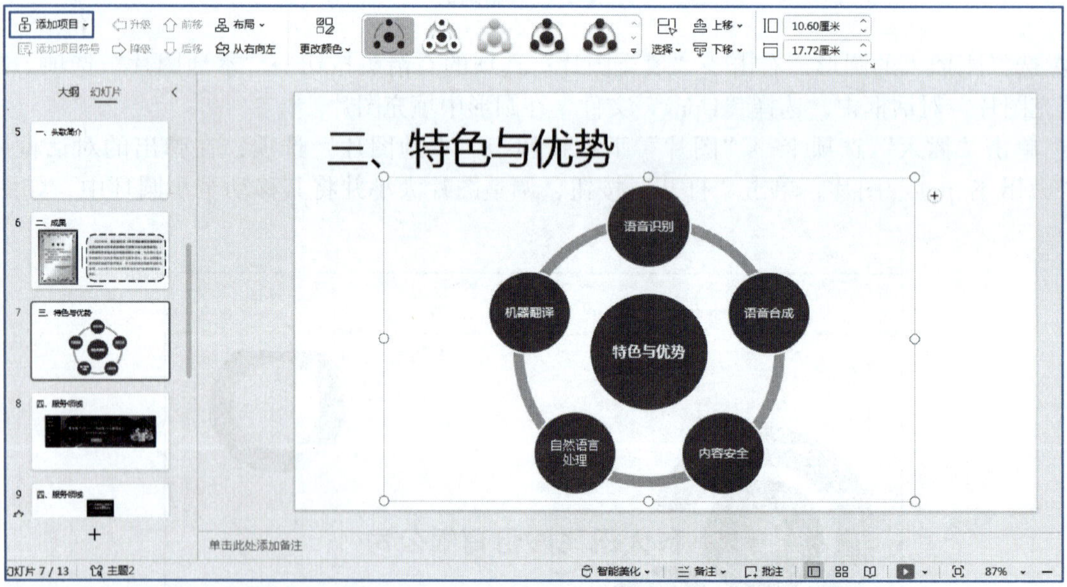

图 6–45 “特色与优势”幻灯片效果图

2. 在企业简介演示文稿中导入 Word 中的文本

① 选择第 4 张幻灯片，即讯飞简介 1 幻灯片，单击“插入”选项卡→“对象”命令按钮。

② 在弹出的“插入对象”对话框中，选择“由文件创建”，单击“浏览”按钮，选择“讯飞简介 .docx”文档，如图 6–46 所示，单击“确定”按钮。

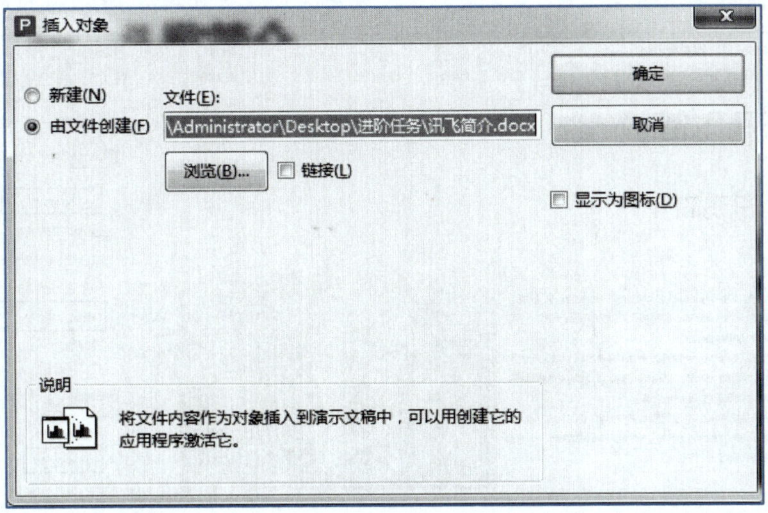

图 6-46　“插入对象”对话框

③ 调整导入的 Word 文本的文本框至合适大小，如果需要编辑文本的内容，只需双击文本，即可进入 Word 文本编辑状态，如图 6-47 所示。

图 6-47　进入 Word 文本的编辑状态

④ 双击文本框周边空白处，即可退出 Word 编辑状态。

⑤ 选择文本框，单击“图片工具”选项卡→“边框”下拉按钮→“更多设置”选项，在窗格的“填充”组选择“纯色填充”，颜色选择“白色，背景 1，深色 5%”；“线条”组选择实线，颜色选择“白色，背景 1，深色 25%”，短划线类型选择“短划线”，如图 6-48 所示。

3. 在企业简介演示文稿中插入音频

① 选择封面幻灯片，单击“插入”选项卡→“音频”下拉按钮→“嵌入音频”选项，在弹出的“插入音频”对话框中选择“Star　Sky.mp3”音频文件，单击“打开”按钮。

② 在封面幻灯片中出现一个小喇叭和播放控制条，将它们移动至幻灯片右下角。

③ 单击播放控制条上左侧的“播放 / 暂停”按钮，即可播放或暂停播放声音。

④ 选择小喇叭图标，单击“音频工具”选项卡→“开始”下面的下拉按钮→“自动”选项，则在放映演示文稿时自动播放音乐。

图 6-48　讯飞简介 1 幻灯片效果图

⑤ 单击“音频工具”选项卡，勾选“放映时隐藏”复选框，即可在放映演示文稿时隐藏小喇叭的图标。选择“跨幻灯片播放”，选择“循环播放，直至停止”复选框，如图 6-49 所示。

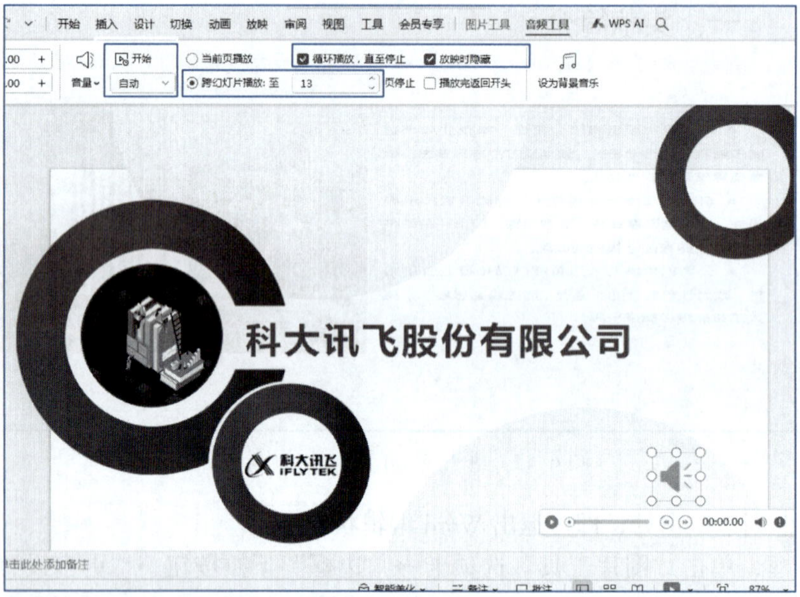

图 6-49　插入音频

4. 在企业简介演示文稿中插入视频

① 选择第 5 张幻灯片，即讯飞简介 2 幻灯片，单击“插入”选项卡→“视频”命令按钮，在弹出的“嵌入视频”对话框中，选择“科大讯飞介绍”视频文件，单击“打开”按钮，即插入了视频文件。

② 选中视频，调整其大小至合适位置。单击视频下方的播放按钮即可进行播放。

③ 选中视频，单击“视频工具”选项卡→“视频封面”下拉按钮，选择合适的封面样式，如图 6-50 所示。

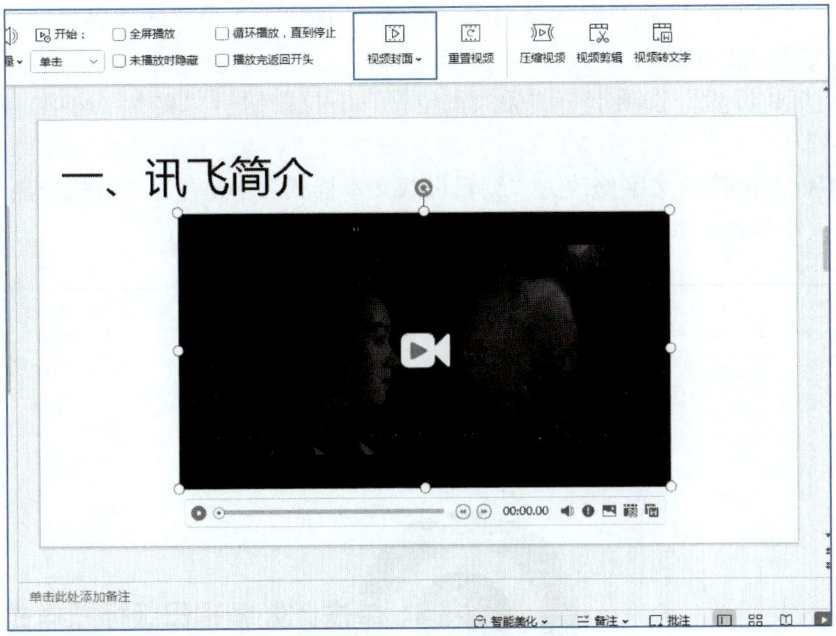

图 6–50　插入视频

5. 母版的编辑与应用

在前面制作的“企业简介 .dps”演示文稿中，有一些幻灯片的信息和元素是相同的，为了保持整体风格的一致和节约制作时间，可以应用幻灯片母版功能来制作演示文稿。

将“企业简介 .dps”演示文稿的所有过渡幻灯片设计成与第 3 张幻灯片一致的风格。

① 在左侧的“大纲 / 幻灯片”窗格中，选择第 3 张幻灯片，用鼠标拖曳全选这张幻灯片中的内容，然后按 Ctrl+C 快捷键复制。

② 单击“视图”选项卡→“幻灯片母版”按钮，进入幻灯片母版编辑状态。

③ 将光标定位在左侧“幻灯片版式”窗格中的第 1 张主版式的后面，单击“幻灯片母版”选项卡的“插入版式”按钮，在第 1 张主版式后面新建一张版式，在编辑区按 Ctrl+V 快捷键粘贴，把第 3 张幻灯片的内容复制到幻灯片母版新建的版式中来，如图 6–51 所示。

图 6–51　在幻灯片母版中新建版式图

④ 将母版上的文本框移动至圆环缺口处，设置文本框文字为“微软雅黑”、28 磅、左对齐，删除带有“01”文字的文本框。

⑤ 单击“幻灯片母版”选项卡→“插入占位符”下拉按钮→“文本”选项，将插入的文本框占位符移动至小圆环中。

⑥ 将该文本框占位符的文字修改为“编辑母版文本样式”，设置为“微软雅黑”、28 磅、左对齐，调整文本框大小位置，如图 6–52 所示。

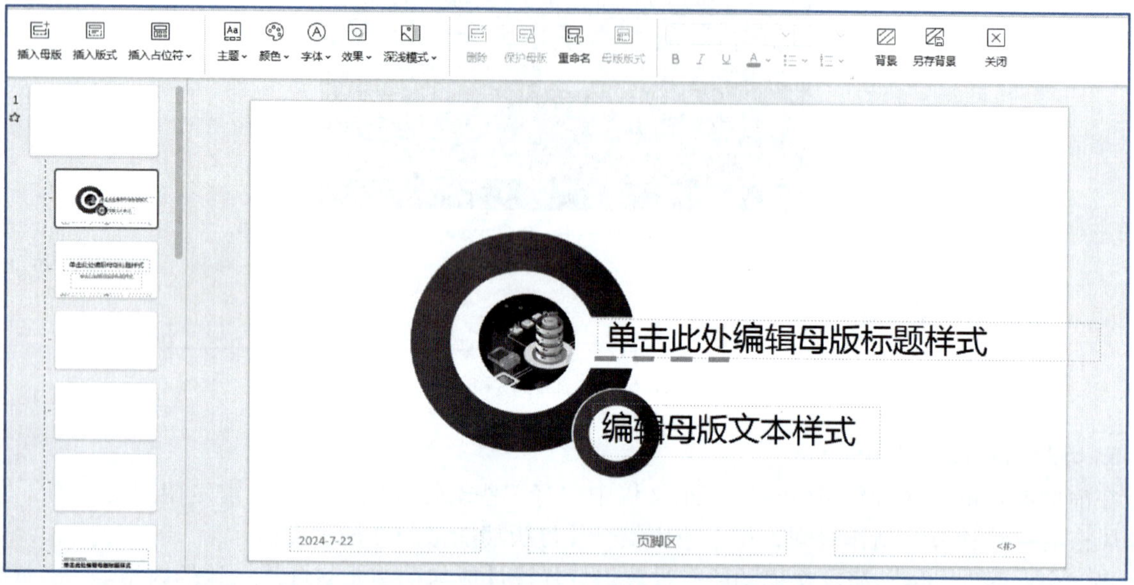

图 6–52　在幻灯片母版中设置文字

⑦ 在左侧“幻灯片版式”窗格中，右击本张版式，在弹出的快捷菜单中选择“重命名版式”命令，在弹出的“重命名”对话框的“名称”文本框中，输入文字“过渡幻灯片”，如图 6–53 所示。这样就新建了一个“过渡幻灯片”版式。

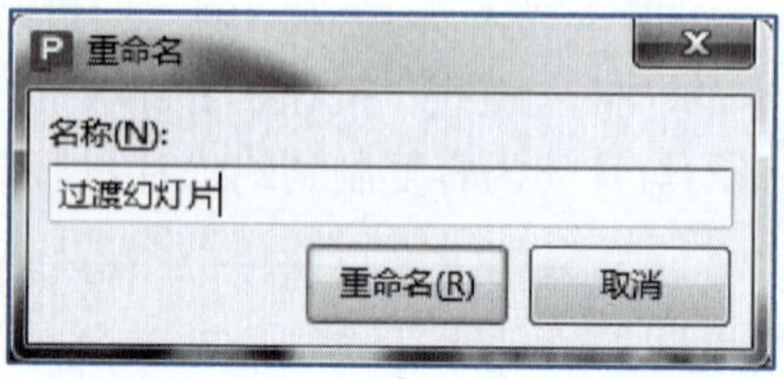

图 6–53　幻灯片母版版式重命名

⑧ 单击“幻灯片母版”选项卡→“关闭”按钮，关闭幻灯片母版。

⑨ 选择左侧“大纲 / 幻灯片”窗格的第 3 张幻灯片，即讯飞简介幻灯片，单击“开始”选项卡→“新建幻灯片”命令按钮，在弹出的界面里，选择“版式”选项卡，选择新建的“过渡幻灯片”版式选项，如图 6–54 所示。

⑩ 删除原来的第 3 张幻灯片，在新的第 3 张幻灯片的编辑区上，在“单击此处添加标题”文本框中输入“讯飞简介”，在“编辑母版文本样式”文本框中输入“01”，即创建了一张过渡幻灯片。

⑪ 将光标移动至左侧“大纲 / 幻灯片”窗格的第 6 张幻灯片前，即将光标定位在第 5 张幻灯片和第 6 张幻灯片之间，单击“开始”选项卡→“新建幻灯片”下拉按钮→“版式”→“过渡幻灯片”选项，在新建的过渡幻灯片的两个文本框中分别输入“成果”“02”。这样就创建了“02 成果”过渡幻灯片。

⑫ 分别在“特色与优势”幻灯片、“服务领域”幻灯片的前面按照步骤⑪创建“03 特色与优势”过渡幻灯片、“04 服务领域”过渡幻灯片。所有过渡幻灯片都应用“过渡幻灯片”版式。

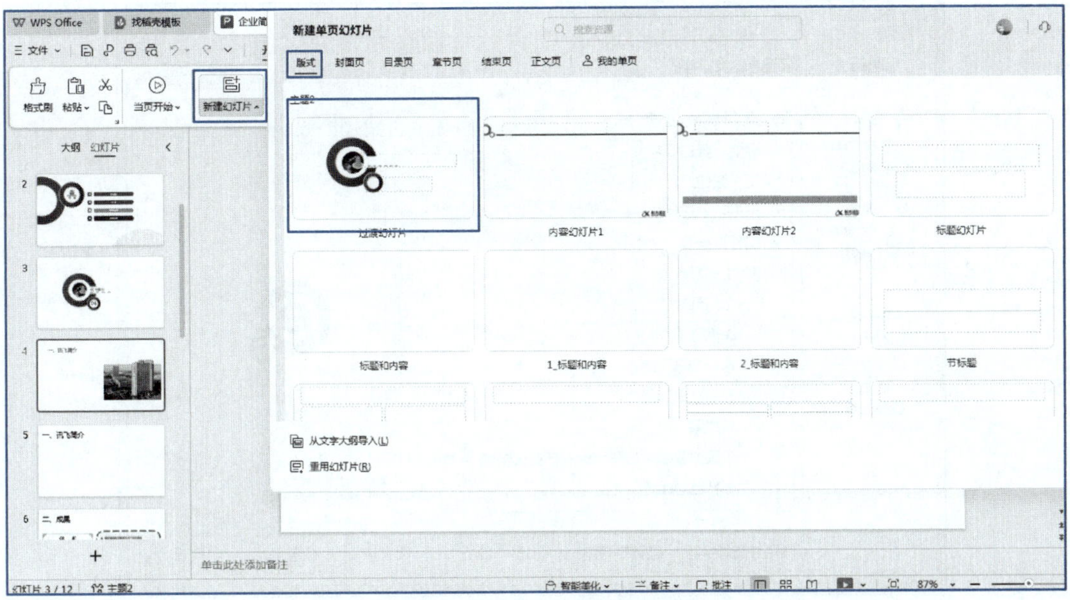

图 6–54　应用过渡幻灯片

6. 应用已建好的“内容幻灯片 1”的版式来制作内容幻灯片

按 Ctrl 键，同时选择左侧“大纲 / 幻灯片”窗格的第 4 张、第 5 张、第 7 张、第 9 张幻灯片，单击“开始”选项卡→“版式”下拉按钮→“内容幻灯片 1”选项，将这 5 张幻灯片都设置成“内容幻灯片 1”版式。

7. 应用已建好的“内容幻灯片 2”的版式来制作内容幻灯片

① 按 Ctrl 键，同时单击左侧“大纲 / 幻灯片”窗格的第 11 张、第 12 张、第 13 张、第 14 张幻灯片，即 4 张服务领域的幻灯片，单击“开始”选项卡→“版式”下拉按钮→“内容幻灯片 2”选项，将这 4 张幻灯片设置成“内容幻灯片 2”版式。

② 在第 11 张幻灯片的文本框中输入“智慧医疗”，在第 12 张幻灯片的文本框中输入“智慧城市”，在第 13 张幻灯片的文本框中输入“智慧营销”，在第 14 张幻灯片的文本框中输入“智慧家庭”，效果如图 6–55 所示。

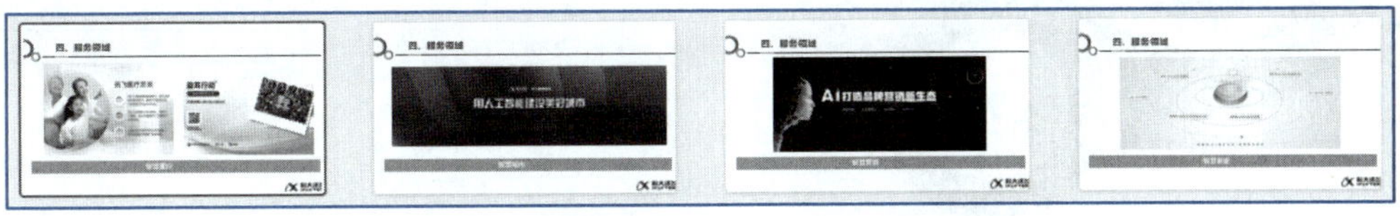

图 6–55　应用“内容幻灯片 2”版式效果图

8. 在企业简介演示文稿中设置超链接

① 选择左侧“大纲 / 幻灯片”窗格中的第 2 张幻灯片，即目录幻灯片。

② 选中“讯飞简介”目录项，右击，在弹出的快捷菜单中选择“超链接”命令。

③ 在弹出的“编辑超链接”对话框中，单击左侧的“链接到”列表的“本文档中的位置”→“请选择文档中的位置”列表的“3. 讯飞简介”选项，如图 6–56 所示。

④ 将目录幻灯片的其他目录项的超链接设置好，分别链接到第 6 张、第 8 张、第 10 张幻灯片。

9. 动画的设置与应用

① 打开“企业简介 .dps”文档，选择左侧“大纲 / 幻灯片”窗格中的第 1 张幻灯片，即封面幻灯片。

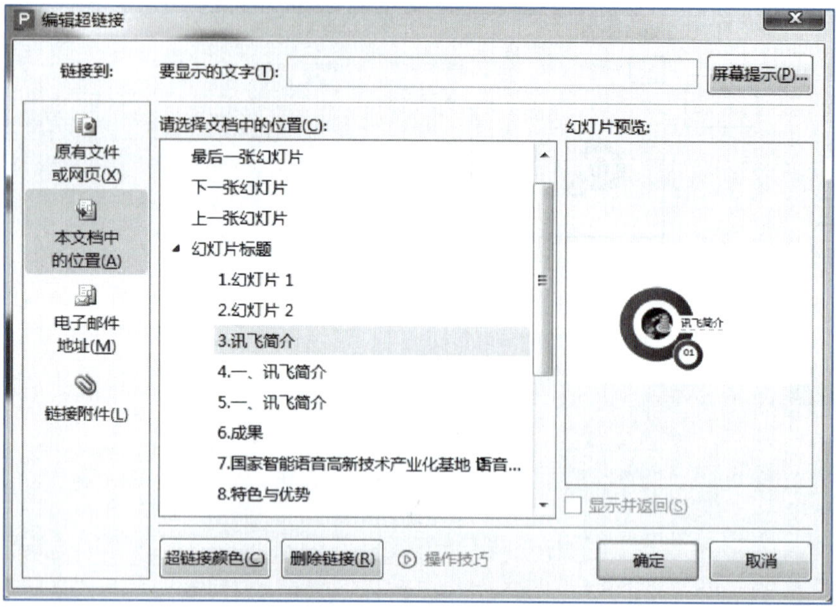

图 6-56 “编辑超链接”对话框

② 单击“动画”选项卡→“动画窗格”命令按钮，在编辑区右侧出现“动画窗格”。

③ 选择幻灯片中上面的浅蓝色大圆，在右侧“动画窗格”中点击“添加动画”按钮，选择“进入”选项组中的“飞入”选项。

④ 单击“开始”后面的下拉按钮，在下拉列表中选择“与上一动画同时”选项。

⑤ 单击“方向”后面的下拉按钮，在下拉列表中选择“自顶部”选项，如图 6-57 所示。

图 6-57 设置上圆动画效果

⑥ 选择幻灯片中下面的浅蓝色大圆，在右侧“动画窗格”中单击“添加动画”按钮，选择“进入”选项组中的“飞入”选项。

⑦ 单击“开始”后面的下拉按钮，在下拉列表中选择“与上一动画同时”选项；单击“方向”后面的下拉按钮，在下拉列表中选择“自底部”选项。

⑧ 选择幻灯片中的“科大讯飞股份有限公司”文本框，在右侧“动画窗格”点击“添加动画”按钮，选择“进入”选项组右下角“更多选项”→“棋盘”选项。

⑨ 单击“开始”后面的下拉按钮，在下拉列表中选择“在上一动画之后”选项；单击“方向”后面的下拉按钮，在下拉列表中选择“下”选项。

⑩ 单击“速度”后面的下拉按钮，在下拉列表中选择“快速（1 秒）”选项，如图 6–58 所示。

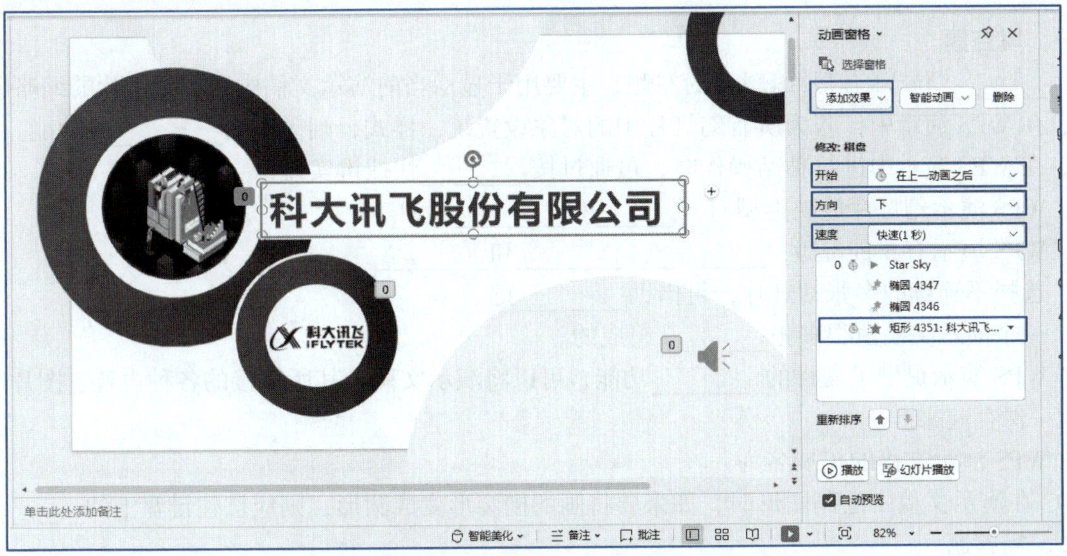

图 6–58　设置下圆动画效果

10. 应用切换效果

① 选择左侧“大纲 / 幻灯片”窗格中的第 2 张幻灯片，即目录幻灯片。

② 单击“切换”选项卡→在效果的下拉列表中选择“推出”选项，完成目录幻灯片切换效果的设置。

③ 按 Ctrl 键，同时单击左侧“大纲 / 幻灯片”窗格中的第 3 张、第 6 张、第 8 张、第 10 张幻灯片，即选中所有的过渡幻灯片。

④ 单击“切换”选项卡→在下拉列表中选择“淡出”选项，完成过渡幻灯片的切换效果设置。

⑤ 按下 Ctrl 键，同时选择左侧“大纲 / 幻灯片”窗格中的第 4 张、第 5 张、第 7 张、第 9 张、第 11 张、第 12 张、第 13 张、第 14 张幻灯片，即选中所有的内容幻灯片。

⑥ 单击“切换”选项卡→在下拉列表中选择“框”选项，完成内容幻灯片的切换效果设置。

11. 应用 AI 助手

企业简介演示文稿制作完成后，可以运用 WPS AI 助手对文稿进行智能美化润色。

项 目 小 结

通过本项目的学习与实践，学生不仅深入掌握了演示文稿的核心知识与技能，包括设置幻灯片版式、背景，插入图形，添加并定义项目符号、编号，设置母版，设置动画与切换等技巧，还学会了如何将呆板的演示文稿变得生动灵活。同时，本项目在实施过程中也培养了学生的视觉艺术感，发扬了传统文化之美。

项目练习

一、填空题

1. ________位于幻灯片编辑区的左侧，主要用于显示当前演示文稿中所有幻灯片的缩略图。
2. 在 WPS 演示中，若为所有幻灯片中的对象设置统一样式，则需应用________的功能。
3. 在 WPS 演示中进行粘贴操作时，可通过按________快捷键实现。
4. WPS 演示幻灯片放映类型有________和________两种。
5. WPS 演示有 3 种母版：________、________和________。
6. 选择不连续的多张幻灯片，可借助________键。
7. 一个演示文稿由很多张________组成的。
8. WPS 演示提供了文件的________功能，可以将演示文稿、其所链接的各种声音、图片等外部文件统一保存起来。
9. WPS 演示文稿的扩展名为________。
10. 在演示文稿中绘制图形时，如果要将画的椭圆形变成圆形，则应按住键盘上的________键。

二、简答题

1. 如何在 WPS 演示文稿中设置排练计时？
2. WPS 演示文稿中母版的作用是什么？
3. 如何打包 WPS 演示文稿？
4. 如何给 WPS 演示文稿的幻灯片设置切换动画？
5. 如何给 WPS 演示文稿的文本设置超链接？

三、操作题

1. 请设计并制作主题为“我的家乡”的 WPS 演示文稿。
2. 请用 WPS AI 制作一份以“我的职业生涯规划”为主题的演示文稿。

项目 7　AI 开发语言 Python 编程

项目描述

本项目将学习 Python 编程语言及其在 AI 开发中的应用，主要包括 Python 编程基础、常见 AI 库的使用方法及简单 AI 应用实例。通过实践案例，学生能够掌握数据处理的基本技巧，能够应用 Python 进行简单的 AI 项目开发。

学习目标

- **知识目标**

◎ 学会 Python 程序设计的基本语法
◎ 学会使用顺序、条件、循环三大流程语句
◎ 学会使用列表、元组、集合和字典等组合数据类型
◎ 学会 Matplotlib 的安装、图例的设置、折线图的绘制

- **技能目标**

◎ 掌握 Python 程序设计的基本语法，包括变量、数据类型、运算符等的使用
◎ 能够使用顺序、条件、循环等流程控制语句解决问题
◎ 理解和应用列表、元组、集合和字典等组合数据类型来存储和操作数据
◎ 熟练使用 Matplotlib 库进行基本的数据可视化，绘制折线图

- **素养目标**

◎ 具备良好的编程习惯和逻辑思维能力，在解决问题时能够清晰地分析和设计算法
◎ 能够独立思考和解决简单的编程和数据处理问题，提升自主学习能力
◎ 具备团队合作和沟通能力，在小组项目中能够有效地协作和交流
◎ 具备基本的科学研究精神和数据分析能力，能够从数据中提取有用的信息并作出推断

任务 7.1　Python 开发环境搭建

任务描述

Python 是人工智能领域中最常用的编程语言，适用于数据科学、机器学习和深度学习等领域。使用 Python 来编写程序，需要一个编辑、编译和运行的开发环境，本任务通过官网下载安装程序来

搭建开发环境。

知识准备

Python 是一种面向对象的解释型高级计算机程序设计语言，是免费开源跨平台的脚本语言，功能强大且语法简单。自 1991 年问世以来，Python 语言一直备受广大程序开发人员的喜爱。在 2024 年 6 月公布的 TIOBE 编程语言排行榜中，Python 语言位居榜首，占比 15.39%。由此可见，Python 已经成为目前最为流行的编程语言之一。

1. Python 语言简介

Python 的创始人是荷兰国家数学与计算机科学研究中心的吉多·范·罗苏姆（Guido van Rossum）。Python 在 1991 年发布了第一个版本，自此不断更新和增加新功能，逐渐成为一种流行和广泛使用的语言。

2008 年至今，Python 进行了一些重大的改变和优化，如移除旧式特性、统一文本和二进制数据模型、增加类型注解、异步编程支持等。截至 2024 年 7 月，Python 3.12.4 是最新的稳定版本。

随着大数据与人工智能的兴起，Python 社区逐渐壮大，涌现出大量优秀的第三方库和框架，在数据科学、机器学习和深度学习等领域的应用越来越广泛。未来 Python 将迎来新的更大发展。

2. Python 的特点

Python 语言秉承着“简单、明确、优雅”的设计理念，具有以下主要特点。

① Python 是免费开源的自由软件 Python 是 FLOSS（自由 / 开放源码软件）之一，遵循 GPL（通用公共许可）协议，使用者可以自由地发布这个软件的副本，阅读它的源代码，对它做改动，将它的一部分用于新的自由软件。

② Python 是面向对象的高级语言。Python 既支持面向过程编程，也支持面向对象编程。面向过程的编程基于“算法 + 过程”理念，面向对象编程（Object-Oriented Programming，OOP）是高级程序设计语言的一个重要特征。Python 具有多态、运算符重载、继承与多重继承等面向对象编程的主要特征。

③ Python 是具有良好跨平台性的语言。由于 Python 的开源本质，其已经被移植到许多平台上，包括 Linux、Windows、Android、macOS 和 FreeBSD 等。

④ Python 数据类型丰富。Python 提供了丰富的数据类型，包括数值类型（整型、浮点型、复数型、布尔型）、序列类型（字符串、列表、元组、集合、字典）、文件类型和空值类型。利用丰富的数据类型可以有效地组织、管理和处理数据。

⑤ Python 是简单易学、功能强大的语言。Python 语言的设计理念是“简单、明确、优雅”，因此其语法结构相对简单，没有太多的细节要求，比如变量无须声明可直接赋值使用，同一变量可以指向不同类型的数据。函数、模块或程序没有严格的分界符，使用缩进格式，使程序代码更加简洁，学习者更容易掌握。Python 具有动态数据类型、自动内存管理、大型程序支持、内置数据结构、内置标准库和第三方工具集成等功能，可以开发各种类型的应用程序，如 GUI 程序、爬虫程序、3D 游戏、Web 网页、机器学习程序等。

⑥ Python 是可扩展性高的语言。Python 语言被称为胶水语言，在 Python 中可以将使用各种语言编写的模块轻松地连接到一起。比如在一些对性能要求特别高的模块中，可以使用 C 或 Java 来编写，然后将其封装成 Python 可调用的类库，有效地增强 Python 语言的可扩展性。

3. Python 在 AI 开发中的应用

人工智能（AI）作为当今科技领域的热门话题，正在改变着人们的生活和工作方式。Python 作为一种通用编程语言，以其简洁易读、功能强大和丰富的库资源，成为人工智能领域中的重要工具。Python 在人工智能领域的应用十分广泛，包括自然语言处理、图像识别、语音识别、机器学习、数据科学等方面。

（1）自然语言处理（NLP）

Python 在 NLP 领域有着丰富的应用，如文本分类、情感分析、机器翻译等。这主要得益于 Python 中的 NLTK（Natural Language Toolkit）和 Spacy 等库，它们提供了丰富的自然语言处理工具和算法，开发者可以轻松地处理和分析文本数据。

（2）图像识别

Python 在图像识别领域也发挥着重要作用。通过 OpenCV 和 Pillow 等库，开发者可以实现图像预处理、特征提取和模型训练等任务。结合深度学习的方法，如卷积神经网络（CNN），可以实现图像的高精度分类和识别，这在医疗影像诊断、自动驾驶和安防等领域中具有广泛的应用前景。

（3）语音识别

Python 在语音识别领域也有着广泛的应用。利用 Python 的库，如 Librosa 和 Kaldi，开发者可以实现音频信号处理、语音特征提取和语音识别等功能。语音识别技术可以用于智能助手、语音搜索和语音交互等领域。

（4）机器学习

Python 的机器学习库，如 Scikit-learn 和 TensorFlow 等，为开发者提供了丰富的算法和工具，这些库不仅包含了各种经典的机器学习算法，还提供了方便的模型训练和评估工具，使得开发者可以更加高效地构建和部署机器学习模型。

（5）数据科学

Python 的数据处理和分析库，如 Pandas 和 Matplotlib 等，使得 AI 开发者可以轻松处理和分析海量数据，发现其中的模式和趋势，从而支持决策和进行预测。

4. Python 常用开发工具

使用 Python 开发应用程序，首先要搭建 Python 开发环境，包括 Python 的解释器与编辑程序的 IDE 工具。Python 的开发工具有许多，Python 安装后自带一个命令行交互式工具与小型 IDE 程序，功能比较弱，可以在此基础上搭配第三方 IDE 开发工具。

（1）Python 自带开发环境

用户可以登录 Python 官网直接下载其安装程序包。目前 Python 最新的版本是 Python 3.12，它包含了许多新功能和优化。与以前的版本相比较，Python 3.12 支持更灵活的字符串解析，支持 Python 代码中的缓冲区协议，增加了新的调试 / 分析 API，支持具有单独的全局解释器锁的隔离子解释器、改进了错误消息。

（2）PyCharm 开发环境

目前比较流行的开发环境是 PyCharm，它是一种专门为 Python 开发的 IDE，带有一套可以帮助用户提高效率的工具，在智能提示、自动完善、语法高亮、程序调试、单元测试、代码跳转、项目管理等方面具有很强的优势。可以登录 PyCharm 官网下载免费的 PyCharm Community 版本，虽然功能不及收费的专业版强大，但对于初学的开发者来说其功能已经足够。

（3）Anaconda 开发环境

Anaconda 是另一个比较流行的 Python 开发环境，该平台程序比较庞大，功能十分强大，其自带 Python 解释器。Anaconda 安装完成后自动安装了 Python，同时还自带了一个功能强大的 IDE 开发工具 Spyder。Anaconda 最大的优势在于可以帮助用户安装 Python 的各类开发库，使得 Python 的开发变得十分方便和高效。可以登录官网下载 Anaconda。

任务实施

1. Python 的下载与安装

① 在 Python 的官方网站首页中单击导航栏中的 Downloads 按钮，可以显示 Python 下载界面，如图 7–1 所示。网站会自动检测用户的操作系统类型，图中显示当前最新的版本为 Python 3.12.4，单击“Download Python 3.12.4”按钮即可下载安装程序。

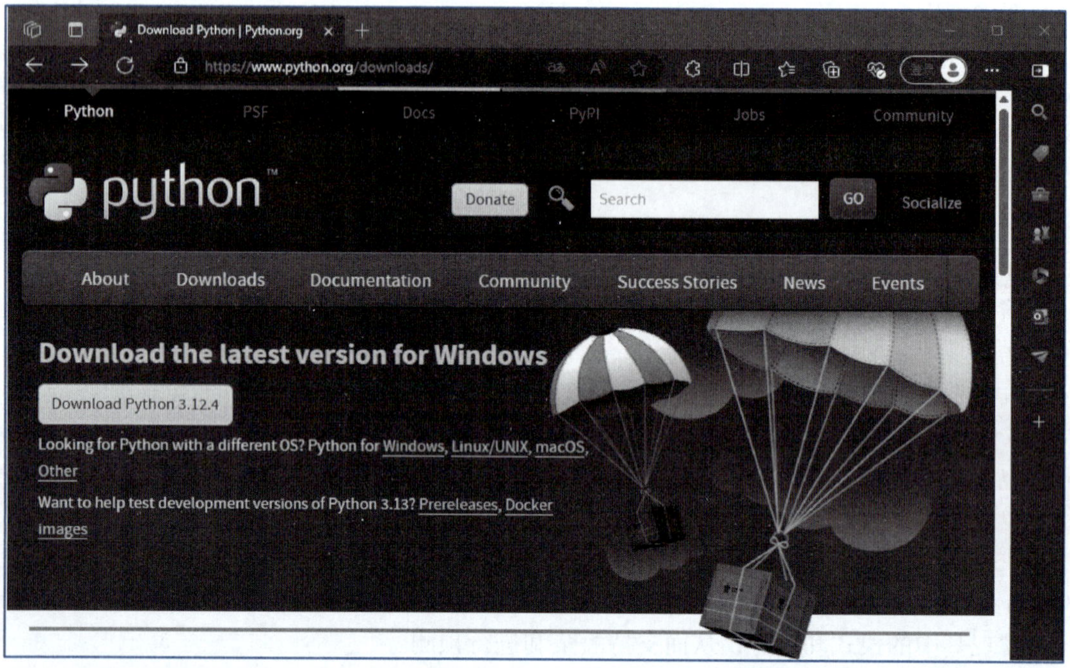

图 7–1　Python 下载界面

② 下载完成后，双击安装程序，执行 Python 安装操作。“Windows X86–64 executable installer”安装程序启动后，其安装方式选择界面如图 7–2 所示。在图中选中界面下方的“Add Python.exe to PATH”

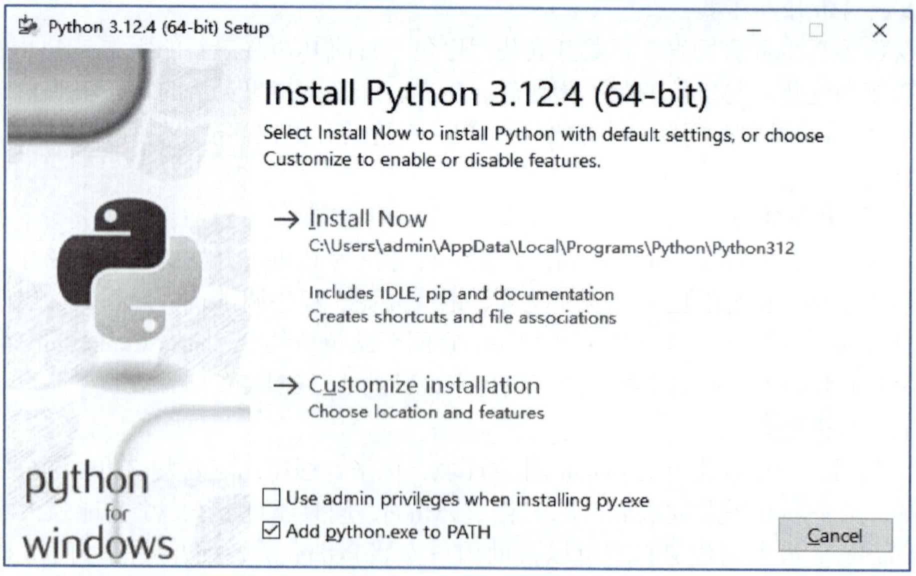

图 7–2　安装方式选择

复选框，将 Python 3.12 添加到系统的环境变量 PATH 中，从而保证在系统命令提示符窗口中，可在任意目录下执行 Python 相关命令。

③ Python 安装程序提供了两种安装方式："Install Now" 和 "Customize installation"。其中 "Install Now" 方式按默认设置安装 Python，应记住默认的安装位置，在使用 Python 的过程中可能会访问该路径。"Customize installation" 为自定义安装方式，用户可设置 Python 安装路径和其他选项。单击 "Install Now"，系统显示安装进度条，如图 7-3 所示。

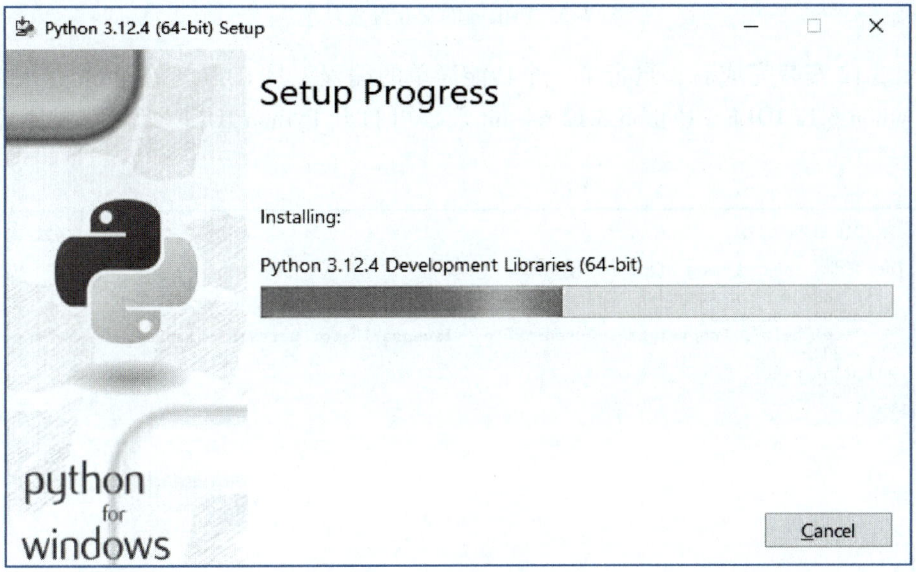

图 7-3　安装进度显示

④ 安装完成之后，显示如图 7-4 所示的 "Setup was successful" 界面，单击右下角 "Close" 按钮完成安装。

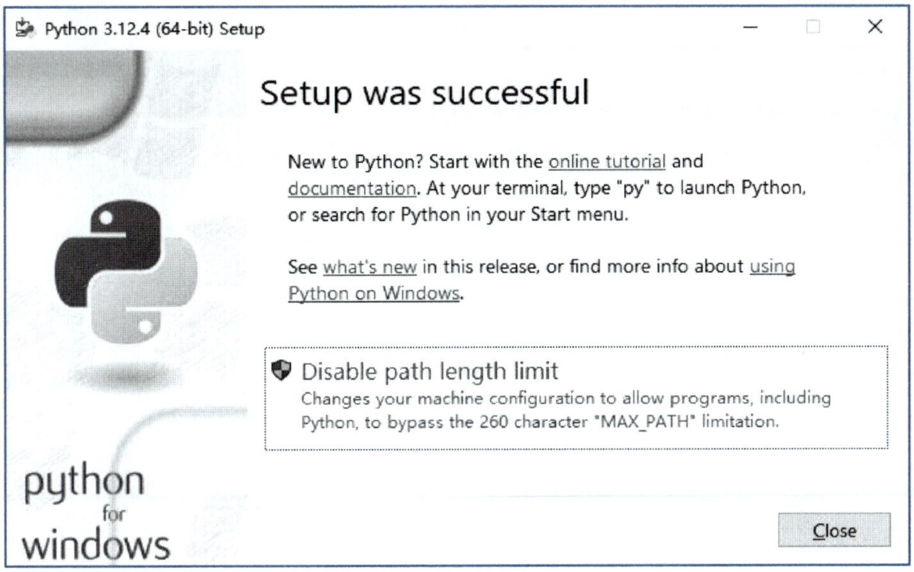

图 7-4　安装成功

⑤ 安装完成后，在 Windows 的 "开始" 菜单中选择 "Python 3.12\Python 3.12 (64-bit)"，可打开 Python 交互开发环境，如图 7-5 所示。

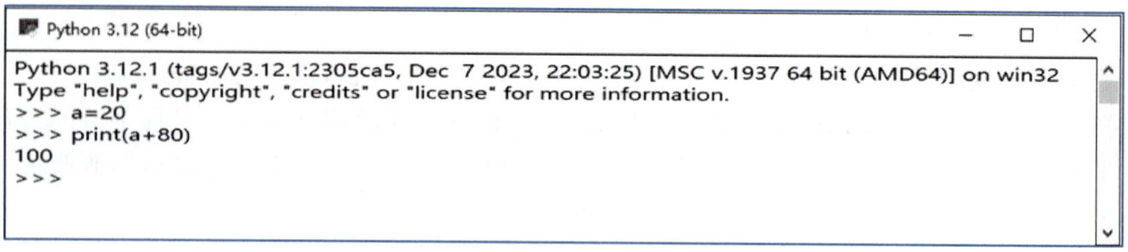

图 7–5　Python 的交互开发环境

⑥ Python 3.12 安装完成后，自带了一个功能简单的编程工具 IDLE。在 Windows 的“开始”菜单中选择“Python 3.12\IDLE（Python 3.12 64–bit）”，可打开 Python IDLE 交互编程环境，如图 7–6 所示。

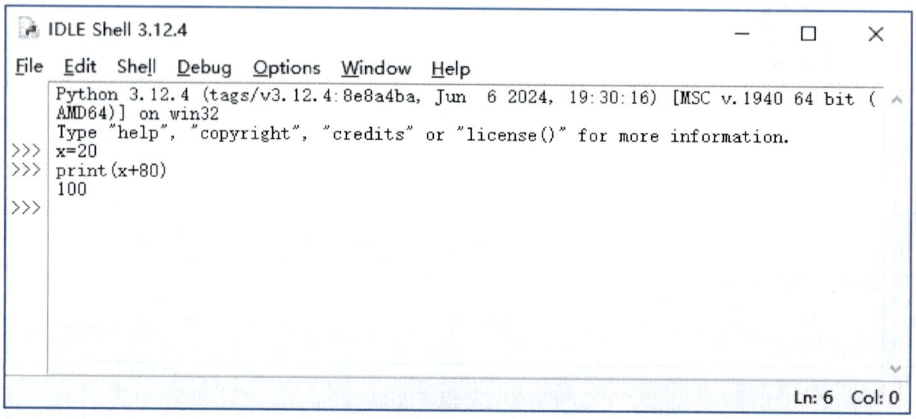

图 7–6　IDLE 交互编程环境

⑦ 在 IDLE 交互编程环境中选择 File → New File 命令，可打开源代码编辑器窗口，如图 7–7 所示。

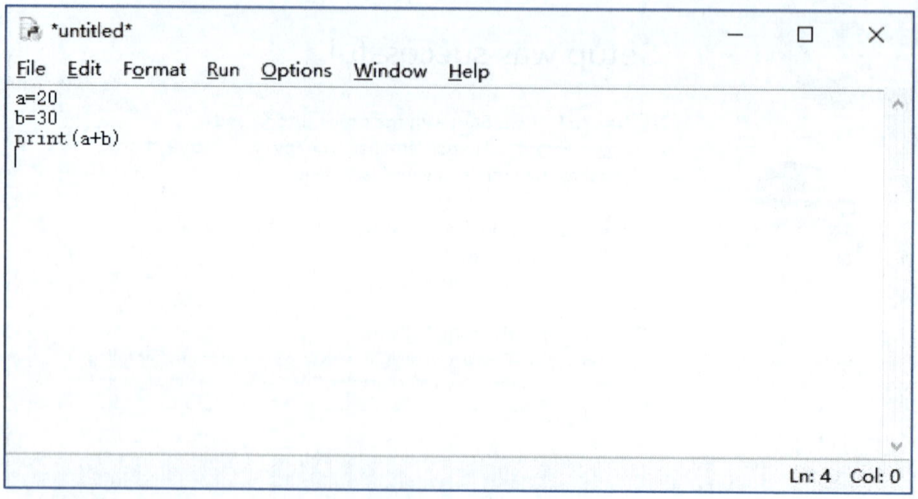

图 7–7　IDLE 源代码编辑器窗口

⑧ 在 IDLE 源代码编辑器窗口中编写程序，代码编写完成后，选择 File → Save 命令保存程序文件，选择 Run → Run Module 命令或按 F5 键运行程序，运行结果将显示在 IDLE 交互窗口中，如图 7–8 所示。

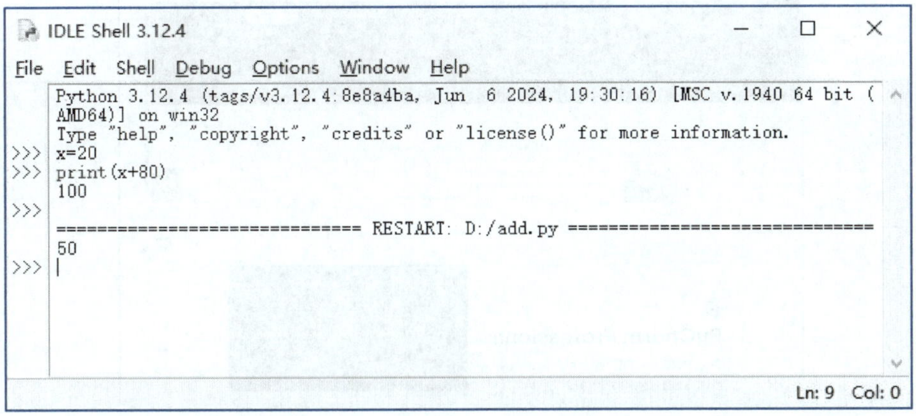

图 7–8　交互环境中显示的程序运行结果

2. PyCharm 的下载与安装

① 单击 PyCharm 官网左下角的“Download”按钮，如图 7–9 所示，将打开 PyCharm Professional（专业版）的下载窗口。

图 7–9　PyCharm 官网下载界面

② 如图 7–10 所示，在下载窗口中单击“Download |.exe（Windows）”中的“.exe（Windows）”按钮，开始下载 PyCharm 安装程序包。

③ 下载完成后，双击安装程序图标，执行 PyCharm 安装操作。如图 7–11 所示，在“欢迎使用 PyCharm 安装程序”窗口中单击“下一步”按钮。

④ 打开“选择安装位置”窗口，如图 7–12 所示，此处可以选择安装目录。使用默认安装目录，单击“下一步”按钮。

⑤ 在打开的“安装选项”窗口中，如图 7–13 所示，可以选择是否创建桌面快捷方式、更新 PATH 变量、将“.py”文件与 PyCharm 关联等，这些选项有助于更方便地启动 PyCharm 和打开 Python 文件。单击“下一步”按钮，继续安装。

⑥ 在“选择开始菜单目录”窗口中，如图 7–14 所示，单击“安装”按钮继续安装。

⑦ 如图 7–15 所示，PyCharm 开始正式安装，显示进度条。

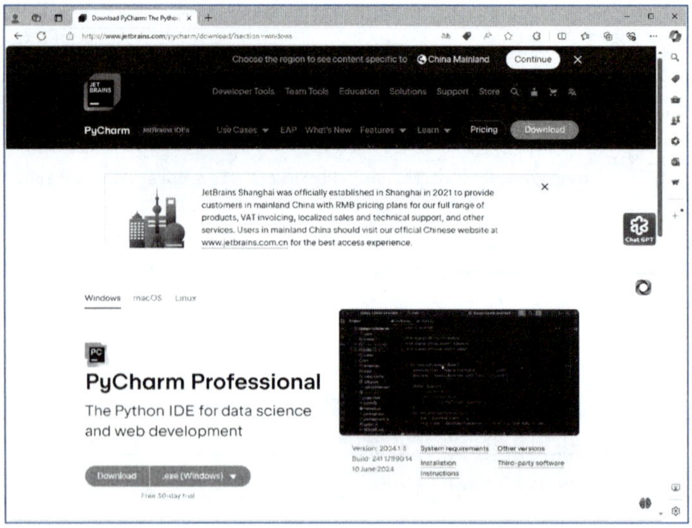

图 7–10　PyCharm Professional 下载窗口

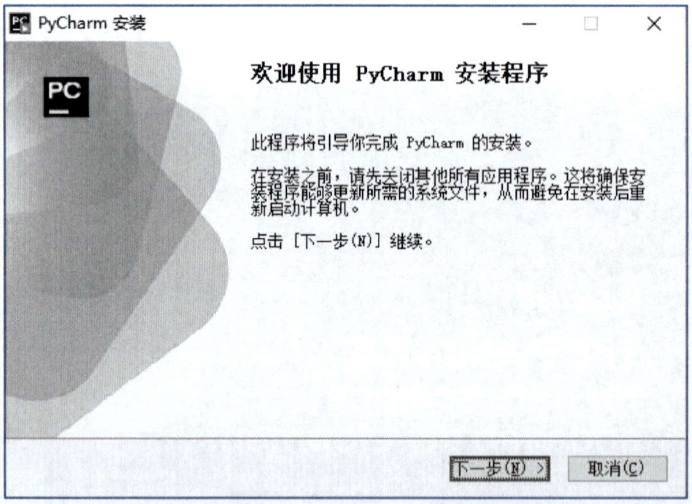

图 7–11　“欢迎使用 PyCharm 安装程序”窗口

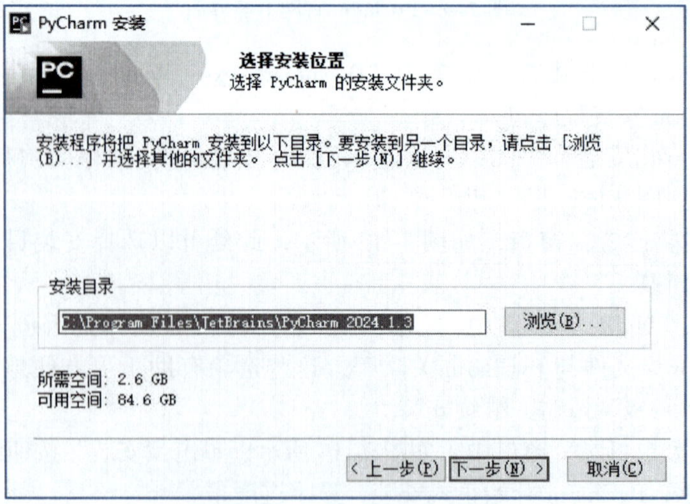

图 7–12　“选择安装位置”窗口

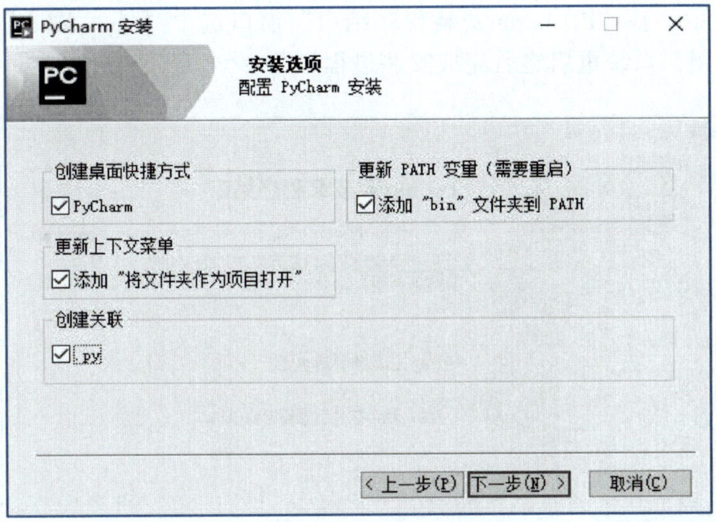

图 7-13 “安装选项”窗口

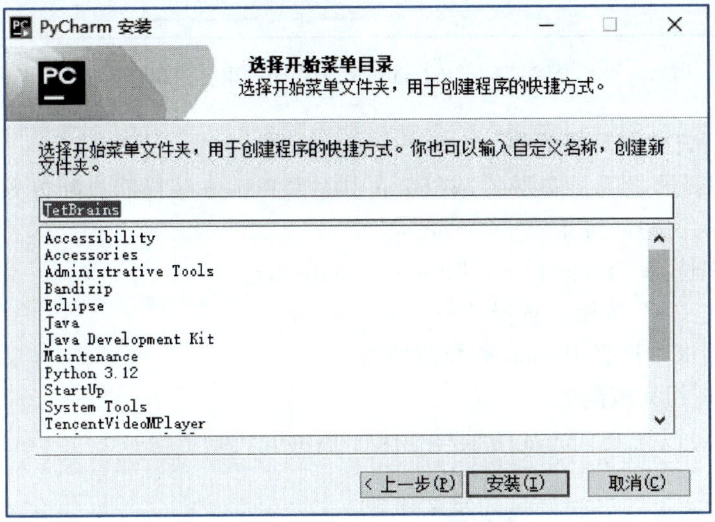

图 7-14 “选择开始菜单目录”窗口

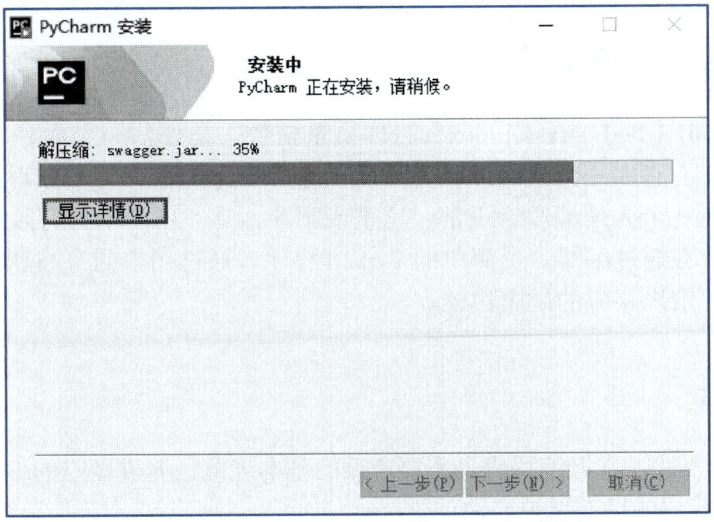

图 7-15 安装中

⑧ 如图 7–16 所示，在“PyCharm 安装程序结束”窗口选中“是，立即重新启动”单选按钮，然后单击“完成”按钮，系统重启之后完成安装过程。

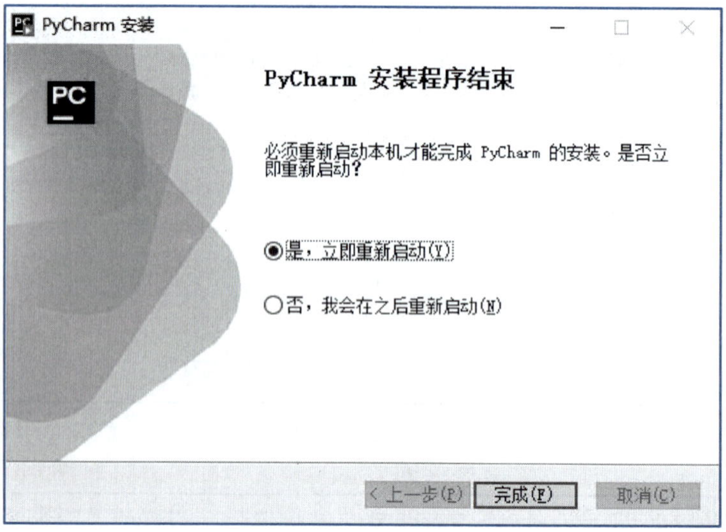

图 7–16 “PyCharm 安装程序结束”窗口

3. Python 的运行方式和环境设置

在安装 Python 解释器之后，需要在 PyCharm 中配置 Python 解释器，配置方法如下。

① 打开 PyCharm，选择“File”→“Settings”。

② 在左侧菜单中选择“Project”→“Project Interpreter”。

③ 单击右上角的“+”按钮，选择“Add Interpreter”。

④ 在弹出的对话框中选择 Python 解释器的路径。

⑤ 单击“OK”按钮完成配置。

配置完成后，就可以在 PyCharm 中编写和执行 Python 代码了。

任务 7.2 编写简单 Python 程序

微课 13：编写简单 Python 程序

任务描述

BMI（Body Mass Index，身体质量指数）是评估一个人是否在健康体重范围内的指标。它由一个人的体重（千克）除以身高（米）的平方得出。BMI 可以帮助人们判断一个人是偏瘦、正常、超重或肥胖，是一项简单且有效的健康评估工具。本任务旨在通过编写一个简单的 Python 程序，通过用户的身高和体重数据，计算 BMI 值，并给出相应的健康建议。

知识准备

学习 Python 基础语法，掌握编写代码需要遵循的基本规范，养成良好的编程习惯，这对于提高代码的可读性和方便代码的后期维护非常重要。

1. Python 编程语法基础

（1）标识符

标识符是程序中某一元素（变量、关键字、函数、类、模块、对象）的名字。除了关键字的名字是固定的，其他元素都可以根据标识符的命名规则进行命名。标识符由字母（A~Z，a~z）、数字（0~9）以及下划线（_）组成。其命名要注意：

- 标识符的第一个字符必须是字母或下划线（_）；
- 标识符的其他部分由字母、数字或者下划线组成；
- 标识符对大小写敏感。

（2）关键字

关键字是 Python 语言保留的特定单词，它们具有特殊的功能和语法意义。用户不能将这些关键字用作变量名、函数名或任何其他标识符名称。Python 语言的关键字共有 35 个，见表 7–1。

表 7–1　Python 关键字

False	await	else	import	pass
None	break	except	in	raise
True	class	finally	is	return
and	continue	for	lambda	try
as	def	from	nonlocal	while
assert	del	global	not	with
async	elif	if	or	yield

（3）缩进格式

缩进是指在某些语句前空若干空格，默认为 4 个空格。Python 程序通过严格的缩进来约束其编程框架结构，借助缩进表达不同代码之间的层级关系。每缩进一层表示它是上一层代码的子集，由此构成一级代码、二级代码、三级代码等。需要说明的是，Python 支持无限级的层级嵌套。

（4）代码换行

如果代码行比较长，需要若干行才能写完，就可以换行，即物理上有若干行但逻辑上仅属于一行。Python 有 3 种换行方式：用“\”作为换行符，通过“\”将语句拆分成多行；遇到 {}、[]、() 这 3 种特殊的符号时，可以直接将一行语句拆分成多行，这 3 种符号分别代表 Python 的 3 种数据结构；通过三引号（三个单引号或三个双引号）实现换行，但引号必须成对出现。

（5）注释

注释就是备注，是程序员在代码中加入的说明或提示信息，用于提高代码的可读性。注释有单行注释和多行注释之分，Python 程序使用“#”作为单行注释符，使用 3 个单引号或 3 个双引号作多行注释符。

（6）Python 数据类型

① 常量。常量是指在程序执行过程中始终保持不变的数据，可以是数值数据，也可以是一个字符或一个字符串。如 100、–100 为整数常量，3.14、156.50 为浮点数常量，“student”‘I like Python’‘a’为字符常量，True、Flase 为逻辑常量。

② 变量。变量是指在程序执行过程中可以发生变化的数据，变量用于在 Python 程序中保存

数据。Python 中，所有的数据都是对象，变量保存的是对对象的引用。变量命名遵循标识符命名规范。如 m=10 表示 m 为整数变量，m=3.14 表示 m 为浮点数变量，m=“Python”表示 m 为字符串变量。值得注意的是，Python 语言不需要声明变量的类型，但变量在使用之前必须先赋值。

③ 数据类型。Python 语言的数据类型是动态数据类型，在整个程序运行过程中，变量的数据类型可以自由地发生变化。在 Python 中，数据类型有数值类型、布尔类型、字符串类型 3 种。其中数值类型又可细分为整型（int）、浮点型（float）和复数型（Complex）等；布尔类型用来表示逻辑上的真或假，真用 True 表示，假用 False 表示；字符串类型可以用单引号、双引号和三引号 3 种定界符来表示，如‘123’“Hello”“‘How are you!’”均表示字符串类型的数据。

2. 程序控制结构

一般程序设计语言中都有 3 种最基本的控制结构，分别是顺序结构、分支结构和循环结构，通过 3 种结构来控制程序代码执行的先后顺序。

① 顺序结构。顺序结构强调程序代码按照先后顺序，自上而下依次执行，如图 7–17 所示。

② 分支结构。分支结构也称为选择结构，是指在多个选择分支中只能选其中一个执行，如图 7–18 所示。在 Python 语言中，有单分支、双分支和多分支 3 种。单分支结构用 if 实现，双分支结构用 if-else 实现，多分支结构用 if-elif-else 实现。

③ 循环结构。在特定条件下需要不断地重复执行某一段代码，这个重复执行的代码段就是循环体。如图 7–19 所示，循环条件和循环体组合在一起称为循环结构。

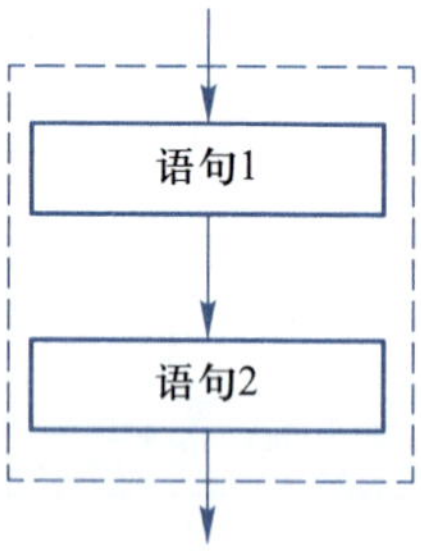

图 7–17　顺序结构

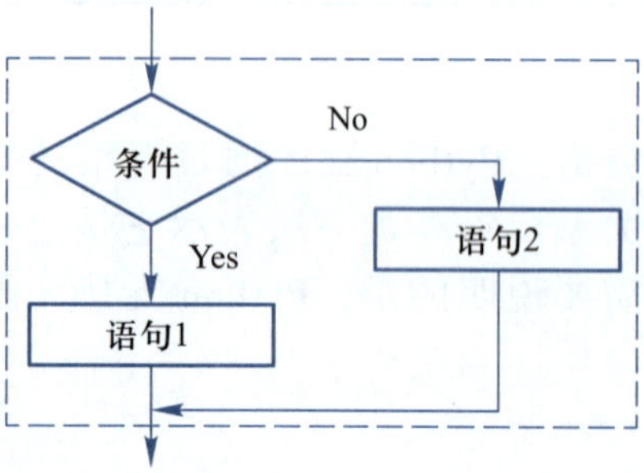

图 7–18　分支结构

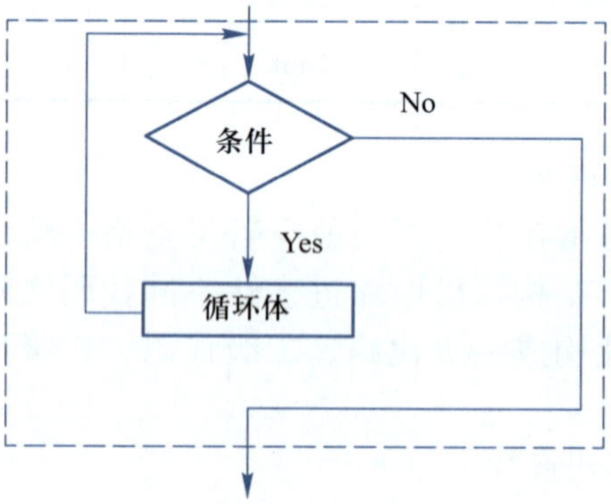

图 7–19　循环结构

3. 组合数据类型

依据不同数据的特征，Python 中的数据结构可以抽象为不同的组合数据类型，从而能够高效地表达和处理批量数据。Python 常用的组合数据类型有序列类型、集合类型和映射类型。序列类型又分为列表、元组和字符串类型。

（1）列表类型

Python 中的列表是一种有序的集合，用于存储一系列的数据项，这些数据项可以是数字、文本、对象，甚至其他列表。列表在 Python 中是一种非常灵活的数据结构，Python 提供了多种操作来管理这些数据项。

- 创建列表：使用方括号“[]”，元素之间用逗号分隔。例如，`my_list=['a',12,'Jim',[3,5,6]]`。
- 访问列表元素：通过索引访问，索引从 0 开始。例如，element=my_list[1] 将获取列表中索引为 1 的元素（即第 2 个元素）。

- 修改列表元素：可以直接通过索引修改列表中的元素。例如，my_list[1] = 10 将把第 2 个元素修改为 10。
- 列表操作：包括添加（append () 和 insert ()）、删除（remove () 和 pop ()）、修改、查询等。其中 append () 方法用于在列表末尾添加元素；insert（index，element）方法用于在指定位置插入元素；remove（element）方法用于移除列表中第一个匹配的元素；pop（[index]）方法用于移除（删除）指定位置的元素，如果不指定索引，则默认删除最后一个元素，并返回被移除的元素。
- 列表切片：可以使用切片操作来获取列表的一部分。例如，my_list[start：end] 将获取从 start 到 end-1 的元素。
- 列表长度：使用 len () 函数可以获取列表的长度（即元素的个数）。
- 列表排序：使用 sort () 方法可以对列表进行排序，如果需要原地排序可以使用 sort () 不带参数；如果需要返回排序后的副本可以使用 sorted () 函数。

列表是一种可变序列类型，这意味着可以在程序运行时改变其大小和内容。这使得列表成为处理和操作一组数据时的强大工具。

（2）元组类型

元组（tuple）是 Python 中另一个重要的序列结构，由一系列按特定顺序排列的、不可变的序列元素组成。在形式上，元组的所有元素都放在一对小括号“()”中，两个相邻元素间使用逗号分隔；在内容上，可以将整数、实数、字符串、列表、元组等任何类型的内容放入元组中，并且同一个元组中，元素的类型可以不同，因为元素之间没有任何关系。在通常情况下，元组用于保存程序中不可修改的内容。

从元组和列表的定义上看，两种类型的结构相似，区别在于列表是一个可变序列，而元组是一个不可变序列，即元组的元素不可以单独修改，而列表的元素则可以任意修改。

- 创建元组：可以使用小括号“()”或 tuple () 函数来创建元组。例如，`t=（1，'xyz',21）`表示使用小括号通过赋值运算符创建一个元组；`t=tuple（'a','b','c','d'）`表示使用 tuple () 函数创建一个元组。要说明的是，t= () 或 t=tuple () 表示创建一个空元组。
- 元组元素的访问：与列表元素的访问类似，访问元组元素同样通过指定索引来实现。例如，`print（t[2]）`表示输出元组 t 中下标为 2 的元素；`print（t）`表示输出元组中的所有元素。
- 删除元组：元组不再使用时，可以使用 del 语句将其删除。其格式为 del tuplename，tuplename 为要删除的元组名称。

（3）字典类型

在 Python 中，字典是一种数据类型，用于存储键 - 值对。字典中的每个键都与一个值相关联，可以通过键来访问相关联的值。字典是可变的，这意味着可以同时添加和删除信息。字典中的键是唯一的，而值可以不唯一。

- 字典的创建：采用大括号“{}”或 dict () 函数创建，字典的每个键 - 值对用冒号“：”分隔，键 - 值对之间用逗号“，”分隔开，字典包含在“{}”中。例如，`my_dict={'name':'Tommy','age':18}`表示生成一个字典类型的数据。要说明的是，d={} 和 d=dict () 都表示创建一个空字典。
- 字典值的访问：通过键查询字典的值。例如，`my_dict['name']`的值为 Tommy，`my_dict['age']`的值为 18。
- 增加字典元素：字典是一种动态数据结构，可随时在字典中添加键 - 值对。添加键 - 值对时，可依次指定字典名、键和键对应的值。例如，使用语句创建字典 `menu={'fish':20,'pork':15}` 之后，通过 `menu['juice']=12` 语句可以向 menu 字典中添加新键 - 值对。

● 删除字典元素：使用 del 语句可以删除字典元素或字典。例如，`del menu['fish']` 表示删除 menu 字典中键为 fish 的字典元素；而 del menu 则表示删除整个字典 menu。

（4）集合类型

Python 中的集合与数学中的集合概念类似，是由一个或多个确定的元素构成的整体。Python 的集合是一个容器，容器内含有任意个无序元素，集合不支持元素的索引访问。集合中的对象不能重复，具有自动去除重复元素的功能，集合中的元素必须是不可变对象。集合与字典一样，都使用大括号“{}”来标识。

Python 的集合分为可变集合（set）和不可变集合（frozenset）。可变集合支持增加元素、删除元素等操作，不能作为字典的键使用；不可变集合不支持增加元素、删除元素等操作，可以作为字典的键使用。

● 创建集合：使用 set ()、set（iterable）或 {} 可以创建可变集合，使用 frozenset ()、frozenset（iterable）可以创建不可变集合。例如，`my_set={11,22,33,'china'}` 表示创建一个包含 4 个元素的可变集合，frozenset（“abcd”）语句表示将字符串转换成不可变集合。

● 向集合中添加元素：使用 add () 方法可以一次向集合中添加一个元素，使用 update () 方法可以一次向集合中添加多个元素。例如，`s={0,1,2}`，`s.add(3)`，则增加新元素之后，`s={0,1,2,3}`；继续增加多个元素，`s.update(4,5,6)`，增加之后，`s={0,1,2,3,4,5,6}`。

● 删除集合中的元素：使用 remove () 方法可以一次删除一个指定元素，如果指定元素不存在，提示报错信息；使用 discard () 方法也可以一次删除一个指定元素，如果指定元素不存在，不会出现报错信息，同时输出原来的列表；使用 pop () 方法可以一次删除且只能删除一个任意元素；使用 clear () 方法可以清空集合中的所有元素。

任务实施

本任务根据用户输入的身高和体重进行 BMI 的计算，根据用户的 BMI 给出相应的健康建议，具体的实施步骤如下。

① 用户输入身高和体重。提示用户输入身高（以米为单位）和体重（以千克为单位）。

```
# 提示用户输入身高和体重
# float()函数将输入的字符串转换为浮点数
height = float(input("请输入您的身高(米):"))
weight = float(input("请输入您的体重(千克):"))
```

② 计算用户的 BMI 值。使用公式 BMI = 体重（千克）/ 身高 ^{2}（米）计算用户的 BMI 值。

```
# 计算 BMI 值
# BMI 计算公式:体重(千克)除以身高(米)的平方
bmi = weight /(height ** 2)
```

③ 根据 BMI 值提供健康建议。建议可以基于以下标准：

● BMI < 18.5：偏瘦；

- 18.5 ≤ BMI < 24.9：正常；
- 25 ≤ BMI < 29.9：超重；
- BMI ≥ 30：肥胖。

```
# 提供健康建议
# 根据 BMI 值判断用户的健康状况，并给出相应的建议
if bmi < 18.5:
    advice ="偏瘦，建议多摄入营养，适当增加体重。"
elif 18.5 <= bmi < 24.9:
    advice ="体重正常，请继续保持。"
elif 25 <= bmi < 29.9:
    advice ="超重，建议适当锻炼，控制饮食。"
else:
    advice ="肥胖，建议加强锻炼，并注意饮食控制。"
```

④ 输出 BMI 值和健康建议。

```
# 输出 BMI 值和健康建议
# 使用 print()函数输出 BMI 值，保留两位小数
print(f"您的 BMI 值为：{bmi:.2f}")
# 输出健康建议
print(f"健康建议：{advice}")
```

通过该任务，学生可以掌握使用 Python 进行简单的计算和条件判断，以及能够根据用户输入的数据提供个性化的建议。

任务 7.3　基础 AI 库 Matplotlib 应用

任务描述

微课 14：基础 AI 库 Matplotlib 应用

身体质量指数是一个非常重要的健康指标，每千克脂肪所含热量约为 7 700 千卡路里。本任务将通过预测不运动和每天运动消耗卡路里后的体重变化，模拟 6 个月内的体重变化情况，并通过 Matplotlib 可视化工具展示对比结果，使学生理解数据建模、模拟和数据可视化的基本方法，同时培养其 Python 编程能力和科学计算思维。

知识准备

1. Matplotlib 简介

（1）Matplotlib 库的功能

Matplotlib 旨在为 Python 提供类似于 Matlab 的绘图功能。Matplotlib 是 Python 中最常用的二维数据可视化库，可以生成各种类型的图表，如折线图、柱形图、散点图和饼图。随着时间的推移，Matplotlib 不断发展，成为功能强大的数据可视化工具，广泛用于数据科学和人工智能研究中。目

前，Matplotlib 不仅支持静态图表，还能与其他库（如 Seaborn、Pandas）结合，实现复杂而美观的可视化效果。

（2）Matplotlib 的特点

① 易于使用。Matplotlib 提供直观的 API，使用户能快速上手绘制各种图表。其简单明了的语法非常适合教学和学习。

② 高度可定制。用户可以对图表的各个方面进行定制，如颜色、线型、字体等，满足不同的可视化要求。

③ 强大的集成能力。Matplotlib 与 NumPy、Pandas 等数据处理库无缝集成，方便用户处理和可视化数据。此外，其还能与 Jupyter Notebook 结合，提供交互式绘图体验。

④ 丰富的图表类型。支持多种图表类型，如折线图、柱状图、散点图、饼图、直方图、箱线图等，满足不同数据分析场景需求。

（3）Matplotlib 在 AI 中的应用

在人工智能和机器学习中，数据可视化是一个关键环节，研究人员和开发者可以使用 Matplotlib 库实现以下智能化应用。

① 可视化数据集。在构建 AI 模型之前，对数据进行探索性分析和可视化，可以帮助理解数据的分布、趋势和潜在模式。例如，使用散点图展示不同特征间的关系，使用直方图展示数据分布情况。

② 监控模型训练过程。在训练机器学习或深度学习模型时，实时监控模型的损失函数和评估指标（如准确率）的变化情况，能及时发现训练中的问题，如过拟合或欠拟合。绘制训练集和验证集上的损失曲线和准确率曲线，有利于直观地观察模型训练效果。

③ 展示模型预测结果。模型训练完成后，使用 Matplotlib 可视化模型预测结果，能够帮助理解模型表现。例如，使用折线图比较真实值和预测值，使用混淆矩阵展示分类模型的性能。

④ 特征重要性分析。在许多 AI 应用中，关键是理解模型决策的依据。通过绘制特征重要性图，可以直观地了解哪些特征对模型决策有重要影响。例如，在随机森林或梯度上升模型中，可以使用 Matplotlib 绘制特征重要性条形图，展示各特征的重要性评分。

⑤ 生成对抗网络（Generative Adversarial Network，GAN）的训练监控。GAN 是生成模型中的一种，训练过程较为复杂。使用 Matplotlib 可以可视化生成器和判别器的损失变化，帮助研究人员调整模型参数，改进训练效果。

⑥ 时间序列预测可视化。在时间序列预测中，如股票价格预测或气象预测，使用 Matplotlib 可以绘制时间序列图，展示历史数据和预测结果，帮助直观理解模型的预测性能。

2. Matplotlib 库的安装

安装 Python 第三方库通常通过 Python 的包管理工具 pip 进行，不仅简单快捷，还能确保用户使用最新版本的库。以下是 Python 第三方库及其整体安装方法的详细介绍。

（1）Python 的包管理工具

pip（Pip Installs Packages）是 Python 的包管理工具，用于安装和管理 Python 库和依赖。使用 pip，用户可以轻松安装、升级和卸载 Python 库，极大地简化了库的管理。

（2）使用 pip 命令安装 Matplotlib 库

安装 Python 库的基本命令格式是：pip install 包名。例如，要安装 Matplotlib 库，只需在命令行输入：pip install matplotlib。

类似地，可以通过该命令安装其他常见的 AI 库。通过 pip 命令，Python 库的安装和管理变得异常简单和高效。

3. Matplotlib 基本绘图原理

（1）Matplotlib 库的核心组成

Matplotlib 的核心是一个名为“Figure”的对象，它代表整个绘图窗口或图表。Figure 对象中可以包含一个或多个“Axes”对象，每个 Axes 对象代表一个绘图区域。理解这些基本概念对于使用 Matplotlib 进行数据可视化非常重要。

- Figure：图表的顶层容器，包含所有的绘图元素。
- Axes：实际绘图的区域，一个 Figure 中可以包含多个 Axes。
- Axis：Axes 的坐标轴，包含 X 轴和 Y 轴。
- Artist：图表中的所有元素都是 Artist 的子类，如 Line2D、Text、Patch 等。

（2）使用 Matplotlib 库绘制图形

在使用 Matplotlib 进行绘图时，通常遵循以下基本流程。

① 导入 Matplotlib 库。首先，需要导入 Matplotlib 库中的 pyplot 模块，通常将其简写为 plt，并且通过 rcParams 参数设置以使图表能正常显示中文和负号。

```
import matplotlib.pyplot as plt
# 设置 matplotlib 正常显示中文和负号
plt.rcParams['font.sans-serif']=['SimHei'] # 用黑体显示中文
plt.rcParams['axes.unicode_minus']=False # 正常显示负号
```

② 创建 Figure 和 Axes 对象。可以使用 plt.subplots () 方法同时创建这两个对象。

```
fig,ax = plt.subplots()
  fig 是 Figure 对象,表示整个图表。
  ax 是 Axes 对象,表示图表中的绘图区域。
```

③ 绘制图形。在 Axes 对象上调用绘图方法，如 plot、scatter、bar 等。以下是绘制一条折线的示例。

```
ax.plot([1,2,3,4],[1,4,2,3])
  ax.plot(x,y)方法绘制折线图,其中 x 和 y 是数据点的坐标。
```

④ 设置图表标题、轴标签和图例，可以使图表更具可读性。

```
ax.set_title("图表标题")# 设置图表标题
ax.set_xlabel("X 轴标签")        # 设置 X 轴标签
ax.set_ylabel("Y 轴标签")        # 设置 Y 轴标签
```

⑤ 显示图表。使用 plt.show () 方法显示图表。

```
plt.show()
```

运行程序，结果如图 7-20 所示。

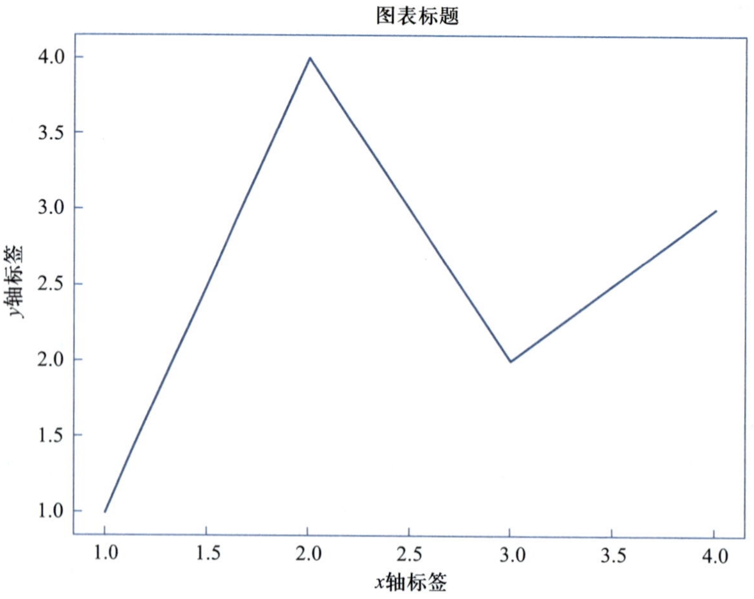

图 7-20 绘图示例

任务实施

本任务根据用户的体重、身高、每天的锻炼时间和摄入的卡路里，建立简单的体重变化模型，并将锻炼和不锻炼的体重进行可视化对比，观察固定的锻炼时间下体重的变化情况。具体的实施步骤如下。

① 用户输入信息和初始化。提示用户输入身高、初始体重、每天的锻炼时间和摄入的卡路里。将输入的字符串转换为浮点数，以便后续计算使用。

```
height = float(input("请输入您的身高(米):"))
initial_weight = float(input("请输入您的初始体重(千克):"))
exercise_time = float(input("请输入您每天的锻炼时间(小时):"))
calories_intake = float(input("请输入您每天摄入的卡路里:"))
```

② 设置模型参数和初始条件。定义每天运动消耗的卡路里量、模拟月份数量、每月的天数等参数。初始化体重列表，分别用于存储不运动和每天运动消耗卡路里后的体重变化数据。

```
# 每天运动一小时消耗的卡路里
calories_burned_per_hour = 500
# 模拟 6 个月(180 天)的体重变化
months = 6
days_per_month = 30
days = months * days_per_month
# 初始化体重列表
weight_no_exercise = [initial_weight]
weight_with_exercise = [initial_weight]
```

③ 计算体重变化模型。分别模拟不运动和每天运动消耗卡路里后的体重变化。对每个月末的体重进行计算，更新体重列表。

```
# 不运动时的体重变化模型
for day in range(1,days + 1):
    weight_no_exercise.append(weight_no_exercise[-1])
# 每天运动消耗卡路里后的体重变化模型
for day in range(1,days + 1):
    weight_loss = exercise_time * calories_burned_per_hour / 7700
# 每千克体重的脂肪含量约为 7700 千卡路里
    weight_with_exercise.append(weight_with_exercise[-1] - weight_
loss)
# 计算体重变化
for month in range(1,months + 1):
    for day in range(1,days_per_month + 1):
        # 不运动时的体重变化
        weight_no_exercise.append(weight_no_exercise[-1])

        # 运动消耗卡路里后的体重变化
        weight_loss = exercise_time * calories_burned_per_hour / 7700
        weight_with_exercise.append(weight_with_exercise[-1] - weight_
loss)
```

④ 创建作为 X 轴的时间轴，按月份表示，用于 Matplotlib 的图表展示。

```
# 生成时间轴(月份)
time_axis = []
for month in range(1,months + 1):
    time_axis.append(f"{month}月")
```

⑤ 数据可视化展示。使用 Matplotlib 绘制不运动和每天运动消耗卡路里后的体重变化对比图，并添加标签、标题、轴标签和图例等。

```
import matplotlib.pyplot as plt
plt.rcParams['font.sans-serif'] = ['SimHei']
# 设置默认字体为 SimHei
plt.rcParams['axes.unicode_minus'] = False
# 解决保存图像时负号显示为方块的问题
plt.figure(figsize=(10,6))
plt.plot(time_axis,weight_no_exercise[: :30],label='不运动',color='red',
marker='o')
plt.plot(time_axis,weight_with_exercise[: :30],label='每天运动消耗卡路
里',color='blue',marker='o')
```

```
plt.xlabel('时间')
plt.ylabel('体重(kg)')
plt.title('不运动 vs 每天运动消耗卡路里后的体重变化')
plt.legend()
plt.grid(True)
plt.tight_layout()
plt.show()
```

⑥ 运行程序，输入测试数据。测试用例为身高 1.6 米，体重 60 kg，每日锻炼 1 小时，摄入 1 000 千卡路里，输出预测结果，如图 7–21 所示。

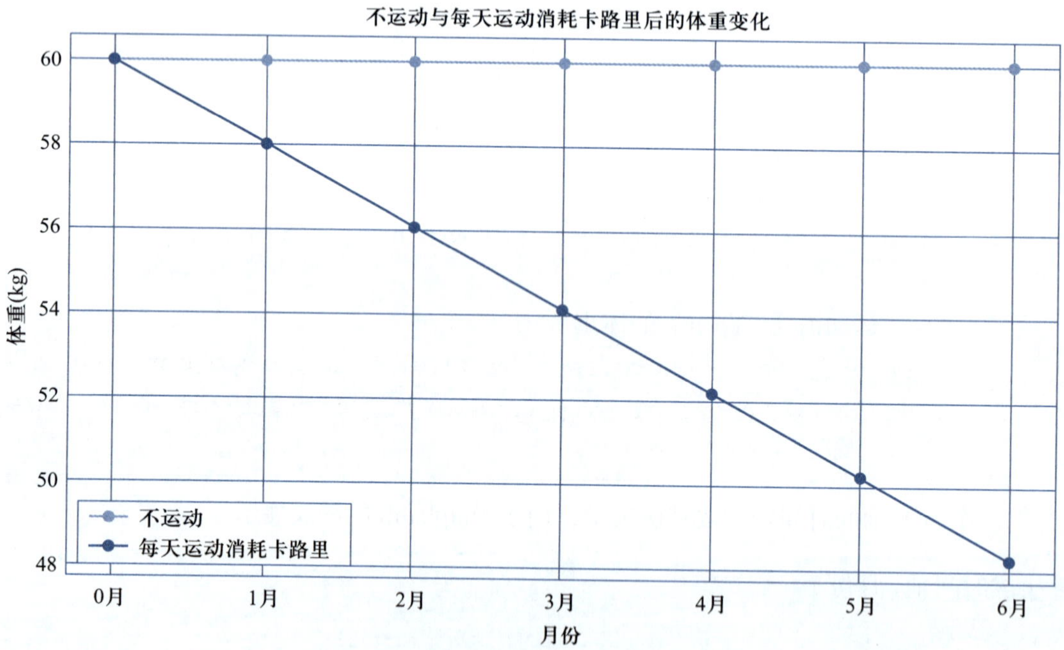

图 7–21 体重预测对比图

从该预测结果可以看出，在摄入相同卡路里的情况下，每天运动的情况下体重下降得比较快。但是该模型只是一个简单的预测模型，还有很多因素没有考虑，结果的准确性还有待验证。通过该项目可以基本了解和掌握体重预测模型的构建、数据模拟和结果可视化的方法，尽管这种模型不如复杂的机器学习模型精确，但能帮助初学者理解数据处理和预测的基本概念。

拓展训练：气温预测

训练描述

在本训练中，将学习如何利用 Python 语言进行简单的气温预测。在训练中会使用一些历史气温数据，并通过可视化的方式展示预测结果。

训练目标

- 理解 Python 的基础知识；
- 掌握数据处理的方法；
- 掌握使用 Matplotlib 实现数据可视化的方法。

训练实施

① 数据准备。需要一些历史气温数据，可以通过天气预报网站查找过去一周的日平均气温数据，保存在 temperatures 中。

```
# 过去一周的日平均气温数据
temperatures = [20,22,21,23,24,22,25]
days = ["Monday","Tuesday","Wednesday","Thursday","Friday",
"Saturday","Sunday"]
```

② 简单预测模型构建。气温的变化受到许多因素的影响，包括日照时间、云层覆盖、风速和湿度等。在简化的模型中，因为白天的日照和夜晚的降温之间的平衡，假设气温逐日增加，用气温的日平均增长量来预测下周的气温。首先，计算日平均增长量，然后用这个日平均增长量预测下周的气温。

```
# 计算日平均增长量
growth = [(temperatures[i] - temperatures[i-1])for i in range(1,len
(temperatures))]
average_growth = sum(growth)/ len(growth)
print(f"Average daily temperature growth:{average_growth:.2f}℃")
# 预测下周的气温
predicted_temperatures = [temperatures[-1] + average_growth * i for
i in range(1,8)]
next_week_days = ["Next"+ day for day in days]
# 打印预测结果
for day,temp in zip(next_week_days,predicted_temperatures):
    print(f"{day}:{temp:.2f}℃")
```

③ 可视化预测结果。将预测的气温与历史气温绘制在一张图表上。

```
# 绘制历史气温和预测气温
plt.plot(days+next_week_days,temperatures + predicted_temperatures,
marker='o',linestyle='--',color='r')
plt.title("气温预测结果")
plt.xlabel("Days")
plt.ylabel("Temperature/℃")
plt.axvline(x=len(days)-1,linestyle='--',color='grey')# 分隔线
plt.show()
```

④ 运行程序，显示可视化结果，如图 7–22 所示。

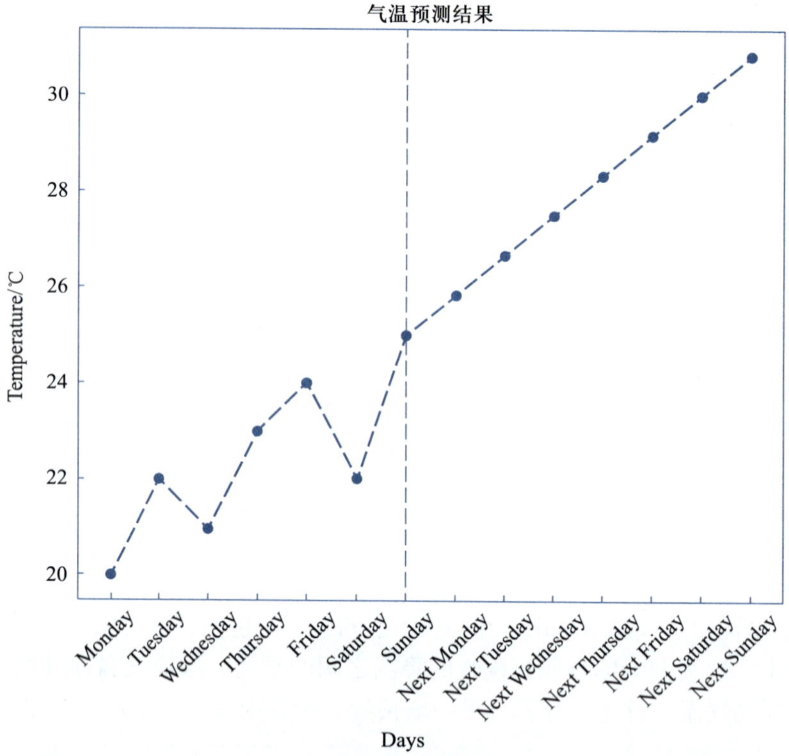

图 7–22　气温预测结果

项 目 小 结

本项目介绍了 Python 基础，以及 Python 在人工智能（AI）开发中的关键库 Matplotlib。Matplotlib 是数据可视化的首选，广受各研究领域欢迎。Matplotlib 在生成各种图表和自定义可视化方面的优势，使其成为处理复杂数据集、展示模型结果和分析数据模式的理想选择，为 AI 研究者和开发者提供了强大的可视化工具箱，促进了人工智能技术在现实世界中的广泛应用和创新。

项 目 练 习

一、填空题

1. Python 源程序的扩展名是____________。
2. Python 的缩进一般为________个空格。
3. Python 的单行注释可以使用____________符号。
4. Python 语言中，整型、浮点型、复数型、字符串类型、布尔型、空类型和________类型都是不可变类型。
5. Python 语言中，字典类型、集合类型和____________类型都属于可变类型。
6. Python 语言中，标识符不能与系统____________同名。
7. Python 语言中，每个对象都有 3 个要素，分别是________、________和________。

8. Python 语言中，布尔型有两个值，________用来表示真，________用来表示假。

9. Python 语言中，用于中断循环的关键字为____________。

10. 以下代码段用于输入两个数，比较它们的大小并输出其中较大者。请把空格处代码填写完整。

```
x=int(input("Please enter first integer:"))
y=int(input("Please enter second integer:"))
if(x == y):
print("两数相同！")
________(x > y):
print("较大数为:",x)
________:
print("较大数为:",y)
```

二、简答题

1. 简述 Python 的特点及应用领域（至少 3 个）。

2. 简述 Python 程序的执行原理。

3. Python 常用的数据类型有哪些？

4. 请简述 Python 数据类型中列表与元组的异同。

5. Python 中的类型转换是如何进行的？请举例说明。

三、操作题

1. 编写一个 Python 程序，提示用户输入两个数字，然后计算并输出它们的和。

2. 编写一个 Python 程序，提示用户输入一个整数，然后判断该数是奇数还是偶数，并输出判断结果。

项目8　AI大模型技术应用

项目描述

本项目将学习AI大模型的原理和主要技术，生成式人工智能AIGC的基础设施和主要应用场景，国产典型大模型的特点及使用方法。通过项目实践，学生能够掌握百度文心一言、讯飞星火、通义千问等通用大模型的使用技巧，能够应用任意大模型解决学习工作和生活中的实际问题。

学习目标

- **知识目标**

◎ 学习大模型的原理、主要特征和关键技术
◎ 了解生成式人工智能AIGC的主要场景
◎ 学会使用AIGC进行文本创作、编程、绘图和语音创作
◎ 学会使用AIGC解决学习工作和生活的实际问题

- **技能目标**

◎ 掌握大模型的主要特征、工作原理、关键技术和应用场景
◎ 掌握使用AI大模型技术解决问题的一般步骤
◎ 掌握使用AI大模型技术解决实际问题的方法和技巧
◎ 熟练使用文心一言、讯飞星火进行创作

- **素养目标**

◎ 具备良好的逻辑思维能力
◎ 具备独立思考和开拓创新能力，能与AI进行多轮会话，对答案进行判断
◎ 具备自主学习能力，能举一反三，有效使用大模型解决实际问题

任务8.1　AI大模型技术

任务描述

人工智能是新一轮科技革命和产业变革的重要驱动力量，是研究用于模拟、延伸和扩展人的智能的理论方法、技术及应用的新技术学科，是智能学科重要的组成部分，被普遍应用在机器人、语言识别、图像识别、自然语言处理、专家系统、机器学习、计算机视觉等领域。本任务将以百度文

心一言为例，学习 AI 大模型的注册与登录方法，了解 AI 大模型的应用场景。

知识准备

要学习人工智能技术的应用方法，首先需要了解人工智能大模型的特征和发展进程，以及对人类社会的影响，学习其基本原理和工作过程，了解深度学习及人工神经网络等关键技术。

1. AI 大模型技术概述

人工智能大模型（AI 大模型）简称大模型，是指具有数百亿甚至千亿级别参数的机器学习模型，这些模型通常由深度神经网络构建而成。大模型技术是指构建参数数量庞大、训练数据规模庞大的机器学习模型的技术。

（1）AI 大模型技术的发展历程

AI 是计算机科学的一个重要分支，能够使机器模仿人类的智能行为。以 ChatGPT 为代表的大模型技术在经济、管理、法律等众多领域发挥着重要作用，被认为同操作系统一样，能够成为未来人工智能领域的关键基础设施，将深刻影响人类的工作和生活。大模型的发展大概经过了 4 个阶段。

① 起源与早期研究。大模型起源可以追溯到人工神经网络（Artificial Neural Network，ANN）的早期研究。人工神经网络是一种模拟人脑神经元之间连接和信息传递的数学模型，能够通过学习来提取特征和进行分类。20 世纪 40 年代，人工神经网络就已经受到广泛关注，其主要特点是模拟生物神经网络的结构和功能，通过神经元之间的连接与权重来调整网络的输出。20 世纪 60 年代至 80 年代，AI 研究的主要目标是构建专家系统，模拟人类专家的知识和推理能力。由于计算能力和数据量的限制，这些系统往往只能处理较小规模的问题，在知识表示和推理过程中存在许多局限，无法很好地适应复杂和不确定的环境。

② 技术突破与进展。进入 21 世纪，随着计算机硬件性能的提升和算法的优化，特别是 GPU 的普及和并行计算能力的提升，极大加速了人工神经网络的训练速度。同时，大数据时代的到来也为深度学习模型提供了海量训练数据，深度学习逐渐成为 AI 领域的主流技术。深度学习是一种基于多层神经网络的机器学习方法，通过多层次的特征提取和表示学习来实现复杂任务。

③ 深度学习的崛起。2006 年，Hinton 提出了深度学习的概念，用于训练更深层次的神经网络。2012 年，AlexNet 在 ImageNet 竞赛中取得巨大突破，标志着卷积神经网络（Convolutional Neural Network，CNN）在计算机视觉领域的崛起。从此深度学习逐渐进入自然语言处理、语音识别、计算机视觉等领域，催生了众多具有影响力的深度学习模型。2016 年和 2017 年，九段围棋棋手李世石和中国的柯洁分别输给 AI 围棋程序 AlphaGo，引发社会讨论。深度学习的崛起标志着人工智能进入了一个全新的发展阶段。

④ 大模型的应用。在深度学习技术不断发展的背景下，大模型（Large Model）的概念被引入 AI 领域。2017 年，OpenAl 团队发布了 GPT（Generative Pretrained Transformer，生成式预训练变换器）AI 大模型，该模型采用 Transformer 网络架构，能够学习到更长距离的依赖关系，提高了模型在自然语言处理任务上的表现。2020 年，OpenAI 推出 GPT3，其模型参数规模达到了 1 750 亿个，成为当时最大的语言模型，在零样本学习任务上实现了性能的极大提升。2022 年，搭载了 GPT3.5 的 ChatGPT 面世，凭借逼真的自然语言交互与多场景内容生成能力，迅速引起关注。2023 年发布的超大规模多模态预训练大模型 GPT4 具备了多模态理解与多类型内容生成能力，将大数据、大算力和大算法完美结合，大幅提升了大模型的预训练和生成能力以及多模态多场景应用能力，这种提升得益于微软 Azure 的强大算力、WIKI 等海量数据的支持、Transformer 架构、GPT 模型及 RLHF 精确调优策略。ChatGPT4.0 的市场化，标志着大模型技术进入快速发展阶段，逐渐应用到工作生活的

各个领域。

（2）大模型技术的工作原理

大模型本质上是一个使用海量数据训练而成的深度神经网络模型，其依靠巨大的数据和参数规模，具备了智能的本质，呈现出类似人类的智能。当模型的训练数据和参数不断扩大到一定的临界规模时，模型会出现一些难以预测的、更复杂的能力和特性，这使大模型能够从原始训练数据中自动学习并发现更新内容、更高层次的特征和模式，判断未来走向和趋势。其工作过程主要基于深度学习技术，通过构建多层神经网络，模拟人类大脑神经元结构，实现对输入数据的处理和学习。大模型通常由多个神经网络层组成，每层包含大量的神经元和权重参数。在训练过程中，模型通过反向传播和梯度下降等算法学习并优化这些参数，以最大化精度和泛化能力。大模型通过大量迭代与训练数据集进行交互，不断调整模型权重以找到神经元的最佳连接方式和参数的最优设置。在应用中，大模型接收输入数据，经过各网络层的神经元和连接边的加权计算，进行前向传播，最终输出预测结果。

（3）大模型与传统机器学习模型的区别

大模型在处理复杂任务和数据时具有更高的效率和准确性，与传统机器学习模型在模型规模和复杂性、训练方式、资源需求、特征提取、算法和学习能力以及应用场景等方面存在显著差异，具体表现为以下几个方面。

① 模型规模和复杂性。大模型具有超大规模参数，通常在数十亿到数千亿级别。设计这些模型的目的就是提高表达能力和预测性能，以处理更加复杂的任务和数据。而传统机器学习模型通常具有较低的复杂度，基于特定算法和特定的数据集进行训练，在处理简单任务时表现良好，处理复杂任务时受限较多。

② 训练方式和资源需求。大模型需要大量的数据和计算资源，如成百上千个 GPU，以及大量的训练时间，确保模型能够充分学习到数据中的复杂模式和特征。传统机器学习模型对数据量的要求相对较小，可以在较小的数据集上取得较好的效果，训练过程简单直接。

③ 特征提取。在大模型的深度学习过程中，特征是由神经网络自动学习和提取的，无须人工干预就能够学习到更加抽象和高级的特征，以适应更加复杂的数据模式。传统机器学习模型的特征提取通常由人工设计，依赖相关领域知识和数据特点来选择合适的特征，限制了模型在处理复杂数据方面的能力。

④ 算法和学习能力。大模型通常使用深度神经网络和深度学习等复杂算法，能够从大量的数据中学习更多知识，具备强大的泛化能力，可以对陌生数据做出准确预测。传统机器学习模型主要依赖监督学习、无监督学习和强化学习等方法，模型能力取决于所选择的特征和模型。

⑤ 应用场景。大模型在各领域都有广泛的应用，包括自然语言处理、视觉、语音、图像视频和智能推荐等，能够处理复杂的任务，呈现人类智能。传统机器学习模型主要应用于数据挖掘、预测分析等领域，处理简单任务。

2. AI 大模型技术对社会的影响与发展趋势

（1）AI 大模型技术对社会的影响

大模型与其他信息技术不同，其通用性能快速赋能社会各行各业，加速推进经济高质量发展。“大模型 + 传媒”可以实现智能新闻写作，降低新闻生成成本；“大模型 + 影视”可以拓宽创作素材，拓展思路，激发创作灵感，提升作品质量；“大模型 + 营销”可以研发 AI 客服，助力产品营销；“大模型 + 娱乐”可以加强人机互动，激发用户参与热情，增加趣味性和娱乐性；“大模型 + 军事”可以增强军事情报的获取和决策能力，快速准确地评估威胁、规划和执行作战任务，获得战场态势感知和战术决策支持；“大模型 + 教育”可以赋予教材教具新活力，让教学方式个性化和智能化；“大模型 + 金融”可以帮助金融机构降本增效，让金融服务更贴近用户；“大模型 + 医疗”可以赋能医疗机构诊疗全过程，精确诊断，对症下药。总之，大模型给人类发展带来了强大的推动力，促进了数字世界和现实世界的和谐共生。

（2）AI 大模型技术的发展趋势

① 模型规模将持续扩大。随着计算能力提升和大数据积累，AI 大模型将能够处理更复杂、更多维度的数据，实现更高级别的智能，有助于解决更多实际问题，深入应用到各个领域。

② 模型泛化能力不断增强。AI 大模型通过学习大量数据，能够掌握更广泛的规律和知识，提高新问题适应能力，使 AI 系统更加灵活智能，更好地应对复杂多变的环境。

③ 多模态融合。AI 大模型将实现语音、图像、文本等数据类型的融合处理，实现更全面的理解和交互，广泛应用于智能家居、自动驾驶等领域。

④ 可解释性和鲁棒性。未来的大模型将更加注重可解释性和鲁棒性的设计，以提高其人性化、安全性和可信度。

随着算力提升和数据量增加，AI 大模型的规模将不断扩大，性能将不断提升，为 AI 技术的行业应用提供支持，推动人类社会向更加智能化、便捷化的方向发展。

（3）AI 大模型技术面临的挑战

尽管大模型在各个领域都取得了显著成果，但也面临着诸多挑战和限制。首先，大模型的训练需要消耗大量的计算资源和时间，增加了模型在经济和时间方面的训练成本。以 ChatGPT 为例，其训练过程使用了微软 Azure 云服务提供的 1 万枚英伟达 A100 GPU。即便使用最先进的硬件设施，训练超大规模的模型仍面临巨大的计算压力，对数据中心的基础设施要求极高，随着模型规模持续扩大，分布式训练的复杂度也随之增加。其次，大模型的训练过程需要消耗大量电力能源，伴随巨量碳排放，对环境造成不利影响。最后，构建高质量、标注清晰的大数据集难度大且成本高，尤其是在涉及敏感信息或专业知识的领域，大模型在生成内容时可能会继承训练数据中的个人或者群体的偏见。如何保护敏感数据，在不侵犯隐私的前提下训练模型成为一个技术难点。

此外，大模型还面临着算力瓶颈、模型架构与算法优化、容量限制、可解释性和可控性等问题。为了解决这些挑战和限制，需要不断探索新的技术和方法，分布式训练、模型压缩、知识蒸馏等技术将成为未来的发展方向。

3. AI 大模型的主要技术

（1）AI 大模型的关键技术

AI 大模型的关键技术主要有深度学习、自然语言处理、计算机视觉、分布式计算和云计算、算法优化、数据处理与隐私保护等。

① 深度学习技术。其是 AI 大模型的基础，通过构建多层神经网络来模拟人脑的学习过程，实现对大量数据的处理和理解。如 Transformer 是一种处理自然语言任务的深度学习模型，能够处理机器翻译、文本分类、情感分析等任务。

② 自然语言处理技术（NLP）。其用于自然语言的理解、生成、翻译等任务，核心技术有语言模型、语义分析、词性标注、命名实体识别等。

③ 计算机视觉技术。其使大模型能够处理和理解图像和视频数据，包括图像处理、特征提取、目标检测、场景理解等。

④ 分布式计算和云计算技术。其为大模型的训练和部署提供了计算能力，使大模型能够在短时间内完成大量数据的训练，高效部署到各种应用场景。

⑤ 算法优化技术。其是提高大模型性能的关键，通过不断优化深度学习算法，可以提高 AI 大模型的训练效率，优化应用场景。

⑥ 数据处理与隐私保护技术。大模型的训练需要大量的数据，数据过滤、清洗与脱敏等技术

对于提高模型性能至关重要。同时，随着数据隐私问题的日益突出，隐私保护技术成为了大模型发展的关键技术。

（2）Transformer 深度学习模型

Transformer 深度学习模型是自然语言大模型采用的主流架构，其主要思想是通过自注意力机制获取输入序列的全局信息，并将这些信息通过网络层传递，提高特征提取能力和并行计算效率。它主要由输入部分、多层编码器、多层解码器以及输出部分组成。输入部分包括源文本嵌入层、位置编码器，多层编码器部分由 N 个编码器层堆叠而成，多层解码器部分由 N 个解码器层堆叠而成，输出部分包括线性层和 Softmax 层。Transformer 架构如图 8-1 所示。

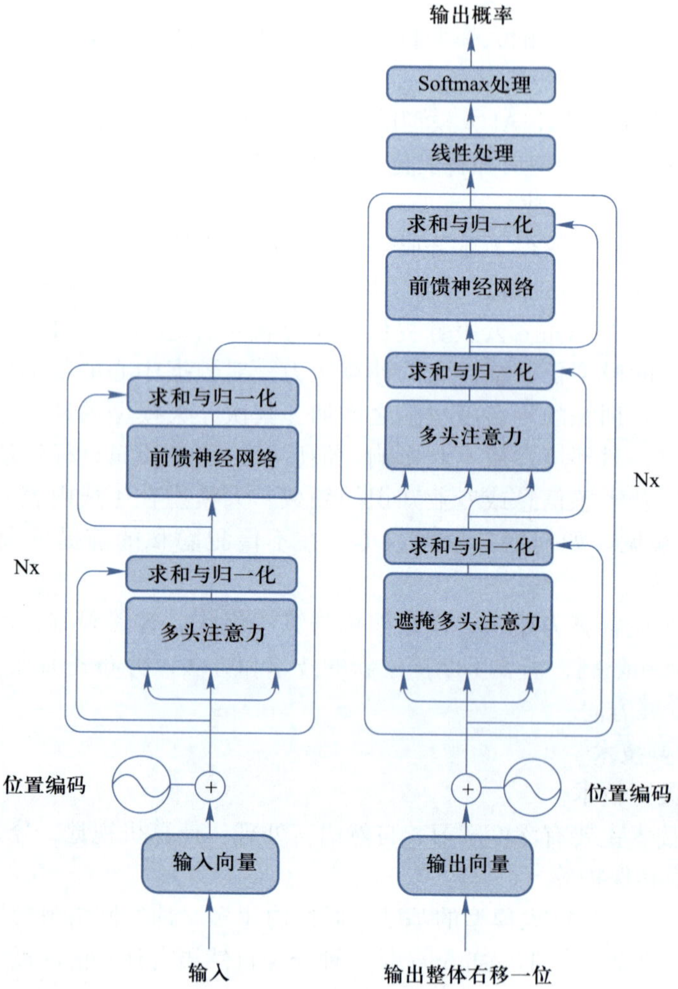

图 8-1　Transformer 架构

Softmax 层是一个用于多分类问题的神经网络输出层，它可以将神经网络的输出转换为概率分布，使输出的每个类别的概率值都在 0 到 1 之间，且所有类别的概率之和为 1。具体来说，Softmax 函数会将神经网络的原始输出分数转换为概率值，这些原始输出分数可以是任何实数，但 Softmax 函数会应用一个指数函数和一个归一化步骤，确保输出的概率值在合适的范围内。

（3）人工神经网络

人工神经网络是人工智能的基础，它从信息处理角度对人脑神经元网络进行抽象，建立简单模型，按不同的连接方式组成不同的网络。ANN 是由大量处理单元互联组成的非线性、自适应信息处理系统，基于现代神经科学，通过模拟大脑神经网络处理、记忆信息的方式进行信息处理，具有以下 4 个基本特征。

① 非线性。非线性关系是自然界的普遍特性，大脑的智慧就是一种非线性现象。人工神经网络中，人工神经元处于激活或抑制两种不同的状态，在数学上表现为非线性关系。具有阈值的神经元构成的网络具有更好的性能，可以提高容错性和存储容量。

② 非局限性。ANN 通常由多个神经元连接而成，一个系统的整体行为不仅取决于单个神经元的特征，还取决于单元之间的相互作用、相互连接。ANN 通过单元之间的大量连接模拟大脑的非局限性，联想记忆是非局限性的典型例子。

③ 非常定性。ANN 具有自适应、自组织、自学习能力，不但处理的信息可以变化，系统本身也可以不断变化。

④ 非凸性。一个系统的演化方向，在一定条件下取决于某个特定的状态函数。非凸性是指这种函数有多个极值，故系统具有多个较稳定的平衡态，导致了系统演化的多样性。

ANN 是一种有向图模型，神经元可以表示不同的对象。人工神经网络的一般结构如图 8-2 所示，分为输入层、隐含层和输出层。隐含层可以有多层，是一种非程序化、适应性、模拟大脑风格的信息处理层，本质是通过网络的变换和动力学行为进行并行分布式的信息处理，在不同程度和层次上模仿人脑神经系统的信息处理功能。

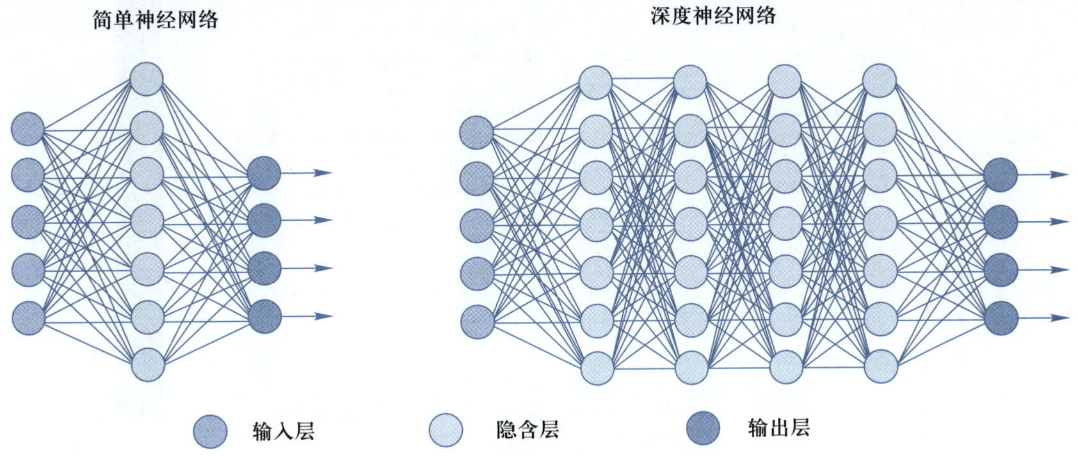

图 8-2 含多个隐含层的人工神经网络

ANN 是一个交叉学科，涉及神经科学、思维科学、人工智能、计算机科学等多个领域。ANN 是并行分布式系统，它采用了与传统人工智能和信息处理技术完全不同的机理，克服了传统的基于逻辑符号的人工智能在处理直觉、非结构化信息方面的缺陷，具有自适应、自组织、自学习和联想存储的特点。

（4）深度学习

深度学习（Deep Learning，DL）是机器学习（Machine Learning，ML）领域的一个方向，深度学习模型其实就是神经网络模型。一般来说，隐含层数量大于或等于两层的模型就被认为是深度学习神经网络模型。深度学习用来学习样本数据的内在规律和表示层次，目标是让机器能够像人一样具有分析学习能力，能够识别文字、图像和声音等数据。深度学习是一个复杂的机器学习算法，其在语音和图像识别方面取得的效果，远远超过先前相关技术，被广泛用于信息搜索、数据挖掘、机器翻译、自然语言处理、多媒体学习、语音、个性化推荐等方面，解决了很多复杂的模式识别难题，推进了 AI 相关技术的进步。

任务实施

微课 15：
文心一言大模型的使用

文心一言是一款基于深度学习算法的人工智能语言模型，具有广泛的应用场景，通常有 3 种使用方法：下载客户端软件到计算机、在手机端下载 App、利用网页在线使用。下面以网页版为例介绍其注册、登录方法和应用场景。

1. 打开文心一言网页

直接访问网页版文心一言，如图 8-3 所示，网页版的界面采用经典的 Chat 界面，用户可以直接与 AI 进行对话。

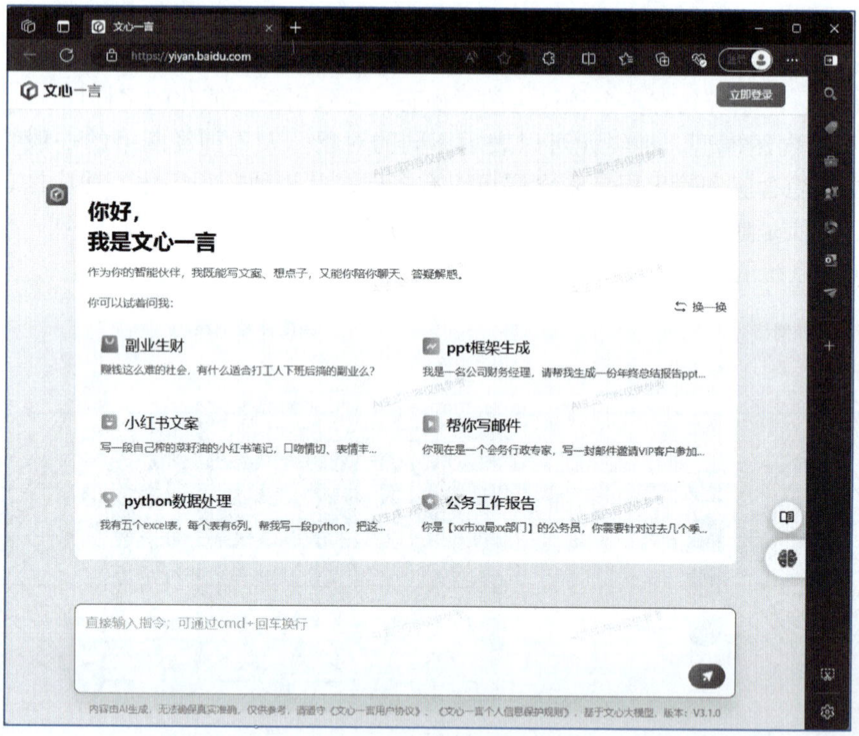

图 8-3　百度文心一言界面

2. 注册账户和登录

① 在图 8-3 所示界面中，单击右上角的“立即登录”按钮，弹出账号登录窗口，如图 8-4 所示。

② 在图 8-4 所示界面中，单击右下角的“立即注册”按钮，弹出“欢迎注册”对话框，如图 8-5 所示。

③ 在“欢迎注册”对话框中，设置用户名，输入手机号，设置登录密码，并通过手机获取验证码，信息填写正确后，选中窗口下方“阅读并接受《百度用户协议》《儿童个人信息保护声明》及《百度隐私保护声明》”复选框，此时“注册”按钮变成深色可单击状态，单击“注册”按钮完成用户注册。

④ 用户注册完成后，返回“账号登录”窗口，如图 8-6 所示，输入手机号和登录密码，选中“阅读并接受百度用户协议和隐私政策”复选框，然后单击“登录”按钮。

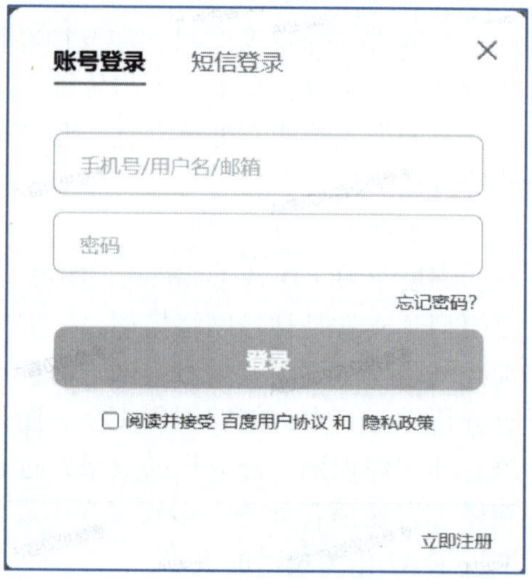

图 8-4　账号登录对话框

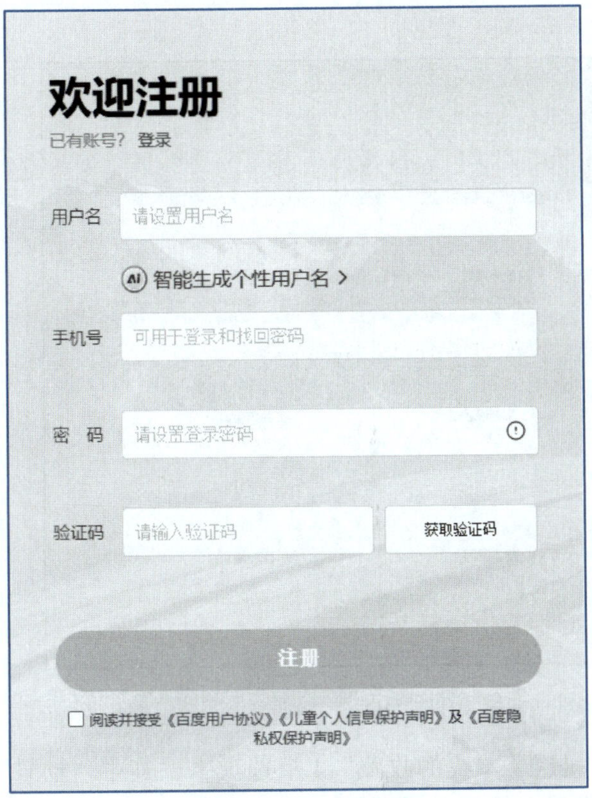

图 8-5 用户注册对话框

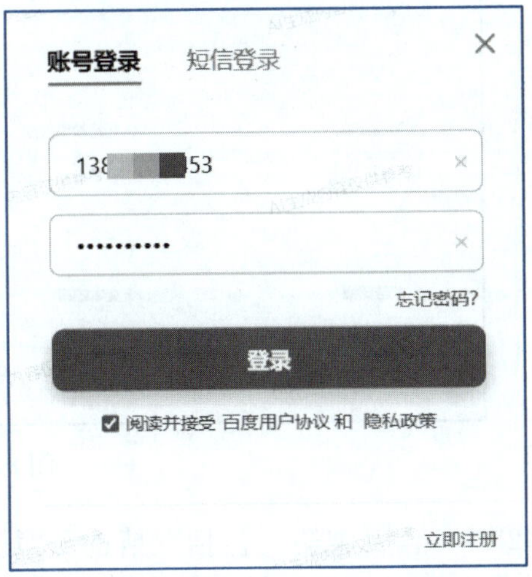

图 8-6 文心一言登录对话框

⑤ 登录成功后，进入文心一言大模型系统，其主界面如图 8-7 所示。

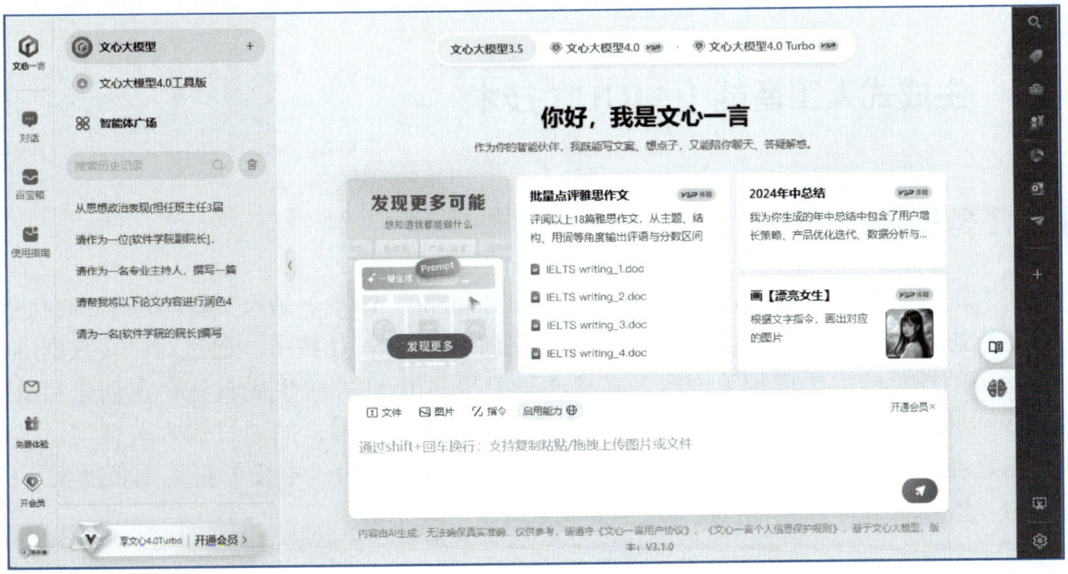

图 8-7 文心一言主界面

3. 选择应用场景

文心一言适用于不同的场景，包括但不限于搜索、文本分类和情感分析、机器翻译、智能助手和自然语言生成等。在开始使用之前，需要根据自己的需求选择相应的使用场景。

① 在图 8-7 所示的文心一言主界面中，单击页面左侧的“百宝箱”图标，打开“一言百宝箱”窗口，如图 8-8 所示。

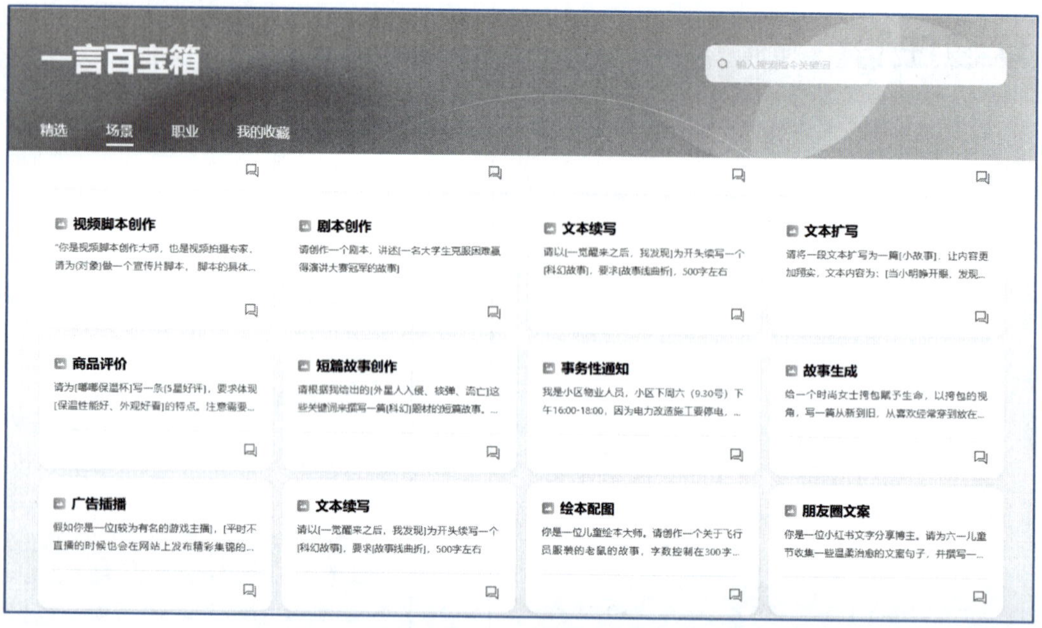

图 8-8 “一言百宝箱”界面

② “一言百宝箱”包括“精选”“场景”“职业”“我的收藏”4 个选项卡，其中“场景”和“职业”分别从应用场景和职业面向的视角提供了大量的对话模板。可以根据自己的兴趣和需求，选择合适的场景并进入。进入某个场景后，可以开始与文心一言进行对话，在下方输入框中输入文字或者上传图片、音频等信息，并单击“发送”按钮，文心一言会根据提问给出相应的智能回复。

任务 8.2　生成式人工智能（AIGC）技术

任务描述

生成式人工智能（Artificial Intelligence Generated Content，AIGC）是人工智能从 1.0 时代进入 2.0 时代的重要标志。AIGC 基于生成对抗网络、大型预训练模型等 AI 技术，通过对已有数据的学习和识别，以适当的泛化能力生成相关内容。其核心思想是利用 AI 算法生成具有一定创意和质量的内容。AIGC 可以根据用户设计的条件或指令，生成与之相关的内容，如通过输入关键词、描述或样本，生成与之相匹配的文章、图像、音频等，是用户与 AI 的接口。本任务将运用百度文心一言 AI 大模型中的“景点介绍”场景来生成《张家界风景区旅游攻略》。

知识准备

AIGC 是一种通过学习大规模数据集而生成新的内容的新型 AI 技术，它运用算法、模型、规则来生成文本、图片、声音、视频、代码等多模态内容，使深奥的 AI 技术走入了寻常百姓家，为人们的日常学习工作和生活打开了方便之门。

1. AIGC 的发展背景与应用

AIGC 的发展主要经历了 4 个阶段。

（1）技术起源与演进阶段

AIGC 技术的起源可以追溯到 20 世纪 50 年代，当时人们开始尝试让计算机模拟人的智能行为，如语言理解和生成。随着计算机科学的进步，特别是在深度学习技术的推动下，AIGC 技术得到了快速发展。深度学习技术使得模型能够更准确地生成符合要求的结果，处理更复杂的数据类型和任务。

（2）大数据与 AI 的融合阶段

进入 21 世纪，随着大数据时代的到来，AI 技术开始与大数据技术融合，形成了现在的 AIGC 技术。大数据为 AIGC 提供了丰富的训练数据，使得模型能够学习到更多的知识和模式，从而生成更准确、更有创意的内容。

（3）应用领域的拓展阶段

AIGC 技术已经广泛应用于各个领域，包括金融、医疗、工业、智能家居和智慧城市等。在金融领域，AIGC 技术可以用于风险管理、股票交易预测等方面；在医疗领域，可以应用于疾病诊断、药物研发等方面。AIGC 的应用不仅提高了工作效率，还为人类生活带来了便利。

（4）市场与产业规模阶段

随着 AIGC 技术的不断成熟和应用领域的拓展，其市场规模也在不断扩大。中国 AIGC 产业规模在 2023 年约为 143 亿元，预计到 2028 年将达到 7 000 亿元，AIGC 产业将成为推动经济增长的重要力量。

2. AIGC 的基础设施

AIGC 的基础设施主要包括数据、算力和算法，是实现 AIGC 更加智能化、实用化的关键。

（1）数据

数据是 AIGC 的核心基础，包括存储（集中式数据库、分布式数据库、云原生数据库、向量数据库）、来源（用户数据、公开域数据、私有域数据）、形态（结构化数据、非结构化数据）、处理（筛选、标注、处理、增强、预测）。

（2）算力

算力（Computing Power 或者 Compute Capacity）是为 AIGC 提供基础算力的平台，包括 CPU、GPU、DPU、TPU、NPU、服务器、大模型算力集群、基于 IaaS（基础设施即服务，是云计算的一种服务）搭建的分布式训练环境、自建数据中心部署。DPU（Data Processing Unit，数据处理单元）是一种专门用于数据处理和加速的处理器，通常用于网络设备、数据中心和云计算平台中。TPU（Tensor Processing Unit，张量处理单元）是一种针对人工智能和机器学习任务进行优化的处理器。NPU（Neural Processing Unit，神经网络处理单元）同样是一种针对人工智能和机器学习任务进行优化的处理器，具有高度并行的架构和专门的硬件加速器，用于高效地执行矩阵运算和神经网络计算。

（3）算法

算法（Algorithm）是为解决特定问题或完成特定任务而设计的一系列明确、有限的指令或步骤，是软件系统的关键。通过模型设计、模型训练、模型推理、模型部署步骤，AI 算法完成从机器学习平台、模型训练平台到自动建模平台的构建，实现对业务场景的支撑与覆盖。

3. AIGC 的主要应用

AIGC 在多个领域都有广泛的应用。

（1）AIGC 的生成内容

按照不同的内容类型进行分类，AIGC 可以生成的内容如下。

● 文本生成：使用 AI 算法和模型来生成模仿人类书写内容的文本，包括文章写作、文学作品写作、技术文档写作、人机对话系统等。

● 图像生成：用于生成非人类艺术家作品的图像，如艺术设计、图像创作、医学成像等。

● 音频生成：分为从文本到语音合成和语音克隆两类。文本到语音合成指输入文本并输出特定说话者的语音，主要用于机器人和语音播报任务。语音克隆以给定的目标语音作为输入，然后将输入语音或文本转换为目标说话人的语音，此类任务类似智能配音，可以合成特定说话人的语音。应用场景包括音乐创作、语音合成、声音效果，可用于电影、游戏音效制作等。

● 视频生成：用于对视频进行剪辑处理以生成预告片或宣传视频。工作流程类似于图像生成，对视频在帧级别进行处理，然后利用 AI 算法检测视频片段。应用场景包括视频创作、游戏开发、场景构建、角色互动、数字人、虚拟人等。

● 代码生成：用于协助生成程序代码段、编程、算法设计、网页设计等，为软件开发人员提供创新思路和解决方案。

● 跨模态生成：将不同模态的内容结合起来，创作出新作品，如将文本转换为图像、将音频转换为视频等。

AIGC 在智能物流、社交网络分析、推荐系统、自然语言处理等领域也有着广泛应用，提高了内容生成效率，丰富了内容的多样性，为工作生活带来了便利。

（2）AI 大模型的分类

AI 大模型通常分为通用大模型、行业大模型和端侧大模型 3 类，国内 AI 大模型分类、功能和典型案例见表 8–1。

表 8–1 国内 AI 大模型分类及典型案例

类别	主要功能	典型案例
AI 通用大模型	文本生成、语言理解、知识问答、逻辑推理、数学计算、代码编写、多模态转换、音频处理、视频处理等	科大讯飞星火、百度文心一言、阿里巴巴通义千问、字节跳动豆包（抖音豆包）
AI 行业大模型	金融：文档处理、知识问答、内容生成、趋势预测、辅助决策 医疗：影像生成、知识问答、诊断辅助决策 政务：政策检索、知识问答、辅助决策 电商：经营分析、商品推广、商品销售 传媒：录音转写、新闻写作、视频剪辑	蜜度文修大模型、容联云赤兔大模型、用友 YonGPT 大模型、人民网写易智能创作引擎
AI 端侧大模型	用于专门领域，如用于汽车的物体识别、语言理解，用于手机的语义搜索、知识问答、文本创作	蔚来 NOMI GPT 大模型、vivo 蓝心大模型

AI 产业链主要由基础层、技术层、应用层构成。其中基础层侧重于基础支撑平台的搭建，包含传感器、AI 芯片、数据服务和计算平台；技术层侧重核心技术的研发，主要包括算法模型、基础框架、通用技术；应用层注重产业应用发展，主要包含行业解决方案服务、硬件产品和软件产品。调研归纳发现，国内 AIGC 产业链结构主要由基础大模型、行业 / 场景中模型、业务 / 领域小模型，AI 基础设施、AIGC 配套服务 5 部分构成，并且已经形成了完善的产业链。

（3）AIGC 的典型应用场景

AIGC 应用场景很多，主要有商业营销、数字办公、在线客服、人力资源、基础作业等。

① 商业营销场景是 AIGC 发展最快，应用最成熟的场景，AIGC 可用于内容生产、策略生成，

如生成广告策略、品牌传播、市场分析、广告设计与内容制度、投放策略、投放效果分析与预测等内容。

② 数字办公场景：用于文本内容生成、代码生成、流程设计和规范等方面。例如流程管理模块的核心价值是规范建议，AIGC 可赋能流程规范设计、流程路径设计、流程控制设计、流程优化等环节。在一个新项目启动时，AIGC 可以根据项目需求和历史经验自动生成流程规范建议，如阶段任务分配、时间节点等，提升办公效率。

③ 在线客服场景：通过声音合成、语义理解，生成具有明确目的性的对话音频，包括富文本沟通、自动主动对话、访客信息展现，同时 AIGC 可生成个性化回复模板，提供针对性服务等。

④ 人力资源场景：改变了传统人力资源三支柱（专家中心、人力资源业务伙伴、共享服务中心）的模式，提高匹配度和准确率，减少人力资源部门的工作负担。如简历推荐方面，AIGC 可赋能海量筛选、面试筛选、笔试测评。以海量筛选简历阶段为例，AIGC 可以分析各个候选人的简历，生成匹配结果报告，并根据公司需求智能推荐合适的候选人。

⑤ 设计场景：提供创意辅助，可以根据客户需求，自动转化设计对接，辅助设计不同风格的方案，形成设计图纸或者图像视频，提升设计师的设计水平。

⑥ 合同管理场景：提供合同草稿生成、内容自动审核、合同完整性确认等功能。AIGC 能够用于合同制作、业务部门内部审核、审核确认、财务审核、法务审核、审核确认、领导审核、审核确认、最终审核存档，能够根据企业需求和行业标准，自动识别关键信息并生成合同草稿，提高合同起草质量，节省企业起草合同所需时间；自动分析合同内容，为业务部门审核合同提供有效建议，提高审核效率，降低合同执行的潜在风险；可以基于已完成的合同提出审核意见及修改意见，确保合同完整，生成最终合同文档。

AIGC 能够进行复杂的逻辑推理，具有超强的迁移学习和少样本学习能力，可以快速掌握新的任务，适配不同领域和不同数据模式，赋能其他行业，提升行业效率。

4. AIGC 的使用方法

（1）提示词的使用技巧

要向 AIGC 输入信息，提示词（Prompt）的撰写非常关键，影响答案的精确度。Prompt 主要由 3 个部分组成：任务、指令和角色。任务是指要求 AIGC 生成的内容，指令是指 AIGC 生成文本时应遵循的命令，角色是指 AIGC 生成文本时所扮演的角色。

① 扮演角色。分别给自己和 AIGC 一个明确的角色定位，通常把自己定位为初学者，向 AIGC 请教，而 AIGC 是该领域的资深专家。

② 明确问题。确保 Prompt 清晰明了、言简意赅，包括主题、问题或指令，以便 AI 正确理解并生成最佳答案。AIGC 更容易理解意思明白无误的短句，应尽量避免长句和意义含糊的词汇，长句要尽量拆分为若干短句。

③ 提供详细描述。应提供更多细节，以获得更专业、更深入的答案。比较如下 3 个问题的回答内容的差异。

- 问题 1：请写一个欢迎辞。
- 问题 2：公司领导今天来本部门调研，请写一个欢迎辞。
- 问题 3：董事长来我们部门调研年度任务完成情况，作为研发部的经理，请撰写欢迎辞。

④ 设想场景。让 AI 进入某种情境，以便产生更有针对性的答案。可以代入时间、空间、特定场景。例如，“假设您是一位经济学家，谈谈对中国加入世界贸易组织的理解”。

⑤ 请求解释。可以要求 AI 解释其答案的原因或提供更多背景信息。例如，“为什么得到这个结论？”或“能否提供中国加入世界贸易组织相关的历史背景？”。AI 背后依托的是海量知识库，当遇到不理解或者不明白的问题时，可以尝试从不同角度向它提问，从而得到角度不一样的答案，

便于用户综合判断。

⑥ 多次迭代。AI 的初始回答不一定满足用户期望，可以多次迭代 Prompt，逐步引导 AI 理解用户需求，不断改进，生成更满意的答案。可以最开始用较简单的提问，根据 AI 的回答，进行二次提问，持续提问后，能够得到一个比较完美的答案。

⑦ 切换问法。尝试以不同的方式提出相同的问题，以获得不同的视角。例如，将“你认为人工智能对社会的影响有多大？”改为“人工智能对社会有何优点和缺点？”。也可以对同一个问题，在不同 AIGC 软件上提问，根据不同的回答进行对比分析。

（2）注意事项

AI 虽然是百科全书，但也需要不断学习才能满足用户期望，与 AI 对话是一个互动过程，需要多轮尝试并调整策略，不断优化提示词，才能获得满意的答案。不同的 AIGC，对同一个问题的回答不一定相同，甚至同一个问题对同一个 AIGC 重复提问，也可能得到不一样的答案，这都属于正常现象，AIGC 生成的答案是参考答案，而非标准答案。

AIGC 并不会检查答案中所有内容的正确性和准确度，有时会把后台数据直接呈现给用户，因此在使用时，仍然需要用户自己辨别。同时，AIGC 会拒绝透露敏感信息，如个人身份信息、联系方式、地址等，还会拒绝回答存在意识形态风险的提问。可见，完全脱离人的判断，全部依赖 AIGC 产生的答案，是不现实的。

任务实施

下面介绍如何使用文心一言大模型来生成《张家界景区旅游攻略》。

① 登录文心一言。打开“文心一言”官方网站并登录。

② 使用“景点介绍”场景生成景区旅游攻略。单击文心一言主界面左侧的“百宝箱”图标，打开“一言百宝箱”窗口。

③ 在“一言百宝箱”窗口中单击“场景”选项卡，如图 8-9 所示，在下方的场景列表中选择“旅行度假”场景，然后选择“景点介绍”场景并进入。

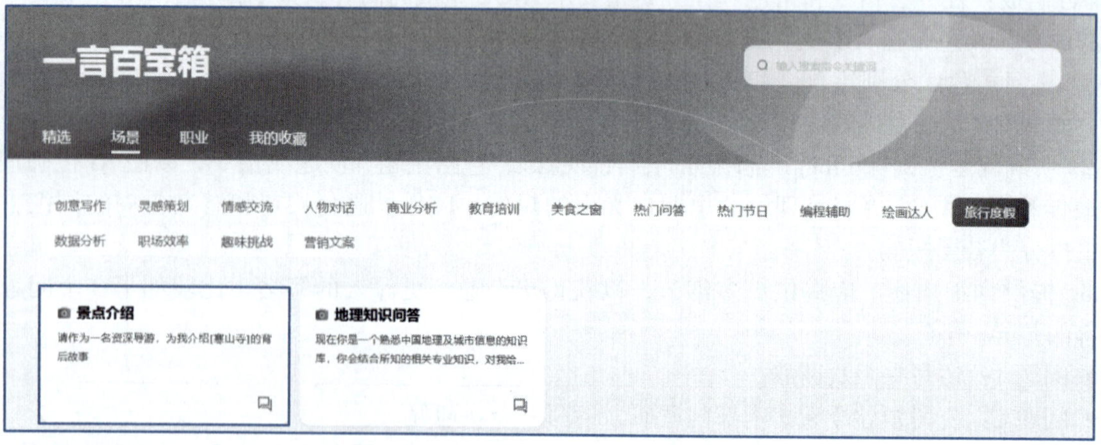

图 8-9　选择“旅行度假”场景

④ 在右下方的交互对话框中输入提示词“请作为一名资深导游，为我介绍张家界景区”，单击右下角的“发送”按钮，如图 8-10 所示。

⑤ 系统根据提示词生成《张家界景区旅游攻略》，包括景区概况、自然景观、动植物资源、气候与季节、旅游建议等内容，如图 8-11 所示。

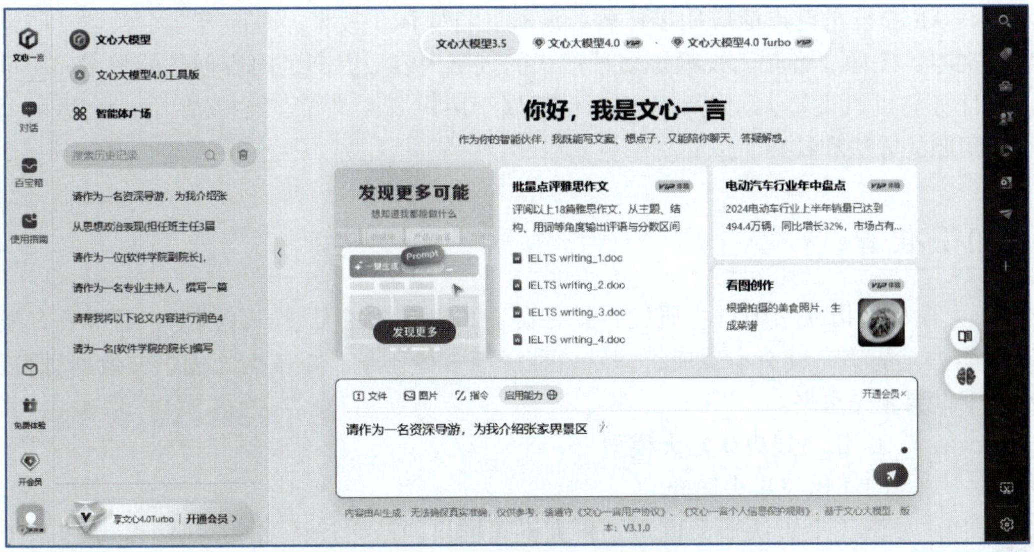

图 8-10 “文心一言”人机交互界面

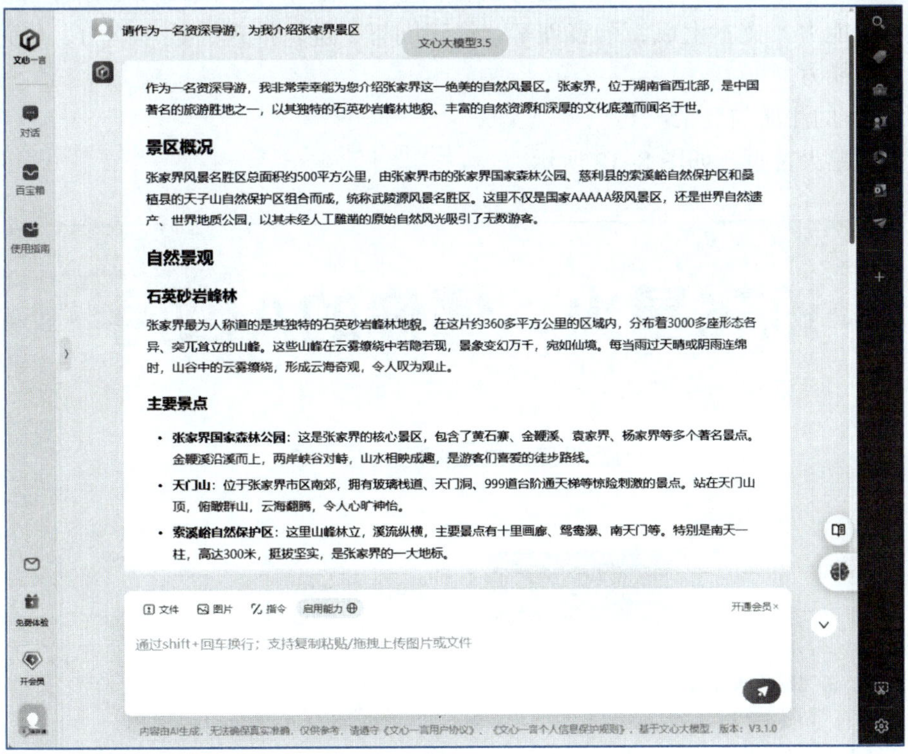

图 8-11 人机交互生成结果

任务 8.3 典型国产 AI 大模型的使用

任务描述

国产 AIGC 技术近年来取得了显著进展，部分技术处于国际领先水平，特别是汉字处理方面。百度、腾讯、阿里、华为等科技公司在 AIGC 技术的研究和应用方面取得了重要成果，推动了 AI 的快速普及，其 AIGC 技术已广泛应用于广告、游戏、自媒体、教育、电商等多个领域，使计算机能够自动生成文本、图像、音频、视频等多种形式的数字内容，提高了内容创作的效率和质量，降低了成本。本任务将以讯飞星火大模型为例，创建属于用户个人“五言绝句诗”，学会运用国产大模型解决实际问题的方法和技巧。

知识准备

国产 AI 大模型是指在中国自主研发、具有自主知识产权的大型语言模型，通常具有强大的自然语言处理能力，能够完成文本生成、理解、翻译等多种任务，并且在处理中文数据时表现出色，部分技术处于世界领先水平。

微课 16：讯飞星火大模型的使用

1. 讯飞星火认知大模型

（1）讯飞星火简介

讯飞星火认知大模型是科大讯飞推出的新一代认知大模型，可实现基于自然对话方式的用户需求理解与任务执行。讯飞星火从赋能万物互联时代的人机交互、赋能知识学习与内容创作、提升数智化生产力 3 个方面展现其应用能力，具备 7 大核心能力：文本生成、语言理解、知识问答、逻辑推理、数学能力、代码能力和多模态能力。

（2）讯飞星火的注册与登录

① 打开讯飞星火首页，如图 8–12 所示。

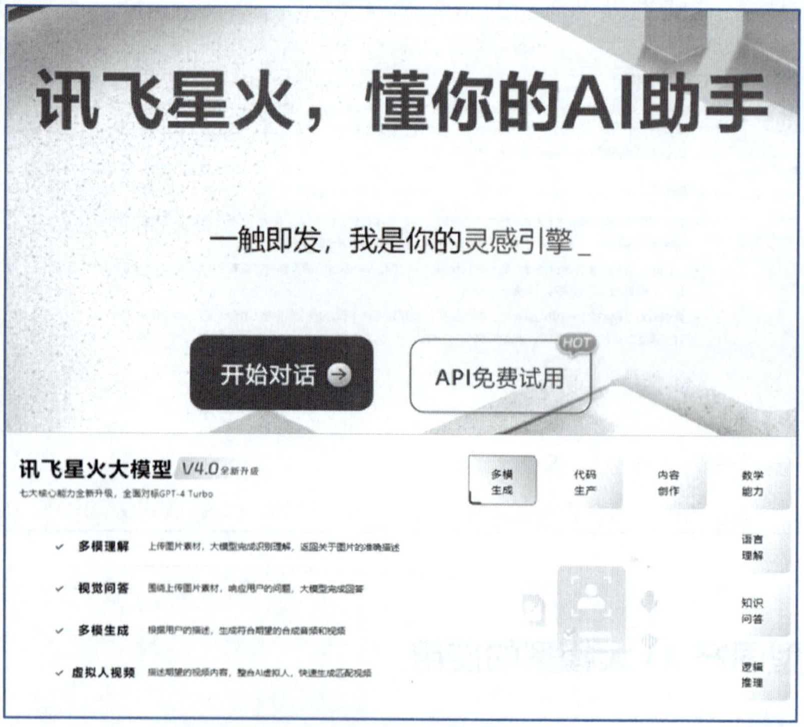

图 8–12　讯飞星火首页

② 单击“开始对话”按钮，进入登录界面，如图 8–13 所示，系统提供了“手机快捷登录”和“账号密码登录”两种方式。如果是非注册用户，切换到“账号密码登录”页面，可以注册新的用户。

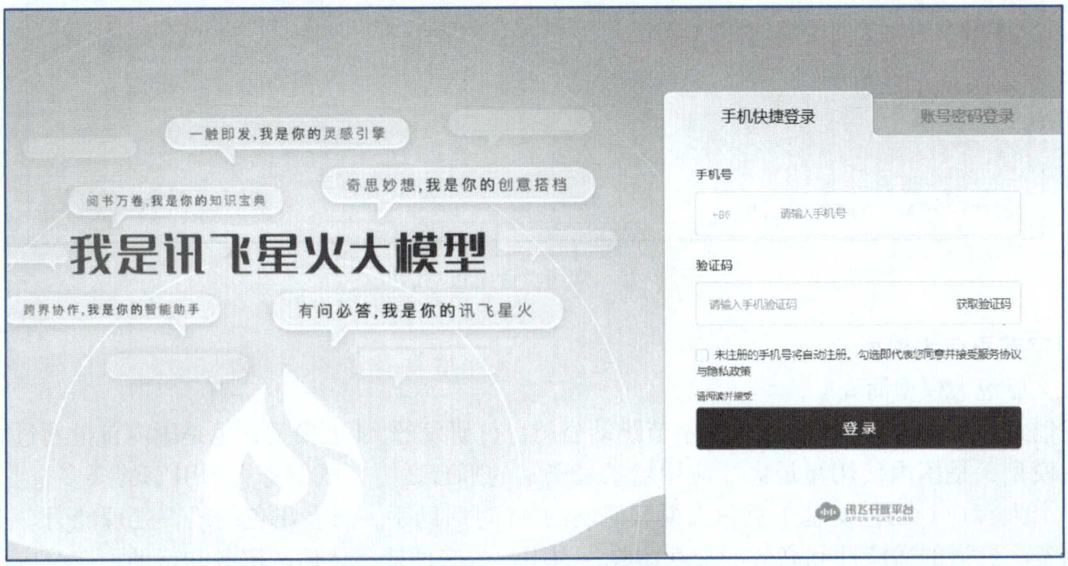

图 8–13　讯飞星火登录界面

③ 注册并登录系统后，即可进入讯飞星火工作界面，如图 8–14 所示。左侧是场景列表栏，包括星火对话、名字写诗、生活摄像头、演讲稿、PPT 制作助手等常用场景，列表会根据用户的喜好、日期等信息动态变化。右边是交互界面，包括所选场景的功能列表，选择某一功能后，可以在下方的文本框中输入问题，单击“发送”按钮，讯飞星火即可生成答案。

图 8–14　讯飞星火工作界面

④ 在输入框中输入字符“/”，系统会打开常用对话模板小窗口，供用户进一步选择提问模板，如图 8–15 所示。

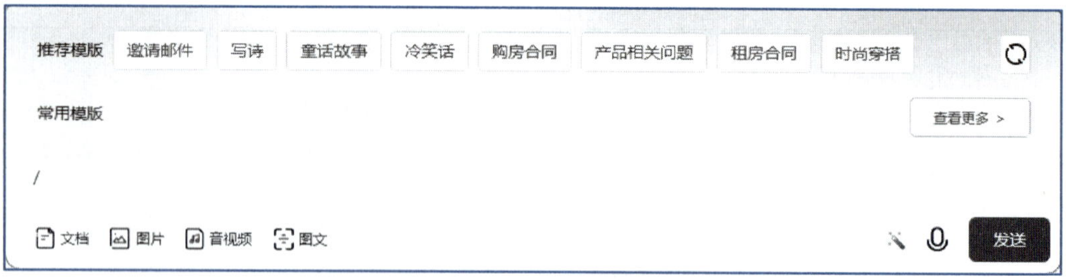

图 8-15　常用对话模板对话框

2. 字节豆包大模型

（1）豆包大模型简介

豆包大模型，原名“云雀”，是字节跳动公司自行研发的 AI 大模型，也是国内首批通过算法备案的大模型，是国内使用量最大、应用场景最丰富的平台之一，既服务火山引擎的众多企业客户，也服务个人客户。豆包是基于豆包大模型研制的 AI 对话助手，有着出色的语言处理能力、丰富的知识储备、灵活的适应性和高效的交互体验，为用户带来便捷、优质的服务和帮助，广泛应用于教育、商业、内容创作、客户服务、医疗、金融、科技等领域。

（2）豆包注册与登录

在没有登录前，豆包系统界面如图 8-16 所示，包括“帮我写作”“图像生成”“AI 搜索”“阅读总结”“翻译”和“网页摘要”等功能。一般来说，未注册用户只能进行有限数量的提问。如果频繁提问或进行不符合正常使用模式的提问，用户行为可能会受到限制。

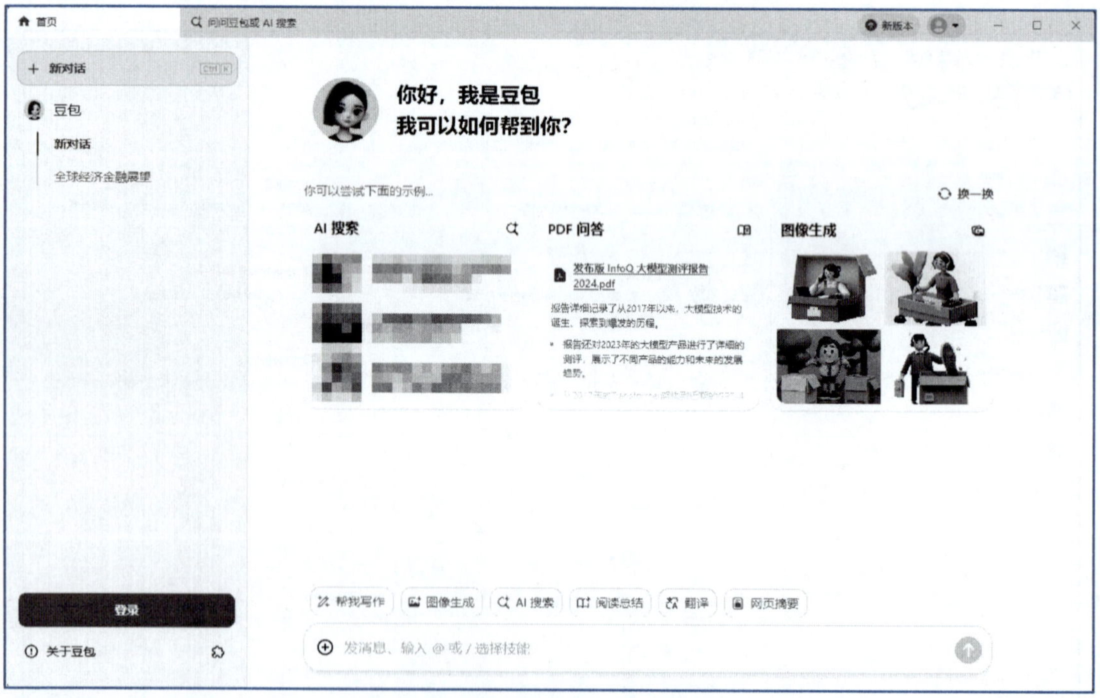

图 8-16　豆包的初始界面

豆包支持手机注册并登录，也支持抖音账号一键登录和 Apple 账号登录，如图 8-17 所示。

豆包涵盖了知识问答、语言翻译、文本摘要、情感分析、聊天对话、英语学习辅助、语音、长文本处理、商业计划书等 40 余项功能。图 8-18 显示的是豆包“创作”模块的功能列表。

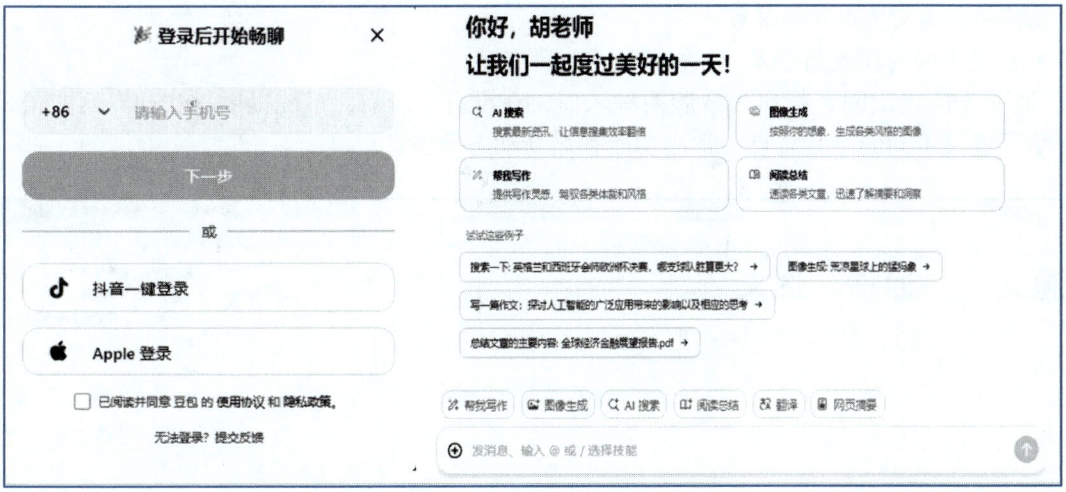

图 8-17　登录界面与工作界面

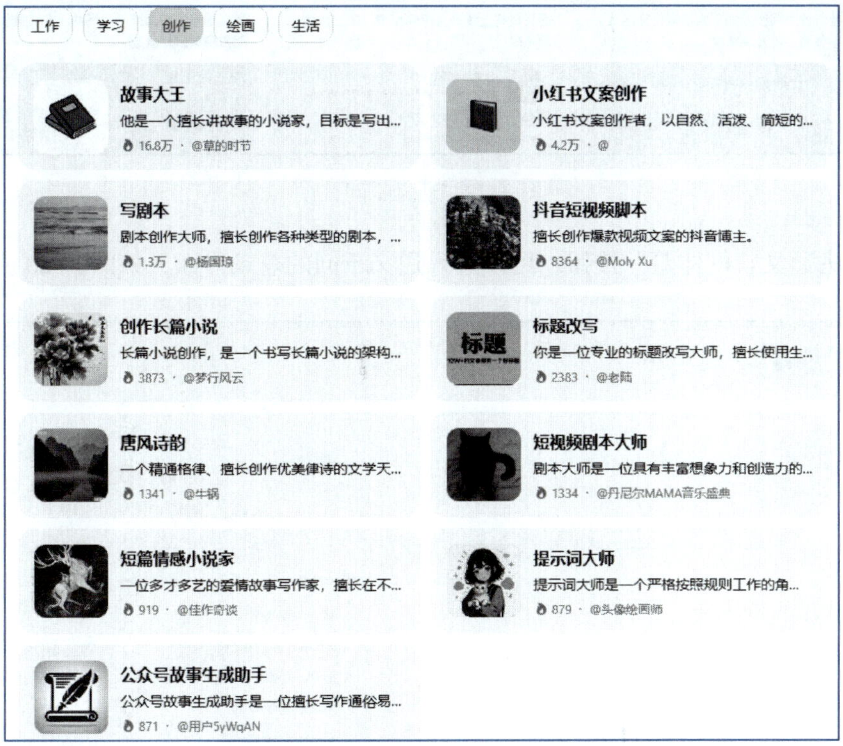

图 8-18　豆包“创作”模块的功能列表

3. 阿里通义千问大模型

（1）通义千问大模型简介

通义千问是阿里云研发的预训练语言模型，基于先进的自然语言处理技术（NLP），执行理解、生成和解释人类语言、图片和文档等任务，能在创意文案、办公助理、学习助手、趣味生活等方面为使用者提供交互体验，具备中英文理解、数学推理、代码理解等能力。通义千问可应用于智能编码助手、阅读助手、工作学习助手、个性化角色创作平台、智能投研助手、智能客服、个人健康助手、法律顾问等领域。通义千问提供了两类服务，一是基础模型服务，包括千问大语言模型、千问 VL 和阿里云百炼 3 种服务；二是行业模型应用，包括通义灵码、通义晓蜜、通义星尘、通义万相、通义听悟、通义智文、通义法睿 8 种服务。

（2）通义千问的注册与登录

① 通义千问提供网页版和 App 版两种入口，在没有登录前，系统提供的欢迎界面如图 8-19 所示，介绍了通义千问的主要特点、常用功能和最新动态等信息。

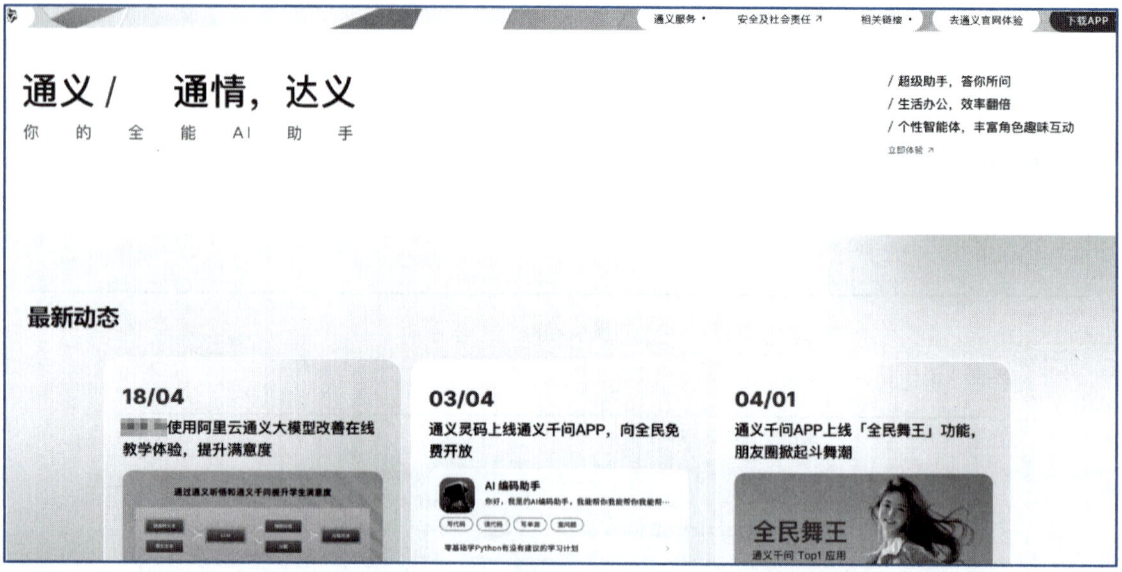

图 8-19　通义千问首页

② 单击“去通义官网体验”按钮，可以进入通义千问的登录界面，如图 8-20 所示。

图 8-20　通义千问登录界面

③ 通义千问仅支持手机注册和登录，不允许非注册用户试用，其登录界面如图 8–21 所示。

图 8–21　通义千问注册登录界面

④ 输入手机号码，通过短信验证后，即可进入通义千问的工作界面，如图 8–22 所示。

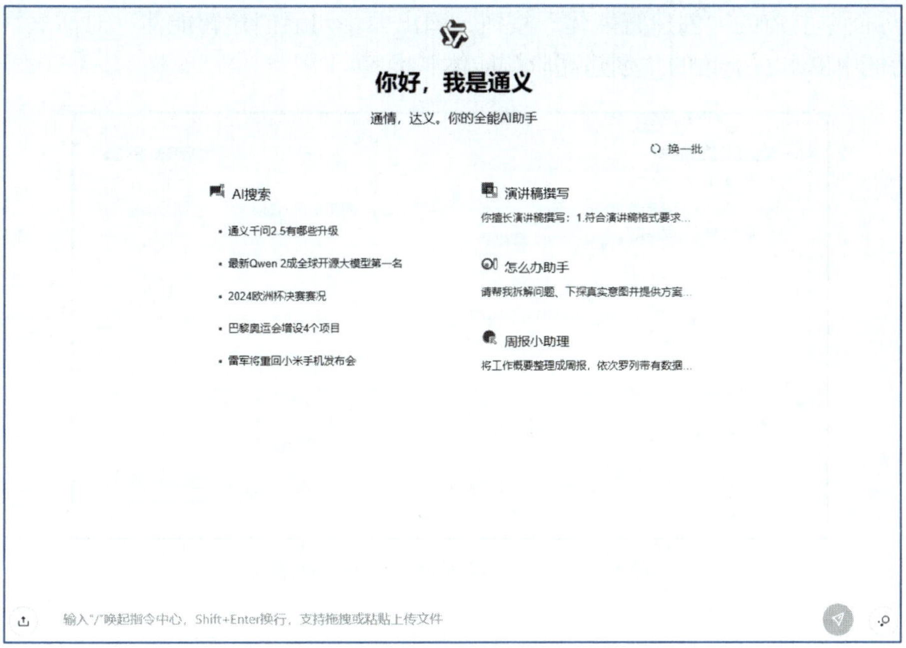

图 8–22　通义千问的工作界面

通义千问提供了 AI 搜索、演讲稿撰写、怎么办助手、周报小助理等主题的介绍，单击“换一批”，系统会自动挑选其他主题显示。在指令文本框中输入问题，并单击“发送”按钮，系统即可生成答案。

任务实施

① 在浏览器中输入科大讯飞星火大模型官网地址，进入其官网。在官网首页单击左上角的选项卡“SparkDesk”。如果是新用户，需要先注册；已注册用户可以直接登录。登录成功后直接进入科大讯飞星火认知大模型的工作界面，如图 8–23 所示。

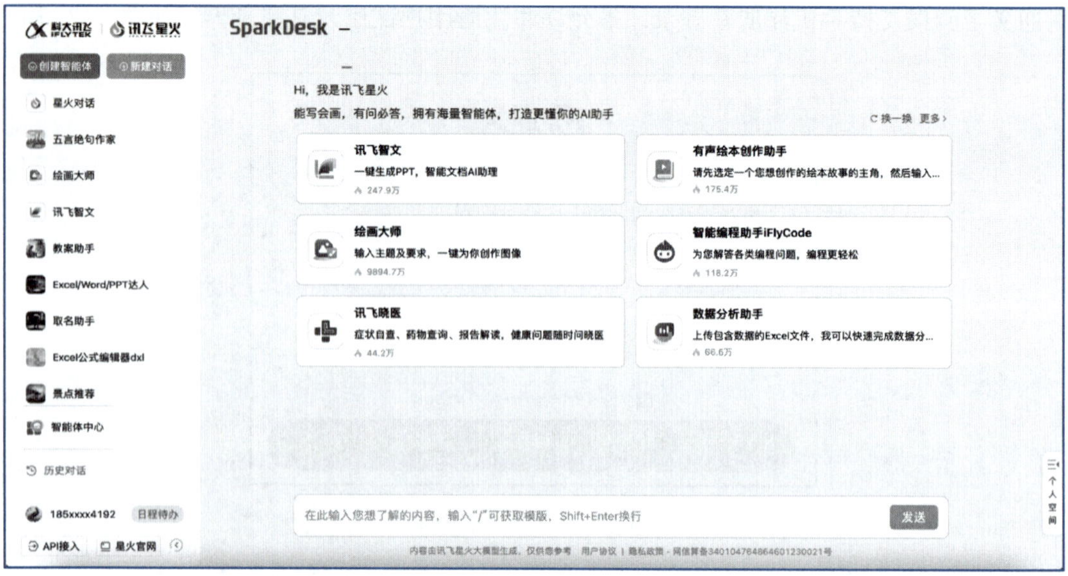

图 8–23　科大讯飞星火认知大模型工作界面

② 单击界面左上角的“创建智能体”按钮，弹出“一句话创建智能体”对话框，如图 8–24 所示，在该对话框中单击右上角的“创建高阶智能体”标签。

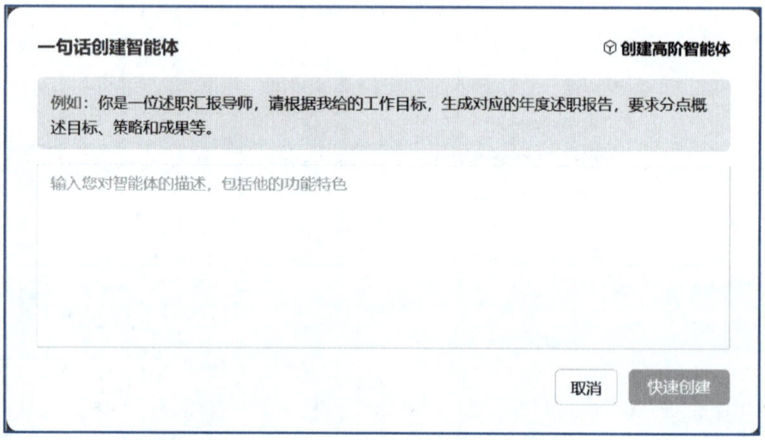

图 8–24　“一句话创建智能体”对话框

③ 创建智能体有“创建智能体”“智能体模板”“数据集”和“上架管理”4 个步骤，如图 8–25 所示。单击窗口中的“创建智能体”按钮。

图 8–25　“创建智能体”界面

④ 智能体分为结构化创建智能体、编排创建智能体和轻应用开发 3 种创建模式。如图 8–26 所示，在弹出的“选择创建模式”窗口中，单击“结构化创建智能体”中的“开始创建”按钮。

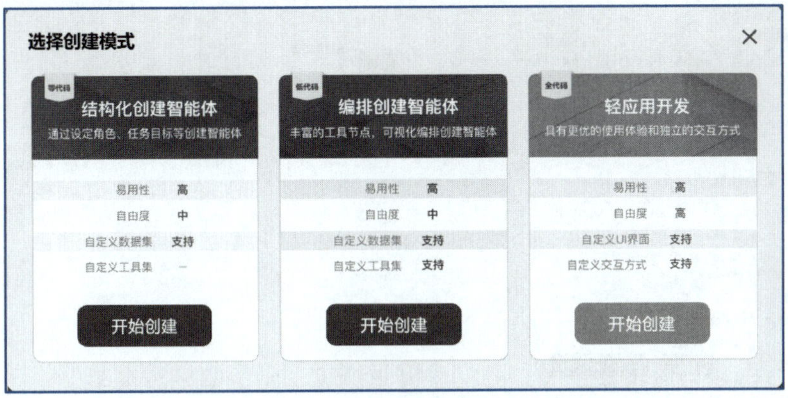

图 8–26 “选择创建模式”对话框

⑤ 进入“新建智能体”信息输入界面，如图 8–27 所示。在“智能体名称”文本框中输入“五言绝句诗”，“智能体分类”选择“创作”，在“智能体简介”后面的文本框中输入“请输入一个主题，我来帮您创作一首五言绝句，比如您输入‘鸟鸣涧’”。单击“AI 生成”按钮可以通过 AI 生成智能体封面，在右侧“调试与预览”窗口中可以实时看到 AI 生成的智能体封面效果图。同时，可以在“智能体指令”中设定一些条件，如角色设定、目标任务和需求说明等。也可以单击“增加其他维度”，增加更多的指令。

图 8–27 “新建智能体”信息输入界面

⑥ 在“功能选项”中，单击“输入示例”右侧的“AI 生成”按钮，可以通过 AI 生成 3 个输入示列，如图 8–28 所示。单击“关联数据集”下方的“选择数据集”按钮，弹出“选择要关联的数据集”对话框，单击“创建新数据集”按钮进入“私有数据集”界面，如图 8–29 所示。

⑦ 单击“新建数据集”，弹出“新建数据集”界面，如图 8–30 所示，填写数据集名称，同时对数据集进行描述，将准备好的数据集文件上传。

图 8-28　新建智能体数据集信息输入界面

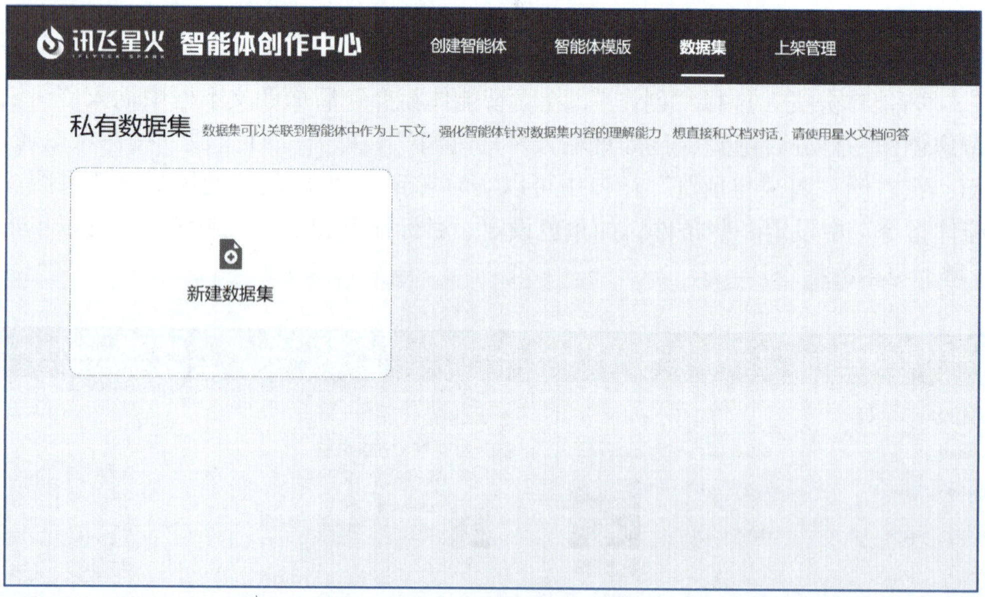

图 8-29　“私有数据集”界面

图 8-30　“新建数据集”界面

⑧ 单击“下一步”按钮完成创建，如图 8–31 所示。

图 8–31　“数据集创建成功”界面

⑨ 返回创建智能体操作界面，如图 8–32 所示，选中刚才创建的数据集，选择发音人，选中“智能体能力调用”的全部复选框，同时也选中“智能体特性”下的“支持多轮对话”和“支持上传文档”复选框，单击“创建并申请上架”按钮。

图 8–32　为新建智能体选择数据集

⑩ 在如图 8–33 所示的界面中单击“五言绝句诗”智能体中的“对话”标签，进入智能体交互界面，如图 8–34 所示。

⑪ 输入“鸟鸣涧”，大模型会自动生成一首五言绝句诗，如图 8–35 所示，智能体首先会匹配数据集里面的诗句，如果输入的提示词不在数据集里，智能体也会自动创作。

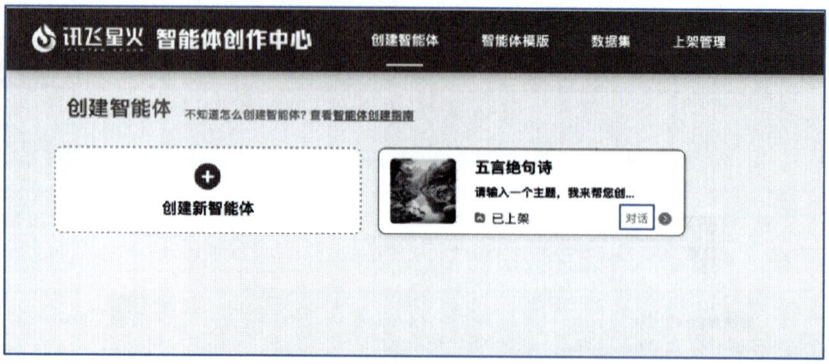

图 8–33　新建智能体对话界面

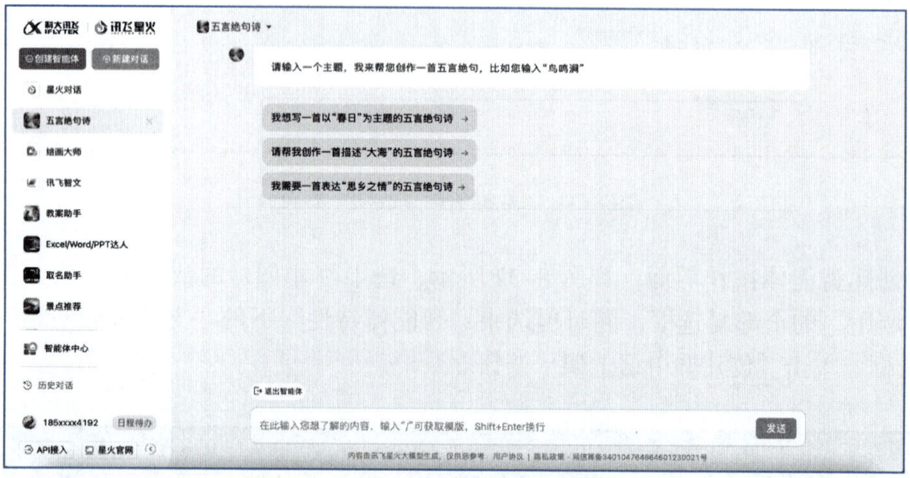

图 8–34　智能体交互界面

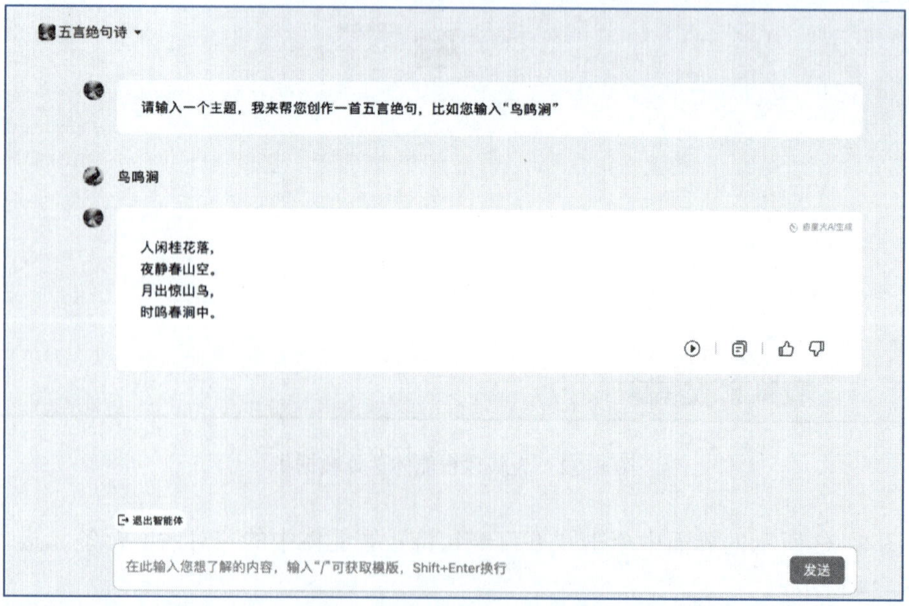

图 8–35　根据数据集创作五言绝句诗

比如，输入“长沙”，智能体会调用讯飞星火大模型的能力，生成五言绝句诗，如图 8–36 所示。

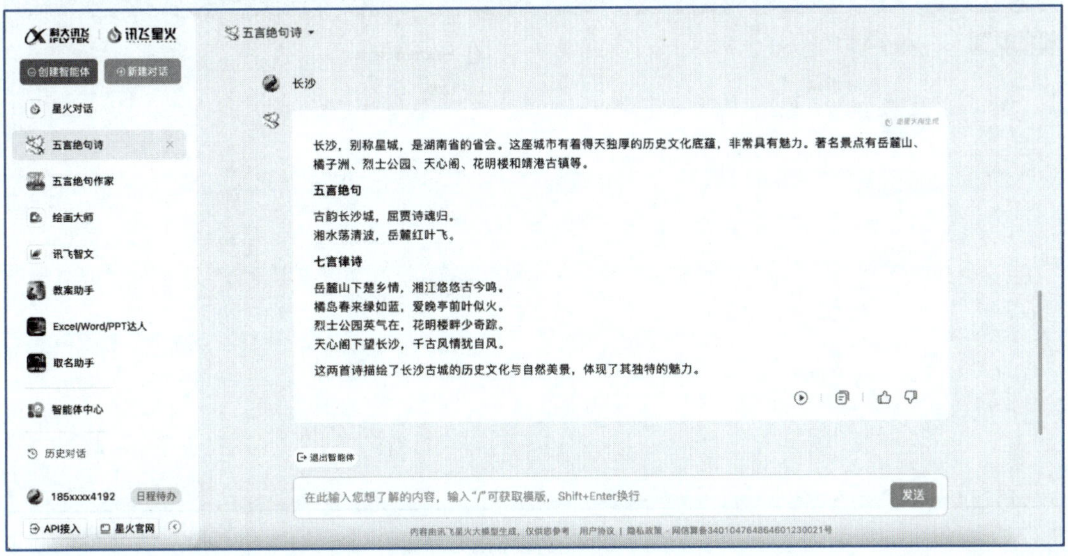

图 8–36　利用智能体创作“长沙”五言绝句诗

⑫ 单击“五言绝句诗”的下拉按钮，弹出智能体信息，如图 8–37 所示，可以单击“编辑该智能体”按钮进入编辑智能体界面。

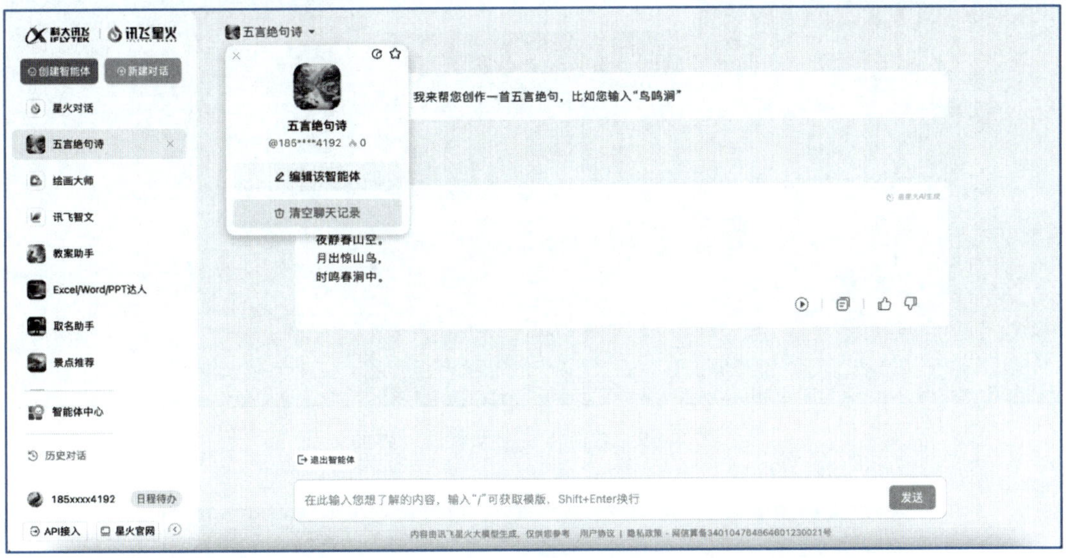

图 8–37　编辑智能体界面

⑬ 进入编辑智能体界面之后，首先进入“智能体概览”界面，如图 8–38 所示。

⑭ 当前还无法编辑智能体，选择“上架管理”选项卡，点击“申请下架”，在“申请下架智能体”对话框中单击“提交申请”按钮，将该智能体下架，如图 8–39 所示，再进行编辑。

⑮ 单击“创建智能体”选项卡，可以看到“五言绝句诗”智能体显示未上架，此时单击该智能体可以进行编辑。编辑完成之后，保存修改。在“智能体概览”界面，提交当前智能体的上架审核，如图 8–40 所示。

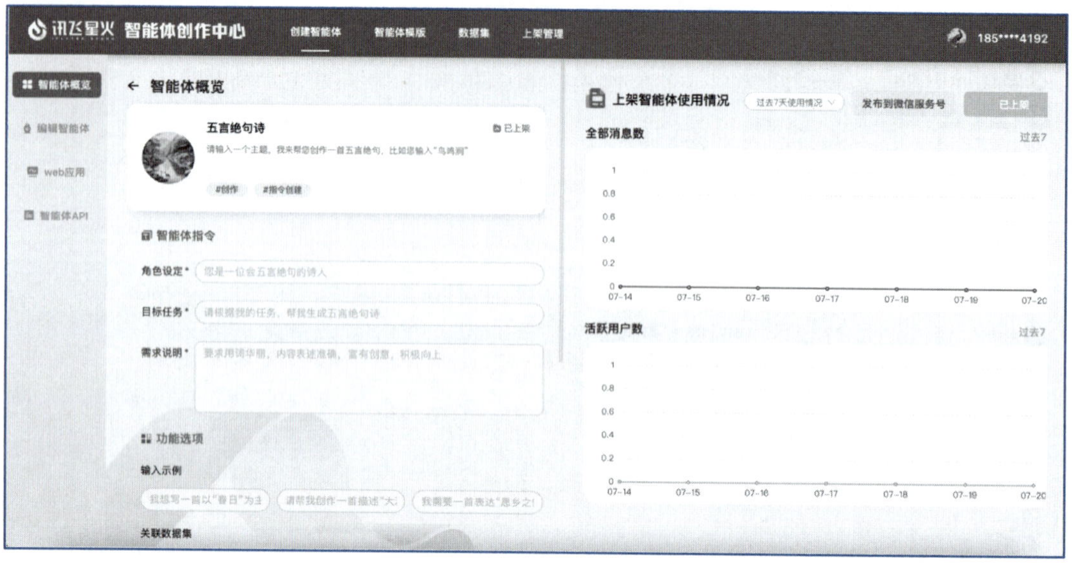

图 8–38　智能体概览界面

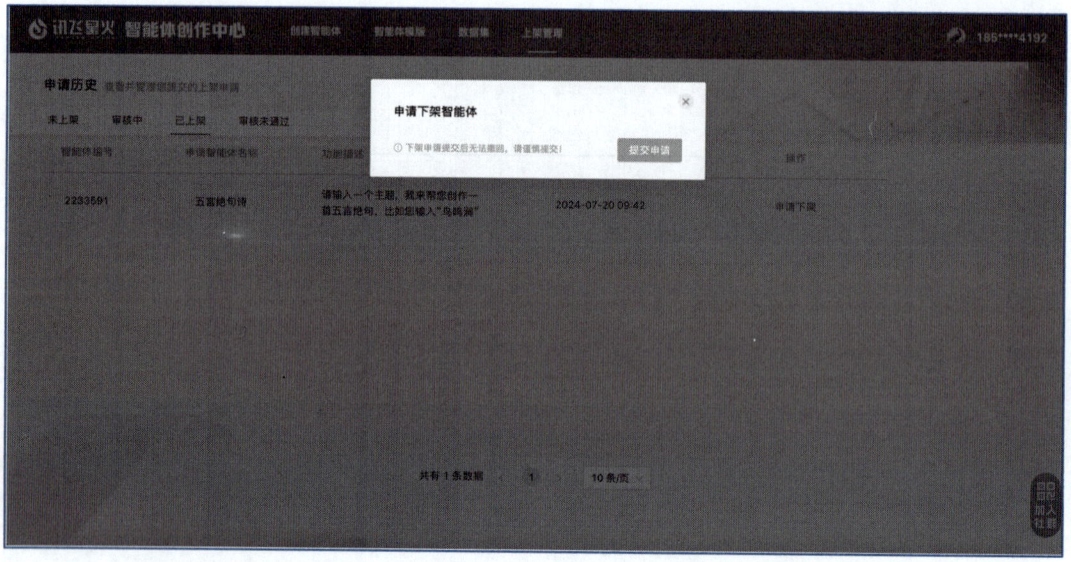

图 8–39　智能体“上架管理”界面

图 8–40　提交上架审核

⑯ 也可以单击编辑智能体界面左侧的“Web 应用”选项卡，如图 8-41 所示，将该智能体作为独立的 Web 应用分享出去。

图 8-41　“Web 应用”分享新建智能体

⑰ 也可以单击“智能体 API”选项卡，如图 8-42 所示，将该智能体 API 接口集成到外部应用中直接使用。

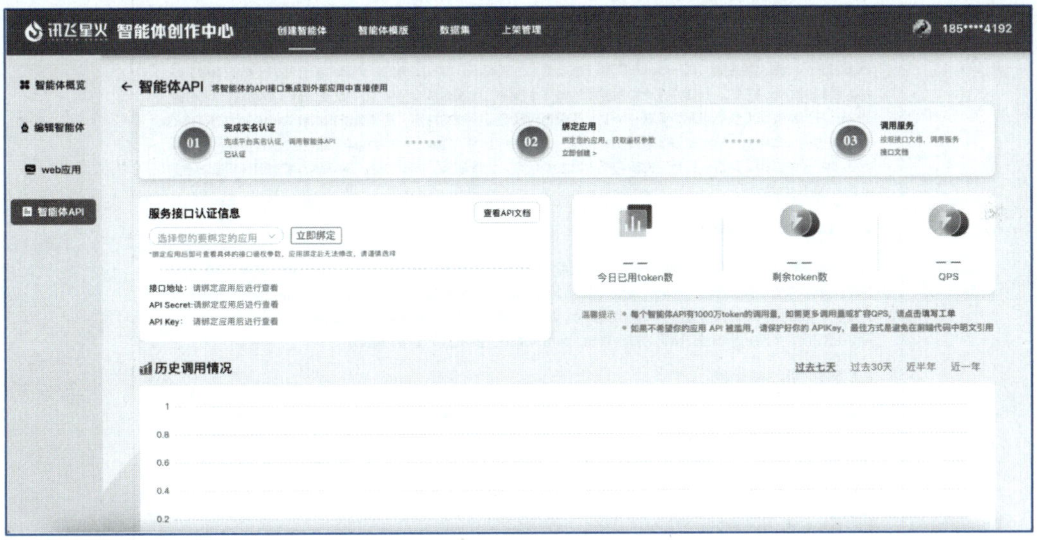

图 8-42　智能体 API 接口集成

拓展训练：国产大模型技术应用

训练描述

通过本项目的训练，掌握运用典型国产 AI 大模型生成发言稿、小说、程序代码，制作网页、PPT 课件、文字配音的方法。

训练目标

- 掌握百度文心一言大模型、科大讯飞星火大模型的使用方法；
- 学会运用国产大模型生成个性化作品。

训练实施

1. 用文心一言生成发言稿和小说

① 启动文心一言，建立一个对话，在提示词文本框中，输入如下信息“我是某高职院校大数据技术专业的大三学生，担任班级学习委员，先后获得湖南省职业技能竞赛一等奖、湖南省挑战杯创新创业大赛金奖和国家银奖、国家励志奖学金一等奖。我准备在全校‘五四’表彰大会上做主题发言，时间 15 分钟，请撰写发言稿。”单击“发送”按钮。

②“文心一言”大模型系统会根据用户输入的提示词，快速生成一篇 15 分钟的发言稿，如图 8-43 所示。

尊敬的校领导、老师们、亲爱的同学们：

大家好！在这春意盎然、生机勃勃的五月，我们齐聚一堂，共同庆祝属于我们的青春盛宴——“五四”青年节表彰大会。首先，请允许我代表全体获奖同学，向一直以来给予我们关怀与指导的老师们致以最崇高的敬意，向并肩奋斗、共同进步的同学们表示最诚挚的感谢。今天，站在这里，我深感荣幸，也倍感责任重大，因为我不仅是一名普通的大三学生，更是大数据技术专业的学习委员，更是众多荣誉的获得者之一。

一、回望来时路，感恩同行者

回望过去几年的大学生活，每一步都凝聚着汗水与努力，更离不开学校提供的广阔舞台和老师们无私的奉献。从初入校园时的懵懂无知，到如今在大数据技术的海洋中遨游，我深刻体会到了“知识改变命运，技能成就未来”的真谛。在湖南省职业技能竞赛中荣获一等奖，不仅是对我专业技能的肯定，更是激励我继续前行的动力；在挑战杯创新创业大赛中，从省金奖到国家银奖的跨越，让我深刻理解了团队合作的力量和创新思维的重要性；而国家励志奖学金的获得，则是对我学习态度和个人品质的认可，它提醒我，无论身处何种环境，都要保持积极向上的心态，勇于追求梦想。

二、技能之光，照亮未来之路

作为大数据技术专业的学生，我们身处一个日新月异的时代，大数据、云计算、人工智能等前沿技术正以前所未有的速度改变着世界。在这个充满机遇与挑战的时代，我们不仅要学好专业知识，更要培养自己的创新思维和实践能力。我深知，荣誉只是过去，未来仍需努力。因此，我将继续深化对大数据技术的理解与应用，积极参与科研项目和社会实践，不断提升自己的综合素质，为将来的职业发展打下坚实的基础。

三、携手并进，共创辉煌

在此，我也想对在座的每一位同学说：让我们携手并进，在青春的赛道上奋力奔跑。无论你是来自哪个专业，无论你拥有怎样的梦想，只要你勇于挑战自我，坚持不懈地追求，就一定能够书写属于自己的精彩篇章。同时，作为学习委员，我将更加积极地发挥桥梁纽带作用，搭建学习交流平台，分享学习资源，帮助同学们共同进步，让我们的班级成为学习的乐园、创新的摇篮。

四、展望未来，不忘初心

最后，我想用一句话来结束我的发言：“不忘初心，方得始终。”无论未来我们走向何方，从事何种职业，都要牢记初心，保持对知识的渴望和对梦想的追求。让我们以青春之名，不负韶华，不负时代，共同为实现中华民族伟大复兴的中国梦贡献青春力量！

谢谢大家！

图 8-43 生成的发言稿效果

③ 在输入提示词后，提问内容后会出现“润色指令内容”按钮，快捷键是 Tab 键，单击此按钮，可以对上述输入的内容进行润色，使提示词更加明确和规范，经过润色后的上述提问内容如图 8-44 所示。用户可以进一步修改完善润色后的内容，以便系统更好地生成符合要求的内容。

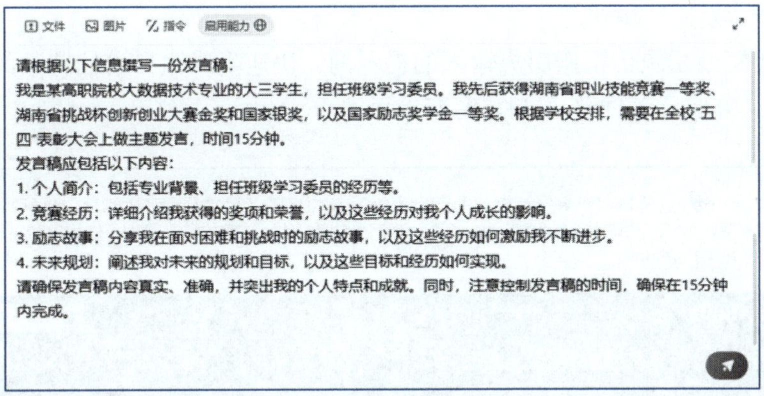

图 8-44　润色后的提问内容

④ 使用相同的方法，可以利用文心一言生成小说。如图 8-45 所示，在提示词文本框中，输入如下信息“请以大学生的身份，编写一篇关于人工智能的科幻小说，要求主题励志，有故事开头，有故事情节，不少于 2 名角色，有高潮和结局，老少皆宜，引人入胜。”然后，单击“发送”按钮。

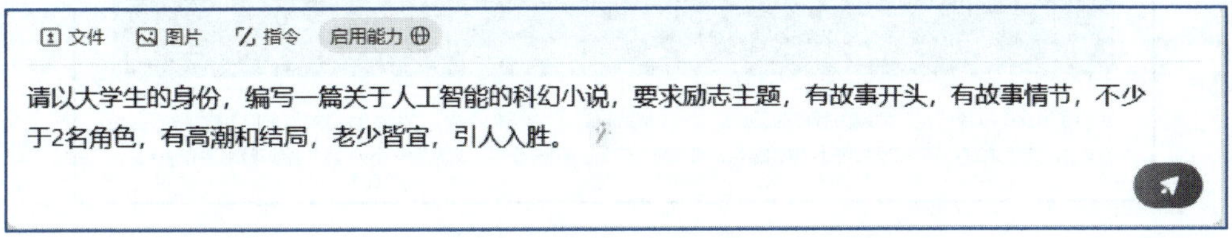

图 8-45　输入小说提示词

⑤ 文心一言大模型系统会根据用户输入的提示词，快速生成一篇关于人工智能方面的小说，如图 8-46 所示。

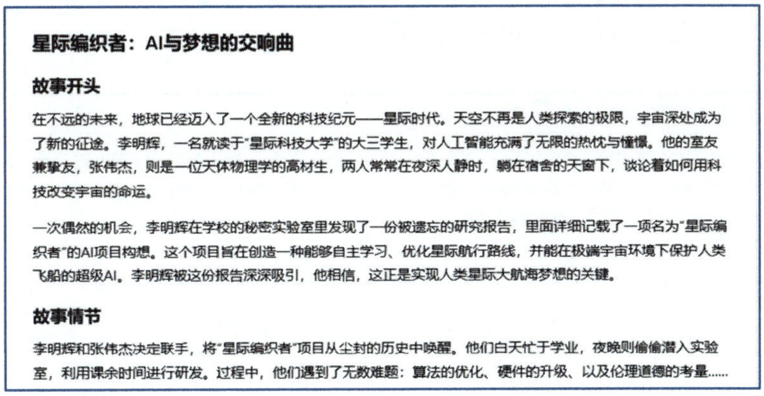
星际编织者：AI与梦想的交响曲

故事开头

在不远的未来，地球已经迈入了一个全新的科技纪元——星际时代。天空不再是人类探索的极限，宇宙深处成为了新的征途。李明辉，一名就读于"星际科技大学"的大三学生，对人工智能充满了无限的热忱与憧憬。他的室友兼挚友，张伟杰，则是一位天体物理学的高材生，两人常常在夜深人静时，躺在宿舍的天窗下，谈论着如何用科技改变宇宙的命运。

一次偶然的机会，李明辉在学校的秘密实验室里发现了一份被遗忘的研究报告，里面详细记载了一项名为"星际编织者"的AI项目构想。这个项目旨在创造一种能够自主学习、优化星际航行路线，并能在极端宇宙环境下保护人类飞船的超级AI。李明辉被这份报告深深吸引，他相信，这正是实现人类星际大航海梦想的关键。

故事情节

李明辉和张伟杰决定联手，将"星际编织者"项目从尘封的历史中唤醒。他们白天忙于学业，夜晚则偷偷潜入实验室，利用课余时间进行研发。过程中，他们遇到了无数难题：算法的优化、硬件的升级、以及伦理道德的考量……

图 8-46　生成人工智能小说效果

从生成的小说结构来看，开头、情节、高潮和结尾都很清晰，但可读性不如作家写的小说，主要原因是情节设计过于平淡，人物心理刻画不生动，感情不丰富，高潮部分不精彩，难以达到扣人心弦的效果。用户可以不断追问，提出要求，让 AI 逐步理解用户意图，顺着用户思路完成作品的打磨，形成较高水平的小说。

2. 用文心一言生成程序代码和制作网页

① 打开文心一言，在提示词文本框中输入“请使用 Python 程序设计语言，编程输出所有的水

仙花数。”然后单击“发送”按钮。

② 文心一言大模型系统会根据用户输入的提示词，快速生成输出水仙花数的 Python 程序代码，并给出相应的注释，方便读者理解，如图 8–47 所示。

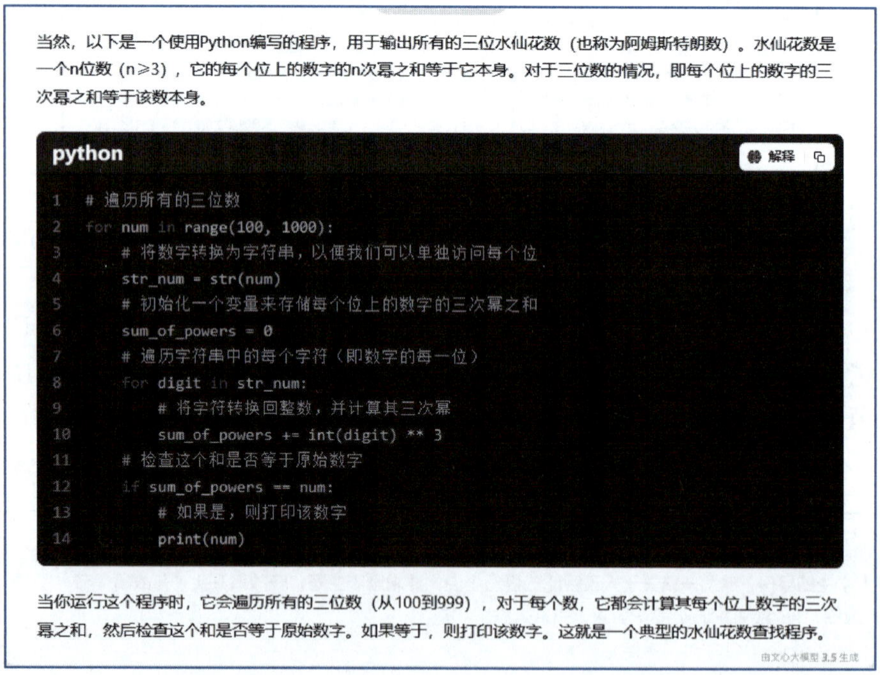

图 8–47　生成的水仙花数的 Python 程序代码

③ 使用相同的方法，可以利用文心一言制作网页。打开文心一言，在提示词文本框中输入“请为中南职院软件学院设计一个网站首页，要求包括 Logo、横幅、新闻、友情链接、版权声明等元素，有网站首页、学院概况、教学科研、专业建设、党群工作、团学工作、招生就业、校企合作、联系我们 9 个栏目，用 HTML 语言编写。”，如图 8–48 所示，单击“发送”按钮。

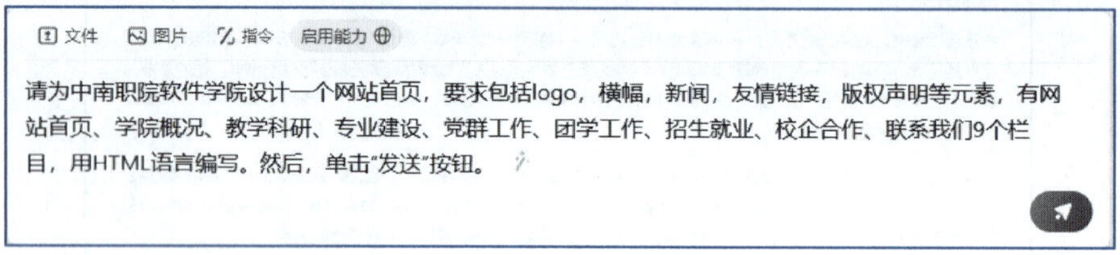

图 8–48　生成网页的提示词文本框

④ 文心一言大模型系统会根据用户输入的提示词，快速生成“中南职院软件学院”网站的 HTML 代码。将生成的代码复制粘贴到记事本中，如图 8–49 所示，将该 HTML 文件以“zjjly.html”文件名保存到本地计算机磁盘上。

⑤ 在本地计算机磁盘上找到刚才保存的 zjjly.html 网页文件，双击该文件，系统将在浏览器中打开该文件并解析生成一个网站页面，如图 8–50 所示。

3. 使用讯飞星火的讯飞智文生成 PPT 课件

① 准备好文档“项目 7 AI 开发语言 Python 编程 .docx”，也可以是其他文档。登录讯飞智文，进入首页，如图 8–51 所示。

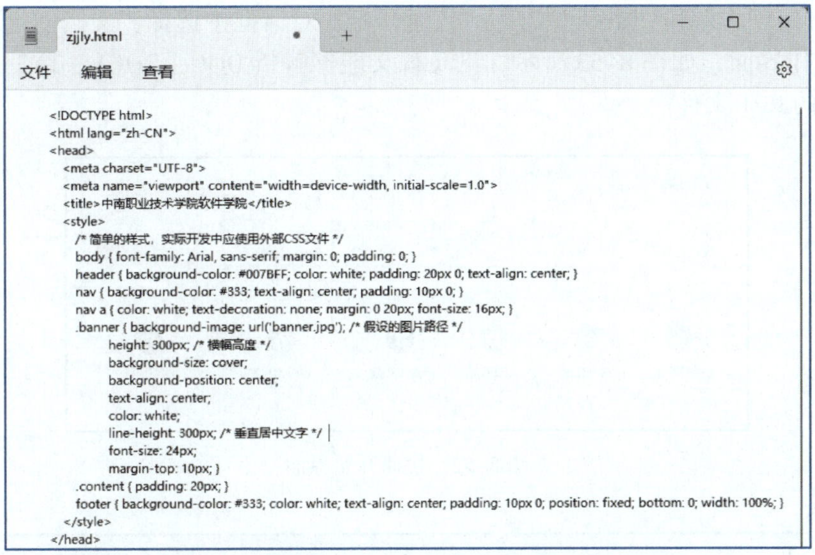


```
<!DOCTYPE html>
<html lang="zh-CN">
<head>
  <meta charset="UTF-8">
  <meta name="viewport" content="width=device-width, initial-scale=1.0">
  <title>中南职业技术学院软件学院</title>
  <style>
    /* 简单的样式，实际开发中应使用外部CSS文件 */
    body { font-family: Arial, sans-serif; margin: 0; padding: 0; }
    header { background-color: #007BFF; color: white; padding: 20px 0; text-align: center; }
    nav { background-color: #333; text-align: center; padding: 10px 0; }
    nav a { color: white; text-decoration: none; margin: 0 20px; font-size: 16px; }
    .banner { background-image: url('banner.jpg'); /* 假设的图片路径 */
          height: 300px; /* 横幅高度 */
          background-size: cover;
          background-position: center;
          text-align: center;
          color: white;
          line-height: 300px; /* 垂直居中文字 */
          font-size: 24px;
          margin-top: 10px; }
    .content { padding: 20px; }
    footer { background-color: #333; color: white; text-align: center; padding: 10px 0; position: fixed; bottom: 0; width: 100%; }
  </style>
</head>
```

图 8-49　根据用户要求生成的网页 HTML 代码示意图

图 8-50　生成的网页效果图

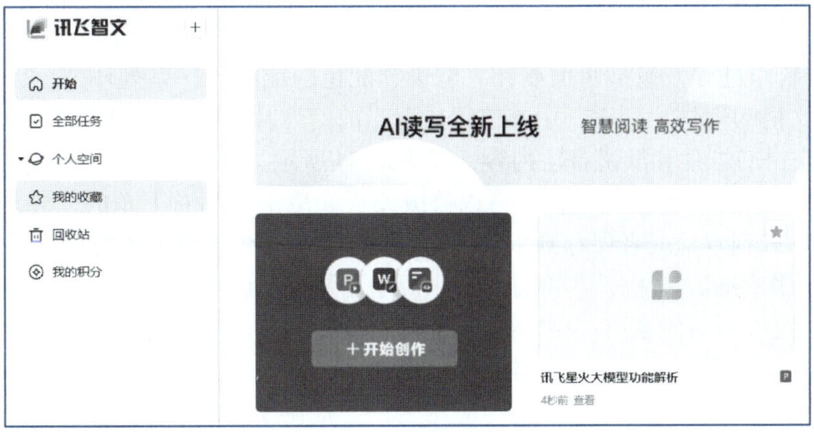

图 8-51　讯飞智文首页

② 单击“开始创作”按钮，从弹出的“快速开始”对话框中选择“文档创建”，如图 8–52 所示，即可进入工作界面，如图 8–53 所示。讯飞智文能够解析 DOC、DOCX、TXT 和 PDF 等类型的文档，生成相应的 PPT 文件。

图 8–52 快速开始界面

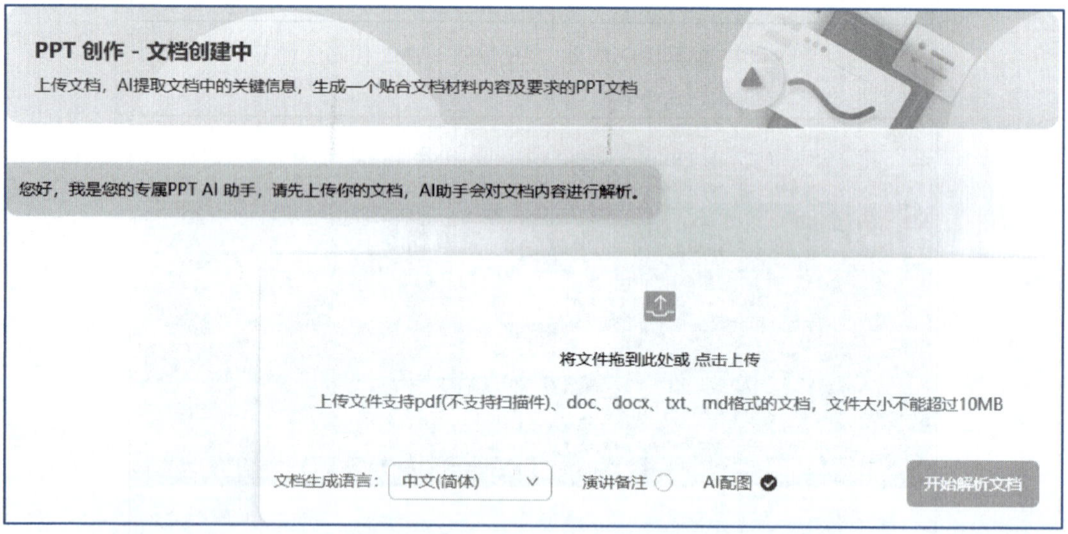

图 8–53 讯飞智文工作界面

③ 单击“点击上传”按钮，选择“项目 7 AI 开发语言 Python 编程 .docx”，上传云空间，然后单击“开始解析文档”按钮，AI 回复“好的，已收到您的要求，让我先为您生成 PPT 标题和大纲”，随后，AI 会生成 PPT 标题和大纲。如果不满意，可以重新生成；如果满意，单击“下一步”按钮，进入“选择您想要的模板配色”页面，选择合适的模板配色，单击“下一步”按钮。

AI 开始 PPT 制作过程，包括页面制作、渲染、配色、配图等一系列环节，完成后，AI 会在屏幕左侧显示演示文稿的幻灯片列表，中心位置显示当前幻灯片的内容，用户可以直接修改幻灯片内容，也可以增加空白幻灯片和演讲备注内容，如图 8–54 所示。

④ 制作完成后，可以直接播放，也可以修改模板。单击页面右上角的“导出”按钮，可以将生成的 PPT 文件下载到本地或者保存到个人云空间。至此，PPT 课件制作完毕。

用讯飞智文制作的演示文稿，大部分内容来源于用户提供的文档，AI 也会根据页面主题，自动修改其中的一些内容。演示文稿不一定能够满足用户要求，需要多次训练才能不断完善。

4. 使用讯飞星火的讯飞智作进行文字配音

① 讯飞智作是讯飞星火大模型家族的应用之一，提供了“AI 虚拟主播”和“形象声音定制”等功能。准备好文档“张家界简介”，也可以是其他文档。打开讯飞智作首页，用手机号注册并登

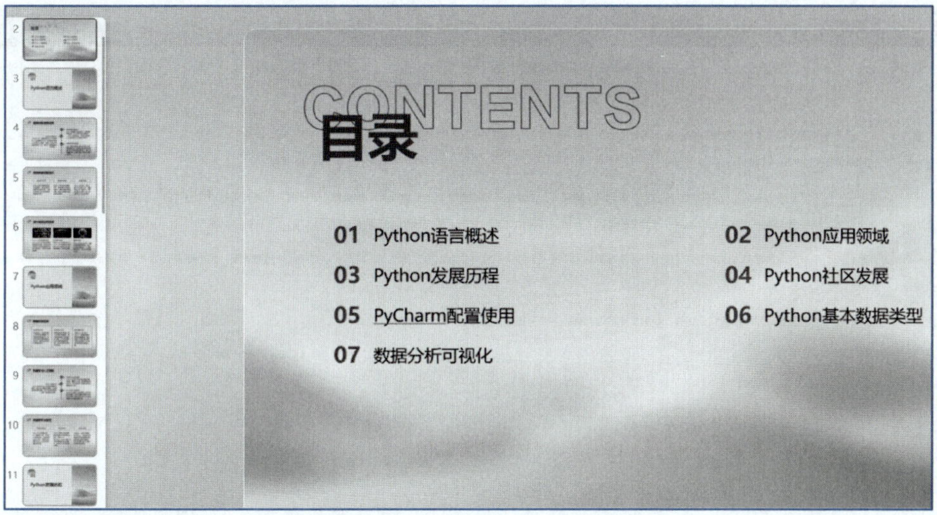

图 8-54 AI 生成的演示文稿内容

录，进入讯飞智作的工作界面，如图 8-55 所示。“讯飞配音”提供了 AI 配音和真人配音两种方式，AI 配音免费，配音后可以实时播放，但如果要下载保存配音文件，则会收费；而真人配音则全部需要付费才能使用。

图 8-55 讯飞智作的工作界面

② 选择“AI 配音”，进入 AI 配音工作界面，将文档中的文字复制后粘贴到文本内容区，最多可以输入 10 000 字，也可以在工作界面中导入整个文件，如图 8-56 所示。

③ 单击“试听”按钮可以实时播放音频；“天明”人像用于选择主播风格，包括性别、年龄、领域、风格、语种等参数；“翻译”的功能是中英文互译。讯飞智作还提供了换气、连续、停顿、多人配音、多语种、局部变速、局部变调、局部音量、添加背景音乐等功能。

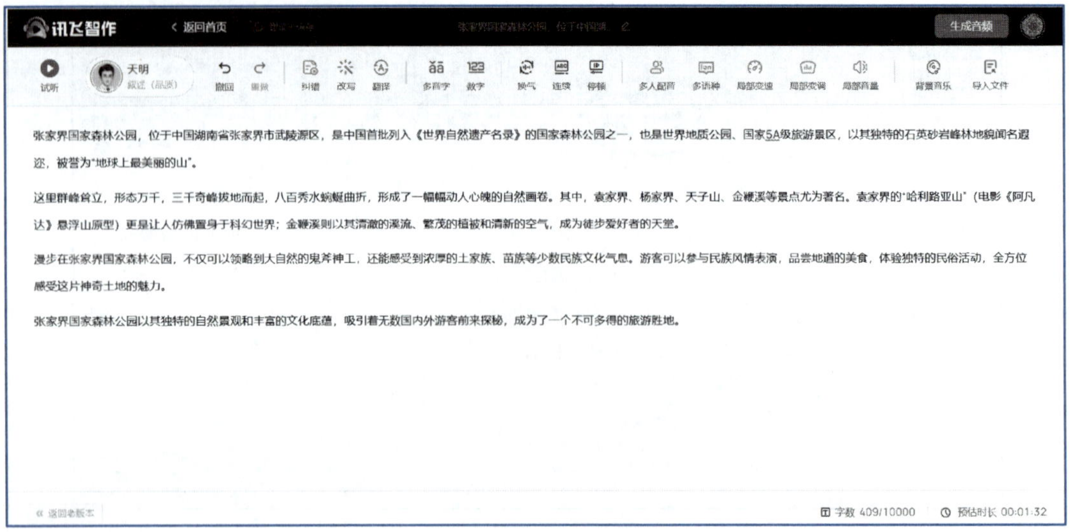

图 8-56　AI 配音的工作界面

产生的音频会自动保存在个人云空间，如果需要将音频文件下载到本地，则单击“生成音频”按钮，弹出“作品命名”对话框，如图 8-57 所示，选择文件格式，输入文件名，单击“确认”按钮，系统会自动跳转至订单支付界面，选择支付模式并付费后，就可以将配音文件保存到指定位置。

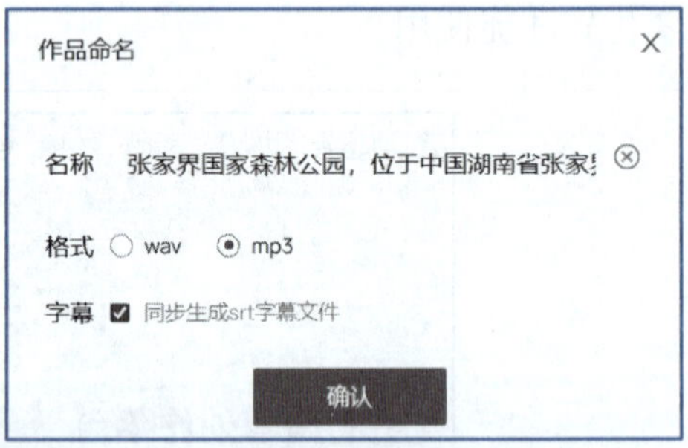

图 8-57　“作品命名”对话框

从前面的实践不难看出，AI 大模型虽然很多，但它们的操作方式基本相似，基础性功能大体相似，但各有所长，应用场景也不尽相同，需要在多次尝试后，掌握各个大模型的优势领域，然后选择某一种大模型来解决学习工作和生活中的实际问题。

项目小结

从百度文心一言、讯飞星火、抖音豆包和通义千问等典型 AI 大模型的应用实践中不难发现，它们的功能大同小异，生成的答案颇为相似但不唯一，因此完全依靠大模型生成答案并不稳妥，不能脱离提问者的判断和后期加工处理，人的作用仍然非常重要。

国产 AI 大模型在近年来取得了显著进展，成为人工智能技术发展的重要方向。国产大模型通过海量数据的预训练和精细微调，具备了多任务通用求解能力，在语言理解、知识推理、多模态生成等方面表现出色。这些国产大模型不仅在技术上接近国际领先水平，还在多个领域展现出更加强大的应用潜力，标志着我国在大模型技术上的重大突破。

从发展前景来看，国产 AI 大模型具有广阔的市场空间和巨大的发展潜力。一方面，随着人工智能技术的普及和应用场景的拓展，大模型将在更多领域发挥重要作用，如智能制造、智慧医疗、智能金融、智能交通等。另一方面，政府政策的支持和市场需求的激增将进一步推动国产大模型的发展。

项目练习

一、填空题

1. 人工智能的缩写是________，AIGC 的中文翻译是________。

2. GPU 是________的核心。

3. ChatGPT 4.0 模型的训练参数达到了________个。

4. AI 大模型的关键技术包括深度学习技术、________、计算机视觉技术、分布式计算和云计算技术、________、数据处理与隐私保护技术。

5. AIGC 的基础设施主要包括________、算力和________。

6. AI 大模型分为________、________和端侧大模型 3 类。

7. 用户用 AIGC 输入的信息称为________，由________、________和角色组成。

8. 文心一言是________公司的产品，________是阿里巴巴公司的产品。

9. 云计算有________、________和________3 种服务模式。

10. 豆包支持手机登录、________和 Apple 账号登录 3 种登录模式。

二、简答题

1. 什么是大模型？大模型有哪些主要特点？

2. 简述 Transformer 深度学习模型的原理。

3. 什么是人工神经网络？其有什么特点？

4. 简述 AIGC 对大学生学习和成长的影响。

5. 我国典型的 AIGC 大模型有哪些？各有何特点？

三、操作题

1. 运用国产大模型，编写 Python 程序，求 224 和 376 的最大公约数和最小公倍数。

2. 运用国产大模型，设计求职简历，要求包含个人真实信息。在班级中评选出优秀求职简历。

3. 运用国产大模型，用个人真实照片为自己设计一幅微信头像漫画。

4. 运用国产大模型，检索人工智能最新进展情况，撰写一篇文献综述。

项目 9　AI 机器学习

项目描述

本项目旨在探索机器学习（ML）与深度学习（DL）的原理、前沿技术及其丰富的实际应用案例。通过本项目的学习，学生将不仅掌握机器学习的基础理论、常用算法，还将深入理解并实践深度学习框架的使用，实践从数据预处理、模型构建、模型评估到最终部署的完整流程。项目初期将聚焦于利用 scikit-learn 库搭建机器学习模型，以解决经典的鸢尾花分类问题，随后逐步引入深度学习技术，以此加深学生对两者异同的理解，并培养其解决复杂问题的能力和创新思维。

学习目标

- **知识目标**

◎ 了解机器学习与深度学习在人工智能领域中的核心地位与作用

◎ 理解深度学习的基本原理，包括神经网络、激活函数、反向传播等概念

◎ 掌握深度学习中的主流框架，如 TensorFlow、PyTorch 等，并了解其在模型构建、训练与部署中的应用

- **技能目标**

◎ 能够使用 Scikit-learn 等库亲手搭建并训练机器学习模型，解决实际问题

◎ 熟练掌握模型训练、验证与测试的全流程

◎ 能够使用 TensorFlow 等框架，设计并实现深度学习模型，并进行模型的训练、调参与部署

- **素养目标**

◎ 培养学生在解决机器学习问题时，具备批判性思维能力，能够独立思考并评估不同方法的优劣

◎ 鼓励学生保持对新技术、新方法的关注与学习，不断提升自身在机器学习与深度学习领域的专业能力

◎ 强调在项目实施过程中的团队合作，培养学生的沟通协调与团队协作能力

◎ 培养学生的职业道德与责任感，确保技术的合理、合法应用

任务 9.1 机器学习基础

任务描述

微课 17：机器学习

机器学习作为人工智能领域中的核心支柱，是一个深度融合了概率论、统计学、逼近论、凸分析以及算法复杂度理论等多个学科知识的跨学科领域。本任务旨在利用 scikit-learn 这一广受欢迎的机器学习库，亲手搭建一个机器学习模型，并利用这个模型实现数据的分类与预测。

知识准备

1. 机器学习概念

机器学习作为人工智能领域的璀璨明珠，致力于探索计算机如何模拟并实现人类的学习行为。其核心在于通过不断汲取新知识、优化现有技能结构，实现自我进化，提升性能。这一领域已深刻影响并重塑了自然语言处理、模式识别、机器视觉、智能机器人等多个前沿科技领域，成为推动技术进步的重要力量。

在《机器学习》（*Machine Learning*）中，对机器学习给出了精炼而深刻的定义：机器学习是一种使计算机程序在特定任务上，凭借经验的累积，依据性能标准进行自我优化的能力。简而言之，当计算机在执行某项任务时，其表现能随着经验的增加而逐步提升，这便是机器学习的本质所在。

机器学习的过程可以概括为利用计算机算法来发现和学习历史数据中的规律，并据此构建模型，并对构建的模型进行调优，当有新的数据输入时，可以使用这个训练好的模型进行预测，机器学习的基本流程如图 9-1 所示。

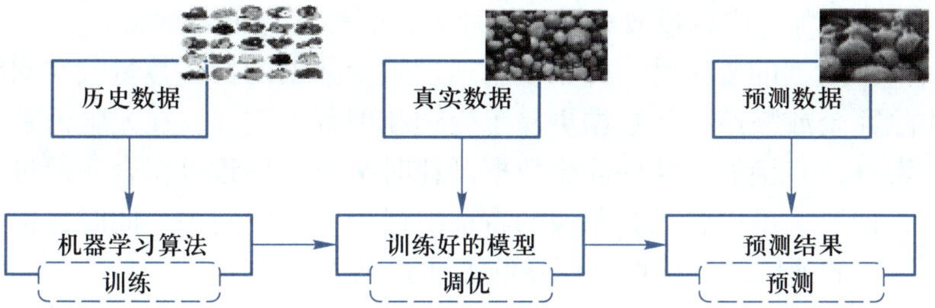

图 9-1　机器学习的基本流程

（1）数据

在机器学习的广阔舞台上，数据扮演着至关重要的角色。它不仅是历史的见证者，更是未来的预言家。数据由特征、特征值和标签 3 部分构成，这 3 者共同构成了机器学习模型的基石。

- 特征（Feature）：作为数据中的基本元素，特征是描述事物或对象属性的关键指标。以蘑菇识别任务为例，菌盖的尺寸、颜色、菌柄的形态等均是重要的特征。精心选择并优化特征，是构建高效、准确的机器学习模型的前提。
- 特征值（Feature Value）：特征的具体量化表现，是机器理解世界的基石。在蘑菇识别任务中，菌盖颜色的特征值可能是“白色”“黄色”等具体颜色标签，菌盖尺寸可以通过具体的长度和宽度数值来量化。

• 标签（Label）：数据的终极指向标，代表了模型预测的目标结果。在蘑菇识别任务中，标签为“可食用”或“有毒”，直接指导着模型的训练方向。

（2）训练与预测

机器学习的工作流程可以分为训练和预测两个阶段，两者紧密相连，共同构成了由数据驱动的决策循环。

• 训练阶段：此阶段中，计算机程序利用历史数据，通过特征提取、算法训练等步骤，构建出能够反映数据内在规律的模型。这一过程如同工匠雕琢艺术品，需要不断试错、调整，直至达到满意的效果。

• 预测阶段：当模型训练完成后，便进入了预测阶段。此时，模型将面对未曾见过的数据，通过特征提取、模型推理等步骤，输出预测结果。这一过程不仅考验了模型的泛化能力，也体现了机器学习在实际应用中的价值。

2. 机器学习分类

机器学习作为强大的工具，能够使计算机模拟人类的思维过程，有效应对现实世界的复杂挑战，因此对机器学习的研究颇多，形成了诸多机器学习的算法，这些算法根据不同角度可以进行不同的分类。

（1）根据其解决问题的本质特性，机器学习可以划分为分类、回归、聚类和降维。

• 分类：这是一种将数据实例根据其特征、种类或预定义的标签自动分配到不同类别的技术。例如，在医疗诊断中，分类算法可以根据患者的症状、病史和体检结果等数据，将患者自动分类为患有特定疾病或处于健康状态的不同类别。这不仅提高了诊断的准确性和效率，还减轻了医生的工作负担。

• 回归：不同于分类的直接分类判断，回归分析方法旨在探究数据变量之间的依赖关系，特别是量化这种关系，以预测连续值的结果。例如，在房地产估价中，回归模型可以基于房屋的面积、位置、房龄、装修状况等多个因素，预测出房屋的市场价值。这种预测对于购房者、卖家和房地产经纪人来说都至关重要。

• 聚类：自动将数据点根据它们的相似性或距离组织成不同的群组或簇。例如，在社交媒体分析中，聚类算法可以根据用户的兴趣、行为和互动情况，将用户自动分为不同的兴趣群体或社交圈。这对于平台的内容推荐、广告投放和社区管理等方面都具有重要意义。

• 降维：面对高维数据的复杂性，降维技术通过减少数据的特征数量或空间维度，在保留最关键的信息的同时去除冗余或噪声，使数据更易于处理和理解。例如，在人脸识别系统中，由于人脸图像包含大量的像素点，直接处理这些高维数据既耗时又容易导致过拟合。通过主成分分析对人脸图像的主特征点进行抽取，可以将人脸图像的特征映射到低维空间中，同时保留足够的信息用于识别。这不仅提高了识别的速度和准确性，还降低了计算成本。

（2）根据机器学习的学习方式，通常可以将机器学习分为有监督学习、无监督学习、半监督学习。

• 有监督学习：有监督学习是机器学习的一种重要范式，其核心在于利用一组已标注（即包含预测变量与标签）的样本数据来训练模型，进而使模型能够准确地预测新输入数据的输出。这一过程通过反复调整模型参数，以最小化预测误差，最终构建一个具有泛化能力的预测模型。有监督学习广泛应用于分类和回归两大领域，常用的算法见表 9–1。

表 9–1　有监督学习中常用的算法

序号	算法名称	描述
1	*K* 近邻（*K*-Nearest Neighbors，KNN）	测量不同数据点之间的距离实现分类
2	逻辑回归（Logistic Regression）	利用逻辑函数估计概率来实现分类

续表

序号	算法名称	描述
3	决策树（Decision Tree）	通过构建树状决策路径进行分类
4	支持向量机（Support Vector Machine，SVM）	通过寻找最优决策边界进行分类
5	朴素贝叶斯（Naive Bayes）算法	基于贝叶斯定理和特征条件独立假设进行分类
6	线性回归（Linear Regression）	通过线性方程来建模预测变量与标签之间的关系
7	多项式回归（Polynomial Regression）	线性回归的一种扩展，能够捕捉数据中的非线性关系

- 无监督学习：相较于有监督学习对每个样本都需要有明确的标签的严格需求，无监督学习提供了一种更为灵活的学习方法，特别适用于那些难以获取或标注大量标签的情况。例如，在社交媒体分析中，若要利用有监督学习来识别用户兴趣群体，则需要耗费大量的人力去手动标注每个用户的兴趣偏好，这无疑是一项浩大的工程。而无监督学习则能够直接对用户的社交行为数据进行建模，无须预定义的标签，便能自动发现用户之间的相似性和群组结构。尽管无监督学习在算法设计和实现上更具挑战性，但它有效克服了监督数据获取的难题，为人工智能的发展开辟了新的方向，无监督学习中常用的算法见表 9–2。

表 9–2 常用的无监督算法

序号	算法名称	描述
1	*K*-means 算法	将相似的数据点自动归并到同一群组中，适用于多种数据集的聚类处理
2	PCA 算法	主成分分析算法，一种强大的降维技术，通过减少数据的维度来简化分析过程，同时保留数据的主要特征信息
3	降低维度算法	为无监督学习提供了强大的工具，帮助从复杂的数据中提炼出关键信息

- 半监督学习：在实际应用中，面对海量数据时，一个普遍现象是未标注的数据易于获取，而标注数据则相对稀缺且标注过程费时费力。为了有效利用这两种类型的数据，半监督学习应运而生，它巧妙地融合了有监督学习和无监督学习的优势。在半监督学习中，训练数据集由少量有标签样本和大量无标签样本组成，其中无标签样本的数量远超有标签样本。这种方法通过同时利用有限的有监督信息和丰富的无监督信息，旨在建立更为准确和泛化的预测模型，从而揭示样本与学习目标之间的复杂关系，常用的半监督算法见表 9–3。

表 9–3 常用的半监督算法

序号	算法名称	描述
1	自训练算法（Self-training Algorithm）	迭代地将模型对未标记数据的高置信度预测作为伪标签加入训练集，以提升模型性能，有效利用了未标记数据的潜在信息
2	图形半监督学习（Graph-Based Semi-Supervised Learning）	利用图结构表示数据点间的相似性和关系，通过图上的标签传播机制，使未标记数据获得合理的标签预测，优化了分类或回归任务的性能

续表

序号	算法名称	描述
3	一致性正则化（Consistency Regularization）	要求模型对输入数据的微小扰动保持输出的一致性，增强了模型的鲁棒性和泛化能力，使模型能够在实际应用中更好地应对数据的变化
4	半监督生成对抗网络（Semi-Supervised GAN）	结合了 GAN 生成逼真样本的能力和半监督学习的优势，通过生成器生成的样本扩充训练集，并利用判别器对样本进行分类，提高了分类器的性能和泛化能力

3. 机器学习方法构建流程

机器学习方法从采集的数据中进行自动分析而获得模型，并利用模型对未知数据进行预测，其一般流程大致可以分为数据准备、模型选择、模型训练与优化、模型评估、模型部署与应用等步骤，如图 9–2 所示。

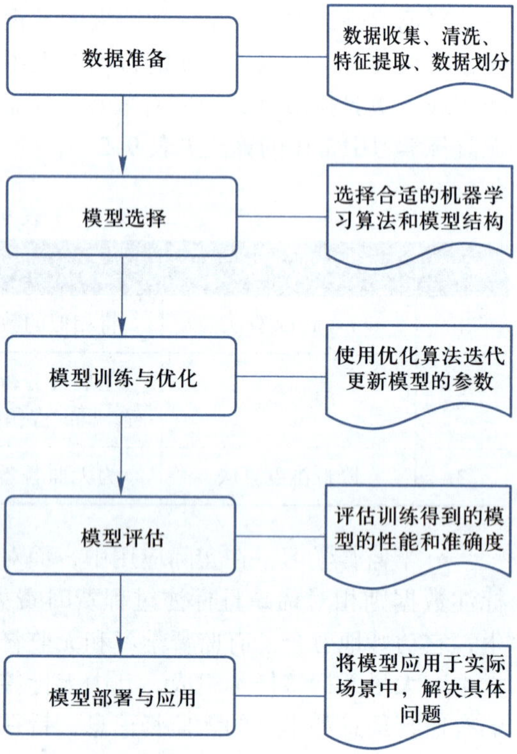

图 9–2 机器学习流程

① 数据准备包含数据收集、数据清洗、特征提取、数据划分 4 个部分。数据收集是指收集与任务相关的原始数据，这些数据可能拥有各种来源，如数据库、文件、API 等；数据清洗是对原始数据进行预处理的过程，旨在消除噪声、异常值和重复项，确保数据的准确性和一致性，这包括缺失值填充、异常值处理、数据转换等操作，以提高数据质量；特征提取从原始数据中提取出对模型训练有用的特征；这些特征可能是数值、文本、图像等，能够描述数据的属性和特点；数据划分是指将清洗和提取后的数据分为训练集、验证集和测试集。

② 模型选择指根据具体问题和数据集的特点选择合适的机器学习算法和模型结构。这需要对问题进行深入分析，明确任务类型和目标，并考虑数据集的大小、特征数量、分布情况以及噪声程度等因素，借助经验法则或模型选择技巧（如交叉验证）来辅助决策，以选择最优的模型。

③ 模型训练与优化。采用梯度下降等优化算法来迭代更新模型的参数，通过不断调整参数使模型在训练数据上的损失最小化，从而实现对数据的拟合，同时关注模型的收敛情况，避免出现过拟合或欠拟合现象。如果发现模型在验证集上的性能不佳，可能需要对模型进行调优，包括调整模型参数、改变模型结构、尝试不同的算法等。

④ 模型评估指使用测试数据来评估训练得到的模型的性能和准确度。通常使用准确率、召回率、F1 值等指标来评估分类模型的性能，使用均方误差、R 方值等指标来评估回归模型的性能。通过计算这些指标在验证集和测试集上的表现，全面了解模型的性能特点，如分类精度、误报率、漏报率等。

⑤ 模型部署与应用指将训练好的模型集成到实际系统中，并对其进行监控和维护。这包括将

模型文件转换为特定格式或将其集成到应用程序中，收集模型的运行数据、分析模型的性能表现、及时发现并处理潜在问题，将模型应用于实际场景中，解决具体问题。例如，在医疗领域利用训练好的模型进行疾病预测和诊断，在金融领域利用模型进行风险评估和欺诈检测等。

4. scikit-learn 库简介

scikit-learn 库是机器学习领域内不可或缺的工具，无论是进行深入研究的科研人员还是解决实际问题的工业开发者，都高度依赖于其提供的强大支持。这款开源库以其简单高效的特性著称，专为数据预测与分析量身打造，使得复杂的机器学习模型的构建与评估过程变得直观易懂。

scikit-learn 建立在 NumPy、SciPy 和 Matplotlib 等成熟的开源库之上，这些库为 scikit-learn 提供了强大的数学运算、科学计算和可视化功能。同时，scikit-learn 采用 BSD 许可证发布，这意味着它不仅是完全开源的，而且允许用户在不限制商业用途的前提下自由地使用、修改和分发代码。这种开放性和灵活性进一步促进了 scikit-learn 在机器学习社区中的广泛应用和持续发展。scikit-learn 的功能模块包括分类（Classification）、回归（Regression）、聚类（Clustering）、降维（Dimensionality Reduction）、模型选择（Model Selection）、预处理（Preprocessing）等。

5. Iris 数据集简介

在机器学习领域，数据是驱动模型训练与优化的核心要素。幸运的是，存在众多公开的、规模不一的数据集供研究者与开发者使用，从小型实验数据集到大型复杂数据集，应有尽有。本任务聚焦于鸢尾花（Iris）数据集。这一经典的分类实验数据集由 Fisher 在 1936 年精心整理，因其简洁性与代表性，在统计学习与机器学习领域被广泛用作教学示例和算法验证的基准数据集。

Iris 数据集内嵌 150 个精心挑选的鸢尾花样本，涵盖了 3 种不同的品种：山鸢尾（Iris-setosa）、变色鸢尾（Iris-versicolor）及弗吉尼亚鸢尾（Iris-virginica），每种各含 50 个样本。每个样本均细致记录了 4 个关键特征：花萼长度、花萼宽度、花瓣长度及花瓣宽度。这些特征共同构成了模型学习与分类的基础。为便于获取与使用，该数据集已完成了初步的数据预处理工作，确保了数据的整洁性与一致性，研究者可轻松从网上下载此数据集，如图 9-3 所示。

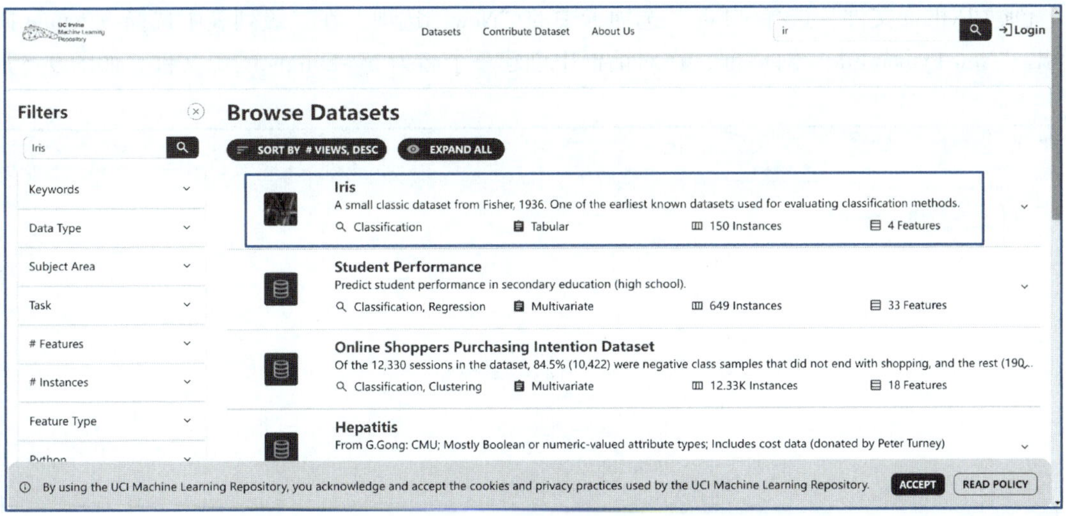

图 9-3　鸢尾花数据集

本任务使用 scikit-learn 库中的 load_iris() 方法直接获取该库内部集成的 Iris 数据集，具体使用步骤请参考任务实施部分。

任务实施

结合项目 7 所学习的 Python 知识，本任务将在 PyCharm 程序编辑器中利用 scikit-lean 库对鸢尾花进行分类与预测。通过本任务，学生可以掌握机器学习的基本流程与和编程的基本步骤。

1. 创建机器学习工程

① 创建工程。打开 PyCharm 编程工具，单击“New Project”选项，创建一个名为 IrisDemo 的工程，如图 9–4 所示。

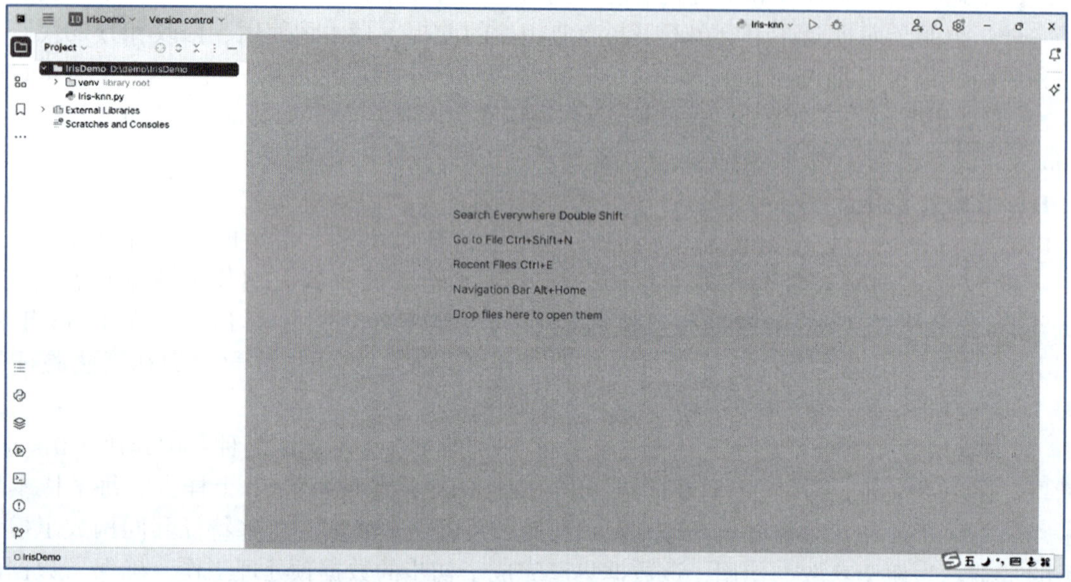

图 9–4　创建工程主界面

② 创建 Python 文件。选择“File”选项卡中的“New”选项，在二级列表中选择“Python File”选项，弹出“New Python File”对话框，在对话框中创建一个名为 iris-knn.py 的源文件，如图 9–5 所示。

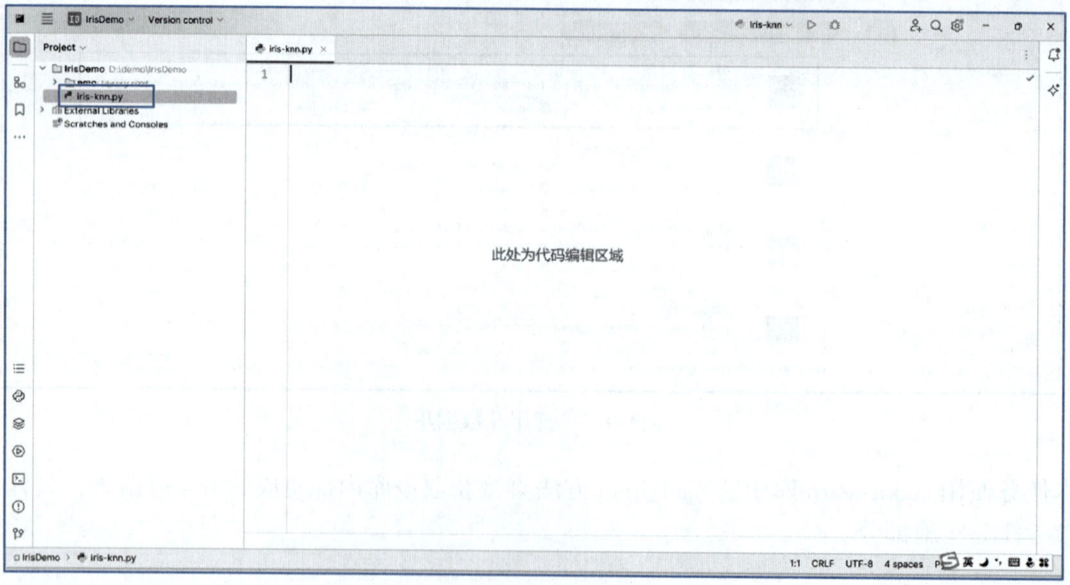

图 9–5　源文件编辑界面

2. 安装 scikit-learn 库

通过单击 PyCharm 编辑器中的命令行工具，在命令行中输入“pip install scikit-learn”命令，通过 pip 下载安装 scikit-learn 库，如图 9-6 所示。

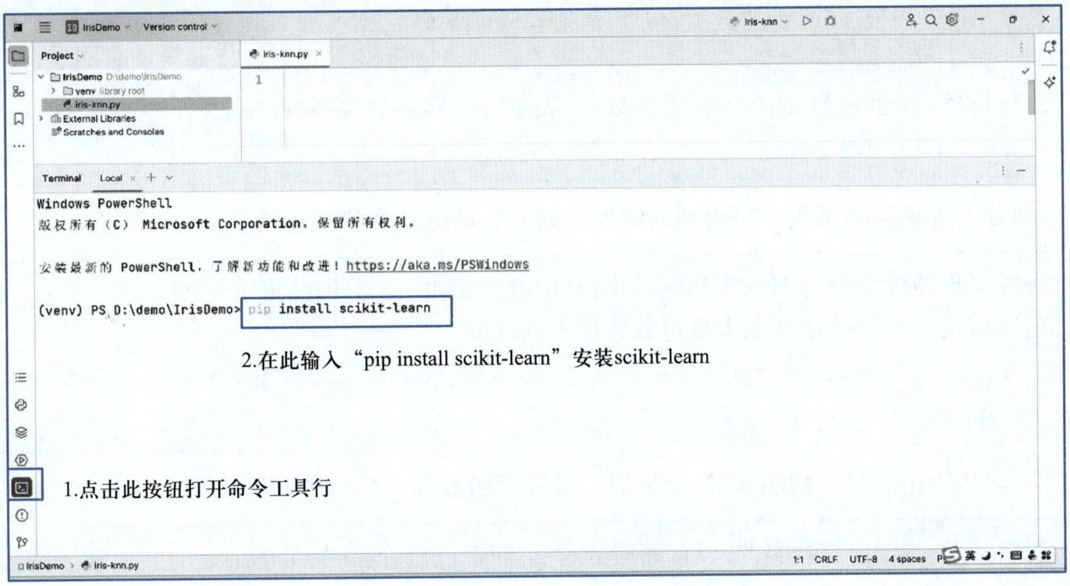

图 9-6 使用 pip 安装 scikit-learn 库

3. 实现数据分类与预测

① 导入依赖模块和库。本任务依赖 scikit-learn 库中的部分模块或函数，如 datasets 模块、model_selection 模块中的 train_test_split 函数、neighbors 模块中的 KNeighborsClassifier 类以及 metrics 模块。打开 Iris-knn.py 源文件，在文件内输入如下代码。

```
# 从 scikit-learn 库中导入 datasets 模块
# datasets 模块包含了许多加载数据集的功能,这些数据集集成在 scikit-learn 库中,方便了机器学习算法的测试
from sklearn import datasets
# 从 model_selection 模块中导入了 train_test_split 函数
# train_test_split 是一个非常有用的函数,用于将数据集分割成训练集和测试集
from sklearn.model_selection import train_test_split

# 从 neighbors 模块中导入了 KNeighborsClassifier 类。KNeighborsClassifier 是一个基于 K 近邻(K-Nearest Neighbors,KNN)算法的分类器
from sklearn.neighbors import KNeighborsClassifier

# 从 scikit-learn 库中导入了 metrics 模块。metrics 模块提供了多种评估机器学习模型性能的指标和函数
from sklearn import metrics
```

② 加载鸢尾花数据集。加载鸢尾花数据集到内存中，数据集包括 150 个样本，每个样本有 4 个特征（花萼长度、花萼宽度、花瓣长度、花瓣宽度）和对应的类别标签（0，1，2），加载数据

集的代码如下。

```
# 加载鸢尾花数据集
iris = load_iris()
# 特征数据:一个 150*4 的数组,包含所有样本的特征
x = iris.data
# 目标标签:一个包含 150 个元素的数组,表示每个样本的类别(0,1,2)
y = iris.target
```

③ 划分训练集与测试集。将得到的数据集划分为训练集和测试集两个部分，如下。

```
# 将数据集随机划分为训练集和测试集,其中测试集占 30%,训练集占 70%
# 这样做是为了评估模型在未见过的数据上的性能
X_train,X_test,y_train,y_test=train_test_split(x,y,test_size=0.3,
random_state=42)
```

④ 手动初始化模型（创建 KNN 分类器，设置邻居数为 3），训练模型。

```
# 创建一个 KNN 分类器实例,设置邻居数为 3,即在进行分类时,考虑最近的 3 个邻居的类别
knn = KNeighborsClassifier(n_neighbors=3)
# 使用训练集(X_train,y_train)来训练 KNN 分类器,即让分类器学习如何根据特征数据
预测类别标签
knn.fit(X_train,y_train)
```

⑤ 使用测试集进行预测，并打印每次预测结果。

```
# 使用训练好的 KNN 分类器对测试集(X_test)进行预测,得到预测结果 y_pred
y_pred = knn.predict(X_test)
# 遍历测试集的预测结果,打印每个样本的真实类别和预测类别
for i in range(len(y_pred)):
        print("第 %d 个测试结果:真实值:%s\t 预测值:%s"%((i + 1),iris.
target_names[y_test[i]],iris.target_names[y_pred[i]]))
```

⑥ 打印输出模型的预测正确率。

```
# 使用 accuracy_score 函数计算模型在测试集上的准确率,并打印出来
print("准确率:%0.2f%%"%(accuracy_score(y_test,y_pred)* 100))
```

⑦ 模型应用。

```
# 注意这里使用了 [0]
predict1 = knn.predict([[5.9,4.0,2.5,1.1]])[0]
predict2 = knn.predict([[1.5,5.0,1.0,1.8]])[0]
# 打印预测结果
print("predict1 预测为:",iris.target_names[predict1])
print("predict2 预测为:",iris.target_names[predict2])
```

⑧ 输出结果。运行上述代码，其最后输出的结果如图 9–7 所示。

```
第34个测试结果：真实值：versicolor    预测值：versicolor
第35个测试结果：真实值：virginica     预测值：virginica
第36个测试结果：真实值：virginica     预测值：virginica
第37个测试结果：真实值：versicolor    预测值：versicolor
第38个测试结果：真实值：setosa    预测值：setosa
第39个测试结果：真实值：setosa    预测值：setosa
第40个测试结果：真实值：setosa    预测值：setosa
第41个测试结果：真实值：versicolor    预测值：versicolor
第42个测试结果：真实值：versicolor    预测值：versicolor
第43个测试结果：真实值：virginica     预测值：virginica
第44个测试结果：真实值：versicolor    预测值：versicolor
第45个测试结果：真实值：setosa    预测值：setosa
准确率：93.33%
predict1预测为:  setosa
predict2预测为:  setosa

Process finished with exit code 0
```

图 9–7　程序输出结果

任务 9.2　深度学习入门

任务描述

本任务主要介绍深度学习的概念，以及机器学习与深度学习的关系。通过对深度概念的介绍，引出了深度学习的主要实现模型——人工神经网络，阐述了人工神经网络的分类，同时还介绍了深度学习的常用框架，最后通过 TersorFlow 游乐场完成了一个深度学习模型的设计与实现。

微课 18：
深度学习

知识准备

1. 深度学习

（1）从机器学习到深度学习

任务 9.1 探讨了机器学习的基本内容，了解到其核心在于利用算法使机器能够从庞大的历史数据集中发掘规律，进而对新样本进行精准识别或预测。传统的机器学习路径涉及数据收集、预处理、特征的手工提取与选择、模型构建与优化，最终达成分类或预测的目标。此过程中，特征工程的质量对算法性能有着决定性的影响，而这一环节高度依赖专家的专业知识与行业经验，尤为烦琐且挑战性大。

针对这一局限，深度学习应运而生，它以一种革命性的方式重塑了图像分类、语音识别、文本理解等多个领域的算法设计模式。深度学习倡导“端到端”的学习范式，意味着从原始数据输入开始，通过构建复杂的深度网络模型，直接输出最终结果，中间跳过了烦琐的人工特征工程步骤。在这一过程中，模型能够自主地从海量数据中学习并抽象出有效的特征表示，这种自动特征学习的能力不仅简化了流程，还极大地提升了算法的泛化能力，使之能够灵活应用于未见过的数据集，实现了真正的智能与自适应。深度学习的数据处理流程如图 9–8 所示。

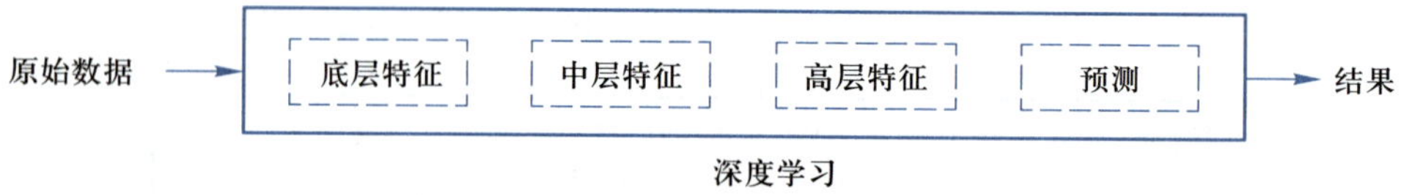

图 9-8　深度学习流程

（2）深度学习的概念

深度学习之所以能够跨越传统机器学习中烦琐的人工特征工程，实现端到端的直接输出，根源在于其独特的自动特征学习能力。**这一能力是通过构建深度（即多层）神经网络来实现的**，其中“深度”一词正是对多层架构的一种形象描述。深度学习不仅摒弃了人类手工设计特征的局限性，还赋予了机器自我探索和提炼数据内在规律的能力。

具体而言，深度学习是一种在复杂多层人工神经网络架构上，融合并应用多种机器学习技术的算法体系，它构成了机器学习领域的一个高级分支。其起源可追溯至人工多层神经网络的研究，随着大数据时代的到来以及计算机计算能力的飞跃，深度学习得以蓬勃发展，并逐渐在多个前沿领域展现出强大的能力。

在计算机视觉、自然语言处理、语音识别等挑战性任务中，深度学习凭借其强大的自动特征提取与模式识别能力，取得了显著的成功，成为推动人工智能技术进步的关键力量。它不仅简化了传统机器学习流程，还极大地拓宽了算法的应用边界，使机器能够更加智能地理解和处理现实世界中的复杂信息。因此，深度学习的出现不仅是机器学习技术的一次重要革新，更是人工智能迈向更高智能水平的重要里程碑。

2. 人工神经网络简介

（1）人工神经网络的起源

当谈及“神经网络”，人们脑海中往往会浮现出一幅大脑内部错综复杂、交织成网的神经元图景。这自然界的奇迹——大脑，以其精妙无比的神经网络为核心，通过神经元间的紧密连接与信息传递，实现了对信息的加工与处理。

受此启发，人工神经网络应运而生，它作为对大脑信息处理机制的一种模拟尝试，通过精心设计的算法与编程，力求再现大脑神经网络的某些核心功能。人工神经网络的主要任务多体现在通过精细编程，模拟人脑在某一特定领域的运作机制，而非全面复刻人类的全部智慧。当前的人工神经网络技术虽已取得长足进步，但距离完全模拟并超越人类大脑，仍有一段漫长的路要走。

（2）人工神经网络的结构单元

人脑中的神经网络是由无数自然神经元构建而成的复杂系统，这些神经元负责高效地处理海量信息，它由几个关键部分组成：神经元细胞体、树突以及轴突。神经元细胞体作为这个微小单元的“指挥中心”，扮演着汇聚与整合来自四面八方的输入信息，并据此发出响应信号的重要角色；树突是这些神经元的“接收天线”，它们短小精悍却分支众多，负责捕捉并接收邻近神经元传递过来的信息，随后将这些信息传递给细胞体进行进一步处理；轴突是神经元的“输出通道”，它如同一条细长的电缆，从细胞体延伸而出，并在末端分叉形成神经末梢，这些末梢如同触手一般，与其他神经元的树突紧密相接，形成错综复杂的连接网络，自然神经元结构如图 9-9 所示。

模仿自然神经元那复杂而精细的结构，人工神经网络中的神经元也构建了一个相似的框架，其核心在于神经处理单元，这个单元可以被视为人工神经元中的“细胞体”，负责接收、整合以及处理来自外部的信息。

人工神经元同样拥有多个输入端口，这些输入端口就像是信息的门户，源源不断地接收来自其他神经元或外部数据源的信息流。这些输入信息在神经处理单元内被加权、累加，并经过某种激活函数的非线性变换，模拟了自然神经元中信息整合与处理的复杂过程。人工神经元的输出部分与自

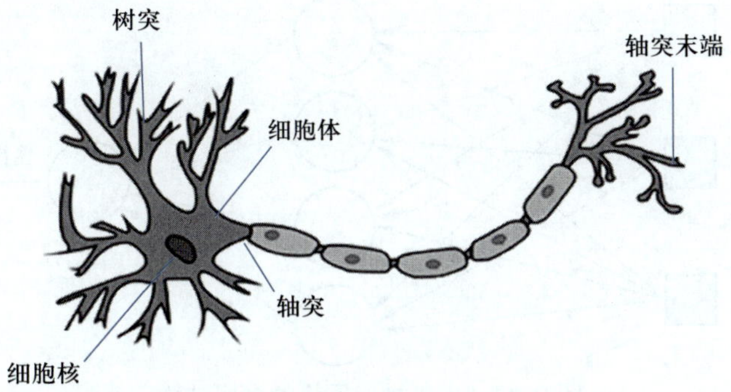

图 9-9 自然神经元结构

然神经元的轴突及其末梢功能相似，它将处理后的信息以一定的强度输出到网络中的其他神经元，形成信息的进一步传递与交互。这种输出不仅是当前神经元处理结果的体现，也是整个神经网络实现复杂功能的基础，在深度学习领域中，人工神经元框架如图 9-10 所示。这种框架有另一个专业名称——感知机。

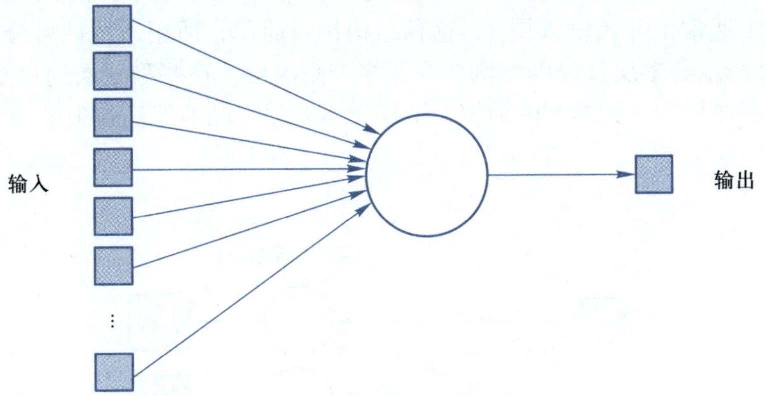

图 9-10 人工神经元（感知机）框架

（3）人工神经网络的层级结构

人工神经网络的精妙架构以层次分明的结构为核心，通过多个紧密相连的层来构建复杂的处理网络，这种多层架构赋予了神经网络强大的学习与适应能力。在这个架构中，每一层都扮演着独特的角色，众多神经元紧密协作，共同完成信息的传递与处理。

首先，输入层作为整个网络的门户，其主要职责是接收来自外界的原始信号或数据。这些信号在输入层中仅作为信息传递的起点，不参与任何形式的处理或转换，因此可以将其视为一种“信号缓冲器”。

随后，信息流经隐藏层，这是神经网络中最具深度的部分，也是处理能力的核心所在。隐藏层并不直接与外界环境交互，而是作为内部处理单元，通过复杂的连接与计算，将输入信号逐步转化为更有意义的表示或特征。隐藏层的数量可以根据具体任务的需求进行灵活调整，从零层到多层不等，每一层都增加了网络的深度与复杂度，也提升了其处理非线性问题的能力。

最终，经过隐藏层的处理与变换，信息汇聚到输出层。输出层作为神经网络的最终出口，负责产生并输出处理后的结果。这些结果可能是分类标签、预测值或其他形式的决策依据，直接服务于实际应用场景。

综上所述，人工神经网络的层次化架构包括输入层、隐藏层（可多层）和输出层，这些层级共同构成了一个高效的信息处理系统。人工神经网络的多层结构如图 9-11 所示。

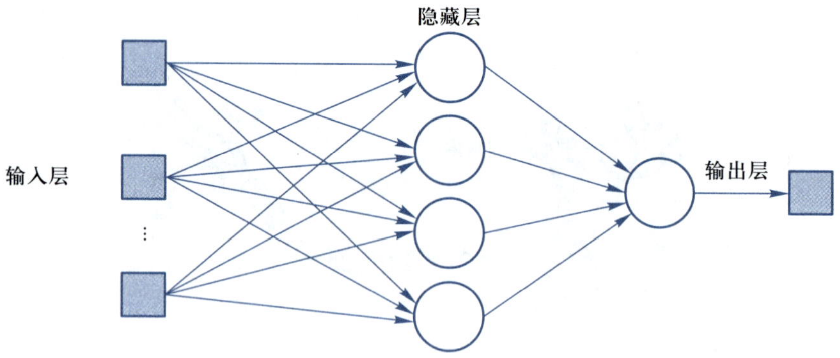

图 9-11　人工神经网络的多层结构

3. 人工神经网络的分类

在人工神经网络领域，神经元与神经元之间，以及隐藏层之间的连接方式极具多样性，这种多样性正是构建不同神经网络结构的基础。每种独特的结构都针对特定类型的问题展现出卓越的处理能力，因此，根据实际应用场景的需求定制神经网络结构成为可能。

从连接层数的角度来看，神经网络可以划分为单层与多层两大类。单层神经网络，顾名思义，仅包含一个处理层（通常不计入输入层），这种结构相对简单，适用于线性可分或较为简单的非线性问题，如图 9-12 所示。多层神经网络则包含了多个隐藏层，这些隐藏层通过复杂的连接和计算，使得网络能够处理更加复杂、高维度的数据，适用于需要强大的非线性映射能力的场景，如图 9-13 所示。

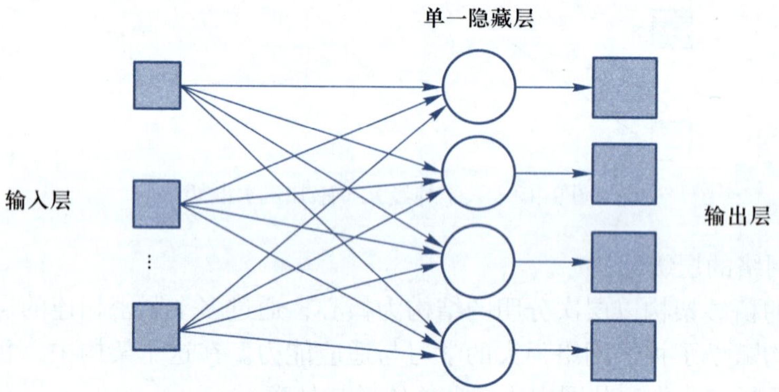

图 9-12　单层神经网络结构

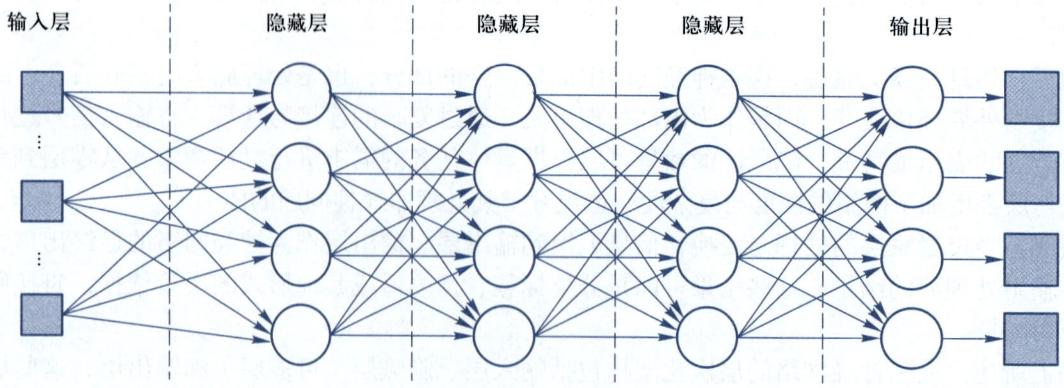

图 9-13　多层神经网络结构

另一方面，根据神经网络中信号流动方向的不同，可以将其区分为前馈神经网络与反馈神经网络。前馈神经网络中，信号仅从输入层单向流向输出层，途中可能经过多个隐藏层，但不存在层与层之间的反馈连接，如图 9-14 所示。这种结构易于实现，广泛应用于模式识别、分类、预测等领域。相比之下，反馈神经网络则允许信号在网络中循环流动，甚至形成闭环，这使得网络能够存储和记忆信息，适用于需要进行时间序列分析、动态系统建模等的场景，如图 9-15 所示。

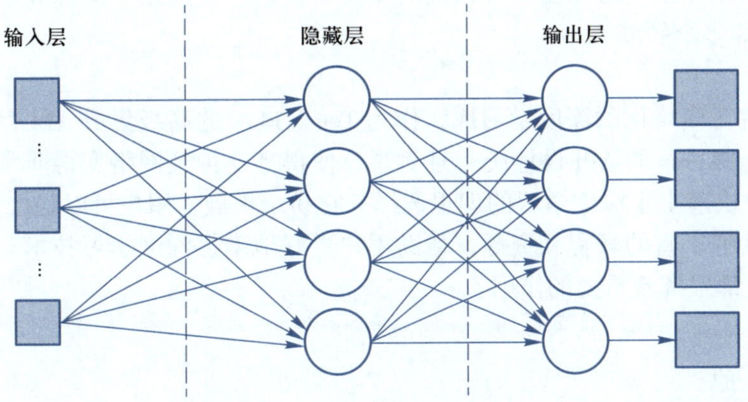

图 9-14　前馈神经网络结构

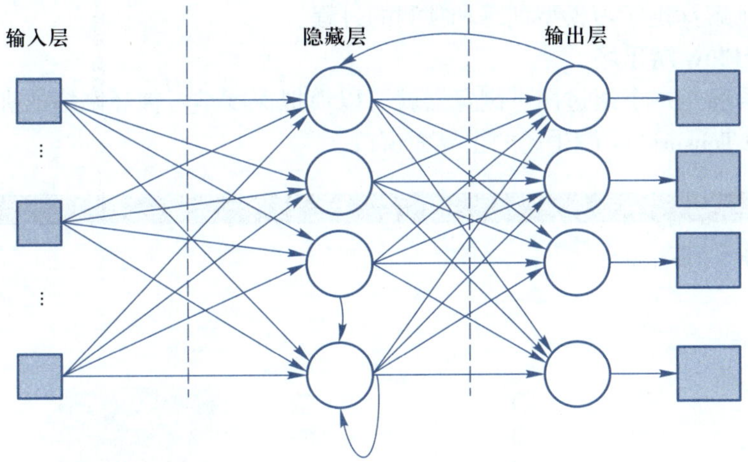

图 9-15　反馈神经网络结构

4. 深度学习框架简介

基于人工神经网络理论，目前市面出现了很多基于神经网络的开源 / 商用深度学习框架，通过这些框架技术，广大的深度学习及其相关行业的从业者及科研者们可以方便地进行人工智能技术的开发及研究。深度学习的主要框架有如下几种。

（1）PaddlePaddle

百度飞桨（PaddlePaddle）是百度自主研发的深度学习平台，集核心框架、基础模型库、端到端开发套件及丰富工具组件于一体，为开发者提供便捷、高效、产业级的 AI 解决方案，广泛应用于自然语言处理、计算机视觉、推荐系统等多个领域，助力企业智能化升级与技术创新。

（2）TensorFlow

TensorFlow 是一个深度学习框架，它以丰富的功能、灵活的架构和强大的多平台部署能力而著称。TensorFlow 支持静态图和动态图的混合编程模式，用户可以根据项目需求选择最适合的编程风格。此外，TensorFlow 拥有庞大的社区支持和丰富的文档资源，使得学习和使用相对容易。它在图像识别、自然语言处理、语音识别和推荐系统等领域都有广泛的应用。

（3）PyTorch

PyTorch 是由国外社交媒体网站开发并维护的深度学习框架，它以用户友好和灵活性为特点。PyTorch 采用动态图机制，使得模型的编写和调试更加直观和灵活，在快速原型设计和实验方面非常受欢迎。PyTorch 还具有优秀的可扩展性，方便用户根据需要进行模型的定制和调整。随着其社区的不断壮大，PyTorch 已成为深度学习领域的重要力量，广泛应用于图像和语音识别、自然语言处理、计算机视觉等多个领域。

（4）Keras

Keras 是一个高度模块化的深度学习库，作为 TensorFlow 的高级集成 API 存在，其简洁易用的特点深受用户喜爱。Keras 的 API 设计统一且直观，使得搭建神经网络变得非常简捷。对于初学者来说，Keras 是一个快速上手深度学习的理想选择。它易于扩展，用户可以轻松添加新的模块和层。Keras 的社区也提供了丰富的教程和资源，帮助用户更好地掌握深度学习技术。在科学研究和原型设计等领域，Keras 都发挥着重要的作用。

任务实施

本任务通过 TensorFlow 团队提供的神经网络可视化教学和实验平台“TensorFlow 游乐场”对数据进行分类，用以了解深度学习模型训练和预测的过程。

1. 熟悉 TensorFlow 游乐场

TensorFlow 游乐场是一个通过网页浏览器就可以模拟深度学习神经网络的训练过程的可视化工具。图 9-16 所示为 TensorFlow 游乐场的主界面窗口。

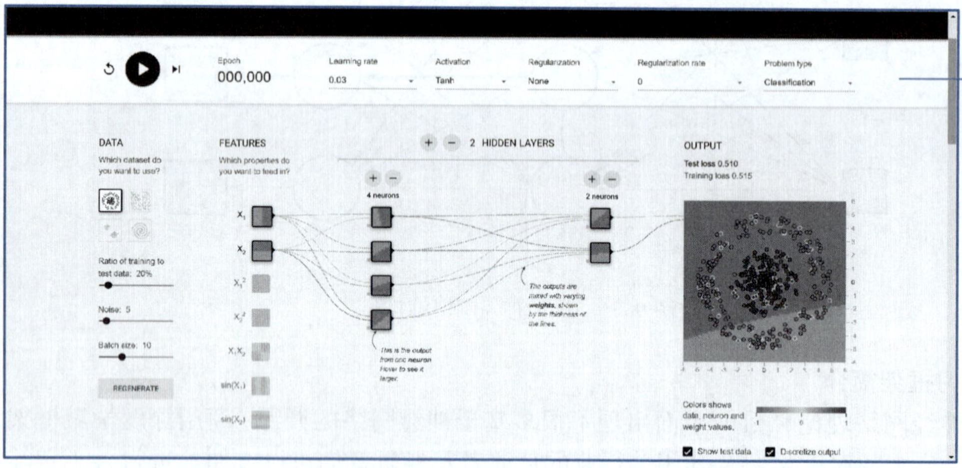

图 9-16　TensorFlowr 游乐场主界面

（1）熟悉参数选项区域

参数选择区域如图 9-17 所示，其功能见表 9-4。

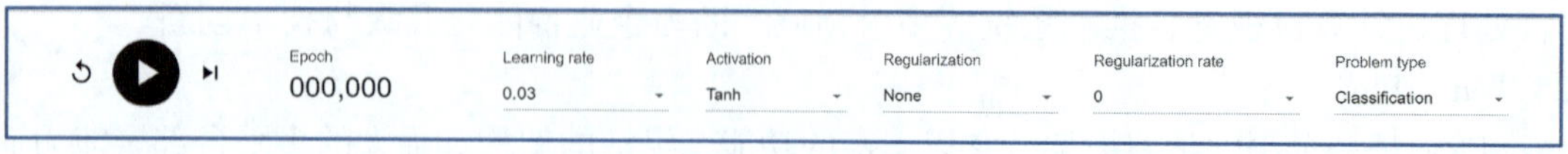

图 9-17　参数设置区域

表 9-4　参数设置区域各功能说明

序号	功能	操作说明
1	操作按钮	包含了重置网络、开始 / 暂时、逐步执行 3 个按钮
2	Epoch	神经网络模型训练时的迭代次数，此次数随着时间增加会逐步增加
3	Learning rate	学习率，即学习的速率，为了能够使模型具有较好的性能，需要把学习率的值设定在合适的范围内，根据 TensorFlow 团队的经验，一般把学习率设置为 0.01 ~ 0.8
4	Activation	激活函数，用于将处理后的信号转换为输出信号，默认为非线性函数 Tanh
5	Regularization	正则化，用于降低过拟合度。过拟合指的是模型在训练数据上表现非常好，但在未见过的数据（测试数据）上表现却很差的现象
6	Regularization rate	正则化率
7	Problem type	TersonFlow 游乐场目前仅能做到 Classification（分类）和 Regression（回归）两类问题的处理

（2）熟悉 DATA 区域

DATA 区域如图 9-18 所示，其主要功能见表 9-5。

表 9-5　数据区域功能表

<table>
<tr><th>区域图</th><th>功能</th><th>操作说明</th></tr>
<tr><td rowspan="4">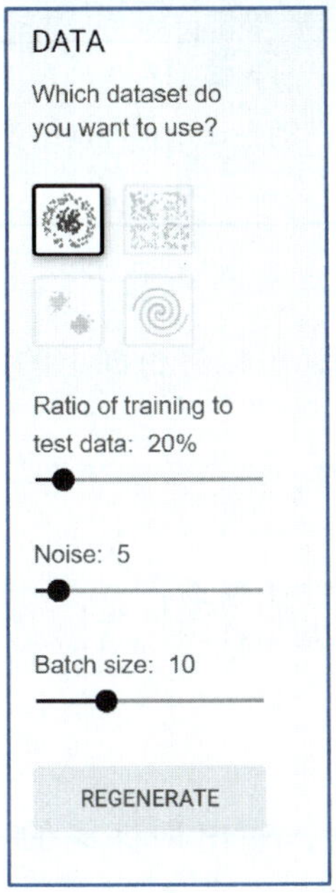

图 9-18　DATA 区域</td><td>数据集</td><td>TersonFlow 为使用者提供了 4 种数据集，每种数据集都包含了两种颜色的数据，不同颜色代表不同类型的数据，面板中默认选中的是第一种数据集</td></tr>
<tr><td>Ratio of training to test data</td><td>测试集和训练集的比率（一般使用默认值）</td></tr>
<tr><td>Noise</td><td>噪声，通常指一些不同寻常的数据，噪声设置太大，将会增加分类或者回归的难度</td></tr>
<tr><td>Batch size</td><td>每次输入特征数据的数量，Batch size 不宜选的太小，太小了容易使模型不收敛</td></tr>
</table>

（3）熟悉主界面区域

主界面如图 9-19 所示，各区域说明见表 9-6。

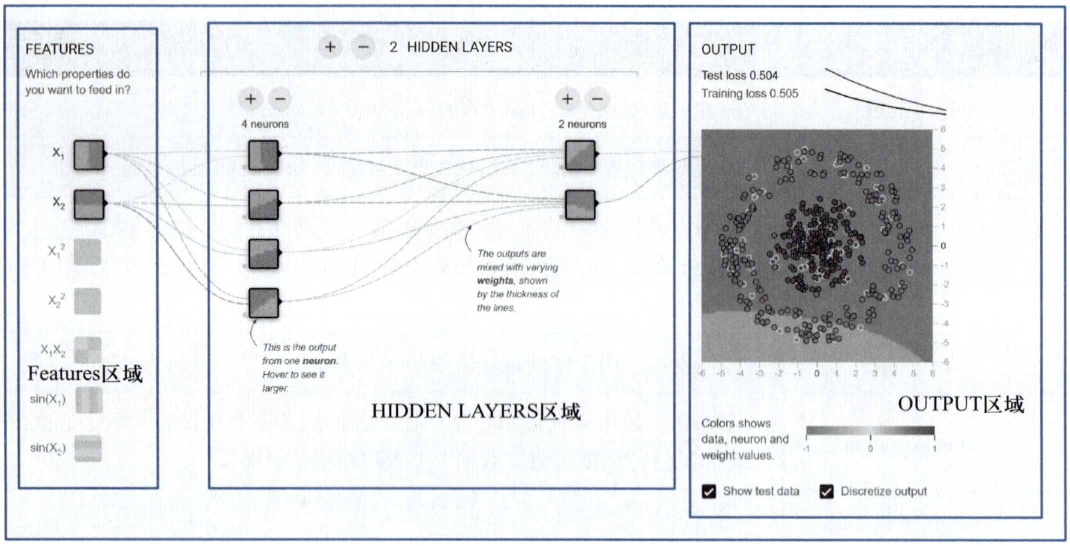

图 9–19　主界面区域

表 9–6　主界面区域功能表

序号	子区域名称	功能说明
1	FEATURES 区域	选择输入节点输入的特征值，包括 x_1，x_2，x_1^2，x_2^2，sin（x_1），sin（x_2）。
2	HIDDEN LAYERS 区域	隐藏层的设置。每一列是一个隐藏层，图 9–19 有两个隐藏层，可以通过单击平台提供的“+”“–”按钮来调整隐藏层的数量以及设置每一层隐藏层中神经元的数量。一般神经网络的隐藏层越多，这个神经网络越深
3	OUTPUT 区域	最右侧是输出节点。输出的是损失（越小越好），一般来说训练集的损失要小于测试集的损失。下方显示训练数据的分类情况，动态显示神经网络整个训练过程中的预测结果变化

2. 训练参数设置

使用 TensorFlow 游乐场对产品进行判断，蓝色代表合格，橙色代表不合格，可以进行如下的设置，如图 9-20 所示。

① 选择第一个数据集。使用这个数据集判断产品是否合格，蓝色代表合格，橙色代表不合格。设置测试集和训练集的比率为 50%，Noise 为 0，Batch size 为 10。

② 定义神经网络的结构。显然这是一个非线性的二分类问题，可以使用默认参数设置，也可以根据需要自行调整，这里使用默认参数。选取 $x1$、$x2$ 表示零件的长度和质量作为输入。设置第一个隐含层有 4 个神经元节点，第二个隐含层有 2 个神经元节点。

3. 训练前后结果对比

当各种参数设置完成后，训练开始前，输出界面如图 9–21（a）所示，输出训练集的背景全部为淡蓝色，表示所有的样本都介于合格与不合格之间；当训练 27 次后，得到的输出如图 9–21（b）所示，这时有部分蓝色产品（合格产品）处于橙色区域，这表明训练的结果仍然不够理想；当训练超过一定次数后（在本例中训练了 122 次），输出如图 9–21（c）所示，这时蓝色产品（合格产品）都落在蓝色区域中了，橙色产品（不合格产品）都处于橙色区域中，表明已基本完成训练。

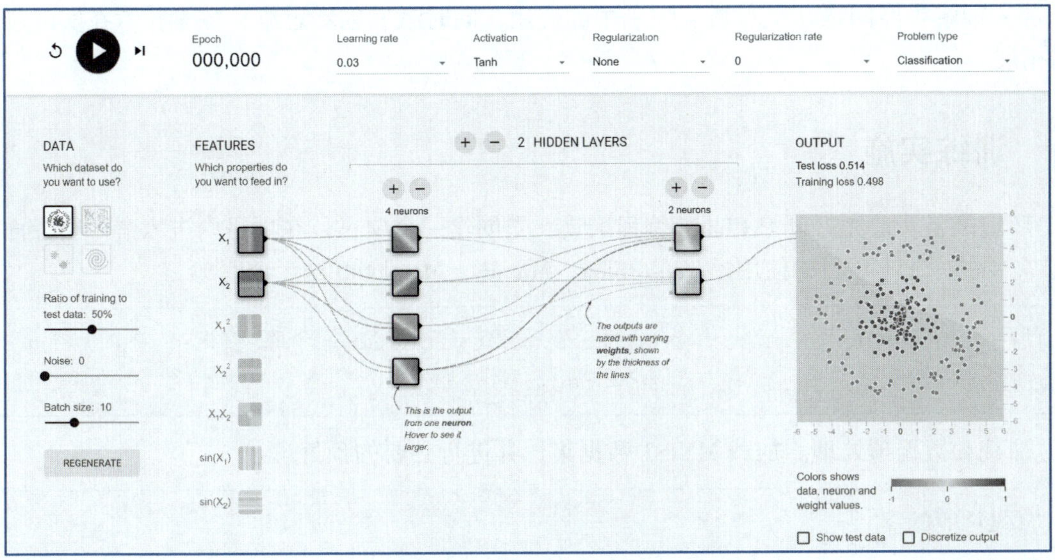

图 9–20　训练参数设置

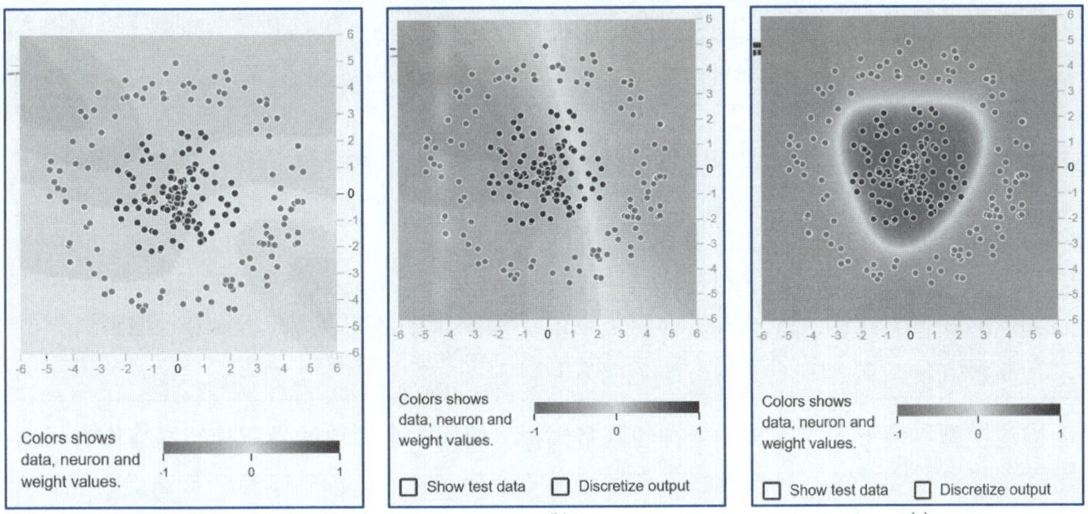

图 9–21　不同训练次数下模型输出效果

拓展训练：手写数字识别

训练描述

在本任务中，学生将利用 TensorFlow 深度学习框架，从零开始构建并训练一个用于手写数字识别的神经网络模型，重点学习卷积神经网络的结构与应用。

训练目标

- 理解机器学习和深度学习的基础；
- 掌握从数据预处理到模型构建、训练、评估的全过程；

- 深入理解神经网络在手写数字识别中的应用，同时激发创新思维，探索技术在实际场景中的应用与拓展。

训练实施

① 环境准备。首先打开 PyCharm 编程工具，先创建一个项目，在项目内进入命令行界面，通过 pip 安装需要的库（本项目中使用了 TensorFlow、MumPy、Matplotlib 这 3 个库）。

```
# 使用pip工具安装TensorFlow、NumPy、Matplotlib三个库文件
pip install tensorflow numpy matplotlib
```

② 加载和数据预处理。加载 MNIST 数据集，并进行必要的预处理。

```
# 加载对应的库
import tensorflow as tf
from tensorflow.keras.datasets import mnist
from tensorflow.keras.utils import to_categorical

# 加载数据
(x_train,y_train),(x_test,y_test)= mnist.load_data()

# 数据预处理
x_train,x_test = x_train / 255.0,x_test / 255.0  # 归一化
y_train = to_categorical(y_train,10)# 将标签转换为one-hot 编码
y_test = to_categorical(y_test,10)
```

③ 构建模型。接下来，定义一个神经网络模型。使用一个简单的卷积神经网络作为示例。

```
from tensorflow.keras.models import Sequential
from tensorflow.keras.layers import Conv2D,MaxPooling2D,Flatten,
Dense,Dropout

model = Sequential([
    Conv2D(32,kernel_size=(3,3),activation='relu',input_shape=(28,28,1)),
    MaxPooling2D(pool_size=(2,2)),
    Conv2D(64,(3,3),activation='relu'),
    MaxPooling2D(pool_size=(2,2)),
    Flatten(),
    Dense(128,activation='relu'),
    Dropout(0.5),
    Dense(10,activation='softmax')
])
```

```
model.compile(optimizer='adam',
              loss='categorical_crossentropy',
              metrics=['accuracy'])
```

④ 训练模型。

```
model.fit(x_train.reshape(-1,28,28,1),y_train,epochs=5,batch_size=64)
```

⑤ 评估模型。

```
model.fit(x_train.reshape(-1,28,28,1),y_train,epochs=5,batch_
size=64)
```

⑥ 使用模型进行预测。最后，使用训练好的模型对手写数字图片进行预测。

```
predictions = model.predict(x_test.reshape(-1,28,28,1))
predicted_classes = np.argmax(predictions,axis=1)

# 显示一些预测结果
import matplotlib.pyplot as plt

fig,axes = plt.subplots(1,5,figsize=(10,2))
for i,ax in enumerate(axes):
        ax.imshow(x_test[i].reshape(28,28),cmap='gray')
        ax.set_title(f'Pred:{predicted_classes[i]}')
        ax.axis('off')
plt.show()
```

⑦ 运行程序，显示可视化结果，如图 9–22 所示。

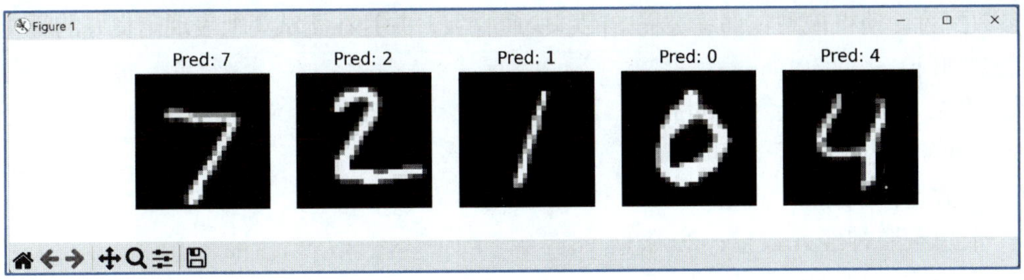

图 9–22　模型输出结果

项 目 小 结

通过本项目的学习与实践，学生不仅能够系统地掌握机器学习与深度学习的理论知识与实践技能，还能够在解决实际问题的过程中锻炼自己的实践能力、培养创新思维和提升团队协作能力。更重要的是，学生将深刻理解机器学习与深度学习在推动科技进步、改善人类生活方面的巨大潜力与广阔前景。

项目练习

一、填空题

1. 机器学习是人工智能领域中的核心支柱，融合了概率论、______、逼近论等多门学科知识。

2. 在机器学习中，数据由______、特征值和标签 3 部分构成。

3. 机器学习的工作流程可以分为______和预测两个阶段。

4. 米切尔在其著作《机器学习》中，将机器学习定义为赋予计算机程序在特定任务上，凭借经验的累积，依据______进行自我优化的能力。

5. 机器学习中的______是指数据的终极指向标，代表了希望模型预测的目标结果。

6. 在 scikit-learn 库中，用户可以通过搭建机器学习模型来识别并区分不同类型的______。

7. 构建机器学习模型的关键环节包括数据预处理、______、模型选择与调优、性能评估。

8. 机器学习中的______是将数据实例根据其特征、种类或预定义的标签自动分配到不同类别的技术。

9. 机器学习的基本流程中，______阶段利用历史数据构建模型，而预测阶段则输出新的数据预测结果。

10. 常用的机器学习算法可以根据其解决问题的本质特性划分为分类、______、聚类和降维。

二、简答题

1. 简述机器学习中的“数据预处理”的步骤及其重要性。

2. 比较机器学习中的分类算法与回归算法的主要区别。

3. 简述深度学习相比传统机器学习在处理复杂数据上的优势。

三、操作题

1. 使用 scikit-learn 库预测房价

使用 fetch_california_housing 数据集训练一个机器学习模型，以预测加利福尼亚州某个地区的房价中位数（使用 sklearn.datasets.fetch_california_housing 加载房价测试数据）。

2. TensorFlow 游乐场操作题

在 TensorFlow 游乐场中，使用给定的示例参数设置作为基础，调整并优化神经网络模型，以找到一组最佳的参数配置，使得模型在训练过程中能够快速收敛，并且在测试集上表现出良好的泛化能力。

参数设置如下。

① 数据集：选择“螺旋”（Spirals）。

② 神经网络结构：

- 隐藏层数量：2 层；
- 第一个隐藏层神经元数量：20 个；
- 第二个隐藏层神经元数量：10 个。

③ 训练参数：

- 学习率：0.03；
- 激活函数：ReLU（注意：如果 TensorFlow 游乐场支持，可以考虑添加正则化参数，但在此初始设置中不考虑）。

④ 训练过程：

- 训练次数：100 次；
- 批大小：32。

项目 10 计算机视觉

项目描述

本项目将探索计算机视觉领域，学习计算机视觉的基本内容及其应用，主要包括计算机视觉的基本概念、计算机视觉的典型任务、典型应用场景、任务基本工作步骤及单视觉应用。通过实践案例，学生可以掌握计算机视觉的处理流程，培养跨界融合能力，将计算机视觉技术与其他领域知识相结合，探索并开发更多新颖、实用的计算机视觉的应用。

学习目标

- **知识目标**
  - ◎ 了解计算机视觉的基本概念
  - ◎ 了解计算机视觉的典型任务及应用场景
  - ◎ 了解计算机视觉的工作原理
- **技能目标**
  - ◎ 熟悉计算机视觉中的图像处理方法
  - ◎ 掌握计算机视觉任务的工作流程
  - ◎ 掌握计算机视觉的常用工具和软件库
  - ◎ 掌握基于深度学习的计算机视觉的模型训练和优化方法
- **素养目标**
  - ◎ 具备良好的编程习惯和逻辑思维能力，在解决问题时能够清晰地分析和设计算法
  - ◎ 能够独立思考，解决简单的编程和图像处理问题，提升自主学习能力
  - ◎ 具备团队合作和沟通能力，在小组项目中能够有效地协作和交流

任务 10.1 简单的人脸检测

任务描述

微课 19：
简单人脸检测

计算机视觉作为人工智能重要的应用方向之一，不仅深刻改变了人们的生活方式，还极大地促进了科学研究的进步和产业升级的加速。它融合了图像处理、模式识别、机器学习、深度学习等多个领域的先进技术，使得机器能够像人类一样理解、

分析和解释视觉信息，从而执行复杂的任务。本任务旨在利用 OpenCV 这一广泛应用的计算机视觉开源库，通过输入简单的人脸图像，完成人脸检测。通过这一实践过程，学生能够掌握 OpenCV 工具的基本用法，为后续图像处理和人工智能应用打下坚实的基础。

知识准备

1. 计算机视觉的概念

常言道“眼睛是心灵的窗户”，科学研究明确指出，人类超过八成的学习、理解与决策过程，均深深根植于视觉系统的运作之中。视觉作为人们接触、理解世界的首要途径，其重要性无可替代。

计算机视觉（Computer Vision，CV）是一门研究如何使机器“看”的科学，也就是研究如何使用计算机和摄影机来代替人眼完成对目标的识别、跟踪和测量等工作。它通过模拟生物视觉系统的功能，利用计算机技术和相关设备对图像或视频数据进行自动分析、解释和处理，使之成为更适合人眼观察或传送给仪器检测的图像，如图 10-1 所示。其核心目标在于从捕获的视觉信息中提取出有用的三维空间信息，从而进行物体识别、场景理解等，这一过程与人类及其他生物体通过视觉感知环境的方式相似，但计算机视觉是依赖于复杂的算法和计算模型来实现这一目标的。

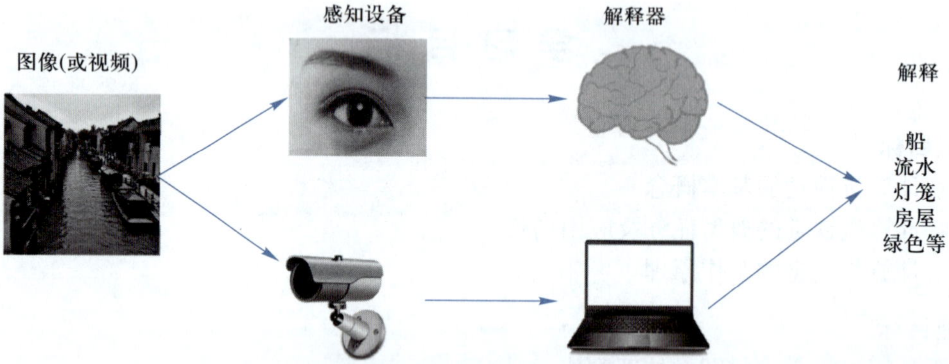

图 10-1　人类视觉与机器视觉

计算机视觉是一门赋予机器视觉感知能力的交叉学科，它结合了计算机科学、数学、物理学、神经生物学、人工智能、机器学习、图像处理、信号处理等多个领域的知识，如图 10-2 所示。

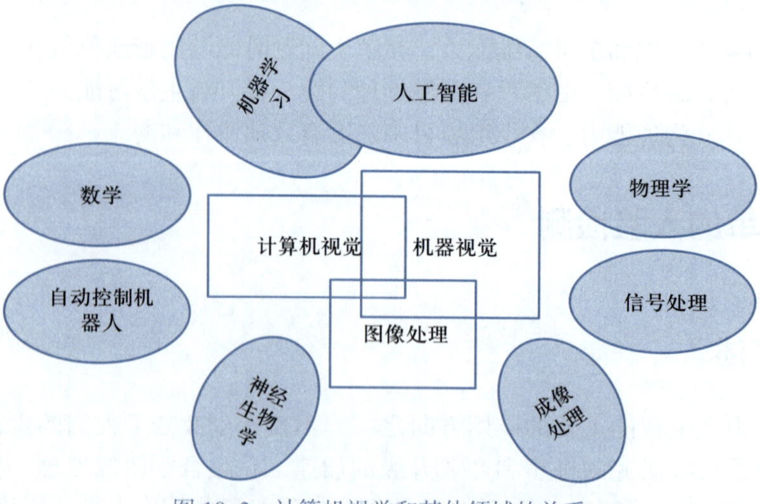

图 10-2　计算机视觉和其他领域的关系

随着大数据技术的蓬勃兴起与深度学习算法的不断发展，获取到的海量数据资源为模型训练提供了坚实的基础，衍生出广泛且多样化的应用场景，目前，计算机视觉已成为人工智能领域最活跃的研究方向之一。

2. 计算机视觉的典型任务

计算机视觉旨在使计算机能够理解和解释数字图像和视频中的信息。它包含了多个典型任务，每个任务都有其特定的应用场景和技术挑战。以下是 4 个典型任务。

（1）图像分类

图像分类（Image Classification）是计算机视觉中最基础的任务之一，其目标是将输入的图像分配给预定义的类别。例如，一个图像分类系统可能能够识别出一张图片中的动物是猫、狗还是其他动物。这通常涉及提取图像中的特征（如颜色、纹理、形状等），并使用这些特征来训练一个分类器（如神经网络），以区分不同的类别。

（2）图像分割

图像分割（Image Segmentation）旨在将图像划分为不同的区域或对象，使得同一区域内的像素具有相似的属性（如颜色、纹理等），而不同区域之间的像素则具有较大的差异。图像分割可以进一步细分为语义分割（Semantic Segmentation）和实例分割（Instance Segmentation）。语义分割关注于将图像中的每个像素分类到预定义的类别中。实例分割则更进一步，要求区分同一类别中的不同个体。图像分割在医学影像分析、自动驾驶等领域有重要应用。

（3）目标检测

目标检测（Object Detection）的任务是在图像中定位并识别出所有感兴趣的对象。这通常包括两个步骤：首先，在图像中确定每个对象的位置（通常通过边界框来表示）；其次，识别出每个对象所属的类别。目标检测在自动驾驶、视频监控、人脸识别等领域具有广泛应用。随着深度学习技术的发展，特别是卷积神经网络和区域候选网络（RPN）的引入，目标检测的准确性和效率得到了显著提升。

（4）图像生成

图像生成（Image Generation）是指利用计算机算法生成逼真的图像或图像序列。这包括多种技术，如生成对抗网络、变分自编码器（VAE）等。生成对抗网络尤其引人注目，因为它们能够生成难以与真实图像区分的假图像。图像生成在艺术创作、数据增强、虚拟现实等领域有广泛应用。通过训练模型学习真实图像数据的分布，图像生成技术能够创造出全新的、前所未有的图像内容。

除此之外，计算机视觉领域还包括风格迁移、人体姿态估计、超分辨率、图像着色等任务，每个任务都有其独特的挑战和解决方案。随着技术的不断进步，这些任务的准确性和效率正在不断提高，为各种实际应用提供了强大的支持。

3. 计算机视觉的典型应用场景

计算机视觉技术已经深入人们日常生活的方方面面，在众多领域中扮演着重要角色，并展现出了巨大的价值和潜力。接下来具体介绍计算机视觉在现实行业中的应用。

（1）安防领域

在公共区域、园区、工厂等场所部署计算机视觉监控系统，通过摄像头和录像机，实时监测人流、车流情况，及时反馈不同场所中实际发生的状况，发现并处理异常行为。系统能不受制于检测时间，拓宽人眼监控不到的范围，通过图像识别和行为分析技术，自动识别主要入侵部位，结合报警系统设备发出报警信号，提前报警和及时处理，提高公共场所的安全管理水平。

在身份追踪和个人隐私保护方面，计算机视觉中的人脸、指纹识别和图像处理技术，展现出强大的应用实效与潜力。公安部门利用庞大的人脸数据库与遍布城市的智能摄像头网络，实现对犯罪嫌疑人的高效识别与布控。指纹识别技术与其他生物识别技术结合，构建起多层次的身份认证体系，能有效防止身份冒用，保护个人隐私安全。

（2）医疗领域

在医学影像研究与病灶诊断的前沿探索中，计算机辅助诊断（Computer Aided Diagnosis，CAD）技术发挥着至关重要的作用，主要应用于医疗辅助诊断、辅助阅片、识别病灶、机器人手术、智能医疗决策系统、临床健康评估以及辅助疾病筛查等，是推动医疗行业诊断精准化、高效化的重要工具。

计算机辅助诊断技术通过结合医疗数据和人工智能技术，能够从大量的数据中提取关键特征，并对X光、CT图像、超声、MRI等医学影像进行分析和预测，如医学影像分类、医学影像分割和医学影像中病灶识别等，协助医生对疾病进行定性和定量的评估，并提供相应的辅助诊断信息。这项技术的优势在于不受时间、地点限制，同时也不受医生个人的身体状态、情绪波动及知识水平的影响，显著降低了因人为疲劳或经验不足而导致的主观误诊率，被视为智慧医疗领域中最有发展前景的技术之一。

（3）交通领域

计算机视觉技术不仅被用来优化交通管理，还极大地推动了自动驾驶技术的发展。在违章监测与车牌识别方面，交通管理系统利用先进的计算机视觉算法，能够自动分析违章车辆的照片，精准提取车牌号码，并快速记录在案。这种技术不仅提高了执法效率，还减少了人为错误，使得交通违规行为无处遁形。同时，在停车场和收费站，车牌识别技术也大大加快了车辆进出速度，提升了用户体验。

在自动驾驶领域，计算机视觉图像系统如同车辆的“眼睛”，通过摄像头捕捉图像信息，识别交通标识、划分车道、测量与周围行人和车辆的距离等。结合雷达和激光等传感器数据，系统能够做出精准的判断，如加速、减速、停车、转向等，从而实现对交通工具的全面控制。这种技术的应用，正逐步将科幻电影中的“自驾游”变为现实，引领着未来出行方式的新变革。

在交通状况分析与监控方面，通过安装在各关键路段的交通摄像头，计算机视觉系统能够实时捕捉并分析交通流量、拥堵状况，甚至对隧道、桥梁等关键设施进行全方位监控。这些数据为交通管理部门提供了准确的决策依据，有助于及时疏导交通、预防事故，保障道路畅通与交通安全。

（4）气象预报领域

计算机视觉在天文气象领域实现了对天文现象和气象现象的自动化、智能化分析，极大地提高了数据处理的效率、图像分析的准确性以及预测的科学性，为天文学和气象学的研究提供了强有力的支持。气象预报需要处理大量的数据，包括卫星图像、雷达图像和地面观测数据，计算机视觉技术可以高效地处理这些数据，通过提取关键信息，如云层、风向、风速、降水量等，帮助气象科学家更准确地预测天气。

计算机视觉技术可以用于构建气象预报模型，如神经网络、支持向量机等。这些模型通过学习和分析历史数据，能够预测未来的气象现象。预测评估也是计算机视觉在气象预报中的重要应用，用于评估预报模型的性能，如精度、召回率等，从而不断优化模型，提高预报准确性。

4. 计算机视觉常用开发工具

① OpenCV（OpenSource Computer Vision Library）：一个开源的计算机视觉和机器学习软件库，提供了丰富的图像处理和计算机视觉算法。OpenCV支持多种编程语言，如C++、Python、Java等。开发者可以利用其强大的图像处理算法快速完成各种计算机视觉任务。

② TensorFlow：开源机器学习框架，提供了丰富的功能和工具，包括高级API（如Keras和tf.keras）和各种预训练模型和算法。适用于各种机器学习和深度学习应用，特别是计算机视觉任务的开发。

③ PyTorch：一个基于Python的开源机器学习框架，具有动态计算图的特点，易于使用且灵活

性强。提供了丰富的计算机视觉相关的库和工具，如 torchvision，以及支持快速开发的库，如 fastai。

④ MATLAB：一种用于科学计算、可视化和程序设计的高级语言和环境。提供了丰富的工具箱和函数，特别是图像处理工具箱和计算机视觉工具箱，提供了大量的图像处理函数和算法，为开发者提供了直观易用的界面和强大的功能。

⑤ scikit-image：一个基于 Python 的开源图像处理库，提供了大量的图像处理算法和函数。

⑥ CUDA：英伟达开发的并行计算平台和应用程序接口，可以加快计算机视觉任务的执行速度。利用 GPU 的并行计算能力能够显著提高计算机视觉算法的性能。

⑦ Dlib：一个强大的机器学习和图像处理库，提供了一系列高性能的机器学习算法和工具，被广泛应用于计算机视觉和人脸识别任务。

这些工具各自具有不同的特点和优势，开发者可以根据具体需求选择合适的工具进行开发。随着技术的不断发展，还会有更多新的工具涌现出来，为计算机视觉领域的发展提供更多的支持。

任务实施

结合项目 7 所学习的 Python 知识，本任务将在 PyCharm 程序编辑器中利用 OpenCV 库完成计算机视觉领域中目标检测的任务——人脸检测器，通过这个任务，读者可以将人脸检测理论与 OpenCV 实际操作相结合，增强动手能力和实践能力。

1. 创建机器学习工程

① 创建工程。打开 PyCharm，单击“File”选项卡，在弹出的菜单中单击“New Project”选项，创建一个名为 face_detection_project 的工程，如图 10-3 所示。

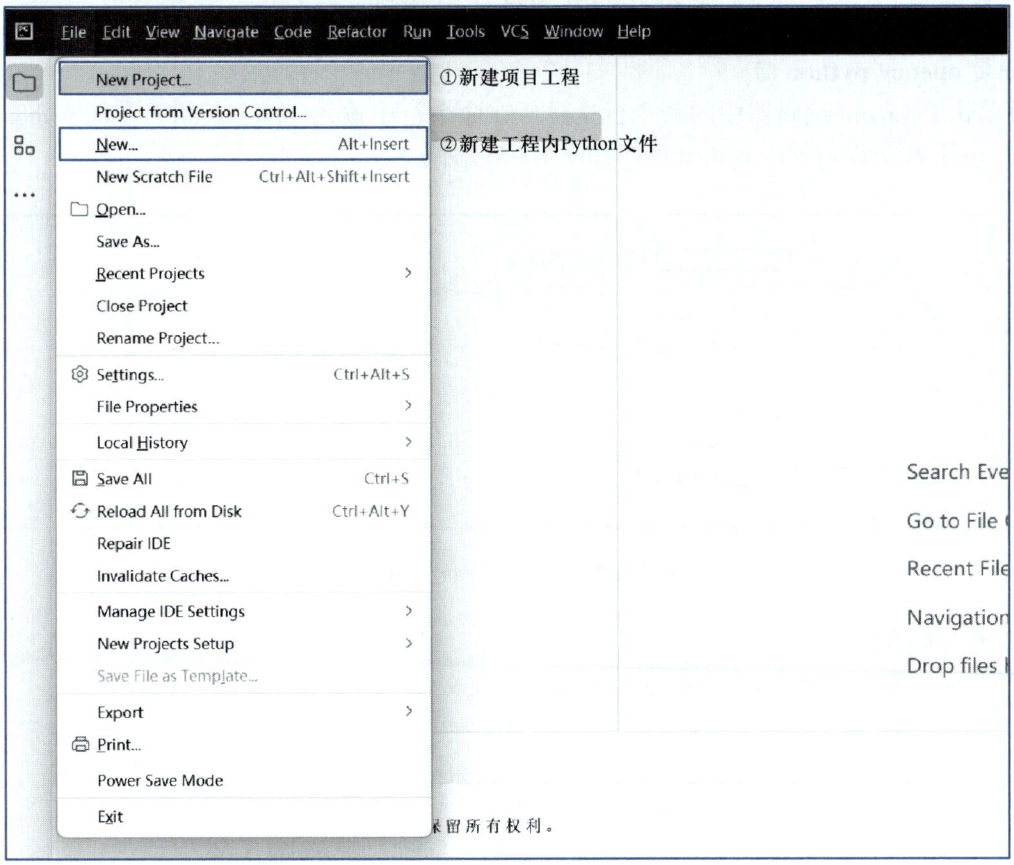

图 10-3　创建工程主界面

② 创建 Python 文件。选择“File”选项卡中的“New”选项，在二级菜单中选择“Python File”选项，弹出“New Python File”对话框，在对话框内创建一个名为 face_detector.py 的源文件，如图 10–4 所示。

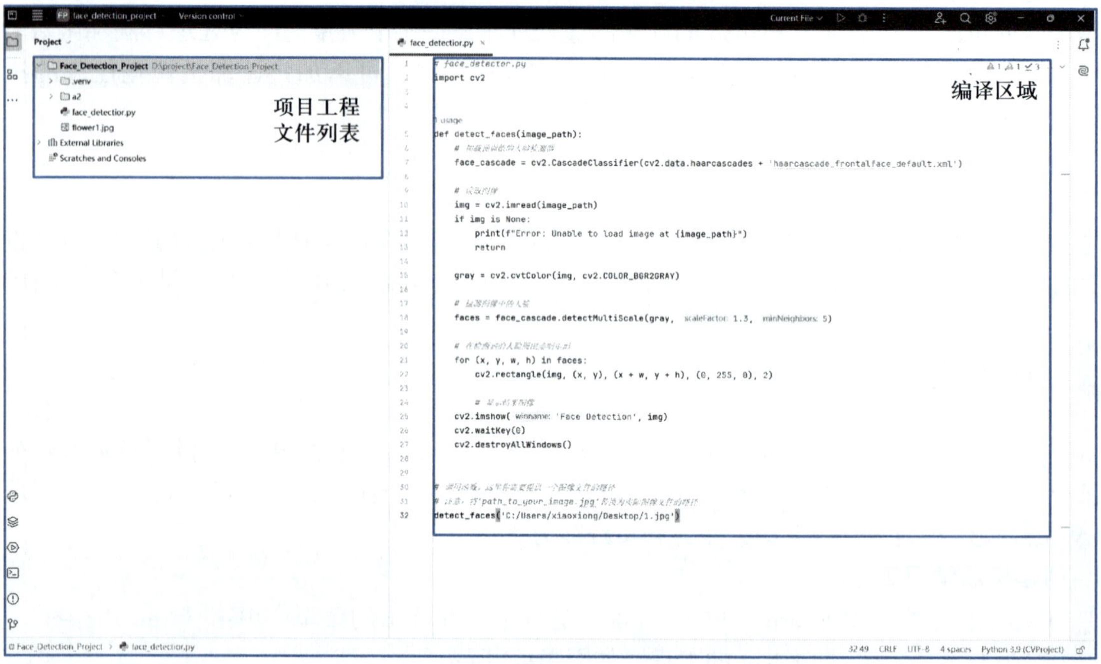

图 10–4　源文件编辑界面

2. 安装 opencv-python 库

通过单击 PyCharm 编辑器中的命令行工具，在命令行中输入“pip install opencv-python”命令，可以通过 pip 下载安装 opencv-python 库，如图 10–5 所示。

图 10–5　使用 pip 安装 opencv-python 库

3. 实现人脸检测

① 导入 cv2 库。打开 face_detector.py 源文件，在文件内输出如下代码：

```
import cv2
```

如果导入库之后没有出现错误提示，则说明 OpenCV 库已成功导入。

② 定义检测人脸的函数。定义 detect_faces 函数，接收参数 image_path。

```
# 定义检测函数:这个 image_path 参数是字符串,表示要加载和处理的图像文件的路径
def detect_faces(image_path):
        # 加载预训练的人脸检测器 CascadeClassifier,为 cv2 自带模型
        face_cascade=cv2.CascadeClassifier(cv2.data.haarcascades +
'haarcascade_frontalface_default.xml')
        # 读取图像
        img = cv2.imread(image_path)
        if img is None:
            print(f"Error:Unable to load image at {image_path}")
            return
        gray = cv2.cvtColor(img,cv2.COLOR_BGR2GRAY)
        # 检测图像中的人脸
        faces = face_cascade.detectMultiScale(gray,1.3,5)
        # 在检测到的人脸周围绘制矩形
        # 每个矩形用绿色(0,255,0)绘制,线条宽度为 2
        for(x,y,w,h)in faces:
            cv2.rectangle(img,(x,y),(x+w,y+h),(0,255,0),2)
        # 显示结果图像
        cv2.imshow('Face Detection',img)
        cv2.waitKey(0)
        cv2.destroyAllWindows()
```

③ 调用 detect_faces 函数。

```
# 调用函数,顶格写
detect_faces('path_to_your_image.jpg')
# 注意:应将'path_to_your_image.jpg'替换为实际图像文件的路径
# 例:detect_faces('C:/Users/xiaoxiong/Desktop/test_image.jpg')
```

④ 输出结果。运行上述代码，其最后输出的效果如图 10-6 所示。

图 10-6　人脸检测效果

任务 10.2 图像滤镜实时切换

任务描述

微课 20：
图像滤镜切换

本任务使用 OpenCV 库来处理图像，并允许用户通过键盘输入来选择不同的图像滤镜效果。程序应支持灰度滤镜、二值化滤镜、色彩反转滤镜、边缘检测滤镜、高斯模糊滤镜以及显示原始图像。用户可以通过按不同的键来切换这些滤镜效果，并在窗口中实时查看处理后的图像。通过此任务，学生不仅学习了如何使用 OpenCV 处理图像，还实践了计算机视觉程序基本的用户交互功能。

知识准备

1. 图像采集

图像采集过程涉及使用各种传感器或成像设备对目标进行扫描，这些成像设备输出由像素点构成的二维矩阵，使用像素值将图像转换为数字，即人们所说的数字图像，如图 10-7 所示。

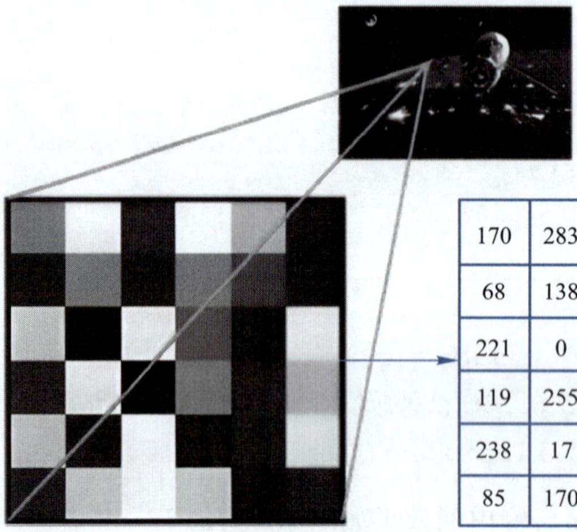

170	283	85	255	221	0
68	138	17	170	119	68
221	0	238	136	0	255
119	255	85	170	136	238
238	17	221	68	119	255
85	170	119	221	17	136

图 10-7 图像采集

（1）像素

像素是数字图像或图形显示设备上可以表示或显示的最小单位。它代表了图像中的一个点，这个点可以是黑色、白色、灰色或彩色。简单来说，当人们把手机屏幕、计算机屏幕或任何数字显示设备放大到极限时，就会看到由无数个小点组成的画面，这些小点就是像素。在计算机中，像素以二进制的形式表示。对于彩色图像，每个像素通常由红色、绿色、蓝色 3 个颜色通道（RGB）组成，颜色通道的值共同决定了该像素的最终颜色。

（2）分辨率

图像的分辨率由矩阵的维度定义，例如一个 $N \times M$ 的分辨率表示图像在水平方向有 N 个像素点，在垂直方向有 M 个像素点。像素是构成图像的基本单位，分辨率是衡量图像或显示设备清晰度和细节表现能力的一个指标，它决定了单位长度内可以容纳的像素数量。分辨率如图 10-8 所示。

（3）成像方式

不同类型的成像技术能够产生适用于不同场景的图像，如图 10-9 所示。

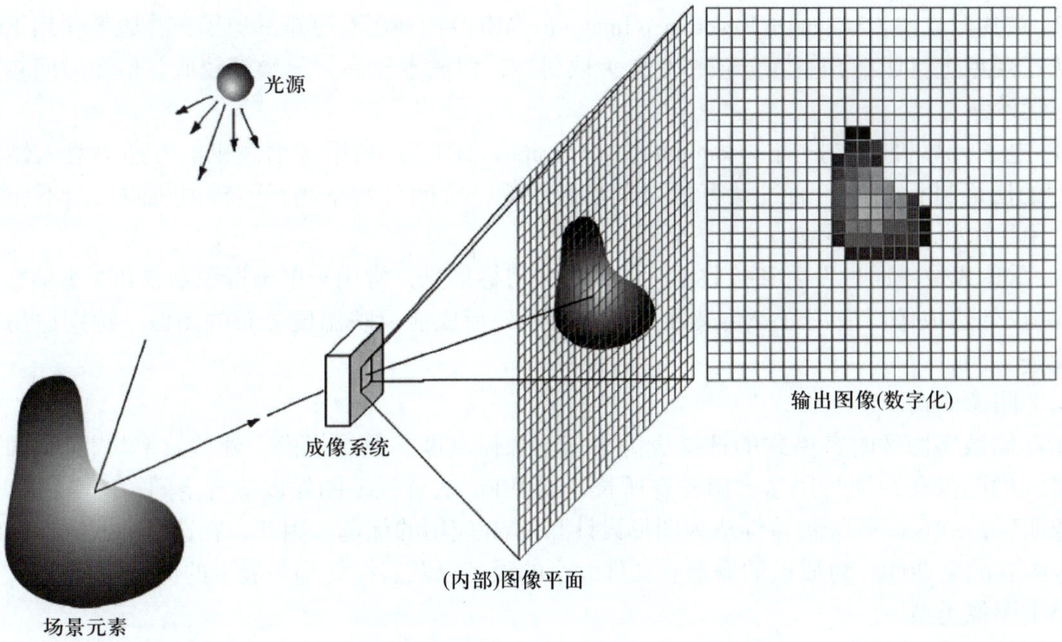

图 10-8 图像分辨率

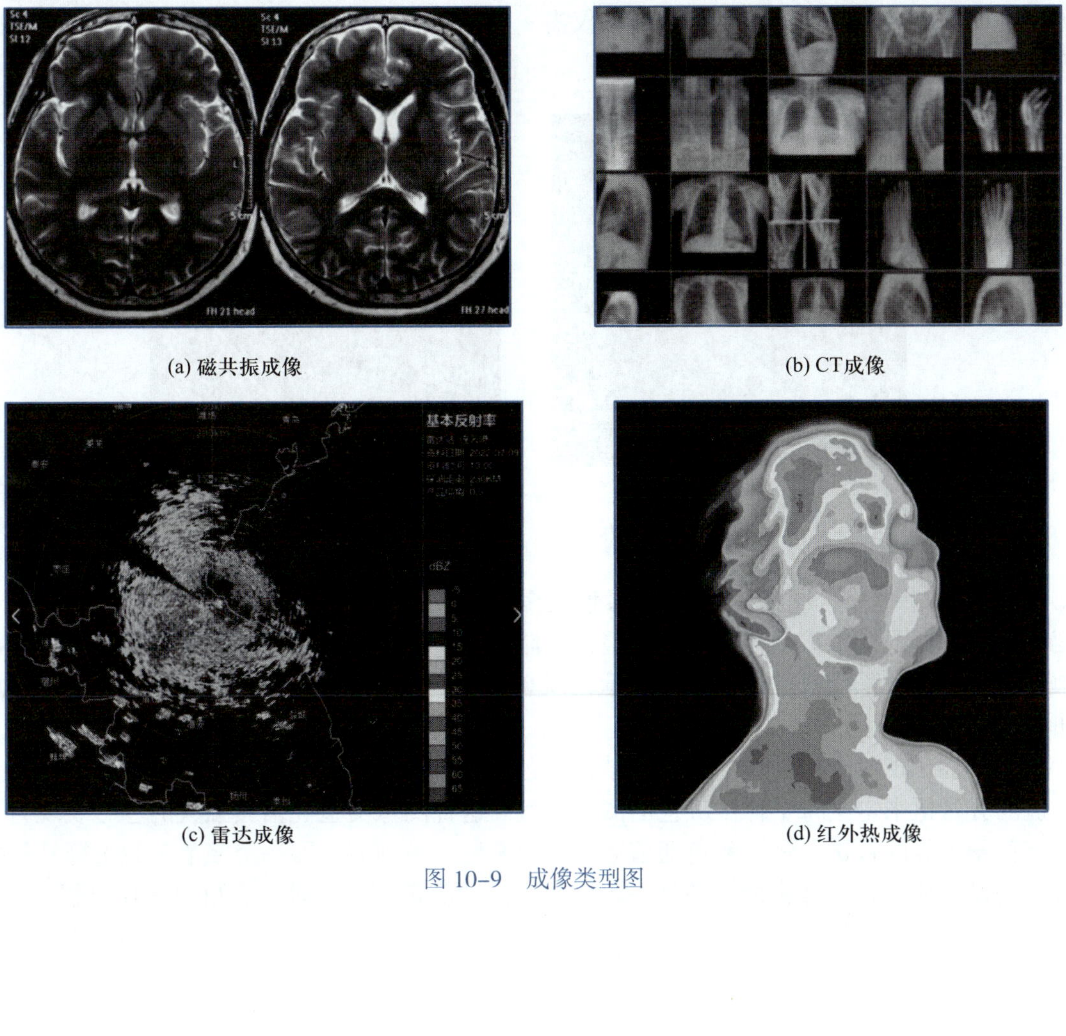

(a) 磁共振成像

(b) CT成像

(c) 雷达成像

(d) 红外热成像

图 10-9 成像类型图

① 常规相机成像：此类型成像通过捕捉反射光信号并转换为电信号，最终形成数字图像，也是生活中最常见的成像类型。

② 磁共振成像（Magnetic Resonance Imaging，MRI）：利用有磁矩的原子核在磁场作用下产生的能级跃迁现象进行成像，空间分辨率高，无放射性，但成本较高，灵敏度较低，检测时间较长，多用于医学诊断。

③ 电子计算机断层扫描（Computed Tomography，CT）：利用X射线束的穿透力对人体某处一定厚度的层面进行扫描，通过计算机处理形成图像，空间分辨率高，但辐射风险大，不能定量分析，常用于医疗和安全领域。

④ 雷达成像：通过发射和接收雷达波来捕获目标信息，常用于国土资源勘查和军事侦察。

⑤ 红外热成像：使用红外传感器捕捉热辐射，形成能反映温度分布的图像，特别适用于人体温度筛查。

（4）图像格式

在存储数字图像时，格式的选择成为平衡图像保真度、数据规模、处理效率与兼容性的关键。不同格式的图像在特性与用途方面各有所长，如JPEG适合压缩图像以节省空间，PNG擅长保留细节与透明度，SVG以其矢量特性成为图形设计与Web应用的优选。因此，在选定格式时，需综合考虑图像内容的复杂性、对质量的需求、文件大小的限制以及后续处理与展示的便捷性。

（5）图像类型

在计算机图形处理中，图像根据其颜色与灰度的丰富程度，可被归纳为二值图像、灰度图像以及真彩色RGB图像3种基本类型。

① 二值图像是一种最简单的图像形式，其矩阵仅包含0和1两个值，分别代表黑色与白色。这种图像类型在存储上极为高效，每个像素仅需一个二进制位表示，常用于文字识别、线条图扫描及掩膜处理。二值图像如图10-10所示。

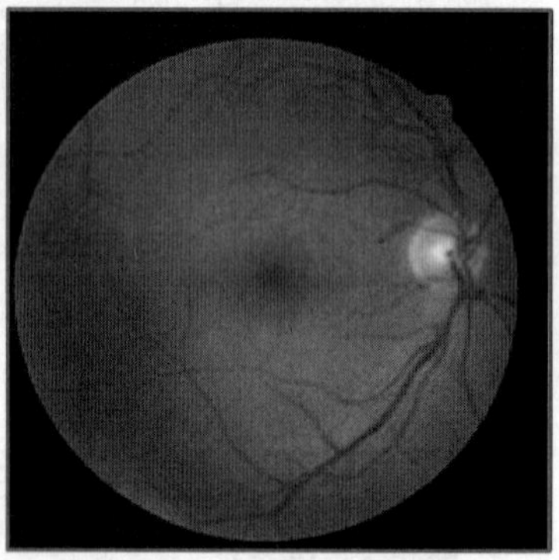
(a) 原图

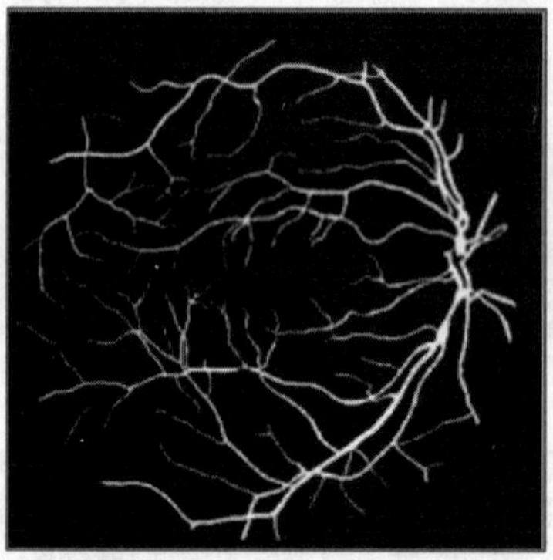
(b) 二值图像

图10-10　二值图像示例

② 灰度图像扩展了颜色深度，其像素值范围通常在0至255之间，代表从纯黑到纯白的256级灰度变化。这种图像类型以8位无符号整数存储，像素的颜色深度足以展现丰富的细节。在某些应用中，灰度图像也采用双精度浮点数表示，以0到1的范围映射灰度级，便于计算与处理。灰度图像如图10-11所示。

③ 真彩色RGB图像是一种通过直接结合红色（Red）、绿色（Green）、蓝色（Blue）3个基本颜色通道的分量值来定义每个像素颜色的图像类型。这种图像类型凭借其强大的色彩表现力，成为表达丰富色彩世界的首选。每个颜色通道通常采用8位二进制数（即一个字节）的无符号整数来表示，这样的设计使得每个像素能够覆盖一个极其宽广的颜色范围，理论上可以呈现出超过1 600万

图 10–11 灰度图像示例

种不同的色彩。因此，真彩色 RGB 图像在摄影艺术、图形设计、视频编辑等多个领域均得到广泛应用，成为高质量彩色图像的标准存储与展示方式。真彩色 RGB 图像如图 10–12 所示。

图 10–12 真彩色 RGB 图像示例

（6）图像坐标系

图像坐标系以二维矩阵的形式组织像素，每个像素在矩阵中占据一个特定的位置，这一位置通过一对坐标值来标识。这样的坐标系统便于对像素点进行精确定位访问、数值操作修改或其他形式的处理。

2. 图像预处理

图像数据来源多样，其格式、色彩深度及尺寸等可能存在显著差异。若直接对这些未经处理的图像进行特征分析，不仅可能增加算法的复杂度，还可能影响特征提取的精确度和后续模型学习的效果。因此，为了提高特征提取的效率与准确性，并确保模型训练的质量，对图像进行预处理是至关重要的一步。

通过预处理，可以增强目标物的显著性，同时抑制背景或其他非目标元素的干扰，使图像数据更加标准化，从而允许使用更为通用的特征提取和分析算法，避免了为每一种特定数据格式单独开发处理流程的烦琐。

（1）图像类型转换

如图 10–13 所示，是将图像从一种类型转换为另一种类型的过程，可进行灰度图像、真彩色 RGB 图像和二值图像之间的相互转换。转换的目的可以是减小图像存储空间、便于特定类型图像的处理或适应不同的显示或打印设备。

(a) 真彩图像　　(b) 灰度图像　　(c) 二值图像

图 10–13　图像类型转换示例

（2）图像增强

如图 10–14 所示，旨在根据特定需求强化图像中的关键信息，同时减弱或消除不重要的信息，以提高图像对于特定应用或观察目的的适用性。这一过程通过多样化的方法实现，包括但不限于以下几种。

(a) 原图　　(b) 对比度增强　　(c) 图像平滑　　(d) 图像锐化

图 10–14　增强图像示例

① 对比度增强：通过调整图像的对比度参数，使图像中的暗部更暗、亮部更亮，增强图像的视觉效果。

② 图像平滑处理：也称为图像模糊处理，是指在尽量保留图像原有信息的基础上，将图像中与周围像素点像素值差异较大的像素点调整成和周围像素点像素值相近的值，以过滤掉图像的内部噪声，提高图像的可读性和可解释性，使图像在视觉上更加平滑，减少突变梯度。

③ 图像锐化处理：锐化技术专注于强化图像的边缘和细节，通过增强图像的高频成分（即边缘信息），使图像轮廓更加清晰，提高图像的锐度。

除此之外，还有直方图均衡化、HSL 调节、伽马矫正、反色等，这些图像增强技术共同作用于图像，旨在提升图像质量，使其更加符合特定的视觉要求或分析需求。

（3）图像的坐标变换

图像的坐标变换亦称几何变换。图像的形成是将三维场景映射到二维平面上的过程。为了满足分析、处理或显示图像的特定需求，人们经常需要进行坐标变换。坐标变换本质上并不改变图像中像素的颜色或亮度值（即像素值），而是重新定位这些像素在图像空间中的位置。常见的几何变换有以下几种。

① 空间平移：将图像沿 X 轴或 Y 轴（或两者同时）移动一定的距离。

② 比例缩放：改变图像的尺寸，可能是等比例缩放或仅沿某一方向缩放。

③ 旋转：围绕某一点（通常是图像中心）旋转一定的角度。

④ 仿射变换：一种更普遍的变换方式，可以看作是平移、旋转、缩放和倾斜的组合，能够更

灵活地调整图像形状。

⑤ 图像插值：在坐标变换过程中，新位置上的像素值通常需要通过周围像素值估算得到，这一过程称为图像插值。

3. 特征提取

在计算机视觉领域，特征提取是一个核心环节，它旨在从输入的图像或视频数据中提炼出关键的信息点，即所谓的“特征”。这些特征代表了图像中那些具有显著性和辨识度的部分，它们能够作为区分不同图像或图像内不同对象的依据。

（1）传统方法特征提取

① 尺度不变特征变换（SIFT）。其专注于在不同视角、光照条件和尺度变换下捕捉和识别图像中的局部特征。首先通过在不同尺度空间上搜索极值点来检测关键点，这些尺度空间是通过在原始图像上应用不同尺度的高斯核得到的。然后，在每个尺度空间中，通过拟合一个三维二次函数来精确定位关键点的位置和尺度，并排除不稳定的关键点。接下来，基于关键点周围的局部图像梯度方向，为每个关键点分配一个或多个主导方向，以实现旋转不变性。最后，在关键点周围选取一个邻域，并计算该邻域内像素的梯度方向和大小，形成一个特征向量，即描述子。

② 加速健壮性特征（SURF）。SURF 算法使用 Hessian 矩阵来检测关键点，描述像素点周围的图像局部结构。同时，它使用盒子滤波器来近似 Hessian 矩阵，从而加速计算。类似于 SIFT，SURF 也为关键点分配主导方向，并生成一个 64 维的描述子向量。

③ 方向梯度直方图（HOG）。其用于提取图像中的形状和结构信息，在物体检测领域得到了广泛的应用。HOG 算法首先将图像转换为灰度图，并进行归一化处理以消除光照和对比度的影响。然后，它计算图像中每个像素点的梯度方向和大小。接下来，将图像划分为若干小的单元格，并统计每个单元格内的梯度方向的直方图。最后，对每个单元格的描述子进行归一化，然后将所有单元格的描述子串联起来，形成一个整体的描述子向量。

（2）深度学习方法提取图像特征

卷积神经网络（CNN）是一种深度学习算法，特别适用于处理图像相关的任务。CNN 通过模拟人脑视觉皮层的层次化结构，实现了对图像的高效特征提取和分类。如图 10–15 所示，CNN 一般包括卷积层、池化层和全连接层。

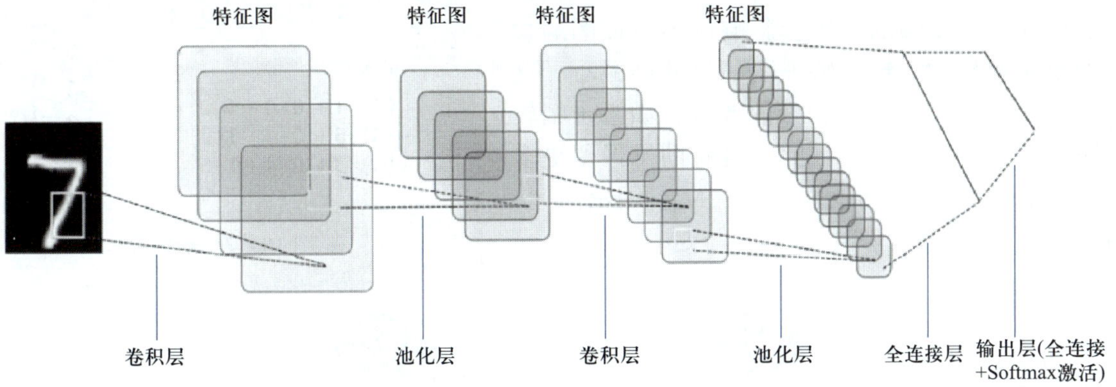

图 10–15 卷积神经网络示例

1）输入层

输入层（Input Layer）作为网络的起始点，负责接收未经处理的图像数据或任何其他形式的网格结构数据，这些数据是后续处理和分析的基础。

在项目 9 拓展训练中，使用的 MNIST 数据集包含了 0 到 9 的手写数字图像，每张图像的大小为

28×28 像素。在这种情况下，输入层将包含 784 个神经元（因为 28×28=784），每个神经元对应图像中的一个像素，如图 10-16 所示。这些像素值（通常是灰度值，范围为 0～255）在输入到网络之前可能会进行归一化处理，即将它们缩放到 0～1。

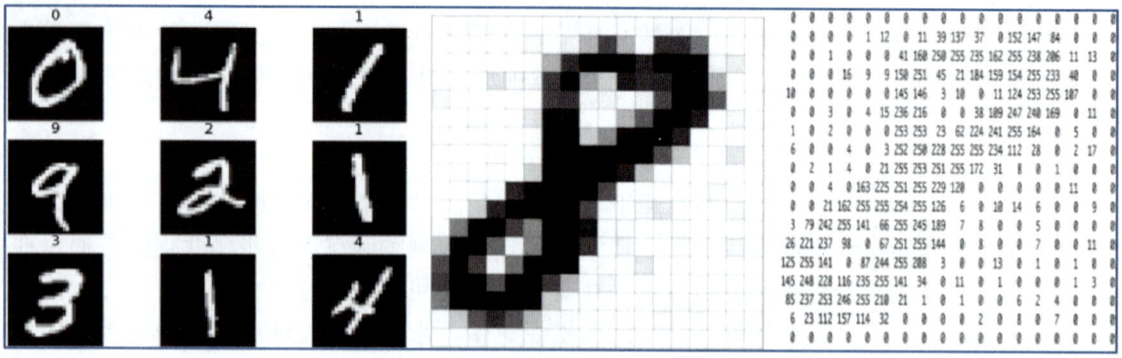

图 10-16　手写数字输入图

2）卷积层

在卷积层（Convolutional Layer）中，通过应用一系列可学习的卷积核（或称为过滤器）对输入数据进行局部连接和卷积运算，以提取出局部区域的重要特征，生成特征图（Feature Map）。每个卷积核专注于捕捉输入数据中特定类型的模式或特征，多个卷积核能够并行工作，从不同角度提取多样化的特征表示。

① 卷积核（Convolution Kernel）：也叫过滤器 / 滤波器。其主要对输入的目标数据进行处理，将目标矩阵和卷积核相同位置上的数值相乘后再求和。常见的卷积核大小为 1×1，3×3 和 5×5。卷积核中的每个元素都是一个权值，这些权值在训练过程中通过反向传播算法进行更新。在卷积操作中，卷积核会按照指定的步幅在输入图像上滑动，每次滑动都会计算出一个新的特征图。过程如图 10-17 所示。

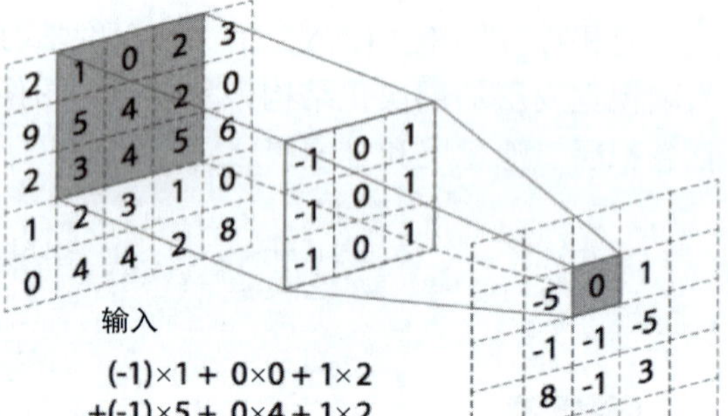

图 10-17　卷积操作

② 步幅（Stride）：步幅是卷积核在输入图像上滑动时每次移动的像素数量，滑动顺序为从左往右，从上往下。步幅的大小会影响输出特征图的大小。如果步幅较大，输出特征图的尺寸会减小，这有助于减少模型的计算量和参数数量；如果步幅较小，输出特征图的尺寸会增大，这有助于保留更多的图像细节。图 10-18 展示了 3×3 的卷积操作，步幅为 2。

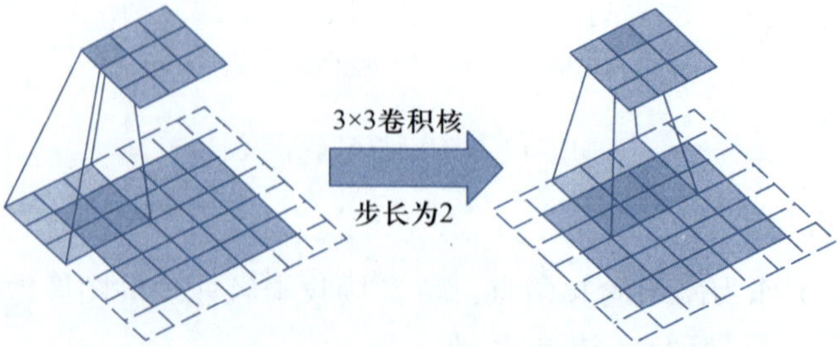

图 10-18　步长为 2 的卷积过程

③ 填充（Padding）：填充是指在输入图像的边界处添加额外的像素值，以便在卷积操作后保持输出特征图与输入图像的尺寸相同。填充通常有 Valid Padding（Padding 值为“VALID”）和 Same Padding（Padding 值为“SAME”）两种方式。

- 取值为“VALID”时，padding=0，并不会对输入（input）做填充，此时输出特征图的尺寸会小于输入图像。
- 取值为“SAME”时，padding>0，将会对输入（input）做填充，填充值都是 0 值。在输入图像的边界处填充足够的像素值，使得输出特征图的尺寸与输入图像的相同，如图 10-19 所示。

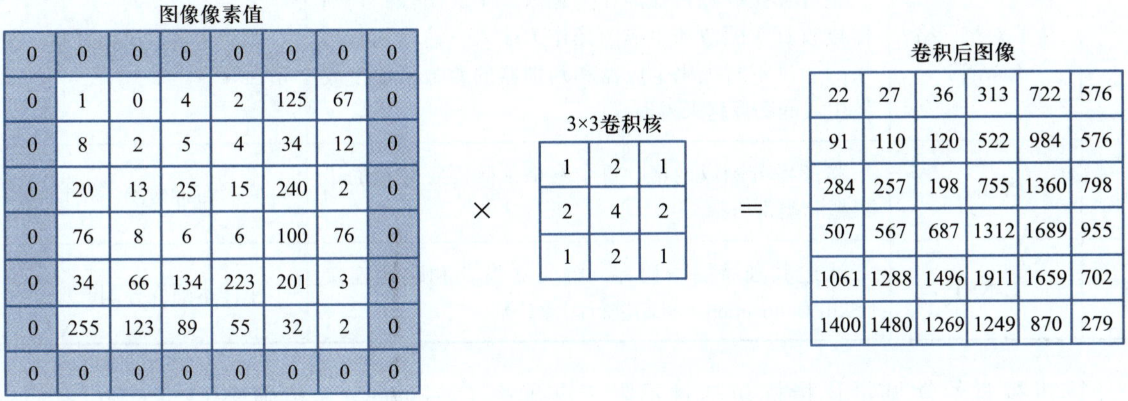

图 10-19　对输入图像填充

对一幅图片进行卷积之后，会形成一个 Feature Map，它会提取一些特征，用不同的核进行卷积就会输出多个 Feature Map。

3）池化层

池化层（Pooling Layer）紧随卷积层之后，其作用是通过对卷积层的输出进行子采样（即降维操作），来减少数据的空间尺寸和参数量，从而降低计算复杂度并控制过拟合。常见的池化策略包括最大池化（选取每个子区域内的最大值作为输出）和平均池化（计算每个子区域内的平均值作为输出），它们在保留重要特征和降低特征空间维度方面有着不同的侧重点。池化操作如图 10-20 所示。

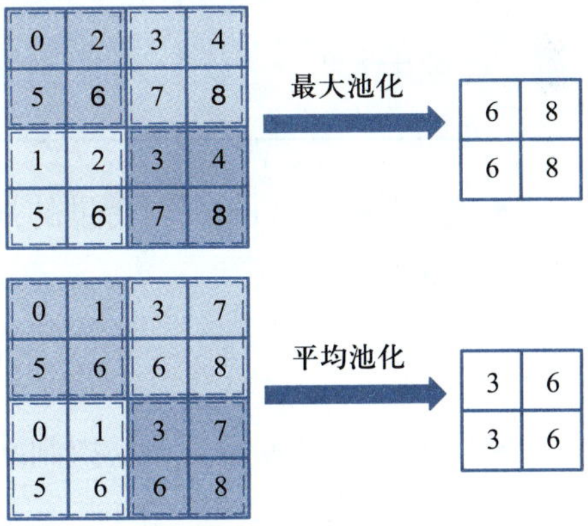

图 10-20　池化

4）全连接层

作为网络的末端部分，全连接层（Dense Layer 或 Fully Connected Layer）负责将之前所有层提取的特征进行整合，并将这些特征映射到最终的输出类别或回归值上。在这一层中，每个神经元都与前一层的所有神经元相连接，允许模型学习到这些特征之间的复杂交互关系，从而完成分类、回归或其他类型的预测任务。全连接层通过加权求和及非线性激活函数的作用，将前层提取的分布式特征表示转换为最终的目标输出。

4. 模型训练与评估

在传统的机器学习方法中，计算机视觉任务通常依赖于手工提取的特征，这些特征会被输入到诸如 SVM（支持向量机）或 BP（反向传播）神经网络等算法中进行推理或训练。

在深度学习框架下，计算机视觉将特征提取、特征学习和模型构建整合到一个深度神经网络中。在这个统一的模型中完成训练后，直接得到的就是用于推理或训练的结果，无须人工提取特征的过程，常见的计算机视觉模型见表 10-1。

表 10–1　常见计算机视觉模型

序号	模型名称	描述	应用范围
1	卷积神经网络（CNN）	通过卷积层提取图像中的特征，再通过池化层降低特征维度，最后通过全连接层进行分类或回归	图像识别、人脸识别、医学影像分析等
2	循环神经网络（RNN）	通过循环单元保持对过去信息的记忆，并根据当前输入和过去状态更新状态	视频分析、自然语言处理中的序列建模等
3	生成对抗网络（GAN）	生成器接收随机噪声作为输入，生成图像；判别器接收真实图像和生成图像作为输入，输出判断结果。通过不断优化生成器和判别器的参数，使生成器生成的图像越来越逼真	图像生成、风格迁移、数据增强等
4	YOLO	将图像分割成网格，每个网格预测固定数量的边界框和类别概率	实时目标检测、视频监控等
5	U-NET	通过其独特的编码器-解码器设计和跳跃连接（Skip-Connection）机制进行图像分割	小样本图像分割

计算机视觉的常见量化指标包括且不限于准确率（Accuracy）、精确率（Precision）、召回率（Recall）、F 值（F-Measure）、F1 值和采用交并比（IoU）。一个样本数据有真实的类别和算法预测的类别两种分类，二者之间的相互关系可以用混淆矩阵来表示，见表 10–2。混淆矩阵中的元素包括真阳性（TP）、假阳性（FP）、真阴性（TN）、假阴性（FN）。

表 10–2　混 淆 矩 阵

混淆矩阵		预测结果	
		0	1
实际结果	0	TP	FN
	1	FP	TN

- 准确率（Accuracy）衡量的是在一个样本中预测正确的分类数据占总样本的比率，公式如式（10–1）所示

$$Acc=\frac{TP+TN}{TP+TN+FP+FN} \tag{10–1}$$

- 精确率（Precision）是指判断为某一类别的数据中判断正确的比率，是对目标成果准确性的衡量，公式如式（10–2）所示。

$$precision=\frac{TP}{TP+FP} \tag{10–2}$$

- 召回率（Recall）是指在某一类别的所有样本中，正确预测出来的比率，是对查全率的衡量，计算公式如式（10–3）所示。

$$Recall=\frac{TP}{TP+FP} \tag{10–3}$$

- F 值（F-Measure）通过权衡精确率和召回率之间的关系，对两者进行加权平均，分析二分类

模型的性能。算法分类性能的评估中，准确率和查全率是相互影响的。在模型训练中，如若着重提高准确率将导致召回率降低。F 值的公式如式（10–4）所示。

$$F\text{–}Measure=\frac{(\beta^2+1)\ Precision\times Recall}{\beta^2\ Precision\times Recall} \tag{10–4}$$

- F1 值：即通常会认为召回率的重要性跟准确率一样，所以设置 β=1，此时得到的指标就是 F1 值，公式如式（10–5）所示。

$$F1\text{–}Score=\frac{2Precision\times Recall}{Precision\times Recall} \tag{10–5}$$

- 交并比（IoU 或称为 Jacard index）可作为评估标准来量化分割结果的质量。通过对两个图像集合数据进行交集与并集计算，两者进行对比直接得到的数值。IoU 的计算公式如式（10–6）所示。

$$IoU=\frac{|P\cap T|}{|P\cup T|} \tag{10–6}$$

其中 P 代表预测结果（Predicted segmentation），T 代表真值结果（也称目标结果），$P\cap T$ 代表预测结果 P 和真值结果 T 之间重合的像素数量，$P\cup T$ 表示预测结果 P 中的像素数量与 T 之间像素总和（重合部分只计算一次），IoU 指标示意图如图 10–21 所示。

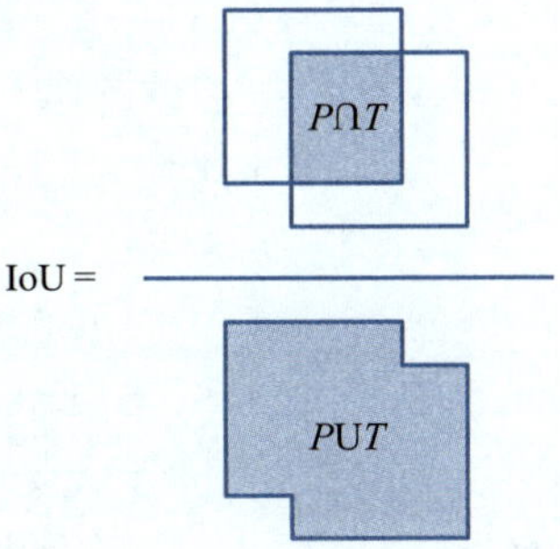

图 10–21 IoU 指标示意图

任务实施

本任务根据用户输入的图像，实现根据键盘输入来选择不同的图像滤镜，并能在窗口中实时查看处理后的图像，具体的实施步骤如下。

① 导入 cv2（OpenCV 库）和 NumPy 库。

```
import cv2
import numpy as np
```

② 编写滤镜函数，定义灰度滤镜、二值化滤镜、色彩反转滤镜、边缘检测滤镜、高斯模糊滤镜。

```
#apply_grayscale:将图像转换为灰度图像
def apply_grayscale(image):
    return cv2.cvtColor(image,cv2.COLOR_BGR2GRAY)
#apply_binary:将图像转换为二值图像,阈值默认为 127
def apply_binary(image,thresh=127):
    gray = cv2.cvtColor(image,cv2.COLOR_BGR2GRAY)
    binary = cv2.threshold(gray,thresh,255,cv2.THRESH_BINARY)
    return binary
#apply_invert:反转图像的颜色
def apply_invert(image):
    return 255 - image  #也可用 cv2.bitwise_not 函数来反转图像的颜色
#apply_edges:使用 Canny 算法检测图像边缘
def apply_edges(image):
```

```
        gray = cv2.cvtColor(image,cv2.COLOR_BGR2GRAY)
        edges = cv2.Canny(gray,100,200)
        return edges
#apply_blur:对图像应用高斯模糊,模糊核大小默认为 5×5
def apply_blur(image,ksize=5):
        return cv2.GaussianBlur(image,(ksize,ksize),0)
```

③ 编写主函数：为 image_path 赋值图像路径，设置键盘输入不同的字母，调用不同的滤镜函数，以实现滤镜的实时切换。

```
def main():
        # 加载图像
        image_path = 'your_path.jpg'  # 替换为图像的真实路径
        image = cv2.imread(image_path)
        if image is None:    # 检查图像是否成功加载
            print("Error:Image not found or unable to read.")
            return
            # 创建一个显示窗口
        cv2.namedWindow('Image Filters',cv2.WINDOW_NORMAL)
        # 定义一个字典,包含不同的滤镜函数及其对应的键
        filters = {
            'grayscale':apply_grayscale,# 灰度滤镜
            'binary':apply_binary,# 二值化滤镜
            'invert':apply_invert,# 色彩反转滤镜
            'edges':apply_edges,# 边缘检测滤镜
            'blur':lambda img:apply_blur(img,5),# 高斯模糊滤镜,模糊核为 5
        }
        current_filter = 'original'  # 初始化当前滤镜,显示原始图像
        # 进入一个无限循环,直到用户按 q 键退出
        while True:
            # 显示当前图像(如果当前滤镜不是'original')
            if current_filter!= 'original':
                  filtered_image = filters[current_filter](image.copy())
                cv2.imshow('Image Filters',filtered_image)
            else:
                cv2.imshow('Image Filters',image)
            key = cv2.waitKey(1)& 0xFF
# 根据用户输入的键切换滤镜
            if key == ord('g'):# 如果用户按 g 键,则切换灰度滤镜
                current_filter = 'grayscale'
            elif key == ord('b'):# 如果用户按 b 键,则切换二值化滤镜
                current_filter = 'binary'
```

```
            elif key == ord('i'):# 如果用户按 i 键,则切换色彩反转滤镜
                current_filter = 'invert'
            elif key == ord('e'):# 如果用户按 e 键,则切换边缘检测滤镜
                current_filter = 'edges'
            elif key == ord('u'):# 如果用户按 u 键,则切换高斯模糊滤镜
                current_filter = 'blur'
            elif key == ord('o'):# 如果用户按 o 键,则切换原始图像
                current_filter = 'original'
            elif key == ord('q'):# 如果用户按 q 键,则退出循环
                break
        cv2.destroyAllWindows()
    if __name__ == '__main__':
        main()
```

④ 运行程序，通过切换输入的字母“g”“b”“i”“e”“u”“o”显示滤镜呈现效果，最后输入字母“q”，退出程序，滤镜呈现效果如图 10-22 所示。

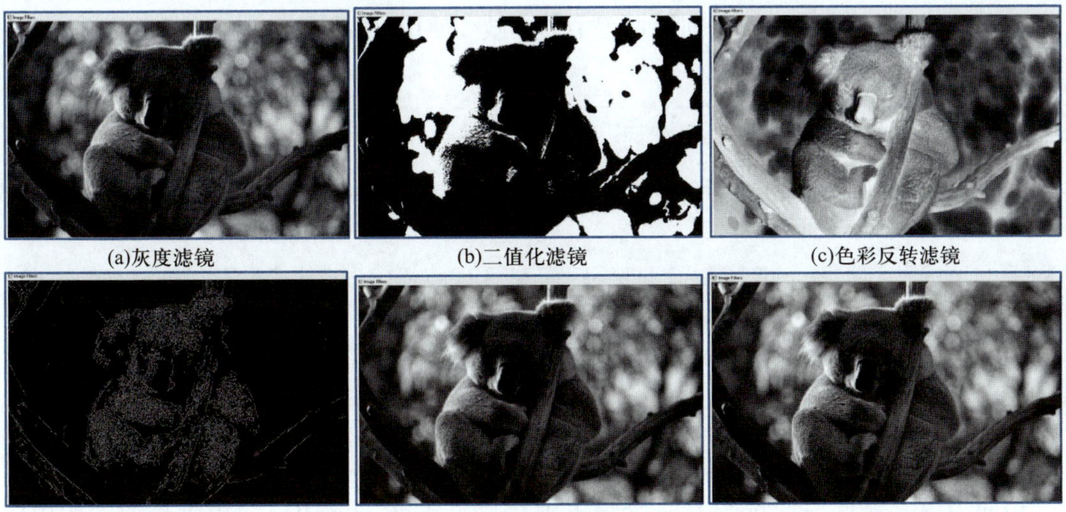

(a)灰度滤镜　(b)二值化滤镜　(c)色彩反转滤镜

(d)边缘检测滤镜　(e)高斯模糊滤镜　(f)原始图像

图 10-22　不同滤镜的效果

拓展训练：CIFAR-10 图像分类的 CNN 实现

训练描述

CIFAR-10 是一个公开数据集，包含了 60 000 张 32 × 32 的彩色图像，这些图像被分为 10 个类别，包括飞机、汽车、鸟类、猫、鹿、狗、青蛙、马、船和卡车。每个类别有 6 000 张图像。这些图像主要用于训练机器学习算法，特别是用于图像识别和分类任务。本次使用 TensorFlow 和 Keras 框架来构建一个卷积神经网络，以实现对 CIFAR-10 数据集中图像的自动分类。

训练目标

- 理解基于深度学习的计算机视觉经典分类任务的实现过程；
- 深入掌握运用卷积神经网络进行模型训练和性能评估的完整流程。

训练实施

① 环境准备。首先打开 PyCharm 编程工具，先创建一个项目，在项目内进入命令行界面，通过 pip 安装工具安装需要的库（本项目中使用了 TensorFlow、Matplotlib 两个库）。

```
import tensorflow as tf
from tensorflow.keras import layers,models
from tensorflow.keras.datasets import cifar10
from tensorflow.keras.utils import to_categorical
import matplotlib.pyplot as plt
```

② 数据准备。使用 cifar10.load_data（ ）函数从 Keras 数据集中加载 CIFAR-10 数据集。将图像数据归一化到 0～1，这有助于模型训练过程中的收敛。使用 to_categorical（ ）函数将标签转换为独热编码形式，以适配多分类问题。

```
# 加载和预处理数据
(train_images,train_labels),(test_images,test_labels)= cifar10.load_data()
# 归一化
train_images,test_images = train_images / 255.0,test_images / 255.0
# 将标签转换为独热编码
train_labels = to_categorical(train_labels,10)
test_labels = to_categorical(test_labels,10)
```

③ 构建模型、编译模型、训练模型。使用 models.Sequential（ ）创建一个顺序模型。添加 3 个卷积层（Conv2D），每层后面都跟着一个最大池化层（MaxPooling2D），用于提取图像中的特征。添加一个 Flatten（ ）层，将多维的输入一维化，以便将输出连接到全连接层。添加两个全连接层（Dense），第一个使用 ReLU 激活函数，第二个使用 Softmax 激活函数进行多分类输出。使用 Adam 优化器进行模型训练。设置损失函数为 categorical_crossentropy，适用于多分类问题。评估指标设置为 Accuracy，即准确率。使用训练数据训练模型，同时指定验证数据以监控模型在未见过的数据上的表现。设定训练的轮次（epochs）为 10。

```
# 构建模型
model = models.Sequential()
model.add(layers.Conv2D(32,(3,3),activation='relu',input_shape=(32,32,3)))
model.add(layers.MaxPooling2D((2,2)))
model.add(layers.Conv2D(64,(3,3),activation='relu'))
model.add(layers.MaxPooling2D((2,2)))
```

```
model.add(layers.Conv2D(64,(3,3),activation='relu'))
model.add(layers.Flatten())
model.add(layers.Dense(64,activation='relu'))
model.add(layers.Dense(10,activation='softmax'))
# 编译和训练模型
model.compile(optimizer='adam',
              loss='categorical_crossentropy',
              metrics=['accuracy'])
history = model.fit(train_images,train_labels,epochs=10,
                    validation_data=(test_images,test_labels))
```

④ 评估模型并展示训练效果。通过绘制训练过程中的损失和准确率的曲线，来评估模型的训练效果。使用 plt.plot（ ）绘制训练集和验证集的损失及准确率曲线。使用 plt.show（ ）显示图表，以便直观地观察模型的训练过程。

```
# 绘制损失和准确率曲线
plt.figure(figsize=(10,5))
# 绘制训练损失和验证损失
plt.subplot(1,2,1)
plt.plot(history.history['loss'],label='Training Loss')
plt.plot(history.history['val_loss'],label='Validation Loss')
plt.title('Training and Validation Loss')
plt.xlabel('Epoch')
plt.ylabel('Loss')
plt.legend()
```

⑤ 运行程序，显示准确率结果，如图 10-23 所示。

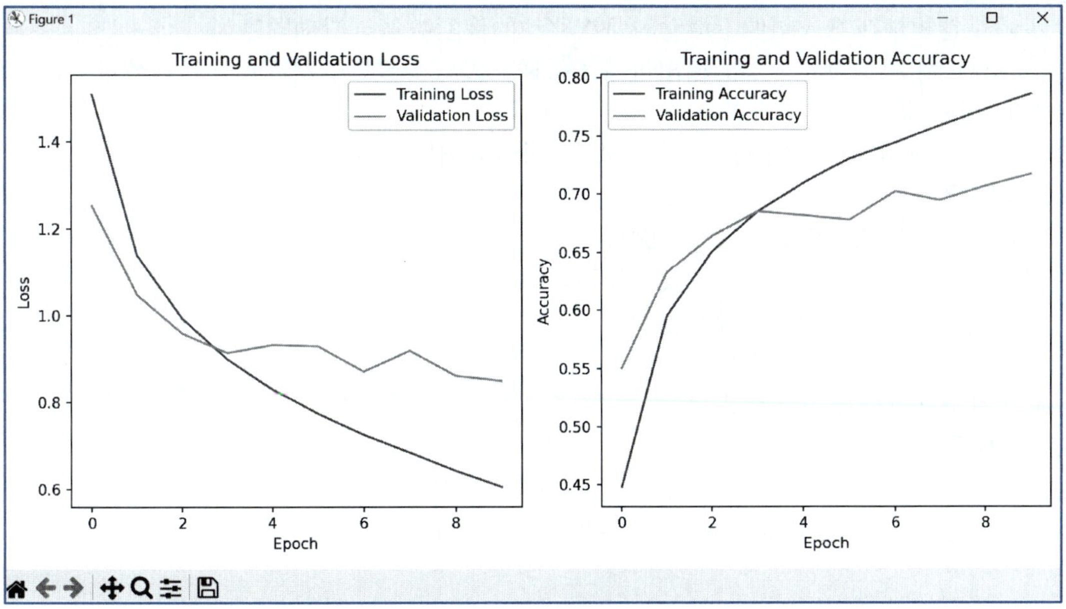

图 10-23　分类准确率

通过这个训练，学生可以了解到如何利用简单的卷积神经网络模型对图片进行分类，并以评估指标形式输出模型训练结果。学生不仅能够学会如何应用现有的技术和方法解决计算机视觉领域的问题，还将激发新的思考，以应对更复杂的图像识别任务。

项目小结

本项目介绍了计算机视觉的相关概念和在各行各业中的广泛应用，以及计算机视觉任务中的常见库和工具，包括但不限于OpenCV、TensorFlow、Matplotlib以及scikit-learn。同时学习了计算机视觉任务的基本工作步骤，包括图像采集、图像预处理、特征提取和模型训练与评估。通过3个实践任务，引导学生真实感受计算机视觉技术的应用，激发创新思维，为计算机视觉拓展应用奠定基础。

项目练习

一、填空题

1. 在图像处理中，________是图像的基本单位，代表图像中的一个点，可以是黑色、白色、灰色或彩色。

2. 对于彩色图像，通常用以区别颜色特性的是________、________、________。

3. 图像增强技术包括对比度增强、图像平滑处理、________等，旨在提升图像质量，使其更加符合特定的视觉要求或分析需求。

4. 图像分割任务主要可以分为两类：________和________。

5. 方向梯度直方图，用于提取图像中的________和________信息。

6. OpenCV是一个开源的________库。

7. 在计算机图形处理中，图像根据其颜色与灰度的丰富程度，可被归纳为三种基本类型，分别为：____、____、____。

8. 步幅是卷积核在输入图像上滑动时每次移动的像素数量，滑动顺序为________、________。

9. 池化层的作用是对____层的输出进行子采样，以减少数据的空间尺寸和参数量，从而降低计算复杂度并控制过拟合。

10. 衡量一个样本中预测正确的分类数据占总样本的比例的指标是________。

二、简答题

1. 简述计算机视觉的定义及其应用领域。
2. 描述三种常见的图像增强方法及其作用。
3. 简述图像分割的常用算法及其原理。
4. 简述常见的计算机视觉模型。
5. 简述计算机视觉常见量化指标。

三、操作题

1. 使用Python和OpenCV库实现基于阈值的图像分割。
2. 实现一个基于U-NET卷积神经网络的图像分割系统。

项目 11　自然语言处理

项目描述

本项目将学习自然语言处理的基本概念及其实践流程，主要包括开发环境搭建、基于朴素贝叶斯算法的垃圾短信分类，以及利用 SnowNLP 进行电影评论文本情感分析的实例。通过实践案例，学生可以掌握自然语言处理的基本流程，能够开发简单的自然语言处理项目。

学习目标

- **知识目标**

◎ 了解自然语言处理的基本概念
◎ 了解自然语言处理的发展历程
◎ 了解自然语言处理的应用领域

- **技能目标**

◎ 熟悉自然语言处理的主要研究内容
◎ 熟悉自然语言处理的基本过程
◎ 掌握自然语言处理的常用工具
◎ 掌握自然语言处理的主要方法

- **素养目标**

◎ 具备良好的编程习惯和逻辑思维能力，在解决问题时能够清晰地分析和设计算法
◎ 能够独立思考和解决简单的编程和数据处理问题，提升自主学习能力
◎ 具备团队合作和沟通能力，在小组项目中能够有效地协作和交流
◎ 具备扎实的科学研究精神与数据分析能力，特别是在自然语言处理领域，能够熟练运用工具与技术从文本数据中高效提取有价值的信息，进而进行深入的语义分析与合理推断

任务 11.1　自然语言处理开发环境搭建

任务描述

微课 21：
自然语言处理
开发环境搭建

自然语言处理（Natural Language Processing，NLP）是计算机科学、人工智能和语言学的交叉领域，旨在使计算机系统能够理解和生成人类使用的自然语言。NLP

任务极其多样，涵盖了从简单的文本处理到复杂的语言理解和生成等各方面。随着计算机应用技术的不断发展，语料库的应用范围也越来越广。NLTK 是一个在自然语言处理领域广泛使用的 Python 库，本任务将在 Anaconda 环境中下载和安装自然语言处理中常用的工具包，例如 NLTK、SnowNLP、jieba。

知识准备

1. 自然语言处理简介

自然语言处理是人工智能领域的一个重要分支，它专注于使计算机能够理解和生成人类日常使用的自然语言。自然语言处理可以分为自然语言和处理两部分来理解。自然语言是指人类语言，如汉语、英语、德语等人们日常使用的语言。自然语言是人类思想情感最基本、最直接、最方便的表达工具。人们从出生后的第一声啼哭开始，就企图用语言（声音）来表达自己的情感和意图。随着信息时代的到来，人们使用自然语言进行通信和交流的形式也越来越多，这逐渐体现出自然语言的多样性、灵活性和广泛性。

自然语言处理，是指用计算机对自然语言的形、音、义等信息进行处理，即对自然语言的字、词、句、篇章的输入、识别、分析、理解、生成，包含理解、转换、生成等过程。在一般情况下，用户可能不熟悉机器语言，同样机器也不能直接理解人类的自然语言，两者之间存在着鸿沟。自然语言处理的目的就是帮助计算机接收、处理、理解以及运用人类语言，从而使机器更加高效地与人类进行交流。自然语言处理的具体表现形式包括机器翻译、文本摘要、文本分类、文本校对、信息抽取、语音合成、语音识别等。

自然语言处理机制涉及两个流程，分别是自然语言理解和自然语言生成。自然语言理解是指计算机能够理解自然语言文本的意义，自然语言生成则是指机器能够以自然语言文本的形式把它的意图表达出来。

从研究内容和方法上来看，自然语言处理研究集认知科学、计算机科学、语言学、数学与逻辑学、心理学等多种学科于一身，其研究范畴不仅涉及对人脑语言认知机理、语言习得与生成能力的探索，而且包括对语言知识的表达方式及其与现实世界之间的关系，语育自身的结构、现象、运用规律和演变过程，大量存在的不确定性和未知语言现象以及不同语言之间的语义关系等各方面问题的研究。

2. 自然语言处理的典型应用场景

自然语言处理应用场景非常广泛，常见的自然语言处理应用有以下几方面。

（1）机器翻译

机器翻译（Machine Translation，MT）是利用计算机技术将一种自然语言（源语言）的文本自动转换为另一种自然语言（目标语言）的文本的过程，可以实现跨语言交流。无论是国际交流、旅游还是学术研究，机器翻译都发挥着重要作用。

（2）信息检索

信息检索（Information Retrieval，IR）是指从大量非结构化的或结构化的数据中找出并返回满足用户信息需求的相关信息的过程和技术。这个过程通常涉及对数据的搜索、组织、排序和展示，以便用户能够高效地找到所需的信息。信息检索广泛应用于互联网搜索引擎、数字图书馆、企业内容管理、学术研究、法律文档检索等多个领域。

（3）问答系统

用户提出问题后，计算机系统利用自动推理等手段，在有关知识资源中自动求解答案并做出相应的回答。问答技术有时与语音技术和多模态输入、输出技术，以及人—机交互技术等相结合，构成人—机对话系统（Human-Computer Dialogue System）。

（4）知识图谱

知识图谱是一种语义网络，由节点和边构成。其中，节点表示实体或者概念，边表示它们之间的关联关系。实体可以是客观世界中的具体事物，如人、城市、植物、商品等；概念是人们在认识世界过程中形成的对客观事物的概念化表示，如国家、城市、人物等；属性用于描述实体的特征，如中国的面积、人口等；关系描述节点之间客观存在的关联，如首都描述了北京和中国的关系。

（5）信息抽取

信息抽取（Information Extraction，IE）是一种从自然语言文本中抽取出指定类型的实体、关系、事件等事实信息，并形成结构化数据输出的文本处理技术。该技术旨在将散布在文本中的信息转化为结构化数据，如数据库、表格或特定格式的 XML 文件等，以便进行进一步的分析、存储和利用。

（6）信息提取

信息提取旨在从文本中抽取出所包含的关键、重要信息，如主题、事件、时间地点、人物、数字、专有名词等。通过信息提取可以获取文本的主要内容与关键信息，便于快速了解文本。例如，金融市场中利用自然语言处理技术分析各上市公司发布的公告，可以为投资决策提供辅助参考。

3. 自然语言处理的研究内容和现状

在大多数自然语言中，词是形成最小完整意义的基本语言单位，然后是词语组成的句子，接着是句子组成的段落、章节，最后是篇和文章。因此，自然语言处理的研究从内容上可以由浅入深划分为几个层面：词法、句法、语义、语用。由于自然语言表示的复杂性，目前对简单层次的内容研究已取得了大量可以应用的成果，对于复杂层次的内容研究仍在不断探索中。

（1）词法分析

词法分析是自然语言处理中的基础步骤，它负责将输入的文本分割成词法单元（Token），这些单元通常是单词、标点符号、数字等。词法分析的主要目标是识别并分类文本中的词汇成分，为后续的语言处理任务（如句法分析、语义分析等）提供基础。通过词法分析，计算机能够理解和处理人类语言的词汇，是自然语言处理流程中的第一步。词法分析器根据预定义的规则或模型，遍历文本并输出一个标记序列，每个标记代表一个词法单元，从而实现了文本的词汇级别划分。

（2）句法分析

句法分析（Syntactic Parsing）是自然语言处理中的关键技术之一，其基本任务是确定句子的句法结构（Syntactic Structure）或句子中词汇之间的依存关系。一般来说，句法分析并不是一个自然语言处理任务的最终目标，但是，它往往是实现最终目标的重要环节甚至是关键环节。因此，在自然语言处理研究中，句法分析始终是众多专家关注的核心问题之一，围绕这一问题人们不断提出各种新的理论和方法。

（3）语义分析

语义分析是一种基于自然语言进行语义信息分析的方法，它不仅进行词法分析和句法分析这类语法水平上的分析，而且还涉及单词、词组、句子、段落所包含的意义。语义分析的目的是用句子的语义结构来表示语言的结构，从而使计算机能够理解和处理文本中的深层含义。包括如下几种分析方式。

- 词义解析：对自然语言单词或短语的含义进行解析，捕捉语言中的词义，使计算机能够更好地理解和处理人类语言。词义解析涉及词义标注、词义推断、词义合成等。

- 句法分析：句法分析是语义分析的基础，有助于进一步理解句子的深层含义。
- 语义角色标注：旨在识别句子中的主要实体和它们之间的关系，如施事、受事、工具等，从而更准确地理解句子的语义。
- 语境分析：对原查询语篇之外的大量“空隙”进行分析，包括一般的知识、特定领域的知识以及查询用户的需求等，以便更准确地解释所要查询的语言。

（4）语用分析

语用分析主要研究词语、句子在不同上下文中的应用，根据上下文关系整体理解、分析语句的含义。相对于语义分析来说，语用分析增加了对上下文、语境等方面的分析与理解，可以提取出更多附加信息和深层次含义。语用分析包括主题分析、信息抽取、语境分析和情感分析等方面。

4. 自然语言处理常用的工具

（1）NLTK

NLTK（Natural Language Toolkit）是当前最为流行的自然语言编程与开发工具之一。在进行 NLP 研究和应用时，利用 NLTK 中的函数可以大幅度地提高效率。NLTK 提供了超过 50 个素材库和词库资源的接口，涵盖分词、词性标注、命名实体识别、句法分析等各项 NLP 领域的功能。NLTK 收集的大量公开数据集和文本处理库可用于文本分类、符号化、提取词根、贴标签、解析和语义推理等任务。

（2）Jieba

Jieba 是一款用于中文文本处理的开源分词工具，它基于 Python 编写，具有简单易用、高效准确的特点，成为处理中文文本分词任务中常用的工具之一。它采用了基于统计词典构造的隐马尔可夫模型和基于 Viterbi 算法的中文分词算法，同时结合了基于前缀词典的词图扫描，生成句子中汉字所有可能成词的情况所构成的有向无环图（DAG）。Jieba 支持词性标注、关键词提取、繁体分词、自定义词典等功能。

（3）Anaconda

Anaconda 集成了大量的机器学习库以及数据处理必不可少的第三方库，如 NumPy、SciPy、scikit-learn 和 TensorFlow 等，这些库在 NLP 研究中发挥着重要作用。

（4）Spacy

Spacy 是一个用于工业级自然语言处理的库，基于 Python，提供了高效的文本处理、实体识别、句法分析等功能。Spacy 不仅支持多种语言的处理，还提供了丰富的预训练模型和 API，方便用户进行快速开发和部署。

任务实施

1. Anaconda 的下载与安装

① 在 Anaconda 官方网站首页中单击导航栏中的“Download”按钮，可以显示 Python 下载菜单，如图 11–1 所示。根据操作系统（Windows、macOS、Linux）选择相应的 Anaconda 版本。

② 运行安装程序。双击下载的安装程序启动安装向导，如图 11–2 所示。

③ 安装程序启动后，其安装界面如图 11–3 所示。注意在添加配置环境时，选中相应的复选框，如图 11–4 所示。

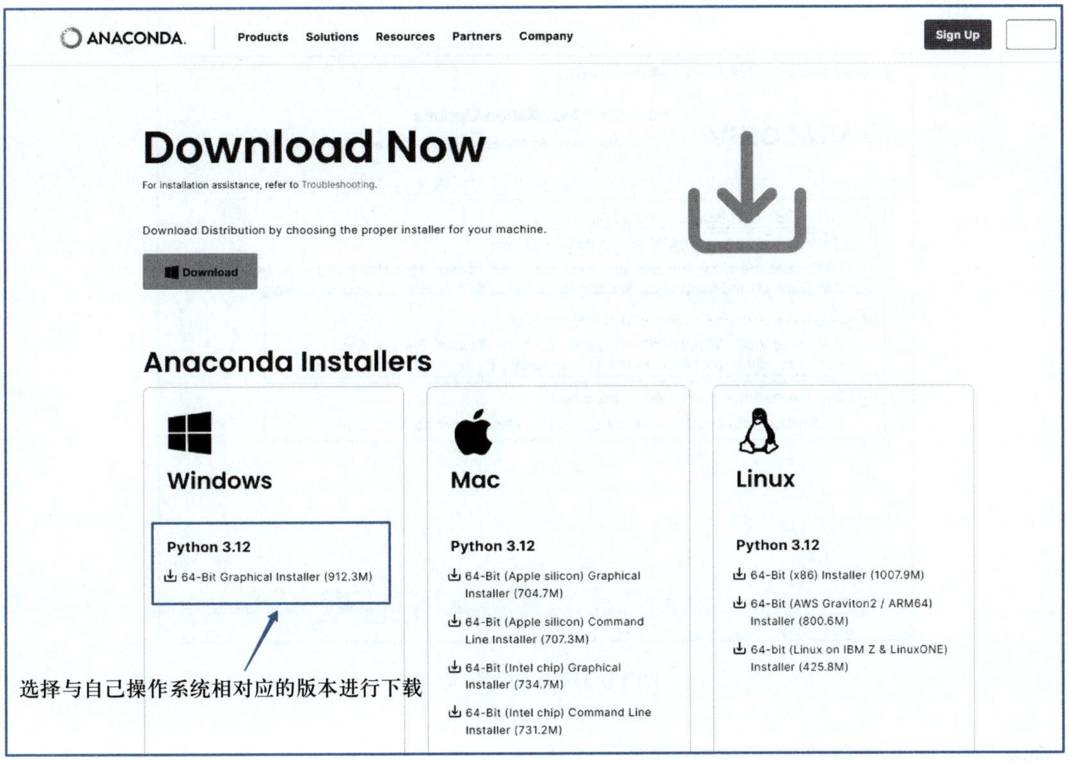

图 11–1　Anaconda 下载界面

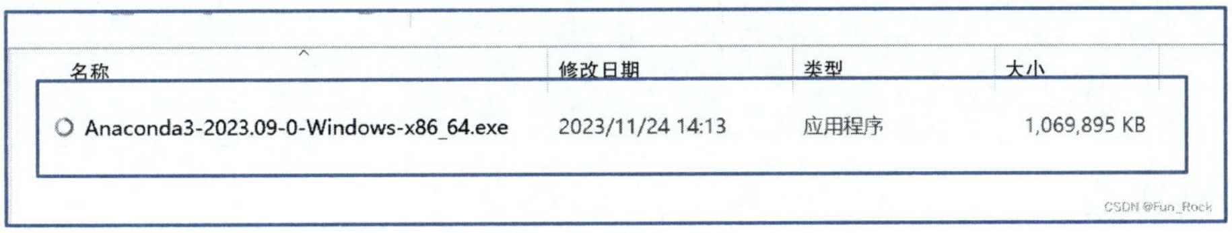

图 11–2　安装程序

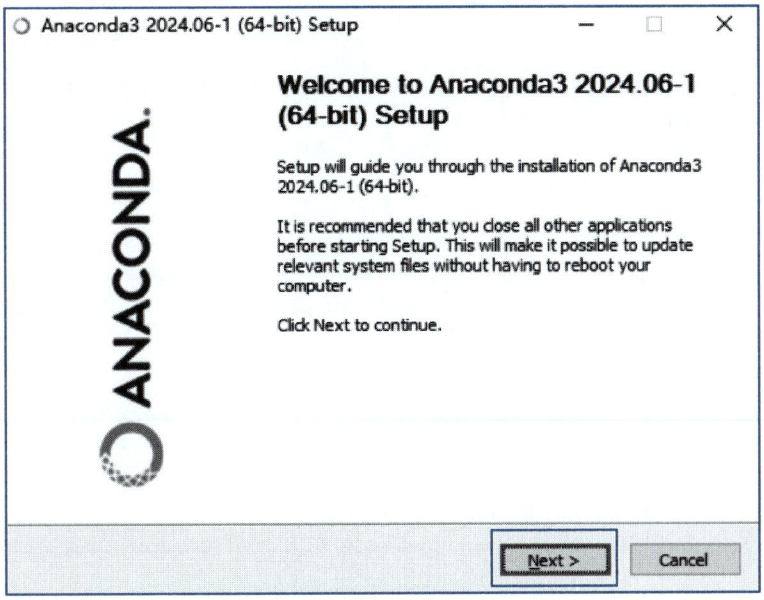

图 11–3　安装界面

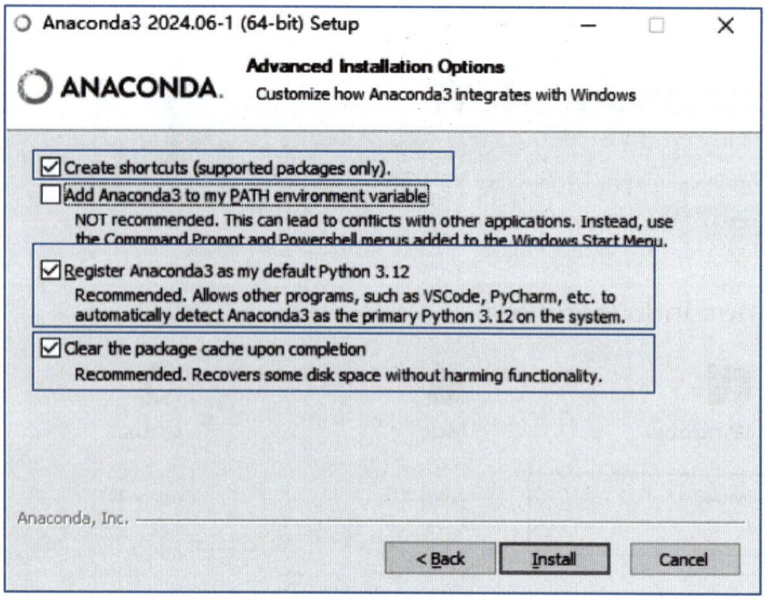

图 11–4　添加配置环境

2. 自然语言处理工具包的下载与安装

① Anaconda 创建虚拟环境。

```
conda create -n nlp python=3.7
conda activate nlp
```

② 安装 NLTK 包。

```
pip install nltk
```

③ 安装 jieba。

```
pip install jieba
```

④ 安装 SnowNLP。

```
pip install snownlp
```

⑤ 测试 NLTK，如图 11–5 所示。

```
pip install jieba
import nltk
nltk.download( ) # 部分电脑可能反应时间有点长
```

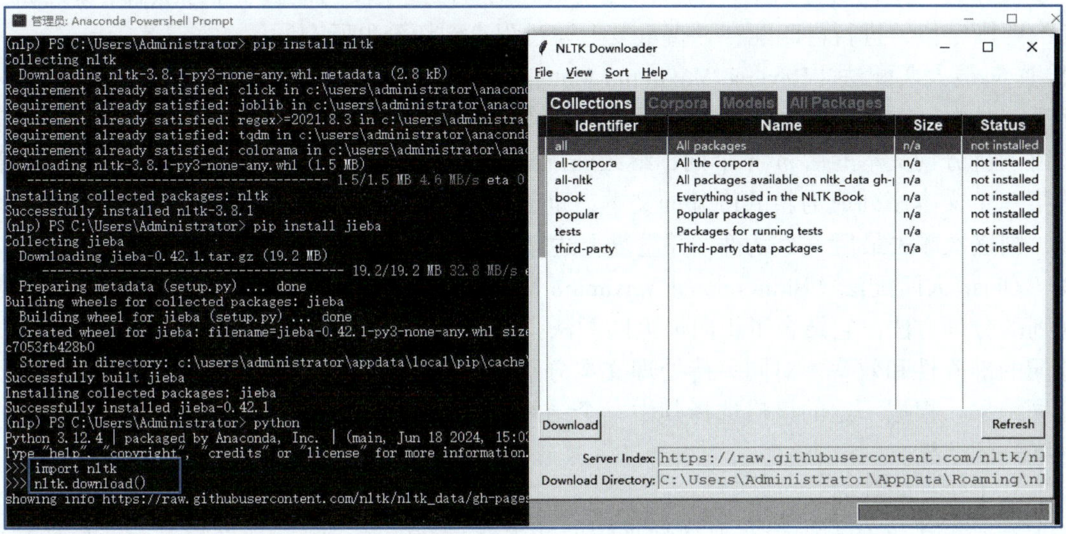

图 11-5　NLTK 测试

任务 11.2　使用朴素贝叶斯算法进行垃圾短信分类

任务描述

在微信、微博等社交软件盛行的今天，短信依旧是信息沟通的常用方式。由运营商技术缺陷、商家的使用手段不良等原因造成的垃圾短信日益增多。本任务将运用朴素贝叶斯模型，分别采用自定义函数和调用 Python 内置函数这两种方法对垃圾短信进行分类。

微课 22：使用朴素贝叶斯算法进行垃圾短信分类

知识准备

1. 中文分词技术

（1）中文分词技术简介

中文分词技术是一种将连续的中文字符串切分成一个个独立且有意义的词语单元的过程。由于中文书写不使用空格来分隔词语，计算机处理中文文本时，需要先进行分词，以便进行后续的文本分析、信息检索、自然语言处理等任务。中文分词技术依赖于词典和算法，包括基于规则的分词、基于统计的分词以及结合两者优点的混合方法。随着深度学习技术的发展，基于神经网络的分词方法也逐渐兴起，提高了分词的准确性和效率。

（2）基于规则的分词

基于规则的分词方法是一种较为机械的分词方法，其基本思想是将待分词的语句中的字符串和词典逐个匹配，找到匹配的字符则切分，不匹配则减去边缘的某些字符，再次进行匹配，直至匹配成功或者没有匹配到词典中的字符串而结束。在自然语言处理中，基于规则的分词方法主要可以归纳为以下几种。

① 正向最大匹配法（Forward Maximum Matching Method）：从左向右取代切分语句的 m 个字符作为匹配字段，m 是机器词典中最长词条的字符数。查找机器词典并进行匹配。如果匹配成功，则

将匹配字段作为一个词切分出来；如果匹配失败，则将匹配字段的最后一个字去掉，剩下的字符串作为新的匹配字段，进行再匹配；一直重复上述过程直到切分出所有词。

② 逆向最大匹配法（Reverse Maximum Matching Method）：逆向最大匹配法与正向最大匹配法原理相反。从右至左匹配待分词文本的后 m 个字符串，在词典中查找是否有一样的字符串。若匹配失败，留下待分词文本的后 $m-1$ 个词，继续匹配这个字符串，以此类推。如果匹配成功，则被切分下来的第一个文本序列成为新的待分词文本，重复以上操作直至匹配完毕。如果一个词序列全部匹配失败，则逐次删去最后一个字符，并重复上述操作。

③ 双向最大匹配法（Bidirectional Maximum Matching，BMM）是一种在自然语言处理中常用的基于规则的分词方法。它结合了正向最大匹配法（FMM）和逆向最大匹配法（RMM）的优点，旨在提高分词的准确性和效率。对同一待处理文本分别进行正向最大匹配和逆向最大匹配，然后比较两者的分词结果。根据一定的策略选择其中一个结果作为最终的分词结果，通常选择词数较少的结果作为最终分词结果。

（3）基于统计的分词

基于规则的中文分词常常会遇到歧义问题和未登录词问题。中文歧义问题主要包括交集型切分歧义和组合型切分歧义两大类。交集型切分歧义是指一个字符串中间的某个字或词不管切分到哪一边都能独立成词，如“打折扣”一词，“打折”和“折扣”是两个独立的词语。组合型切分歧义是指一个字符串中每个字单独切分或者不切分都能成词，如“将来”一词，既可以整体成词，也可以切分为单个字。未登录词也称为生词，即词典中没有出现的词。未登录词可以分为四大类，第一类是日常生活中出现的普通新词汇，尤其是网络热门词语，这类词语更新换代快，且不一定符合现代汉语的语法规定；第二类是专有名词，主要指人名、地名和组织机构名，还包括时间和数字表达等；第三类是研究领域的专业名词，如化学试剂的名称等；第四类是其他专用名词，如近期新上映的电影、新出版的文学作品等。遇到未登录词时，分词技术往往束手无策。

基于统计的分词方法有效解决了中文分词遇到的歧义问题和未登录词问题。随着统计机器学习方法的研究和发展，基于统计的分词方法逐渐应用到实际当中。基于统计的分词方法的基本思想是中文语句中相连的字出现的次数越多，那么作为词单独使用的次数就越多，语句拆分的可靠性就越高，分词的准确率就越高。因此，基于统计的分词方法的基本原理是统计词出现的次数，出现次数足够高的词作为单独的词被保留。其优势在于其能够较好地处理未登录词和歧义词，不需要人为地搭建和维护词典；其缺点在于需要依靠语料库进行分词，语料库的准确度不一定高，且计算量较大，分词速度一般。

使用基于统计的分词方法时通常需要两个步骤：建立统计语言模型；运用模型划分语句，计算被划分语句的概率，选取概率最大的划分方式进行分词。常见的基于统计的分词方法包括隐马尔可夫模型和 n 元语法模型。

① 隐马尔可夫模型（Hidden Markov Model，HMM）是一种统计模型，它用来描述一个含有隐含未知参数的马尔可夫过程。在隐马尔可夫模型中，状态不是直接可见的，但输出依赖于该状态，是可见的。每个状态通过可能的输出符号有了可能的概率分布。所以隐含层状态转移和符号输出形成了双重随机过程的关系。隐马尔可夫模型可以用 5 个元素来描述，包括状态值集合、观察值集合、转移概率矩阵 $\boldsymbol{A}$、观测概率矩阵 $\boldsymbol{B}$ 以及初始状态概率向量 $\boldsymbol{\pi}$。通过指定状态空间 $\boldsymbol{S}$、观测空间 $\boldsymbol{O}$ 和 3 个概率密度函数，可以定义一个隐马尔可夫模型。

隐马尔可夫模型有两个基本假设：齐次马尔可夫性假设，即假设隐藏的马尔可夫链在任意时刻 t 的状态只依赖于其前一时刻的状态，与其他时刻的状态及观测无关，也与时刻 t 无关；观测独立性假设，即假设任意时刻的观测只依赖于该时刻的马尔可夫链的状态，与其他观测及状态无关。

隐马尔可夫模型可以解决 3 个基本问题：评估问题、解码问题、学习问题。因此，隐马尔可夫模型在自然语言处理、语音识别、模式识别等领域有着广泛的应用。

② n 元语法模型，也称为 n-gram 模型，是一种统计语言模型，建立在马尔可夫模型的基础上。这种模型将自然语言句子视为 n–1 阶马尔可夫模型，即规定句子中某词出现的概率仅与其前面出现的 n–1 个词有关。常见的 n 元语法模型包括一元模型、二元模型、三元模型等。例如，二元模型（bigram）认为一个词的出现概率与其前一个词有关；三元模型（trigram）认为一个词的出现概率与其前两个词有关。n 元语法模型不仅在计算机科学技术领域中被公布和定义，而且在自然语言处理中扮演着基础角色，用于计算句子中单词的概率分布，从而支持文本生成、机器翻译等任务。

n 元语法模型的计算涉及对大量文本数据的训练，这些文本数据被称为训练语料。模型的阶数 n 决定了考虑的历史单词数量，从而影响了模型的复杂度和预测能力。虽然增加 n 的值可以提供更准确的预测，但也会显著增加计算复杂度和资源消耗。因此，在实际应用中，通常会根据具体需求和资源限制选择合适的 n 值。二元模型和三元模型因其计算效率和效果之间的良好平衡而被广泛应用。

2. 词性标注与命名实体识别

（1）词性标注

词性标注是自然语言处理中的一项基础任务，用于识别并标记文本中每个词汇的语法属性，即确定每个词的词性是名词、动词还是形容词。这一技术对于文本挖掘、句法分析、机器翻译等任务至关重要。词性标注通常基于统计模型或深度学习算法，如隐马尔可夫模型、条件随机场（CRF）和循环神经网络（RNN）等。这些模型通过分析词语在文本中的上下文关系，预测其最可能的词性。在中文中，由于词性的复杂性和缺乏形态变化，词性标注面临更大的挑战。尽管如此，通过不断的研究和模型优化，词性标注的准确率已经得到显著提升。词性标注不仅为后续的 NLP 任务提供了重要的预处理方法，也为深入理解文本结构和含义提供了有力支持。

（2）命名实体识别

命名实体识别（Named Entity Recognition，NER）是自然语言处理中的一项基础任务，旨在从文本中识别出具有特定意义的实体，如人名、地名、机构名、日期时间等。NER 系统通过分析文本内容，确定实体的边界并判断实体类型，进而将非结构化文本数据转化为结构化数据，为后续的自然语言处理任务提供重要基础。NER 的应用范围广泛，涉及信息抽取、问答系统、机器翻译、知识图谱构建等多个领域。在处理中文文本时，NER 面临诸多挑战，如中文分词、命名实体边界模糊、多义词处理等。尽管如此，随着自然语言处理技术的不断发展，NER 的准确率和效率也在不断提升，为智能化信息处理提供了有力支持。

3. 文本向量化

（1）文本向量化技术简介

文本向量化将文本表示成一系列能够表达文本语义的向量，是文本表示的一种重要方式。在 NLP 中，文本向量化是一个重要环节，其产出向量的质量直接影响后续模型的表现，例如，在一个比较文本相似度的任务中，可以取文本向量的余弦值作为文本相似度，也可以将文本向量输入神经网络进行计算得到文本相似度，但是无论后续模型是怎样的，前期的文本向量化都会影响整个文本相似度比较的准确性。

就像计算机视觉领域天然有着高维度和局部相关性的特性，NLP 领域也有着其自身的特性。一是计算机任何计算的前提都是向量化，而文本难以直接被向量化；二是文本的向量化应当尽可能地包含语言本身的信息，但是文本中存在多种语法规则和其他种类的特性，这导致向量化比较困难；三是自然语言本身体现了人类社会的一种深层次的关系（如讽刺等语义），这种关系给向量化带来了挑战。

文本向量化按照向量化的粒度可以分为以字为单位、以词为单位和以句子为单位的向量表达，可以根据不同的情境选择不同的向量表达方法和处理方式。目前，文本向量化的大部分研究是以词为单位的向量化。随着深度学习技术的广泛应用，基于神经网络的文本向量化已经成为 NLP 领域的研究热点，尤其是以词为单位的向量化研究。Word2Vec 是目前的最典型的以词为单位生成词向量的工具，其特点是将所有的词向量化，这样词与词之间的关系即可度量，并且它们之间的联系也可挖掘。也有一部分研究将句子作为文本处理的基本单元，采用 Doc2Vec 技术。

（2）文本离散表示

文本向量化主要有离散表示和分布式表示两种表示方式。离散表示是一种基于规则和统计的向量化方式，常用的方法有词集模型和词袋（Bag of Words，BOW）模型。两类模型都以词之间保持独立性没有关联为前提，将所有文本中的词形成一个字典，然后根据字典统计词的出现频数。这两类模型也存在不同之处。例如，词集模型采用独热表示（one-hot representation），只要单个文本中的单词出现在字典中，就将其置为 1，不管出现多少次；而在 BOW 模型中，文本中的一个词出现在字典中，就将其向量值加 1，出现多少次就加多少次。文本离散表示的特点是忽略文本信息中的语序信息和语境信息，仅将其反映为若干维度的独立概念。由于这类模型本身无法解决某些问题，如主语和宾语的顺序问题，因此会无法理解诸如“我为你鼓掌”和“你为我鼓掌”两个语句之间的区别。

1）独热表示

独热表示用一个长的向量表示一个词，向量长度为字典的大小，每个向量只有一个维度的数值为 1，其余维度的数值全部为 0，为 1 的维度表示该词语在字典中的位置。例如，有两句话“小张喜欢看电影，小王也喜欢。”和“小张也喜欢看足球比赛。”首先对这两句话分词后构造一个字典，字典的键是词语，值是词语的 ID，即 {"小张"：1，"喜欢"：2，"也"：3，"看"：4，"电影"：5，"足球"：6，"比赛"：7，"小王"：8}。然后根据 ID 值对每个词语进行向量化，用 0 和 1 代表这个词是否出现，如“小张”和“小王”的独热表示分别为 [1，0，0，0，0，0，0，0]，[0，0，0，0，0，0，0，1]。

独热表示的词向量构造简单，但通常不是好的选择，它有明显的缺点，具体如下。

① 维数过高。上例只有两句话，每个词是一个 8 维向量，随着语料的增加，维数会越来越大，最终导致维数灾难。

② 矩阵稀疏。利用独热表示的每一个词向量只有一个维度的数值是 1，其他维度上的数值都为 0。

③ 不能保留语义。独热表示的结果不能保留词语在句子中的位置信息。

2）BOW 模型

BOW 模型，即词袋模型，是一种在自然语言处理和信息检索中广泛使用的文本表示方法。该模型的基本思想是将文本视为一系列词汇的集合，忽略词汇之间的语法、词序等关系，仅仅关注词汇是否出现以及出现的频率。在 BOW 模型中，首先会构建一个词汇表（也称为词典），该词汇表包含了文本集合中所有可能出现的词汇。然后，对于每一篇文本，都会根据词汇表将其转换为一个特征向量。这个特征向量的维度等于词汇表的大小，向量中的每一个元素对应词汇表中的一个词汇，元素的值表示该词汇在文本中出现的次数（也可以是 TF-IDF 值等其他加权方式）。

BOW 模型的优点在于其简单性和高效性。由于忽略了词汇之间的顺序和语法关系，BOW 模型能够快速地处理大量文本数据，并将其转换为机器学习算法可以处理的数值特征。此外，BOW 模型还具有一定的健壮性，对于文本中的拼写错误、同义词替换等问题具有一定的容忍度。然而，BOW 模型也存在一些缺点。首先，由于忽略了词汇之间的顺序和语法关系，BOW 模型无法捕捉到文本中的语义信息。其次，对于词汇表中未出现的词汇（即未知词汇），BOW 模型无法进行有效的处理。最后，当词汇表非常大时，BOW 模型生成的特征向量维度会非常高，导致计算复杂，存储开销增大。

（3）文本分布式表示

文本分布式表示根据上下文将每个词从高维空间映射到一个低维度、稠密的向量中。文本分布式表示的思想是词的语义根据上下文信息确定，即相同语境中的词语义相近。分布式表示的优点是考虑到了词之间存在的相似关系，降低了词向量的维度。常用的方法有基于矩阵的分布表示、基于聚类的分布表示和基于神经网络的分布表示，如 LSA 矩阵分析模型、PLSA 潜在语义分析概率模型、LDA 文档生成模型和 Word2Vec 模型。与独热表示相比，在形式上，独热表示的词向量是一种稀疏词向量，其维度就是字典长度，而分布式表示是一种固定长度的稠密词向量；在功能上，分布式表示最大的特点是相关或相似的词在距离上比独热表示更接近。

1）Word2Vec 模型

Word2Vec 模型其实就是简单化的神经网络模型。随着深度学习技术的广泛应用，基于神经网络的文本向量化成为 NLP 领域的研究热点。2013 年，Word2Vec 的出现引起了工业界和学术界的广泛关注。首先，Word2Vec 可以在百万数量级的词典和上亿的数据集上进行高效的训练；其次，利用该工具得到的训练结果可以很好地度量词与词之间的相似性。Word2Vec 模型的输入是独热向量，根据输入和输出模式的不同，Word2Vec 模型分为连续词袋（Confinuous Bag-of-Words，CBOW）模型和跳字（Skip-Gram）模型。CBOW 模型的训练输入是某一个特定词的上下文对应的独热向量，输出是这个特定词的概率分布。Skip-Gram 模型和 CBOW 模型的思路相反，输入是一个特定词的独热词向量，输出是到这个特定词的上下文的概率分布。CBOW 模型对小型语料较适用，而 Skip-Gram 模型在大型语料中的表现更好。Word2Vec 模型的特点是：当模型训练好后，并不会使用训练好的模型处理新的任务，真正使用的是模型通过训练数据所得的参数，如隐藏层的权重矩阵。

2）Doc2Vec 模型

利用 Word2Vec 模型获取一段文本的向量时，一般做法是先对文本分词，提取文本的关键词、用 Word2Vec 模型获取这些关键词的词向量，然后计算这些关键词向量的平均值或将这些词向量拼接起来，得到一个新的向量，将新向量看作这个文本的向量。然而，这种做法只保留了句子或文本中间的信息，丢失了文本中的主题信息。为此，有研究者在 Word2Vec 模型的基础上提出了文本向量化 Doc2Vec 模型。Doc2Vec 模型与 Word2Vec 模型类似，只是在 Word2Vec 模型输入层增添了一个与词自量同维度的段落向量，可以将这个段落向量看作另一个词向量。Doc2Vec 技术存在两种模型，分别是分布式记忆（Distributed Memory，DM）模型和分布式词袋（Distributed Bag-of-Words，DBOW）模型，分别对应 Word2Vec 模型里的 CBOW 模型和 Skip-Gram 模型。

4. 朴素贝叶斯模型

朴素贝叶斯（Naive Bayes）算法是一种基于贝叶斯定理和特征条件独立假设的分类算法。该算法计算给定特征下各个类别的概率，并选择概率最大的类别作为预测结果。朴素贝叶斯算法因其简单、高效且易于实现的特点，在文本分类、垃圾邮件过滤、情感分析等领域得到广泛应用。

（1）高斯分布朴素贝叶斯

高斯分布朴素贝叶斯（Gaussian Naive Bayes，GNB）是一种简单而强大的分类算法，特别适用于处理连续型特征的数据集。该算法结合了高斯分布（即正态分布）的统计学特性和朴素贝叶斯分类器的原理。在 GNB 中，每个特征都被假定为来自高斯分布，即每个特征值围绕其均值波动，且这种波动由标准差度量。这种假设允许算法为每个类别学习一组高斯参数（均值和标准差），从而能够计算给定数据点属于每个类别的概率。朴素贝叶斯的核心在于应用贝叶斯定理，并通过假设特征之间条件独立来简化计算。GNB 利用这一框架，通过考虑每个特征在其对应类别下的高斯分布，来计算数据点属于各个类别的后验概率。最终，数据点被分配给后验概率最高的类别。GNB 算法的优势在于其计算效率高，对数据的先验分布假设较为宽松，且在小规模数据集和特征维度不是特别高的场景下，往往能取得不错的分类效果。然而，它假设特征间独立性的条件在现实中往往不成立，这可能导致在某些复杂数据集上分类性能受限。

（2）多项式分布朴素贝叶斯

多项式分布朴素贝叶斯（Multinomial Naive Bayes，MNB）是一种基于多项式分布和朴素贝叶斯定理的分类算法。它特别适用于处理具有离散特征且这些特征呈现多项式分布的数据集，如文本分类中的单词计数。多项式分布朴素贝叶斯算法假设每个类别的特征分布是多项式分布的，即特征的取值为离散值（如单词的出现次数），并且这些特征在给定类别下是相互独立的。这一假设简化了问题的复杂性，使得算法能够通过计算给定特征下各类别的概率来进行分类预测。

（3）伯努利分布朴素贝叶斯

伯努利分布朴素贝叶斯（Bernoulli Naive Bayes，BNB）是一种基于伯努利分布和朴素贝叶斯定理的分类算法。它特别适用于处理二元特征的数据集，即特征只能取值 0 或 1，表示某种属性是否出现。伯努利分布朴素贝叶斯算法假设每个特征都是二元的，且各个特征之间在给定类别下是相互独立的。这一假设简化了问题的复杂性，使得算法能够通过计算给定特征下类别的概率来进行分类预测。具体来说，该算法会利用伯努利分布的概率质量函数来描述特征在类别下的分布情况。

任务实施

本任务将运用朴素贝叶斯模型，分别采用自定义函数和调用 Python 内置函数这两种方法对垃圾短信进行分类。垃圾短信分类的流程包括以下步骤。

① 数据读取。读取原始短信数据，共有 60 万条。

```
import re
import jieba
import numpy as np
import pandas as pd
import imageio
import matplotlib.pyplot as plt
from wordcloud import WordCloud
from sklearn.naive_bayes import MultinomialNB
from sklearn.model_selection import train_test_split
from sklearn.feature_extraction.text import CountVectorizer
from sklearn.metrics import confusion_matrix,classification_report
# 读取数据
data = pd.read_csv('message60W.csv',encoding='utf-8',index_col=0,
header=None)
data.columns = ['类别','短信']
```

② 文本预处理。对原始数据进行预处理，包括去重、脱敏和分词等操作，最后进行词频统计。分别统计垃圾短信与非垃圾短信的词频，随后绘制相应的词云图。由于原始数据量较大，需要对数据进行采样，共抽取 2 万条数据进行模型训练与分类。

```
# 检查类别的分布
print(data.类别.value_counts())
# 检查缺失值
```

```
print("缺失值个数:",data.短信.isnull().sum())
# 去重
data_dup = data.短信.drop_duplicates()
# 文本脱敏,去掉可能的敏感信息
l1 = data_dup.apply(len).sum()
data_cleaned = data_dup.apply(lambda x:re.sub('x','',str(x)))
l2 = data_cleaned.apply(len).sum()
print('减少了{}个字符'.format(l1 - l2))
# 加载自定义词典
jieba.load_userdict('newdic1.txt')
# 分词处理
data_cut = data_cleaned.apply(lambda x:list(jieba.cut(str(x))))
# 加载停用词
stopwords = pd.read_csv('stopword.txt',sep='ooo',encoding='gbk',
header=None,engine='python')
stopwords = set(stopwords[0]) # 使用集合去重加速查找
stopwords.add(' ') # 添加空格作为停用词
# 去除停用词
data_no_stopwords = data_cut.apply(lambda x:[word for word in x if
word not in stopwords])
# 去除空数据
data_no_stopwords=data_no_stopwords[data_no_stopwords.apply(lambda
x:len(x) > 0)]
```

③ 文本数据可视化。绘制垃圾短信和非垃圾短信的词云图如图 11–6 和图 11–7 所示。

```
# 词频统计函数
def word_frequency(data,min_freq=10):
    text = ''.join([''.join(x) for x in data])
    word_freq = pd.Series(text.split()).value_counts()
    return word_freq[word_freq > min_freq]
# 垃圾短信与非垃圾短信的词频统计
labels = data.loc[data_no_stopwords.index,'类别']
data_spam = data_no_stopwords[labels == 1]
data_nonspam = data_no_stopwords[labels == 0]

spam_word_freq = word_frequency(data_spam,min_freq=5)
nonspam_word_freq = word_frequency(data_nonspam,min_freq=30)
# 生成词云图函数
def generate_wordcloud(word_freq,output_file,background_img):
    back_pic = imageio.imread(background_img)
    wc = WordCloud(font_path='C:/Windows/Fonts/simkai.ttf', # 字体路径
```

```
                    background_color='white',  # 背景颜色
                    max_words=2000,  # 最大词数
                    mask=back_pic,  # 背景图片
                    max_font_size=200,  # 字体大小
                    random_state=1234)  # 随机配色方案
    wc_img = wc.fit_words(word_freq)
    plt.figure(figsize=(16,8))
    plt.imshow(wc_img,interpolation='bilinear')
    plt.axis('off')
    plt.savefig(output_file)
    plt.show()
# 绘制垃圾短信词云图
generate_wordcloud(spam_word_freq,'spam.jpg','background.jpg')

# 绘制非垃圾短信词云图
generate_wordcloud(nonspam_word_freq,'non-spam.jpg','background.jpg')
```

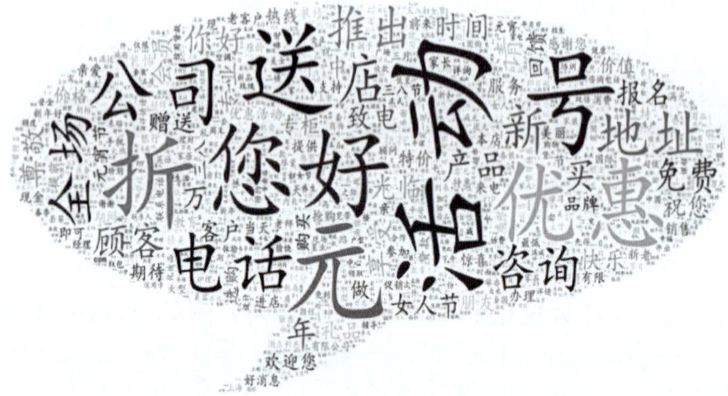

图 11-6　垃圾短信词云图

图 11-7　非垃圾短信词云图

④ 分类和模型评估。本段代码通过调用 Python 内置的朴素贝叶斯分类器 MultinomialNB 对短信数据进行分类。首先，从垃圾短信和非垃圾短信中各抽取 10 000 条数据，并将数据拼接成字符串形式，形成分类任务的输入。接着，使用 CountVectorizer 对文本进行词频向量化，生成训练集和测试集的特征矩阵。随后，通过 MultinomialNB 对训练集进行模型训练，并对测试集进行分类预测。最终，模型基于训练数据学习到的特征，给出测试集中短信的分类结果。

```
# 从垃圾短信和非垃圾短信中各抽样 10000 条数据
num_samples = 10000
data_spam_sample = data_spam.sample(num_samples,random_state=123)
data_nonspam_sample = data_nonspam.sample(num_samples,random_
state=123)
data_sample = pd.concat([data_spam_sample,data_nonspam_sample])

# 将抽样后的数据拼接成字符串,便于后续处理
labels_sample = pd.Series([1] * num_samples + [0] * num_samples,
index=data_sample.index)
data_sample_str = data_sample.apply(lambda x:''.join(x))
final_data = pd.DataFrame({'message':data_sample_str, 'label':labels_
sample})

# 划分训练集和测试集
x_train,x_test,y_train,y_test = train_test_split(final_data
['message'],final_data['label'],test_size=0.2,random_state=123)

# 词频向量化
vectorizer = CountVectorizer()
train_cv = vectorizer.fit_transform(x_train)
test_cv = vectorizer.transform(x_test)

# 使用朴素贝叶斯模型进行训练和预测
nb = MultinomialNB()
nb.fit(train_cv,y_train)
predictions = nb.predict(test_cv)

# 输出混淆矩阵和分类报告
print("混淆矩阵:")
print(confusion_matrix(y_test,predictions))
print("\n分类报告:")
print(classification_report(y_test,predictions))test_cv = cv1.fit_
transform(x_test)
```

根据结果显示，测试集中正确分类的数据共有 3 752 条，错误分类的数据共有 248 条。其中，非垃圾短信（类别 0）和垃圾短信（类别 1）被正确分类的数据分别为 1 794 条和 1 958 条，垃圾短信被错误预测为非垃圾短信的有 27 条，非垃圾短信被错误预测为垃圾短信的有 221 条。模型的总体分类准确率为 0.94，表现较好。

从分类报告来看，非垃圾短信的精确度为 0.99，而垃圾短信的精确度为 0.90，表明模型在识别非垃圾短信时精确度更高。垃圾短信的召回率为 0.99，明显高于非垃圾短信的召回率（0.89），意味着模型更擅长识别垃圾短信。两类短信的 F1 值均为 0.94，表明模型在平衡精确度和召回率方面表现一

致。整体来看，精确度和召回率分别反映了模型对非垃圾短信和垃圾短信的识别能力，F1 值是两者的综合指标。这里模型的精确度、召回率和 F1 值均为 0.94，表明模型在垃圾短信分类任务中的稳健性较强。

拓展训练：使用 SnowNLP 对电影评论文本进行情感分析

训练描述

在本训练中，将学习如何利用 SnowNLP 工具对《流浪地球》的影评进行情感分析。SnowNLP 情感分析是基于情感词典实现的，其简单地将文本情感分为两类，积极和消极。返回值为情绪的概率，也就是情感评分在［0，1］之间，越接近 1，情感表现越积极；越接近 0，情感表现越消极。通过可视化的方式展示预测结果。

训练目标

- 理解自然语言处理的基础知识；
- 掌握 SnowNLP 的内容；
- 掌握使用 Matplotlib 实现数据可视化的方法。

训练实施

① 数据准备。需要使用《流浪地球》的影评数据，可以通过豆瓣的网站找到《流浪地球》的相关影评，总计 655 条。

```
import matplotlib.pyplot as plt
import numpy as np
from snownlp import SnowNLP
# 获取情感分数
source = open( " 流浪地球 .csv","r",encoding='utf8')
line = source.readlines( )
sentimentslist = []
for i in line:
        s = SnowNLP(i)
        print(s.sentiments)
        sentimentslist.append(s.sentiments)
```

② 对“流浪地球 .csv”文件逐行进行情感倾向值计算。使用 SnowNLP 调用 sentiments 函数来进行情感分析。

```
source = open( " 流浪地球 .csv","r",encoding='utf8')
line = source.readlines( )
sentimentslist = []
```

```
for i in line:
        s = SnowNLP(i)
        print(s.sentiments)
        sentimentslist.append(s.sentiments)
# 区间转换为 [-0.5,0.5]
result = []
i = 0
while i<len(sentimentslist):
        result.append(sentimentslist[i]-0.5)
        i = i + 1
```

③ 统计各情感分数段出现的概率并绘制对应的柱形图。

```
# 情感区间为 [-0.5,0.5],位于 0 以上的是积极评论,反之为消极评论
plt.plot(np.arange(0,655,1),result,'r-')
plt.xlabel('Number')
plt.ylabel('Sentiment')
plt.title('Analysis of Sentiments')
plt.show()
```

④ 运行程序，显示可视化结果，如图 11-8 所示。

通过这个训练，可以了解到如何利用 SnowNLP 对影评数据进行情感分析，并将分析结果进行可视化展示。该训练不仅可以提升掌握使用自然语言处理工具进行基本数据处理与分析的能力，还可以体验到自然语言处理在场景中的应用。

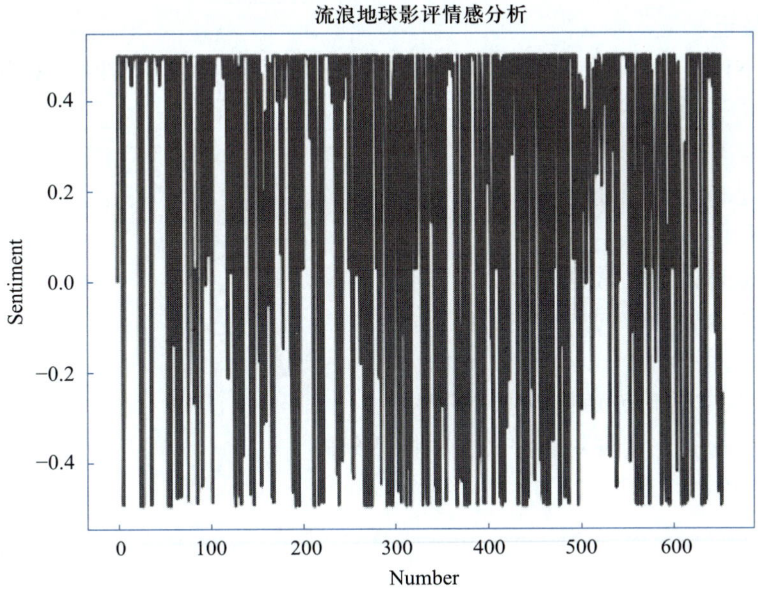

图 11-8　情感分析结果

项目小结

本项目介绍了自然语言处理基础知识，以及自然语言处理开发中的关键库，涵盖了NLTK、Jieba、SnowNLP等。这些工具极大地简化了数据处理和模型训练的流程。通过安装必要的库和配置开发环境，为后续学习奠定了坚实的基础。NLTK提供了超过50个素材库和词库资源的接口，涵盖分词、词性标注、命名实体识别、句法分析等各项NLP领域的功能。SnowNLP提供了分词、词性标注、情感分析、文本分类、关键词提取等多种功能。Jieba提供了精确模式、全模式、搜索引擎模式等多种分词模式。这些自然语言处理技术的结合为AI研究者和开发者提供了强大的语言处理工具箱，极大地促进了人工智能技术在自然语言理解、生成与交互等方面的广泛应用和创新。它不仅使得机器能够更准确地解析和理解人类语言，还推动了智能客服、机器翻译、文本摘要、情感分析等众多应用场景的发展，进一步拉近了人工智能与人类社会的距离。

项目练习

一、填空题

1. 自然语言处理是计算机科学领域与人工智能的一个分支，它研究的是人与计算机之间使用______进行有效通信的各种理论和方法。

2. 词性标注是NLP中的一个重要环节，它旨在识别出文本中每个词的______，如名词、动词、形容词等。

3. 情感分析是NLP的一个应用，它旨在确定文本中表达的情感倾向，如正面、负面或______。

4. 词向量（Word Embedding）是一种将词汇表示为______向量的技术，使得语义上相似的词汇在向量空间中距离较近。

5. ____是一种NLP任务，旨在识别并抽取文本中的关键信息，如时间、地点、人物等实体。

6. 在文本处理中，去除停用词的主要目的是__________。

二、简答题

1. 请简述什么是自然语言处理。
2. 请解释词向量的概念。
3. 请简述自然语言处理的常见应用。
4. 请简述自然语言处理中词性标注的作用。

三、操作题

1. 基于SVM算法实现垃圾短信识别和分类。
2. 基于朴素贝叶斯算法实现对影评文本的情感分析。

项目 12　AI 文档智能处理

项 目 描 述

本项目将讲解典型文档的自动或半自动生成、文档的自动理解以及文档的信息提取，最后通过技能训练生成职场面试全攻略的文本。本项目聚焦于 AI 文本智能处理的应用，旨在让学生掌握实用的技术和方法，提升其在文本处理领域的能力。

学 习 目 标

- **知识目标**

◎ 理解文档自动和半自动生成的原理和应用场景

◎ 掌握文字智能识别的技术基础和工作流程

◎ 领会文本信息智能抽取的重要性和方法

- **技能目标**

◎ 能够运用相关工具和技术，完成简单文档的自动和半自动生成

◎ 熟练操作文字智能识别软件，准确识别各类文字，并对识别结果进行校验和修正

◎ 利用合适的工具，实现对给定文本中关键信息的智能抽取，并以有效形式呈现

- **素养目标**

◎ 培养创新思维，探索 AI 文本智能处理在不同领域的创新应用，提升解决实际问题的能力

◎ 培养团队协作精神，通过小组合作完成复杂的文本处理项目，提升沟通和协调能力

◎ 提高自主学习能力，持续关注 AI 文本智能处理领域的新技术和新发展，不断更新知识和技能

任务 12.1　实现文档的自动生成

微课 23：AI 实现文档的自动生成

文档的自动生成是当今信息技术领域中的一项重要发展。文档自动生成技术通常依靠先进的算法和机器学习技术，从已有的数据和信息中提取关键内容，并按照预设的格式和结构生成完整的文档。这在处理大量重复或规律性强的数据时，能够显著提高效率。

任务描述

随着信息的快速增长，快速生成准确、有价值的文档成为一项重要需求。在这个任务中，学生将学习如何让计算机根据给定的主题、关键词或模板，自动生成文档的初稿。同时，学生还将掌握如何在自动生成的文档的基础上进行人工干预和优化，实现文档半自动生成，以提高文档的质量和适用性。

知识准备

1. 技术基础

AI 文档生成的核心在于深度学习算法，特别是循环神经网络（RNN）、长短时记忆网络（LSTM）以及近年来兴起的 Transformer 模型。通过在大规模语料库上进行训练，这些模型能够学习语言的内在规律和结构，进而模仿人类的写作风格生成连贯、自然的文本。特别是预训练模型通过在大规模文本数据上进行预训练，获得了丰富的语言知识和强大的语境理解能力，进一步提升了文档生成的准确性和创造力。

2. 基本流程

文档的自动生成需要如图 12-1 所示的几个步骤。

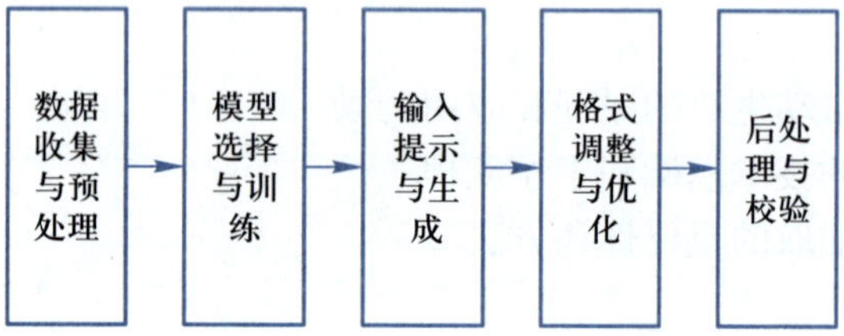

图 12-1　文档自动生成流程

（1）数据收集与预处理

首先，需要收集大量与文档主题相关的文本数据，如文章、书籍、对话等。这些数据需要经过清洗、分类和标注，以去除噪声并构建高质量的训练数据集。

（2）模型选择与训练

根据文档生成的具体需求，选择合适的模型进行训练。模型的选择依赖于任务的复杂度、数据的规模以及期望的生成质量。通过不断迭代训练，模型逐渐优化，提升生成文本的准确性和流畅度。

（3）输入提示与生成

在训练好的模型的基础上，用户可以通过输入特定的关键词、主题或提纲等提示信息，让模型生成与之相关的文档内容。模型会考虑上下文信息，确保生成文本的连贯性和一致性。

（4）格式调整与优化

生成的文档可能需要进行格式上的调整，如标题、段落、列表等。这可以通过在模型训练过程中加入格式规范作为约束条件来实现，或在生成后通过预定义的校验规则进行格式检查和调整。

（5）后处理与校验

尽管 AI 生成的文档质量不断提高，但仍可能存在错误或不符合预期的情况。因此，需要对生成的文档进行人工校验和修改，以确保其准确性和可读性。

3. 应用场景

AI 文档的自动或半自动生成技术广泛应用于内容创作、广告营销、新闻报道、教育等多个领域。例如，营销人员可以利用该技术快速生成吸引人的广告文案，记者可以基于新闻事件快速生成报道初稿，教师则可以根据教学大纲自动生成教案和课件。

总之，NLP 和深度学习技术实现了文本内容的自动化或半自动化生成。在实际应用中需要注意数据质量、模型选择和生成质量等问题，以确保生成文本的质量和准确性。

任务实施

以“湖南旅游宣传”为主题，利用讯飞智文自动生成一份简单的 PPT，内容从壮丽的张家界奇峰到历史悠久的岳麓书院，从美食之都长沙的街头小吃到凤凰古城的古朴风情，用精美的图片和生动的文字，吸引游客走进湖南，感受其独特魅力。

① 打开讯飞智文官网，单击“免费使用”按钮，如图 12–2 所示。

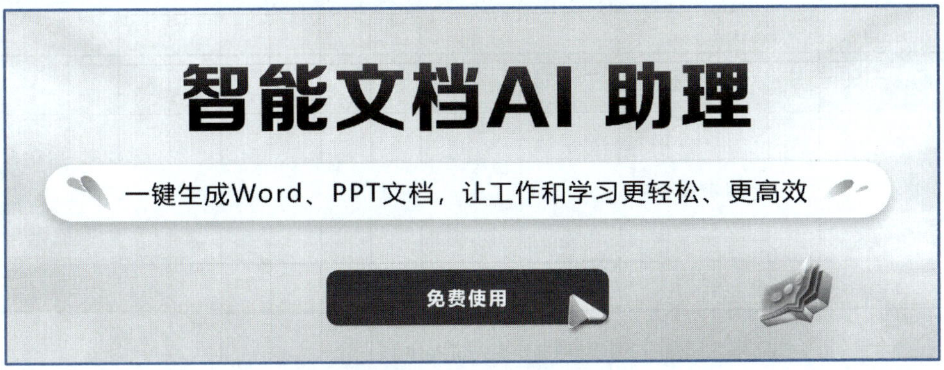

图 12–2　讯飞智文官网

② 在讯飞智文的主页中选择“开始创作”按钮，如图 12–3 所示。

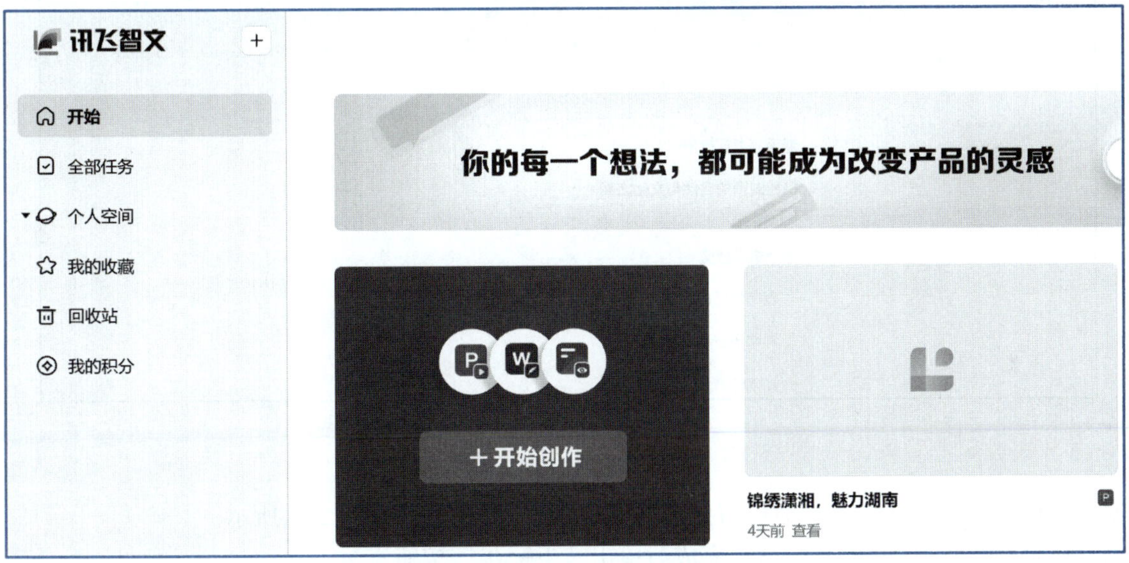

图 12–3　讯飞智文主页

③ 在“快速开始”窗口中选择“主题创建”，通过“旅游”主题创建演示文稿，如图 12–4 所示。

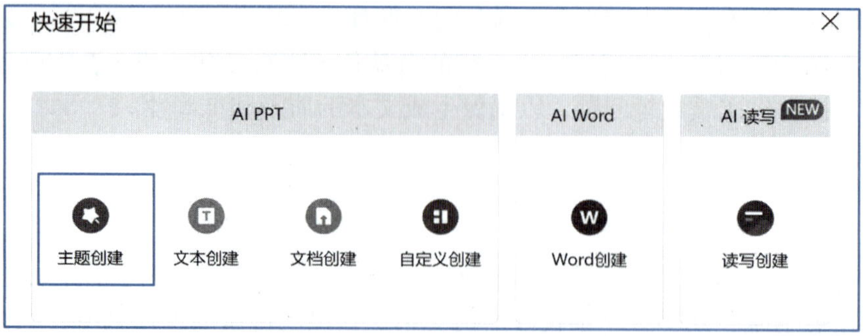

图 12–4 主题创建

④ 在窗口中输入“湖南旅游宣传”的主题，并选择“AI 配图”单选按钮，如图 12–5 所示。

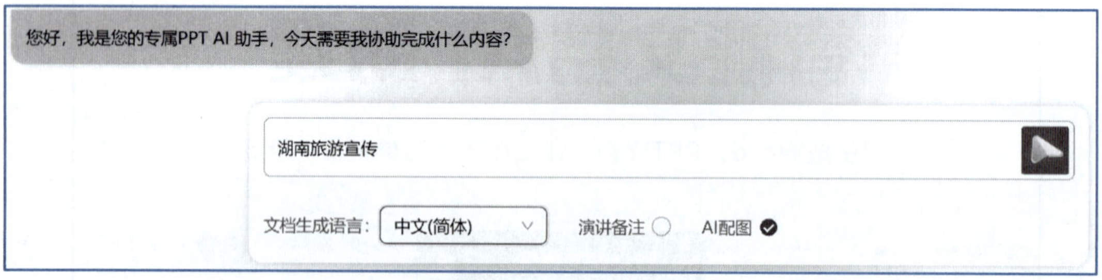

图 12–5 输入主题

⑤ 单击“发送”按钮，系统会自动生成 PPT 标题与提纲，如图 12–6 所示。

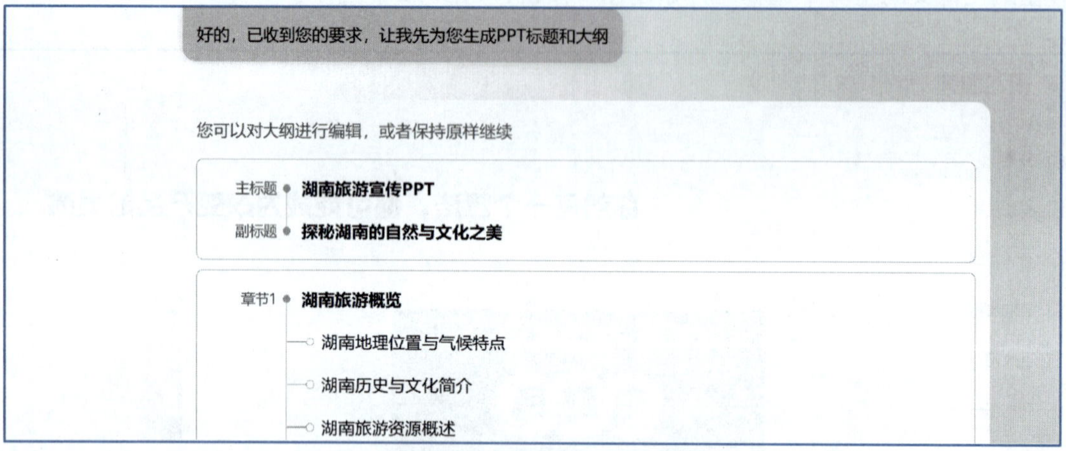

图 12–6 标题与提纲

⑥ 可利用右侧的编辑工具对已有的标题和提纲进行修改，如图 12–7 所示。

⑦ 修改后的效果图 12–8 所示，完成后单击“下一步”按钮。

⑧ 在官方模板中选择“幻翠奇旅”主题，并单击“下一步”按钮，如图 12–9 所示。

⑨ 初步生成一份关于湖南旅游宣传的 PPT，如图 12–10 所示。

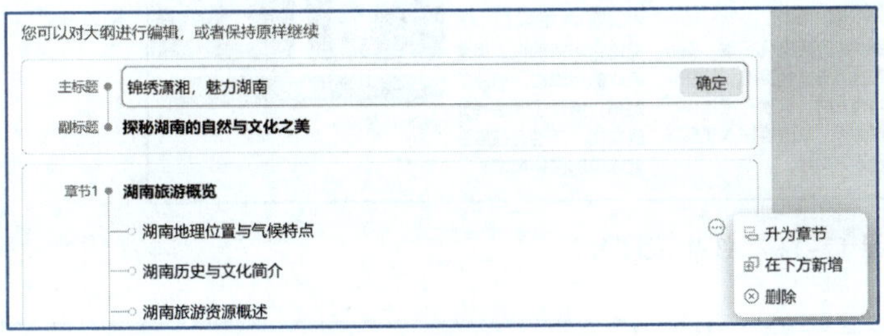

图 12-7　修改标题提纲

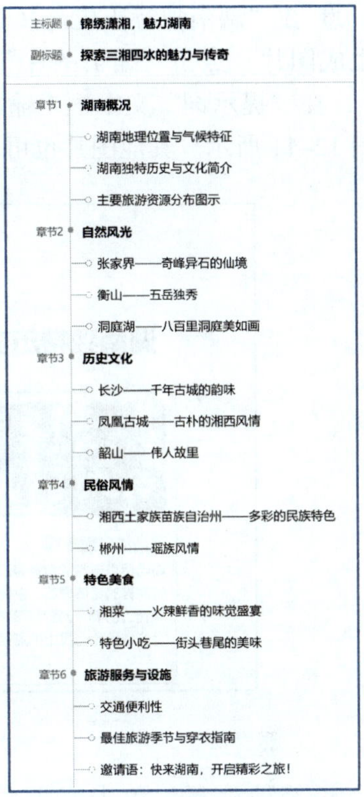

图 12-8　标题提纲修改效果

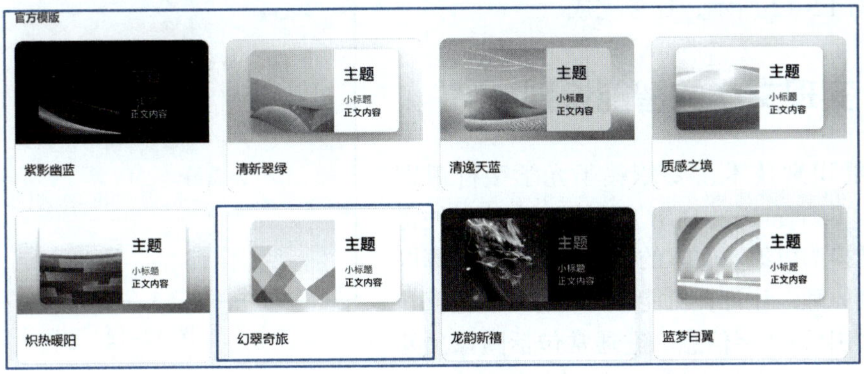

图 12-9　官方模板

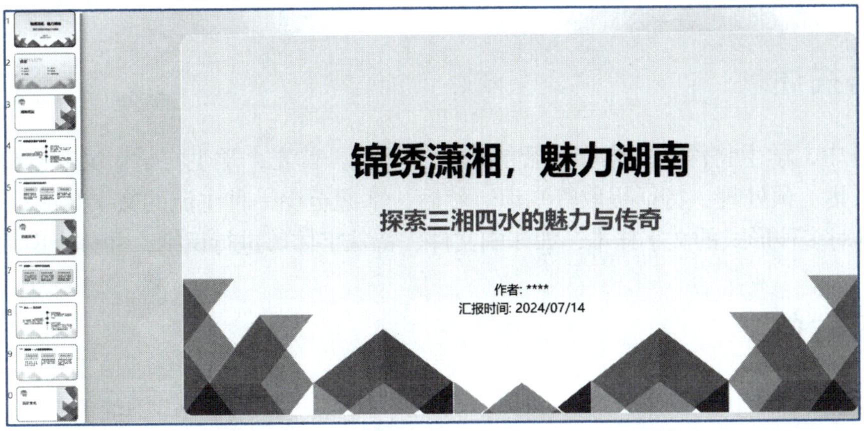

图 12-10　湖南旅游宣传 PPT

⑩ 在“湖南独特历史与文化简介”幻灯片内，自然景观的文字与图片不相符，可以使用 AI 自动生成图片。点击“编辑图片”选项，右侧弹出“图片编辑”窗格，在下拉列表中选择“AI 文生图”，在“提示词”文本框中输入“张家界”，下方会出现 4 张图像，选择其中一张替换原有图片，如图 12-11 所示。其他图片也可通过 AI 生成或者本地上传替换。

图 12-11 AI 生成图片

⑪ 修改完后，单击右上角“导出”按钮，在“下载到本地”对话框内选择“PPT 文件”，单击“确定”按钮，如图 12-12 所示，任务完成。

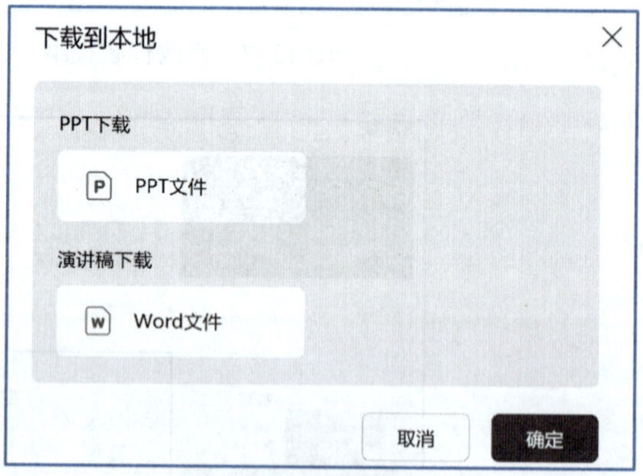

图 12-12 PPT 下载

任务 12.2 实现文字的智能识别

文字的智能识别技术主要依赖于光学字符识别（Optical Character Recognition，OCR）技术，这是一种将图像中的文字转换为可编辑文本的技术，它利用计算机算法和模式识别原理，让计算机能够自动感知、理解和转换图像或文档中的文字信息。它通常包括图像预处理、字符切割与字符识别等步骤，能够对各种字体、字号、书写风格的文字进行准确识别，广泛应用于文档数字化、车牌识别、手写输入等众多领域。

任务描述

在这一任务中，学生将深入探索文字智能识别的奥秘。首先，学生将学习文字智能识别的基础理论，包括图像采集、预处理、特征提取等知识。然后，掌握至少一种主流的文字智能识别工具或软件。学生需使用工具对多种形式的文字样本，如印刷文件、特殊字体等进行识别，并分析识别准确率。

知识准备

1. 技术基础

光学字符识别（Optical Character Recognition，OCR）就是通过电子设备（例如扫描仪或数码相机）检查纸上打印的字符，通过检测暗、亮的模式确定其形状，然后用字符识别方法将形状翻译成计算机文字的过程。在办公场景中，它极大地提高了工作效率，使大量纸质文档能够迅速转化为易于编辑、存储和检索的电子文档。

2. 基本流程

文字的智能识别包括如图 12-13 所示的几个步骤。

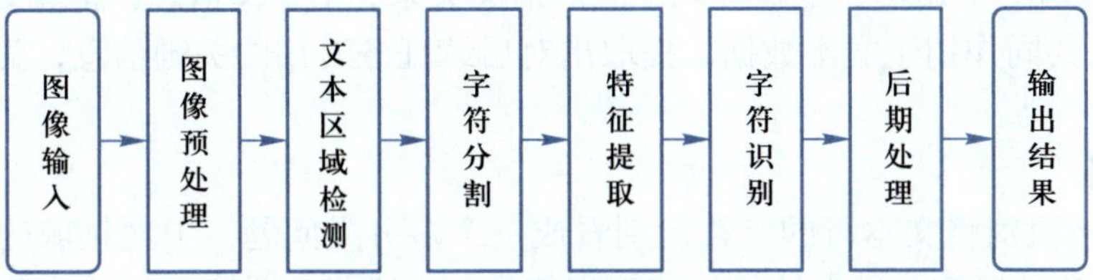

图 12-13　文字识别流程

（1）图像输入

将包含文字的图像文件（如扫描文档、图片等）作为输入。

（2）图像预处理

图像预处理是一种在图像分析之前改进图像数据的技术。它可以增强图像质量，使得 OCR 引擎更好地分离出文本和背景，提高文本的识别准确度。常用图像预处理操作有灰度化、二值化、去噪、倾斜检测与校正、透视矫正等。

- 灰度化：将彩色图像转换为灰度图像。因为在大多数情况下，人们只需要关注文字和背景的对比度，而不需要关注它们的颜色。灰度化能将计算复杂度大幅降低，同时保留主要信息。
- 二值化：将灰度图像进一步转换为二值图像（黑白图像），只保留前景（文字）和背景信息，简化图像内容。二值化的过程中涉及“阈值”的概念，简单来说就是找到一个合适的值作为界限，大于或小于这个界限的值为白色或黑色，即 0 或 255。
- 图像降噪：二值化之后的图片会显示很多小点，这些都是不需要的信息，会对后面的图片轮廓切割识别造成极大的影响，降噪就是去除图像中的噪声，如斑点、颗粒状干扰等，提高图像质量。
- 倾斜校正：拍照或者选取的图片不可能完全是水平的，倾斜会影响后面切出来的图片，所以要对图片进行旋转。倾斜矫正最常用的方法是霍夫变换，其原理是将图片进行膨胀处理，将断续的文字连成一条直线，便于直线检测。计算出直线的角度后就可以利用旋转算法，将倾斜图片矫正到水平位置。

其他预处理包括弯曲矫正（处理弯曲、褶皱的文档图像）、摩尔纹去除（去除由拍摄设备产生的摩尔条纹）等。

（3）文本区域检测

识别图像中的文本区域、非文本区域以及文本的结构信息，如列、行、块、标题、段落、表格等，为后续的文字提取提供基础，主要检测文本算法有连通域检测文本和 MSER 检测文本。

（4）字符分割

字符分割主要基于文本的结构和语言规则，旨在将连续的字符序列切分为有意义的单元。它通常利用词典匹配、统计模型或混合方法来实现。词典匹配通过查找预定义词典中的词汇来划分单词边界；统计模型则通过分析大量文本数据学习分词规律，如利用隐马尔可夫模型、条件随机场或深度学习模型来预测最佳分词方式。这些方法可能结合字符的上下文信息、共现频率等特征，以提高分割的准确性。字符分割还需考虑文本的语义和上下文，确保分词结果符合语言习惯和理解。总之，字符分割是文本处理的重要步骤，其原理涉及语言规则、统计学习和上下文理解等多个方面。

字符分割的准确性对后续的字符识别至关重要。

（5）特征提取

对每个分割后的字符进行特征提取，这些特征通常包括形状、角度、纹理等，用于描述字符的独特属性。文本智能识别中的特征提取技术主要基于统计和深度学习两大方法。统计方法，如 TF-IDF 和词袋模型，通过计算词汇在文档中的频率和重要性，将文本转换为数值特征向量。深度学习技术，如词嵌入、CNN 和 RNN，能捕捉词汇间的语义关系和上下文信息，生成更高维、更丰富的特征表示。这些方法共同作用于文本数据，提取出对后续任务有用的关键信息，为文本智能识别提供有力支持。

（6）字符识别

传统 OCR 文字识别将文本行的字符识别看成一个多分类问题，中文领域的字符识别类别大概有 5 800 个，包括常见汉字、标点符号、特殊字符等。在字符分类之前，首先将字符切片归一化成统一尺寸（经典手写字符分类的图片尺寸为 28×28），统一尺寸后根据常见的图像处理算法提取特征，比如 HOG、SIFT 等，选择支持向量机、逻辑回归、决策树等作为分类器，模型训练完成后可以集成到端进行预测识别。

（7）后期处理

由于图像质量、字体、噪声等原因，OCR 识别文本后往往存在一定的错误，使用合适的后期处理方案可以进一步提升 OCR 识别准确率。后期处理阶段主要包含两个核心任务：文本纠错和文本结构化。

文本纠错的主要目标是纠正 OCR 输出文本中的错误文字，通常利用先验词典或经验规则来进行纠错，也可以采用基于语言模型的纠错机制等方法来对 OCR 结果进行进一步的纠正。

文本结构化的主要目标是从 OCR 输出的文本中定位出所需的信息，并根据特定的应用需求将这些信息进行有效的处理，如从一张包含名片信息的图片中，通过 OCR 技术识别出名片上的文字，然后利用命名实体识别技术标记出名片中的姓名、电话、邮箱等语义实体。

（8）输出结果

将识别的字符组合成最终的文本输出，可以是单个字符、单词、句子或完整的文档。输出的文本可以用于各种应用场景，如文档编辑、数据录入、信息检索等。

3. 应用场景

文字的智能识别技术具有广泛的应用场景，包括但不限于如下所述。

- 政府部门：用于公安及交通部门的车牌、驾驶证、行驶证等证件识别，实现快速核查和比对。
- 金融行业：用于远程开户、身份验证、银行卡识别、交易数据录入、文档管理等场景。
- 医疗行业：用于医疗票据、病历、处方等文档的处理，提高医疗服务的效率和质量。
- 教育行业：用于试卷扫描、学生作业批改等场景，提高教学质量和评估效率。

总之，OCR 技术为各行业的自动化、智能化提供了有力支持。

任务实施

利用百度 OCR 文字识别工具完成任务。该工具能够准确识别多种类型的文本，不仅包括常见的通用场景文字，例如书籍、报纸、杂志中的文字内容，还包括来自网络图片中的文字，以及具有特定格式和重要信息的营业执照中的文本，满足多样化的工作需求。

实施步骤如下。

① 在搜索栏输入“百度 OCR 文字识别”的网址，打开百度智能云主页如图 12-14 所示。

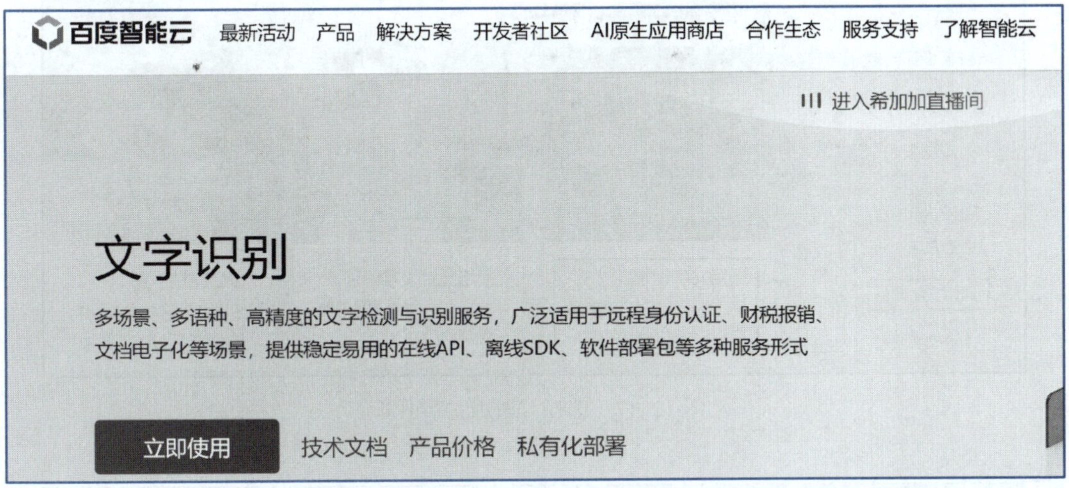

图 12–14　百度智能云主页

② 向下拖动滚动条直到出现“产品列表”，在“通用场景文字识别”下单击“了解详情”，如图 12–15 所示。

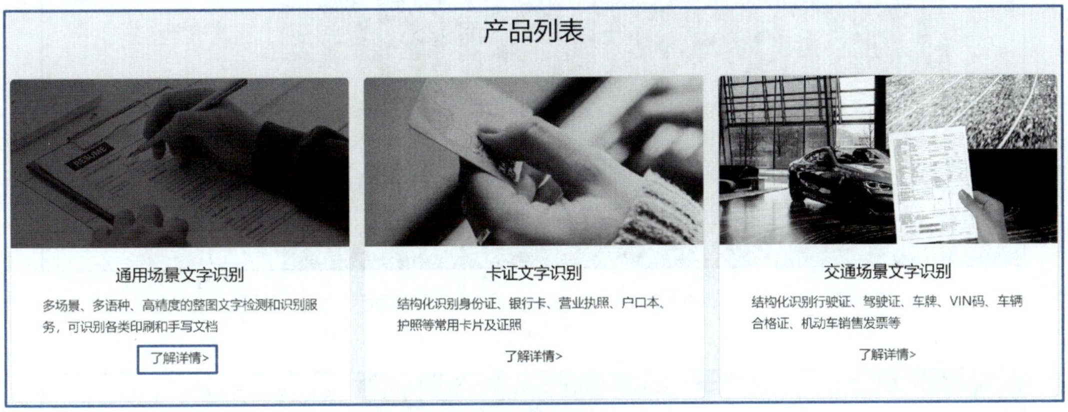

图 12–15　产品列表

③ 在打开的“通用场景文字识别”的主页中，选择“功能体验”，快速地体验文字识别功能，如图 12–16 所示。

图 12–16　功能体验

④ 界面左侧选择“通用文字识别”选项卡，如图 12–17 所示。通用文字识别可以提供多场景、多语言的高精度整图文字检测和识别服务。

⑤ 打开“通用文字识别”的界面，点击“本地上传”按钮，如图 12–18 所示。

⑥ 将本地“小蝌蚪找妈妈 .jpg”图片上传到网站中，界面右侧即可查看识别结果，经过检测系统可以完全识别图片中的文字，如图 12–19 所示。

图 12-17　选择“通用文字识别”

图 12-18　“通用文字识别”界面

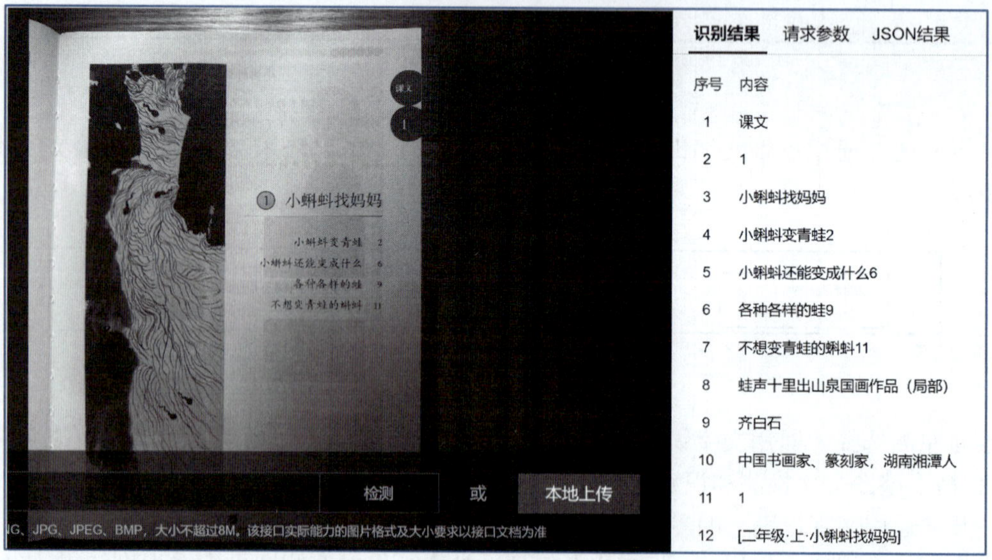

图 12-19　识别结果

⑦ 在“通用文字识别”选项卡选择“网络图片文字识别”选项，如图 12–20 所示。“网络图片文字识别”对艺术字、特殊字体的识别效果更加优秀。

图 12–20 选择“网络图片文字识别”

⑧ 请将本地网络图片“青春.jpg”上传到系统，可以看到识别的结果，如图 12–21 所示。

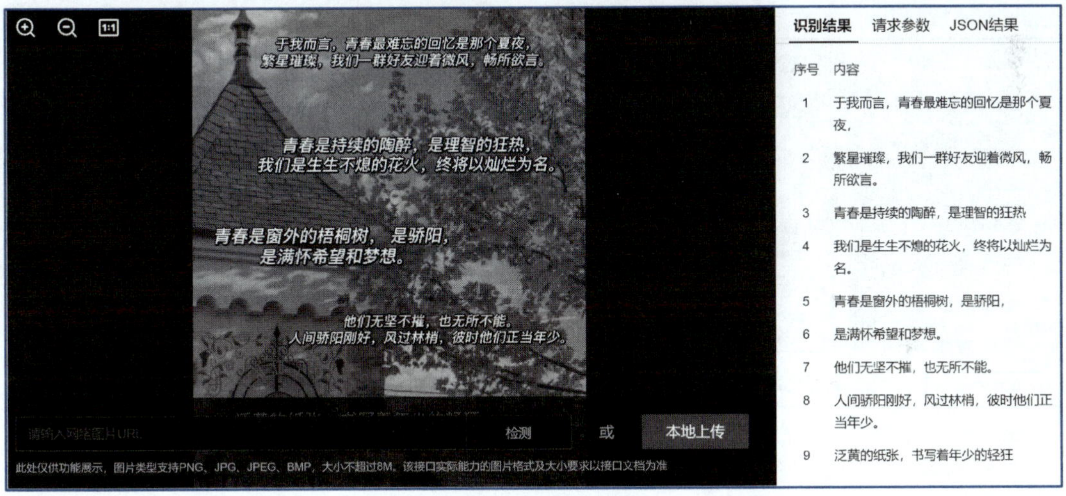

图 12–21 文字识别结果

⑨ 按照同样的方法，在界面左侧选择“卡证文字识别”选项卡，单击“营业执照识别”，如图 12–22 所示。

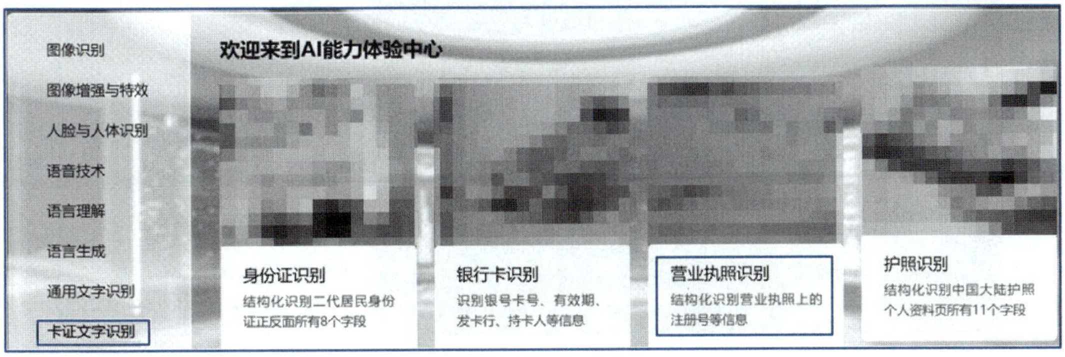

图 12–22 选择“营业执照识别”

⑩ 本地上传“营业执照 .jpg”，可以识别其中的所有文字信息，如图 12–23 所示。

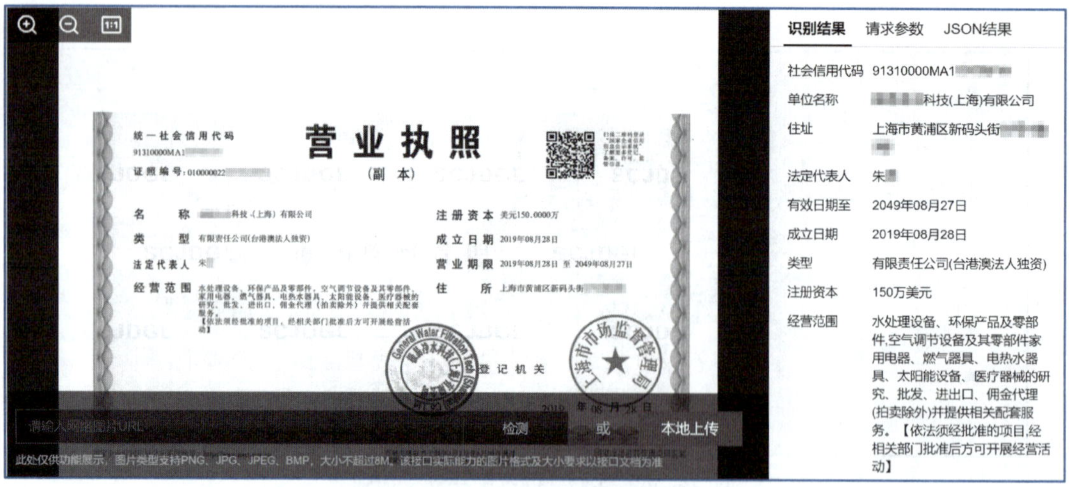

图 12–23 营业执照识别结果

⑪ 选择“交通文字识别”选项卡，单击“行驶证识别”，如图 12–24 所示。

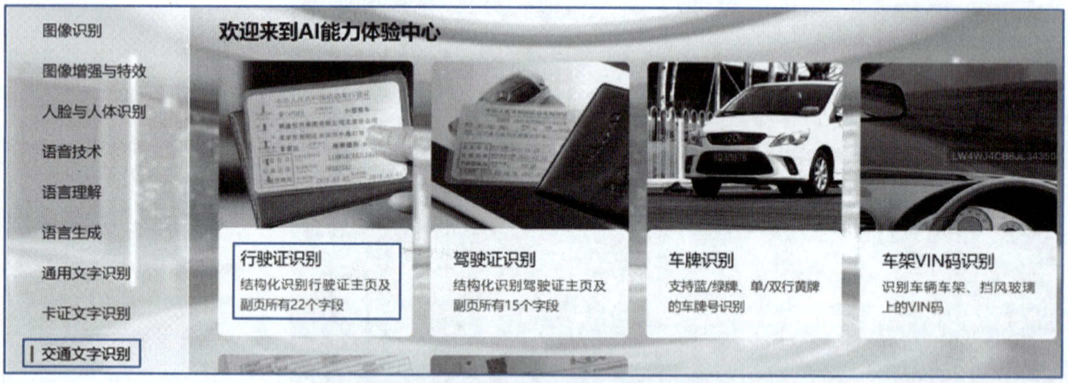

图 12–24 选择“交通文字识别”

⑫ 上传“行驶证 .jpg”到系统，右侧出现识别结果，如图 12–25 所示。至此任务已全部完成。

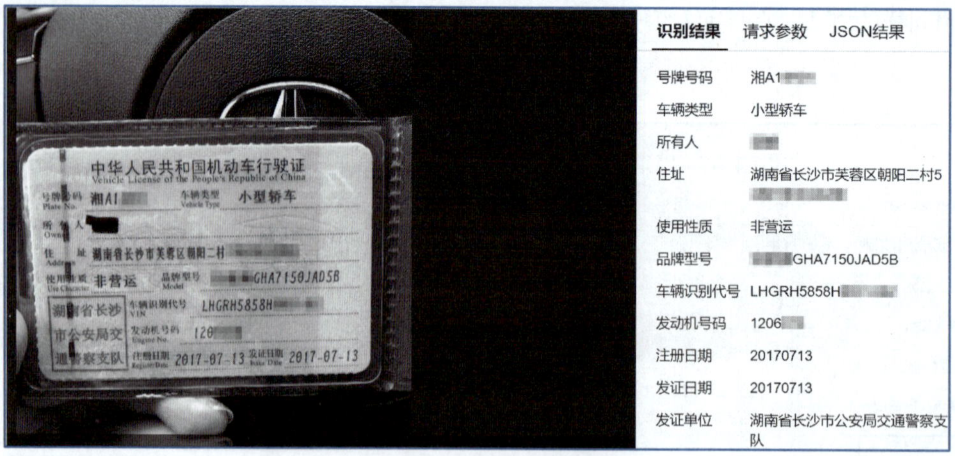

图 12–25 行驶证识别结果

任务 12.3 实现文本信息的智能抽取

文本信息的智能抽取是指利用人工智能、自然语言处理和机器学习等技术，从大量的非结构化的文本数据中自动提取出有价值、有意义且符合特定需求的关键信息片段或元素的过程。

智能抽取旨在减少人工阅读和筛选文本的工作量，快速准确地获取关键信息，以便进行进一步的分析、处理、存储和利用。它能够帮助企业和组织在大数据环境下更好地管理和利用信息资源，支持决策制定、知识发现、信息检索、数据集成等多种应用。

微课 24： AI 实现文本信息的智能抽取

任务描述

随着数据量的爆炸式增长，大量的文本信息中蕴含着宝贵的知识和关键数据。然而，手动从海量文本中提取有用的信息既耗时又容易出错。因此，需要应用文本信息智能抽取软件，快速准确地获取所需信息。

知识准备

文本信息的智能抽取技术是自然语言处理领域的关键技术之一，旨在从非结构化或半结构化的文本数据中自动提取出结构化的信息，如实体、关系、事件等。其原理和流程归纳如下。

1. 原理

文本信息的智能抽取技术基于自然语言处理、机器学习及深度学习等先进技术，通过理解文本内容的语义、语法和上下文信息，自动识别和提取出文本中的关键信息。这些技术使得计算机能够模拟人类的阅读和理解过程，从而实现对文本信息的深度分析和利用。

2. 流程

文本信息的智能抽取技术通常包括如图 12-26 所示的 5 个主要步骤。

① 文本预处理：对原始文本进行清洗，包括去除冗余和重复内容、消除特殊字符和 HTML 标签、统一字符编码等。

- 分词处理，即将文本切分成具有独立意义的词单元。
- 词性标注，确定每个词在句子中的词性（如名词、动词、形容词等）。
- 句法分析，识别句子中的句法结构，如主谓宾、定状补等。

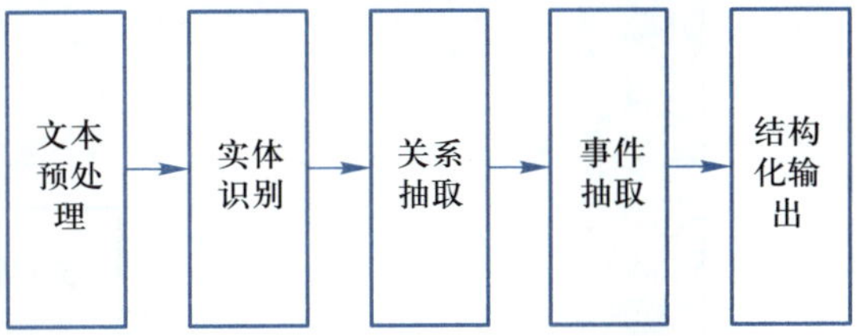

图 12-26 文本信息抽取流程

② 实体识别：利用预训练的模型或算法识别文本中提到的具体实体，如人名、地名、组织机构名、日期、时间、产品名称等。实体识别是信息抽取的基础，为后续的关系抽取和事件抽取提供关键信息。

③ 关系抽取：分析文本中实体之间的关系，如交易关系、拥有关系、从属关系等。关系抽取技术可以将文本中的无结构化信息转化为结构化的信息，存储在知识库中，为后续的智能检索和语义分析提供支持。

④ 事件抽取：提取文本中描述的具体事件或动作，包括事件的参与者、时间、地点等要素。

事件抽取有助于理解文本中的动态信息，对于信息检索、推荐系统、智能问答等领域具有重要应用价值。

⑤ 结构化输出：将抽取出的信息按照一定的结构进行组织和输出，如生成知识图谱、数据库记录等。结构化输出使得文本信息更容易被计算机进一步处理和分析，也为后续的智能应用提供了数据支持。

3. 技术应用

文本信息的智能抽取技术被广泛应用于各个领域，包括但不限于如下几个方面。

- 情报分析：从海量文本数据中抽取出潜在的情报信息，用于军事、安全等领域的情报分析和预警。
- 金融领域：对新闻报道、公司公告等文本信息进行抽取，用于金融决策和市场预测。
- 医疗健康：从医学文献、病例报告等文本中抽取出疾病、治疗方案等信息，用于辅助医学诊断和研究。

总之，文本信息的智能抽取技术为各行业的决策和应用提供了重要支持，随着自然语言处理、机器学习及深度学习等技术的不断发展，文本信息的智能抽取技术将在更多领域得到应用。

任务实施

现有一篇详尽的电子商务新闻稿，为高效把握其核心内容，现要求借助通义效率工具，迅速提炼出文章概述，概括其主要论点；同时，精准捕捉关键信息点，如市场趋势、创新模式、成功案例等；生成思维导图，直观展现文章结构、逻辑链条及重要细节，便于快速理解与分享。具体实施步骤如下。

① 打开阿里云旗下的通义效率官网，如图 12–27 所示，并单击“文档阅读”选项。

图 12–27　通义效率主页

② 在文档上传界面上传本地文档“财经新闻 .pdf”，如图 12–28 所示，系统将快速进行解读。

③ 单击右上角的“上传记录”图标，选择完成信息抽取的文档，单击“立即查看”，如图 12–29 所示。

④ 右侧呈现信息提取的结果，包括导读、翻译和脑图，通过导读可以清晰地了解到整篇新闻稿的主要内容和关键信息，如图 12–30 所示。

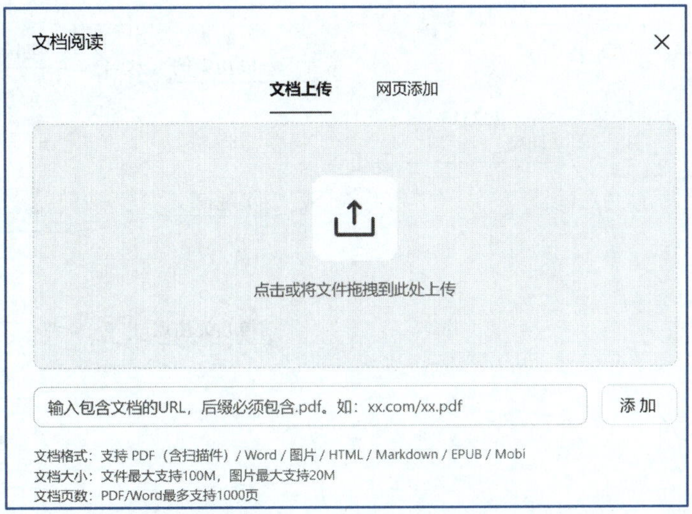

图 12-28　文档上传界面

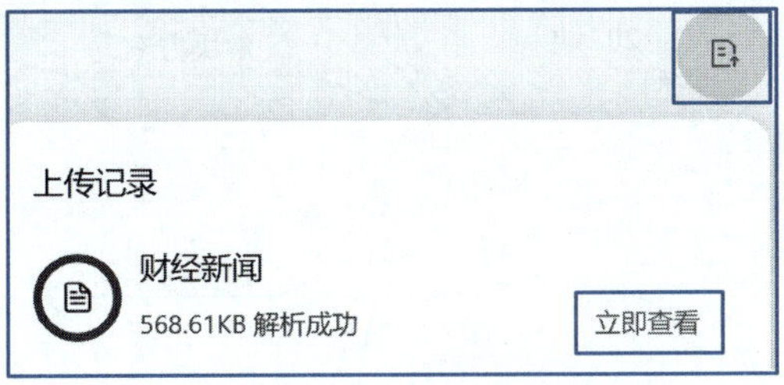

图 12-29　查看文档信息抽取

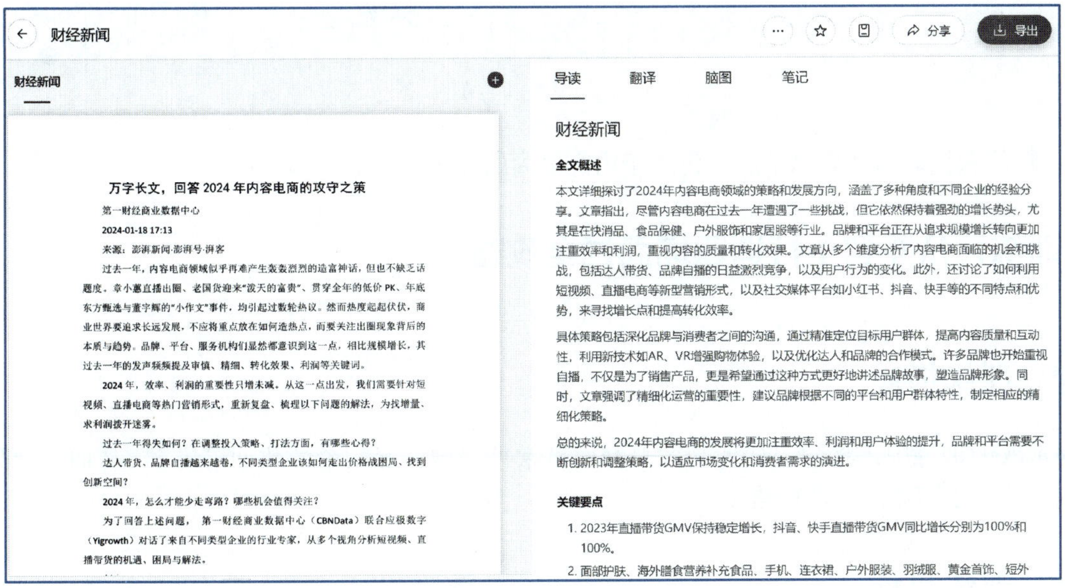

图 12-30　信息抽取结果

⑤ 通过脑图可以快速地把握整篇新闻稿的脉络，如图 12–31 所示。

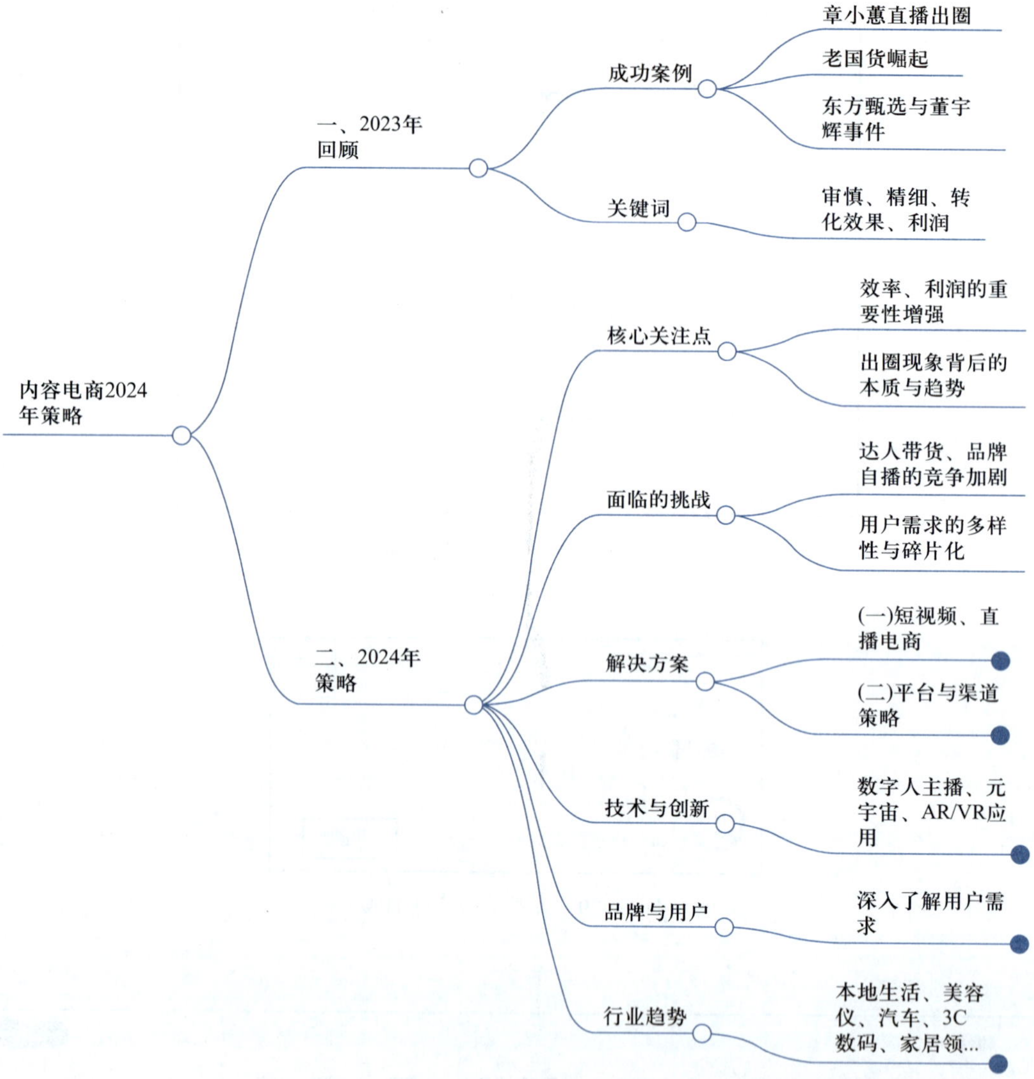

图 12–31　脑图

⑥ 将信息提取的结果总结成一份关于内容电商的简单报告。

拓展训练：从 0 到 1 打造职场面试全攻略

训练描述

在本次的训练中，将学习如何高效总结面试常见问题，定制个性化回答方案，从而快速且有效地生成一篇关于职场面试的攻略。

训练目标

通过训练了解当前市场上主流的文档生成工具及其特性，掌握文档从构思到自动化生成的完整流程，熟练掌握多种文档生成的技巧，能够高效、准确地完成文档的自动化创作任务。

训练实施

① 百度搜索“腾讯文档”，打开腾讯文档官方主页，如图 12–32 所示，进行注册或登录。

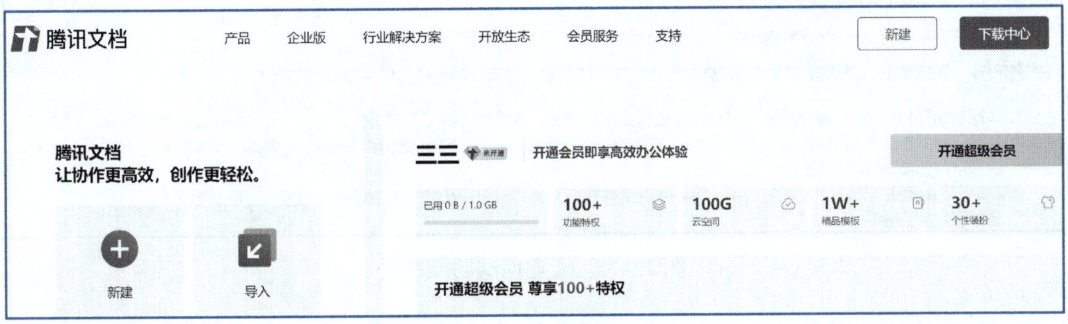

图 12–32　腾讯文档主页

② 单击“新建”，在弹出的菜单中选择创建“智能文档”，单击“通过 AI 新建”，如图 12–33 所示。

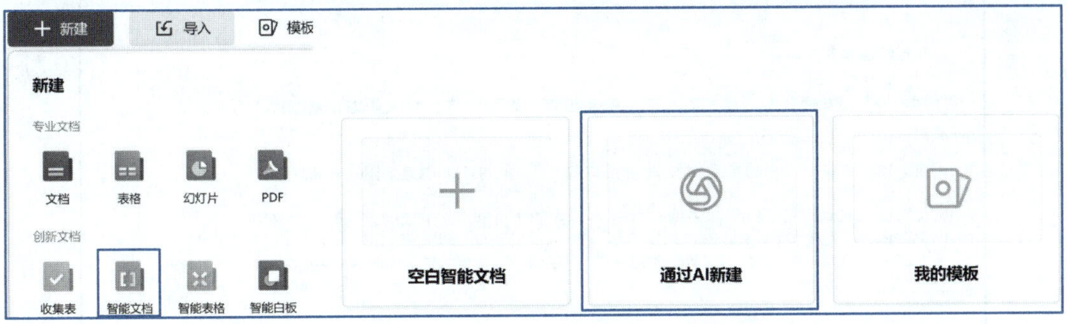

图 12–33　选择“智能文档”

③ 在智能助手窗口中选择“输入主题生成”，并在下面的对话框中输入“生成 5 道通用类面试题目 + 答案”，系统很快生成 5 道面试题，如图 12–34 所示。

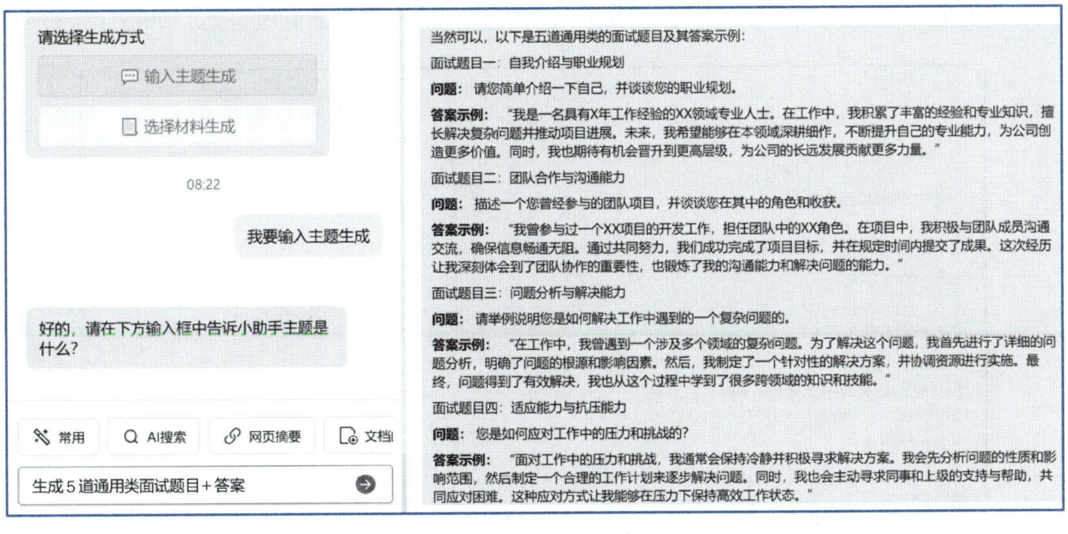

图 12–34　生成答案

④ 接下来根据岗位“JavaScript 代码工程师”调整提问并生成相应的答案，如图 12-35 所示。

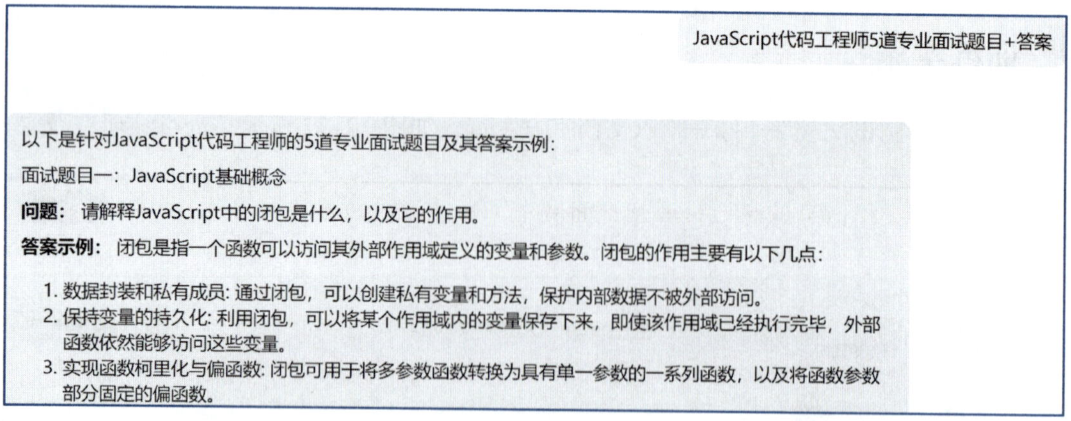

图 12-35　专业面试题及答案

⑤ 在对话框中输入“作为应届生，如何提高面试通过率？”，生成求职攻略，如图 12-36 所示。

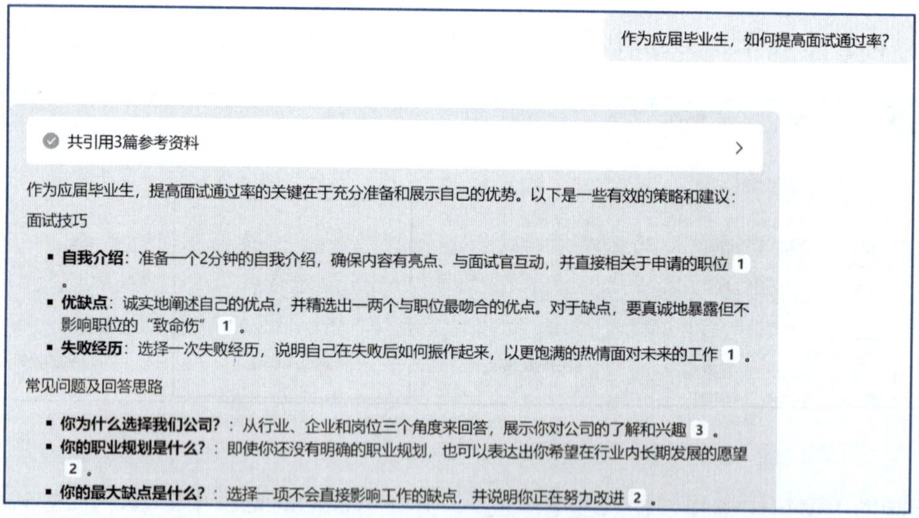

图 12-36　生成求职攻略

⑥ 进一步提问“在面试时如何回答‘我最大的缺点’的问题”，生成答案，如图 12-37 所示。

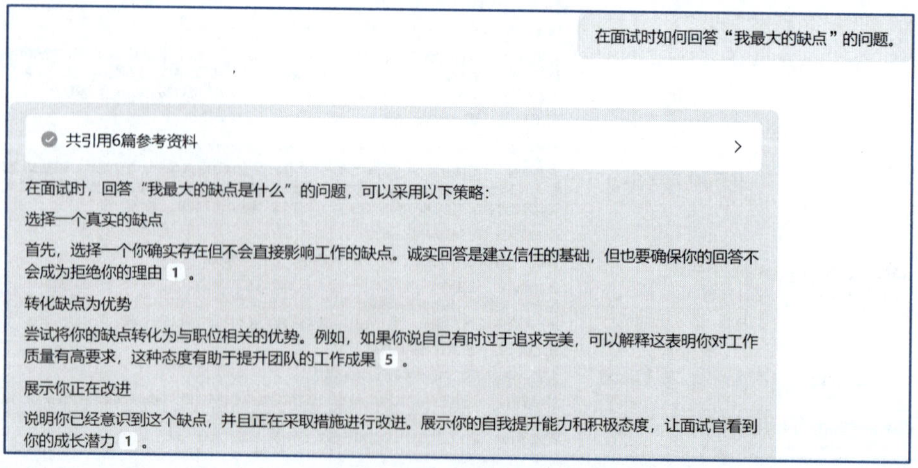

图 12-37　进一步提问

⑦ 最后将获得的答案，复制粘贴到空白文档，生成职场面试全攻略。

项目小结

本项目深入探索了现代信息处理技术的核心应用，通过 3 大任务——文档的自动与半自动生成、文字的智能识别及文档信息的高效提取，全面展示了人工智能技术在文档管理领域的革新力量。学生将学习如何利用算法实现文档的快速创建与编辑，掌握高精度文字识别技术，以及从复杂文档中精准提取关键信息的策略。此项目不仅提升了学生的技术应用能力，还提升了其对智能化办公、数据分析等前沿领域的认知与兴趣，为未来的职业发展奠定了坚实基础。

项目练习

一、填空题

1. 在智能文档处理中，______技术允许用户通过预设模板或基于输入数据自动生成文档内容，极大地提高了文档制作的效率。

2. 半自动生成文档时，系统会根据用户输入的______自动填充部分内容，同时保留用户手动编辑的空间。

3. 文字智能识别技术，通常利用______技术来将图像中的文字转换为可编辑的文本格式。

4. 高效的文字智能识别系统需要具备高______和低错误率，以确保识别结果的准确性。

5. 文档信息提取过程中，______技术常被用来定位并抽取文档中的关键信息。

6. 为了提高信息提取的准确性，系统往往需要先对文档进行______，如去除噪声、格式标准化等。

7. 文档信息提取技术可以帮助企业从大量______数据中提取有价值的信息，用于决策支持、市场分析等。

8. 自动生成的文档可以根据用户定义的______或规则进行定制，以满足不同场景下的需求。

9. 文字智能识别技术不仅应用于文档处理，还广泛用于______领域。

10. 高效的文档信息提取系统能够极大地减少人工审核的工作量，提高______中信息处理的效率。

二、简答题

1. 简述文档自动和半自动生成的主要区别和应用场景。

2. 文字智能识别技术面临的主要挑战有哪些？

3. 文档信息提取技术的核心步骤是什么？

4. 为什么智能文档处理在现代办公环境中越来越重要？

三、操作题

1. 这周五晚上班级要召开以“感恩”为主题的班会，请快速制作一份符合主题的 PPT 用于班会。

2. 请用软件快速提取《国有资产管理情况报告》的信息，形成包括概述及思维导图的文档。

参考文献

[1] 肖正兴，聂哲，王铮钧，等 . 人工智能应用基础［M］. 北京：高等教育出版社，2019.
[2] 郭清宇，刘红颜，唐磊，王颖 . 信息技术基础与应用［M］. 北京：清华大学出版社，2023.
[3] 余明辉，汤双霞，谢海燕，等 . 信息技术与人工智能基础［M］. 北京：人民邮电出版社，2023.
[4] 史荧中，钱晓忠，邓赵红 . 人工智能应用基础［M］. 2 版 . 北京：电子工业出版社，2023.
[5] 赵坚 . 信息技术（AI 数智版）［M］. 上海：华东师范大学出版社，2024.
[6] 李楠，秦建军，李宇翔，等 . 人工智能通识讲义［M］. 北京：机械工业出版社，2022.
[7] 郭勇，赵瑞丰，杜辉 . 人工智能应用基础［M］. 北京：中国铁道出版社，2022.
[8] 宋永端 . 人工智能基础及应用［M］. 北京：清华大学出版社，2023.
[9] 罗先进，沈言锦 . 人工智能应用基础［M］. 北京：机械工业出版社，2021.
[10] 何淼，顾海花，杜璐 . 人工智能应用素养［M］. 西安：西安电子科技大学出版社，2024.
[11] 腾讯研究院，中国信息通信研究院互联网法律研究中心，腾讯 AI Lab，等 . 人工智能：国家人工智能战略行动抓手［M］. 北京：中国人民大学出版社，2017.
[12] 桑圆圆，刁彬斌，彭昊，等 . 人工智能从入门到进阶实战［M］. 北京：化学工业出版社，2020.
[13] 莫宏伟，徐立芳 . 人工智能导论［M］. 北京：人民邮电出版社，2020.
[14] 周永福，韩玉琪，王巧巧 . 人工智能基础［M］. 北京：中国水利水电出版社，2022.
[15] 孙平，唐非，张迪 . 人工智能基础及应用（微课版）［M］. 北京：清华大学出版社，2022.
[16] 韩雁泽，刘洪涛 . 人工智能基础及应用（微课版）［M］. 北京：人民邮电出版社，2021.
[17] 邵一川 . 人工智能实践教程——从 Python 入门到机器学习［M］. 北京：电子工业出版社，2021.
[18] 江跃龙，孟思明，刘薇 . 人工智能——赋能万物智联的人工智能技术应用［M］. 成都：西南交通大学出版社，2023.
[19] 邓小飞，陈皓，王婧 . 现代信息技术基础（麒麟操作系统 +WPS Office）［M］. 北京：电子工业出版社，2023.
[20] 杨耿，李钦，谭旭 . 人工智能综合应用开发实战［M］. 北京：高等教育出版社，2023.
[21] 王金平，尚东方，郑泳洋 . 人工智能技术及应用［M］. 西安：西安电子科技大学出版社，2024.
[22] 周化祥，张为，匡懋 . 信息技术与素养（基础）［M］. 徐州：中国矿业大学出版社，2022.
[23] 张为，周化祥，喻琨 . 信息技术与素养（拓展）［M］. 徐州：中国矿业大学出版社，2022.
[24] 董宏建，张宗福，陈荣征 . 信息技术教程［M］. 广州：广东教育出版社，2023.
[25] 谢红霞，张华炳，吴红梅 . Python 核心编程与应用［M］. 北京：电子工业出版社，2022.
[26] 李学刚 . Python 语言程序设计［M］. 北京：高等教育出版社，2022.
[27] 张敏华，史小英 . 信息技术基础模块（WPS Office 慕课版）［M］. 北京：人民邮电出版社，2023.
[28] 眭碧霞 . 信息技术基础（WPS Office）［M］. 2 版 . 北京：高等教育出版社，2021.

郑重声明

高等教育出版社依法对本书享有专有出版权。任何未经许可的复制、销售行为均违反《中华人民共和国著作权法》,其行为人将承担相应的民事责任和行政责任;构成犯罪的,将被依法追究刑事责任。为了维护市场秩序,保护读者的合法权益,避免读者误用盗版书造成不良后果,我社将配合行政执法部门和司法机关对违法犯罪的单位和个人进行严厉打击。社会各界人士如发现上述侵权行为,希望及时举报,我社将奖励举报有功人员。

反盗版举报电话 (010)58581999 58582371

反盗版举报邮箱 dd@hep.com.cn

通信地址 北京市西城区德外大街 4 号
高等教育出版社知识产权与法律事务部

邮政编码 100120

读者意见反馈

为收集对教材的意见建议，进一步完善教材编写并做好服务工作，读者可将对本教材的意见建议通过如下渠道反馈至我社。

咨询电话 400-810-0598

反馈邮箱 gjdzfwb@pub.hep.cn

通信地址 北京市朝阳区惠新东街 4 号富盛大厦 1 座
高等教育出版社总编辑办公室

邮政编码 100029

资源获取说明

授课教师如需获得本书配套教辅资源，请登录“高等教育出版社产品信息检索系统”（xuanshu.hep.com.cn）搜索下载。首次使用本系统的用户，请先进行注册并完成教师资格认证。